猪熊隆之

山岳気象大全

夏雲湧く鹿島槍ヶ岳
(五竜岳から 写真=中西俊明)

デザイン
細山田光宣
天池聖　奥山志乃
蓮尾真沙子　鎌内文
(細山田デザイン事務所)

図版
柳本シンジ　渡邊怜

編集
羽根田治
勝峰富雄(山と溪谷社)

ⓜマークの表示は、気象庁提供または気象庁のホームページより転載した図版類です。その他画像・図版等のクレジットは当該ページ、または319ページに掲載しています。

はじめに

　気象遭難という言葉が使われるようになって久しい。遭難事故は、気象判断のミスだけで起きることはほとんどなく、いくつかの要因が重なって起きるものだ。
　しかしながら、ある程度、気象状況を事前に予想することができれば、事前の準備や心構えも変わってくる。実際、気象遭難の当事者に話を聞くと、「想定外の天気だった」という言葉が返ってくることが多い。
　人間は、自然の猛威の前にはなすすべがないこともある。生死に関わるような大荒れの天候を予想することが、命を守ることにつながってくる。そのために必要なのが、感性（五感）、経験、そして予報技術だ。
　本書では、山で活用できる天気予報の技術について、必要と思われるものをすべて取り上げて構成した。地上天気図や高層天気図、衛星画像の見方はもちろんのこと、気象庁や民間気象事業者が提供するさまざまな気象情報の利用法を紹介し、国内および海外の山岳気象についても山域別に解説するという新たな試みを行なった。
　図を多用し、初心者の方でもわかりやすいように心がけたつもりだ。また、気象遭難が発生しそうな、生命に危険を及ぼすような気象状況を予想することに主眼を置き、最近の気象遭難を例に挙げて、天気図等の気象資料のなかから、どの点に注目すべきなのかを詳しく解説した。
　巻末には、具体的な判断基準をわかりやすく示したフローチャートを付けたので、登山者の皆さんが、とくにパーティのリーダーが判断を下すときの一助になればと思っている。
　登山や気象に興味を持っている多くの方が本書を手に取っていただき、皆様の安全登山に少しでもつながることができれば、筆者としてこれ以上嬉しいことはない。

猪熊隆之

山岳気象大全

目次

はじめに ─── 003

Chapter 1
観天望気 ─── 007
- 雲の分類 ─── 008
- 10種雲形 ─── 010
- 観天望気 ─── 015

Chapter 2
天気予報の利用法 ─── 021
- 天気予報の種類 ─── 022
- 各種の気象情報 ─── 034
- 天気予報の用語 ─── 038
- 気象情報の活用 ─── 041

Chapter 3
山岳気象の3要素 ─── 045
- 山の天気を左右する3要素 ─── 046
- 高度と気温と風の関係 ─── 053

Chapter 4
高気圧・低気圧と前線 ─── 061
- 天気が変化する理由 ─── 062
- 高気圧と低気圧 ─── 064
- 前線の種類と構造 ─── 069
- 高気圧・低気圧と前線付近の天気 ─── 074
- 地上天気図の書き方 ─── 078

Chapter 5
高層天気図の見方 ─── 089
- 高層天気図の種類 ─── 090
- 気圧の谷と尾根 ─── 092
- 気圧の谷や尾根と天気の関係 ─── 094

高層天気図から天気を予想する ―――――― 096
　　温帯低気圧の発達を予測する ――――――― 098
　　予想天気図を活用する ―――――――――― 103
　　偏西風とジェット気流 ―――――――――― 106
　　850hPa天気図を活用する ――――――――― 108

Chapter 6
衛星画像の見方 ―――――― 111
　　気象衛星 ――――――――――――――― 112
　　衛星画像の種類 ――――――――――――― 113
　　雲の判別法 ―――――――――――――― 115
　　温帯低気圧の発達を判別する ―――――――― 116
　　台風における雲の特徴 ―――――――――― 119
　　積乱雲の動きを予想する ――――――――― 121
　　冬型の気圧配置 ――――――――――――― 123
　　地形性降水と雲 ――――――――――――― 125

カラー図版資料 1 ―――――――― 128

Chapter 7
四季の山岳気象 ――――――― 129
　　春山（3～5月）の気象 ―――――――――― 130
　　梅雨期（6月～7月中旬）の気象 ―――――― 154
　　夏山（7月下旬～9月中旬）の気象 ―――――― 170
　　秋山（9月中旬～11月）の気象 ――――――― 200
　　冬山（12月～2月）の気象 ―――――――― 212

Chapter 8
山域別の気象 ――――――― 241
　　北海道の山 ―――――――――――――― 242
　　東北地方の山 ――――――――――――― 247
　　上信越、北関東の山 ――――――――――― 249
　　奥秩父、奥多摩、丹沢、奥武蔵の山 ――――― 255

富士山とその周辺 ———————————————— 257
中部山岳北部（北アルプス、白山）————————— 261
中部山岳中・南部
（八ヶ岳、中央アルプス、御嶽山、恵那山）———— 266
東海地方、紀伊半島の山 ————————————— 269
中国山地、四国山地 ——————————————— 273
九州の山 ————————————————————— 275

Chapter 9
世界の山岳気象 ———————— 279

ヒマラヤ山脈東部
（ネパール、シッキム、ブータン、チベット）———— 280
カラコルム山脈、ヒマラヤ山脈西部
（インド、パンジャブ）——————————————— 283
ヨーロッパ・アルプス —————————————— 285
カナディアン・ロッキー —————————————— 290
アンデス山脈南部 ———————————————— 291
ニュージーランド・サザンアルプス ———————— 292

Chapter 10
地球温暖化 ———————————— 293

地球温暖化とは ————————————————— 294
地球温暖化による気温の上昇 —————————— 296
地球温暖化がもたらす現実と未来 ———————— 297

カラー図版資料 2 ———————— 303

付録 気象遭難防止チャート ——— 305

気象用語集 ——————————————— 314

おわりに ————————————————— 318

Chapter 1
観天望気

雲の移り変わりを見て天気を予想することができたら、なんと素晴らしいことだろうか。この章では、国際的に分類されている10種類の雲について学ぶ。それぞれの雲が出現する意味について考え、天気が崩れるときの雲の特徴を覚えていこう。観天望気 は原始的な手法だが、なによりも大自然の神秘を解き明かしていくようなおもしろさがあり、雲や空の美しさを再発見できるはずだ。

雲の分類

1. 雲の高さによる分類

雲にはいろいろな形があり、細かく分類すると数えきれないほどの種類がある。国際的な基準では、雲を10種類に分けており、**10種雲形**と呼んでいる。

10種類の雲について学ぶ前に、まずは雲の高さによって4つの種類に分類されることを知っておこう。

天気変化のほとんどは**対流圏**と呼ばれる高度約11kmより低いところで起きている。対流圏内の高いところに現れる雲を**上層雲**、中間くらいの高度に現れる雲を**中層雲**、低いところに現れる雲を**下層雲**という。また、雲底は低いところに、雲頂は高いところにある垂直方向に長い雲を**対流雲**と呼ぶ。高度による分類と10種類の雲の関係を示したのが、表1および図1である。

2. 雲の形による分類

雲は高さだけではなく、形によっても分類されている。なめらかで一様な感じの雲（**写真1**）は、名前に「層」という字を付ける。一方、塊状の雲（**写真2**）は雲の名前に「積」という字を付ける。雲の名前を覚える際には、その名前から雲の形をイメージしながら写真や実際の雲を見るようにするとよいだろう。

表1. 高度による分類と10種雲形

雲の分類	雲の名前	日常的な呼び名	雲の高さ
上層雲	巻雲	すじ雲	上層 (5～13km)
	巻積雲	いわし雲　うろこ雲	
	巻層雲	うす雲	
中層雲	高積雲	ひつじ雲	中層 (2～7km)
	高層雲	おぼろ雲	
	乱層雲	雨雲	
下層雲	層積雲	うね雲	下層 (地表～2km)
	層雲	きり雲	
対流雲	積雲	わた雲　つみ雲	0.6～6km
	積乱雲	雷雲　入道雲	～12km

※雲の高さは場所によって多少異なる。この表は日本付近のものを示している

写真1. 層状の雲

写真2. 塊状の雲

図1.雲の種類と高さ

10種雲形

それでは、実際に10種類の雲について見ていこう。ただし、すべての雲を10種類のなかにきっちりとあてはめるのは非常に難しい。専門家でも迷うような、判断が難しい雲もあるので、最初は写真で掲載している典型的なものから覚えよう。

1. 上層雲

　上層雲は、雲のなかでも最も高度が高いところ（高度約5〜13km）に現れる雲である。上層雲には3種類あり、それらに共通するのはすべてに「巻」という字がつくことと、晴れているときに現れる白い雲であることだ。カール状の**巻雲**、なめらかで一様な**巻層雲**、塊状の**巻積雲**の3つを覚えよう。

【巻雲】

　「巻」というのは、文字どおり、カール状の雲のことを表している。「巻」の字が付く3種類の雲のなかで、巻雲は最も高いところに現れる。刷毛で刷いたような形をしている美しい雲だ。誰でも見たことがあるはずなので、すぐにわかるだろう。

　巻雲には、好天を約束してくれる**晴れ巻雲**と、天気が崩れる前兆となる**雨巻雲**がある。晴れ巻雲は、乾いた感じがする毛状の雲（**写真3**）で、大きく広がることなく次第に消散していく。一方、雨巻雲には湿った感じのする雲（**写真4**）や、鉤状の美しい雲（**写真5**）があり、空全体に広がりながら、やがて巻層雲に変化していく。

　巻雲が南西から北東の方になびいているときは、気圧の谷が接近している証拠であり、天気は下り坂に向かう。逆に、北西から南東のほうになびいているときは、晴れ巻雲であることが多く、好天に恵まれる。

写真3. 梅雨明けの晴れ巻雲

写真4. 湿った感じのする雨巻雲

写真5. 鉤状に曲がった巻雲は天候悪化の兆し

写真6. 巻層雲

写真7. 暈のある巻層雲　　写真=坂本龍志

写真8. 巻積雲　　写真=坂本龍志

写真9. 旭岳と巻積雲

【巻層雲】

　空の広い範囲を薄く覆う白っぽい雲。薄い絹のような雲で、通称「薄雲」と呼ばれる（**写真6**）。巻雲よりやや低い高度に現れる。巻層雲が巻積雲に変わるときは天気が悪くなりがちで、逆に巻積雲が巻層雲に変わるときは、天気は回復傾向になる。

　しかし、これらよりも多いのが、巻層雲が高層雲に変わるパターンで、低気圧や気圧の谷が接近するときに現れ、天気は下り坂に向かう。また、薄いベール状の巻層雲が太陽や月を覆うと、太陽や月のまわりに暈が現れる（**写真7**）。

【巻積雲】

　通称「鰯雲」とも呼ばれ、雲のなかで最も美しいといわれることもある。高度は7〜8km程度で色は白く、魚の鱗のような塊状の雲が密集して現れる（**写真8**、**写真9**）。天気の変化が激しいときに現れるので、天気図等とあわせてその後の雲量の変化に注意しよう。

2. 中層雲

　上層雲より低い、高度約2〜7kmに現れる雲。「高」がつく雲が2種類と、「乱」がつく雲が1種類ある。「高」がつく雲は形状によって、なめらかで一様な**高層雲**、塊状の**高積雲**に分けられる。また、「乱」という字は雨や雪を降らす雲を表すもの。「乱」がつく雲は10種類の雲形のうち2種類のみで、なめらかで一様な**乱層雲**と、塊状の**積**

乱雲がある。積乱雲は後述する対流雲に属する。

【高積雲】

巻積雲より低い高度2〜7kmくらいに浮かぶ雲。塊状で巻積雲よりもひとつひとつの雲塊が大きい（**写真10**）。通称「羊雲」とも呼ばれる。雲の底が灰色で、白と灰色の陰影ができる高積雲もある（**写真11**）。雲の量が増えて雲塊が大きくなり、周囲の雲とくっついて全天に広がるようになったときは、天気が崩れることが多い。

【高層雲】

通称「おぼろ雲」とも呼ばれる。空全体を覆う白色や灰色の雲で、太陽や月が雲を通して透けて見えることがある（**写真12**）。時間の経過とともに巻層雲が厚みを増し、高層雲に変わるときは、数時間後に雨が降り出すことが多い。高層雲が厚みを増してくると、標高の高い山では霧に包まれ、早くも雨が降り出す。

【乱層雲】

雨や雪を降らせる、暗い灰色の雲（**写真13**）。「雨雲」や「雪雲」とも呼ばれ、天気を崩す雲の代表格。積乱雲による降水とは異なり、しとしとと長時間、雨や雪が降るのが特徴。高層雲が出現したあとに現れることが多いが、高い山ではガスにより、高層雲から乱層雲への変化がわからないこともよくある。一般に温暖前線の前面や低気圧の東側、北側に現れる。

写真10. 巻積雲よりも雲塊が大きい高積雲

写真11. 陰影のある高積雲

写真12. 高層雲

写真13. 雨や雪を降らせる乱層雲

3. 下層雲

高度約2km以下の地表面に近いところに現れる低い雲。下層雲だけで、中層雲や上層雲がないときは、標高2500m以上の山では雲海の広がる好天となる。層雲と塊状の層積雲の2種類あり、いずれもなめらかで一様な形状を表す「層」の字が付く。

【層積雲】

畑の畝のように見えることから、通称「畝雲」とも呼ばれる（**写真14、写真15**）。暖かい海面に冷たい空気が流れ込んだときや、関東地方や山陰地方で北東気流が吹くときによく発生する。この雲の下ではどんよりとした曇り空となるが、基本的に雲頂高度が2km以下の薄い雲なので、標高2500m以上の山では雲海の上となって晴れていることが多い。

【層雲】

霧をもたらす雲で、「霧雲」とも呼ばれる（**写真16、写真17**）。霧とは、一般に雲（水滴）が地面に接したときの呼称。層積雲よりもさらに薄い雲なので、赤外の衛星画像で見分けることは難しい。霧の発生要因は大きく分けて5つあるが、山では滑昇霧と呼ばれる、水蒸気を含んだ空気が山の斜面を上昇することによって発生することが多い（Chapter 3参照）。ただし山では、層雲だけではなく、ほかの雲がかかったときにも霧に覆われるので、どの雲かを判別することは容易ではない。

写真14.波状の層積雲

写真15.畑の畝のような層積雲

写真16.層雲

写真17.上空から見下ろした松本盆地の霧（層雲）

写真18. 積雲

写真19. 剱岳に迫る雄大積雲　写真＝中央大学山岳部

写真20. 積乱雲　写真＝坂本龍志

写真21. 機窓から見た「かなとこ」状の積乱雲

4. 対流雲

　垂直方向に発達した雲。雲の底は地表面に近いところで発生し、雲頂は発達したものになると高度約13kmにも達する。対流雲には、「積雲」と雨や雷をもたらす「積乱雲」の2種類あるが、いずれも塊状なので「積」の字が付く。

【積雲】

　地面が強く熱せられたときに、暖まった空気が上昇することによって発生する雲。この雲の下には上昇流があることから、パラグライダーはこれを利用して上昇する。

　青空にぽっかり浮かぶ積雲（**写真18**）は、上空約1kmにある、より安定した層に頭を抑えられて、それ以上発達しない。しかし、大気の状態が不安定なときは、安定した層を越えて上方に発達し、カリフラワーのような、もくもくとした雲になる（**写真19**）。これがさらに発達すると、積乱雲になる。

【積乱雲】

　大雨（雪）や落雷、突風を引き起こす、登山者にとって最も怖い雲。雄大積雲が発達し、雲の上部が氷点下の高度に達して氷晶（氷の粒）で形成されるようになると、積乱雲と呼ばれるようになる（**写真20・写真21**）。積雲の発達したもの（雄大積雲）とあわせて「入道雲」と呼ぶこともある。縦長の雲で雲底は数百m程度だが、発達すると雲頂は10km以上に達する。

観天望気

　雲の形や雲量の変化などから、今後の天候を予測していくことを観天望気という。

　気象情報が得られない場所では貴重な判断材料となるが、雲の変化には無数のパターンがあり、また似たような変化でも、天気が崩れるときと回復するときがあるなど、判断が非常に難しい。その習熟には経験が必要なことから、安易な判断は危険であり、できれば天気図や衛星画像など、ほかの気象情報とあわせて利用することが望ましい。

　ここでは、あまり専門的な見方には触れず、天気が崩れるときの典型的なパターンについていくつか紹介する。

1.低気圧が接近するときの変化

温暖前線が接近するとき

　温帯低気圧の多くは、温暖前線と寒冷前線を伴っている。温暖前線は、低気圧の進行方向前面に延び（多くの場合、南東側）、低気圧が接近するときにはまずこの前線がやってくることが多い（69ページ）。

　温暖前線は寒気に覆われているところに暖気が入ってきて、寒気の上を緩やかに上昇することによって発生する。このため、広い範囲で上昇気流が起きて、一様でむらのない層状の雲が発生する。71ページの**図8**のように、前線に近いところから乱層雲、高層雲、巻層雲、巻雲という順に並び、温暖前線が接近してくると、まず巻雲が現れ、やがて巻層雲に変わり、さらに灰色の高層雲に覆われると曇り空となり、乱層雲がかかると雨や雪が降り出す（**写真22**）。高い山では、高層雲に覆われると、霧に包まれて雨が降り出すことがある。

写真22. 温暖前線の接近に伴う典型的な雲の変化

a. 雨巻雲から巻層雲に変わり、雲量が増える

b. 白い巻層雲から灰色の高層雲に変わり、全天を覆う

c. 数時間後、暗灰色の乱層雲に変わり、雨が降り出す

寒冷前線が接近するとき

　寒冷前線は、低気圧の進行方向後面（多くの場合、南西側）に延びている。前線付近では、暖気に覆われているところに寒気が入ってきて、暖気が急激に持ち上げられ、狭い範囲で激しい上昇気流が発生する。このため前線付近には積雲や積乱雲が現れる。72ページの**図9**のように、前線に近い所から積乱雲、積雲という順に並び、その後面は広く雲のないエリア（晴天域）となる。

　日本海側の山では、北西や西の方角（日本海の方向）に積乱雲の列が現れると、数十分から数時間後には激しい雨に見舞われ、気温が急激に下がる。この雲は寒冷前線に伴うもので（**写真23**）、これが現れたら、すぐに安全な場所へ避難しよう。

　また、前線の通過後に冷たい空気が入ってくる場合は、海上で層積雲が発生し、陸上へ侵入してくることがある。このようなときは、寒冷前線が通過したあとも山では濃い霧に覆われる状況が続く。さらに、上空に寒気が入ってくるときは、前線通過後も積雲や積乱雲が次々と接近し、悪天が続くことも珍しくない。

2. 強風時に現れる雲

　平地ではほとんど無風であっても、山頂や稜線では強風が吹いていることがある。高い山ほど、そのような現象がよく現れる。上空での強風は、高層天気図やウィンドプロファイラ（42ページ）などから推察することができるが、雲の形状からわかることも少なくない。登山口では必ず空の様子をチェックし、稜線で強風が吹いていることが推測されるときは、メンバーの力量や登山ルートを考慮したうえで行動計画の変更などを検討しよう。

【レンズ雲】

　写真24のように、雲塊の両端がややとがった凸レンズの形をした美しい雲が現れることがある。上空に非常に強い風が吹いているときに現れるこのような雲を、**レンズ雲**と呼ぶ。レンズ雲は、巻積雲や高積雲、層積雲、積雲が上空の強い風に吹き流されて変形したものである（**写真25**、**写真26**）。上空に水蒸気の量が多いときにできる雲で、気圧の谷が接近しているときに現れる傾向

写真23. 寒冷前線に伴う雲

写真24. 巻積雲のレンズ雲

写真25. 高層雲のレンズ雲

写真26. 層積雲のレンズ雲

があり、強風だけではなく悪天の前兆とされている。このような雲があるときは、高い山では強風が吹き荒れていると思ったほうがよい。

【笠雲】

　富士山など独立峰にかかる雲で、山頂が笠をかぶったように見えることからこの名がある。大気中に水蒸気量が少ないときや、上空の風が弱いときには、笠雲は発生しない。逆にいえば、この雲が現れたら、上空の風が強いか、空気が湿っていると考えるべきである。このようなときは、気圧の谷が接近していることが多い。「笠雲が現われると天気が崩れる」ということわざがあるが、これは的を射たものである。

写真27. 天気が崩れないときの笠雲

a. 7時10分　濃密な笠雲が出現

b. 7時40分　笠雲の周囲にある雲が弱まる

c. 8時20分　笠雲自体が衰弱化

d. 9時14分　消滅する直前の笠雲

写真a〜d＝「絶景くん」
http://www.vill.yamanakako.yamanashi.jp/zekkei/　より

写真28. 強風時に現れる笠雲

ただし、気圧の谷の通過後に現れることもあり、そのようなときは天気の悪化とは無関係で、時間が経過すると消滅する（**写真27**）。もっとも、天気が回復しても、上空では強い風が続いていることもある。

【吊し雲】

強い風が山脈にあたって波を打つ現象を**山岳波**（さんがくは）と呼ぶ（**図2**）。この山岳波の波頭にできる雲が**吊し雲**（つるしぐも）で、長時間に渡って同じところに浮かぶ傾向にある。発達した低気圧が通過したのち、強い西風が吹くときに、南北に連なった山脈の東側によく形成される（**写真29**）。

吊し雲が現れるときは、上空を強い風が吹いている証拠であり、山頂や稜線では暴風となっている。また、風上側の山では強い風が山にぶつかって上昇するため雲に覆われ、雨（雪）まじりの暴風となっていることが多い。このようなときに低体温症による遭難事故が多く発生しているので、天気図等とあわせて慎重な判断を下さなければならない。

【波状雲】

海面にいつも波があるように、大気中にも絶えず波が起こっている。この波が雲のなかに伝わると雲が波状になる。これを**波状雲**（はじょううん）と呼ぶ（**写真30**）。波状雲は積乱雲と乱層雲を除いた各種の雲形に現れるが、巻層雲と高積雲による波状雲はとくに美しく、昔から多くの詩や歌に詠まれている。

これらの雲は観天望気にも利用されており、巻積雲に生じた波状雲は「水まさ雲」といわれ、雨の兆しとして知られている。波状になった巻積雲や高積雲、層積雲が広く大空を覆うようになったときは、かなり高い確率で悪天になるので注意しよう。

一方、巻積雲の縁が赤や緑や黄色に輝いた美しいものを「**彩雲**（さいうん）」と呼び（**写真31**）、これを見た人には幸いが来るといわれている。この雲が現れたときは、明日の好天はほぼ確実だ。ぜひ、山で見つけたい雲のひとつである。

写真29.
山岳波によってできた、南北に筋のように連なる雲

ウェザー・サービス株式会社提供

図2. 山岳波の波頭にできる吊し雲

写真30. 波状雲　　　　　　　　　　写真=坂本龍志

穂高上空に現れた波状雲

写真31. 彩雲

こんな彩雲に山で出会えたらラッキーだ

COLUMN 01　　　　雲はなぜ浮かんでいるのか

　子供のころ、雲に乗ってどこか遠くの世界へ行くことを夢見たことはないだろうか。私は今でも雲を見ていると、馬にでも乗るようにして雲の上に乗れるのではないかと思ってしまう。そう考えてみると、雨は落ちてくるのに、どうして雲は落ちてこないのか、不思議に思えてくる。

　そのワケは、雲粒と雨滴では大きさがまったく異なるからだ。雨滴の体積は、なんと雲粒の約800万倍もあり、当然、それだけ重さも違ってくる。雲は、直径0.01〜0.02mmの極小の大きさの雲粒が集まったもので、ひとつひとつの雲粒は非常に軽い（質量が小さい）。また、雲が発生しているところには上昇気流がある。この上昇気流が雲粒を持ち上げるので、雲は落ちてこられないのである（図3）。

図3. 雲が落ちない理由

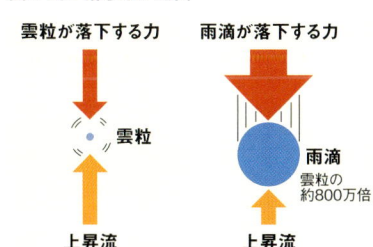

COLUMN 02　　　　　　　　　　　　　　　　雲のスピード

　雲は上空の風によって流されていくので、その速度は雲がある高さの風速に関係している。雲の種類と高さを示した8ページの**表1**を参考にして、それぞれの高さに近いウィンドプロファイラのデータ（42ページ）や高層天気図の観測点を調べれば、風の強さがわかる。

　なお、雄大積雲や積乱雲のような縦長（垂直方向に長い）の雲は、雲の底から最上部までの中間付近の風に流される傾向があることを覚えておこう。

　一般的に、風は高度が高いほど強く吹いている。このため、高いところにある巻雲や巻層雲などは速い速度で進み、逆に層積雲や層雲などの低い雲は動きが遅い。ただし、高度が低い雲のほうが近くにあるので、同じ速度でも動きが速く見える。また、低い雲が速い速度で流れているときは、それだけ地上に近いところの風が強いことを示しており、山では荒れ模様の天気となっている。

　それぞれの高度で雲が進むスピードは、**図4**を見ていただきたい。巻雲や巻層雲などの上層雲は時速約70～150km、つまり高速道路を走っている車と同じか、それ以上のスピードで進んでいる。高積雲や高層雲などの中層雲になると、一般道路を走る車と同じくらいの時速40～80kmで、層積雲や層雲などの下層雲は時速50km以下で流れている。

図4. 高度による雲のスピードの違い

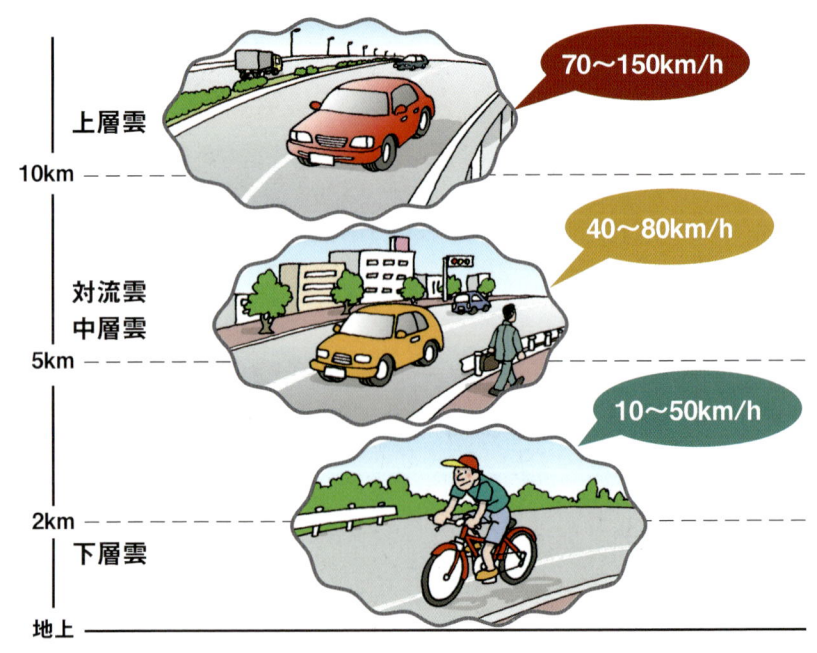

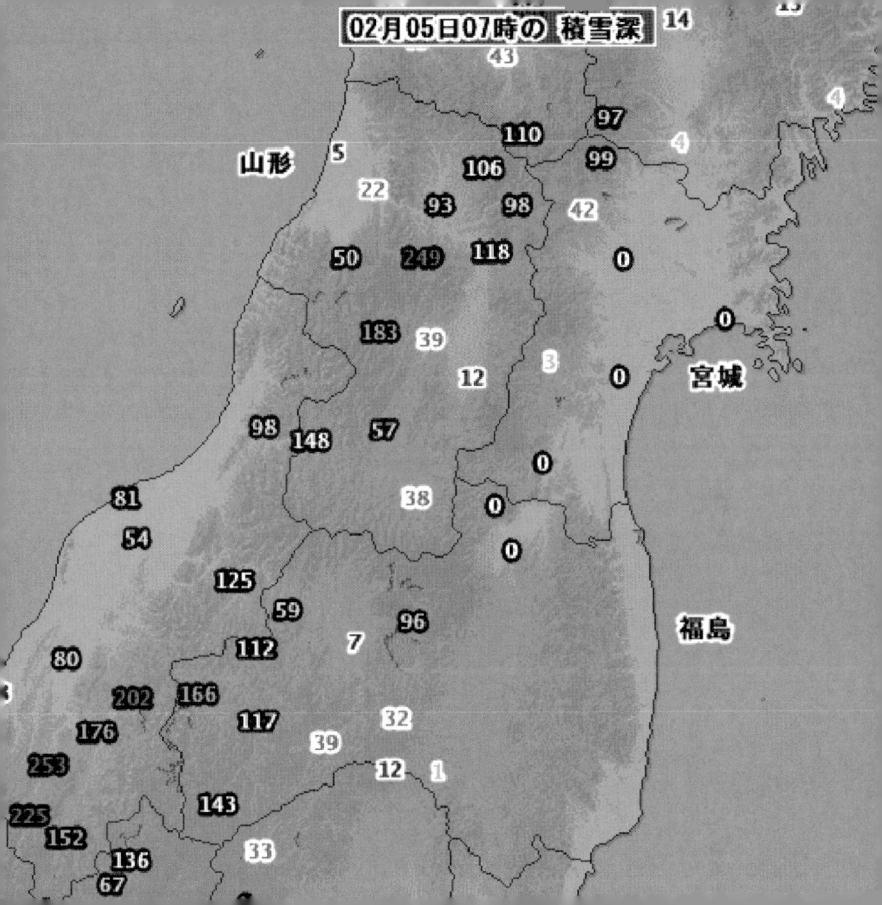

天気予報の種類

天気予報には気象庁が発表するものと、民間の気象予報事業者（以下、民間気象事業者）が発表するものとがある。気象庁と民間気象事業者が行なう予報に厳密な区分はないが、警報や注意報は、気象災害の防止に重要な役割を果たすため、基準がバラバラで出所が複数あると利用者が混乱することから、気象庁以外の者が発表してはいけないことになっている。

また、同じような理由で、日本列島全域の中・長期的な予報や、気象災害が発生するおそれがあるときに発表する気象情報、都道府県ごとの天気予報など、一般的に国民が広く利用する天気予報は気象庁が発表することが多い。しかし、民間気象事業者でこうした天気予報を最近、発表するところが出てきており、テレビの天気予報などでも気象庁とは異なった天気予報が発表されることがある。

一方で、民間気象事業者は、気象庁が対応することが難しい局地的な気象情報など、ピンポイントでわかりやすい天気予報を提供することを求められている。こうした予報は近年、需要が高まっており、天気に影響されることが多い流通や交通、建設、レジャー、農業、漁業などに幅広く利用されている。

このように、気象庁と民間気象事業者が発表する予報とでは天気予報の性質が異なるが、以下に記載する天気予報の種類や利用方法は気象庁が発表するものを前提としている。

天気予報は**表1**のように、予報期間に応じて短時間予報、短期予報、中期予報、長期予報に区分されている。

1. 短時間予報

短時間予報には、降水ナウキャストや降水短時間予報などがある。降水ナウキャストは、気象庁が観測している気象レーダー（25ページ）をもとに、1時間先までの降水の強さや分布域を5分毎に予想したもので、数十分程度先までの局地的な大雨の予想に役立てることができる（**図1、図2**）。

また、レーダー・アメダス解析雨量図は、気象レーダーとアメダス（※1）のそれぞれ長所を合成した解析図である。気象レーダーは、広範囲の降水実況をムラなく観測できる長所があるが、地上における降水量を直接観測しているわけではなく、高度約2kmにおける降水の強さを観測している。また、地形や地球の曲率、さまざまな障害物による影響で誤差が生じてしまう。

一方、アメダスは直接、その場所における降水量を観測しているので、その値は信頼できるが、設置されているのは約17km四方に一箇所なので、全域を網羅しているわけではない（むしろ、網羅されていないところのほうがはるかに多い）。そこで、レーダーで観測した降水の強さをアメダスなどによって補正する、レーダー・アメダス解析雨量図（**図3**）が実況値に近いもの

表1. 天気予報の種類

種類	予報期間	予報の種類	発表間隔	予報区の細かさ
短時間予報	約6時間以内	降水ナウキャスト 降水短時間予報 注意報・警報の一部	5分毎 30分毎 随時	1km格子感覚 1km格子感覚 2次細分区域
短期予報	約6時間〜約2日	明後日までの天気予報 注意報・警報の一部	1日3回 随時	1次細分区域 2次細分区域
中期予報	約2日〜1週間	週間天気予報	1日2回	府県予報区
長期予報	1ヶ月〜6ヶ月	季節予報 (1ヶ月予報) (3ヶ月予報)	1週間 1ヶ月	地方予報区

Chapter 2 天気予報の利用法

図1. レーダー・降水ナウキャスト 9時25分の現況 ⓜ

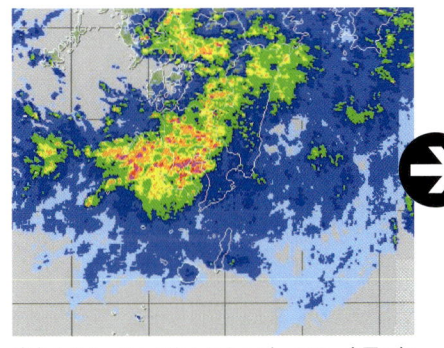

降水ナウキャストのもとになるデータは、全国の気象レーダーを合成したレーダー・エコー合成図である

図2. 降水ナウキャスト 9時50分〜10時の予想 ⓜ

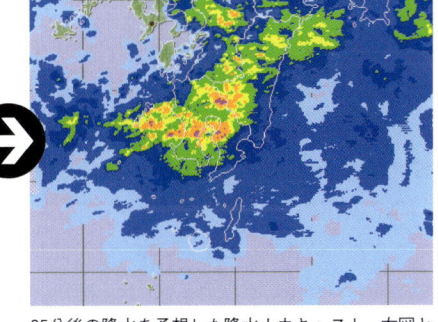

25分後の降水を予想した降水ナウキャスト。左図と比較して強雨域の移動方向に注目しよう

図3. レーダー・アメダス解析雨量図 9月18日16時 ⓜ

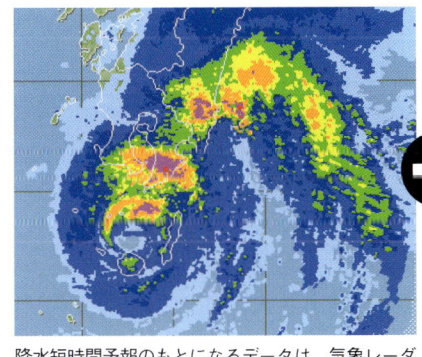

降水短時間予報のもとになるデータは、気象レーダーをアメダスなどで補正したレーダー・アメダス解析雨量図である

図4. 降水短時間予報 9月18日16時から17時 ⓜ

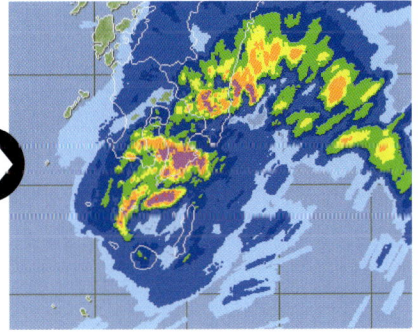

1時間後の降水短時間予想図。左図と比較して強雨域の移動方向に注目しよう

80以上　〜80　〜50　〜30　〜20　〜10　〜5　〜1　単位；mm/h

として利用されている。これをもとにして、6時間先までの降水の強さや分布域を30分毎に予想したのが降水短時間予報（**図4**）である。数時間先までの大雨の動向を予測することで、避難行動や災害対策に役立てることができる。いずれも、近年頻発する**ゲリラ型の豪雨**（※2）の予測に重要な役割を果たしている。

※1　AMeDASは「Automated Meteorological Data Acquisition System」の略で、「地域気象観測システム」のこと。降水量、風向・風速、気温、日照時間、積雪の深さ（多雪地帯のみ）の観測を自動的に行ない、気象災害の防止・軽減に重要な役割を果たしている。
※2　1969年の北陸・信越地方における豪雨の際に用いられた言葉で、2008年に発生した集中豪雨のように、数時間ごとに場所を変えて発生する局地的な豪雨のことをいう。

短時間予報の活用法

　短時間予報は、日常生活のなかでも活用することができる。たとえば雲行きが怪しいなかを買い物に出かけなければならないときは、干してある洗濯物を取り込んでいくか、そのままにしておくか、迷うものだ。そんなときに、降水ナウキャストやレーダー・アメダス解析雨量図を利用するとよい。ここでは実際に降水ナウキャストを使って予想をしてみよう（**図5**）。

　図5は、8月7日における16時30分から17時30分までの降水ナウキャストの実況値（レーダー・エコー合成図）である。かりに東京都心に住んでいる人が洗濯物を外に干しているとしよう。16時30分の時点（**図a**）では、埼玉県に強い雨雲があり、17時（**図b**）には東京都心にかなり接近し、17時30分（**図c**）過ぎに強い雨が降り出し

図5. 降水ナウキャスト

a. 8月7日16時30分

非常に激しい雨域が関東地方北部や埼玉県に出現

b. 8月7日17時00分

30分後。活発な雨雲が南下してるぞ！

c. 8月7日17時30分

さらに30分後。雨雲がもうすぐ都心にやってくるぞ。まずい！　洗濯物入れなきゃ！

た。

このように降水ナウキャストを見れば、1～2時間前から現在までの雨雲の動きをチェックでき、何時何分ごろ強い雨が降るという予想が立てられる。洗濯物を取り込むタイミングや、短時間の外出の際に傘を持っていくかどうかの判断材料として利用するとよいだろう。もちろん、実況値ではなく、**図2**のような降水ナウキャストの予想図を参考にしてもよい。

COLUMN 01　　降水観測に有効な気象レーダー

　現時点での降水の強さを知ることは、局地的な雨の予想をするうえで非常に重要である。しかし、無数にある空間すべてに観測施設を設置することは不可能である。そこで、気象レーダーを使った観測が非常に有効となる。

　気象レーダーは、アンテナからレーダー（電波）を発射し、それが降水にぶつかって戻ってくるまでの距離と電波の発射方向から降水の位置を特定する。また、降水にぶつかって戻ってくる電波の強さから降水強度を計算式で求めることによって、降水の強さを表現している（**図6**）。気象レーダーは、世界各国で使われており、地上観測や衛星画像では把握が難しい、局地的な降水を表現できるため、気象災害の発生を未然に防ぐために各方面で利用されている。

写真1. 気象レーダー ⓜ

図6. 気象レーダーのしくみ

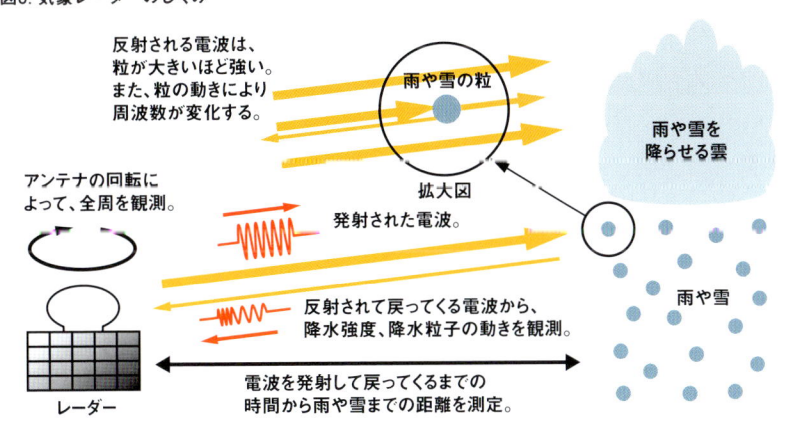

2. 短期予報

　短期予報の主なものは、テレビなどでよく目にする府県天気予報（「府県天気予報」という正式な言葉はない。ここでは便宜上、都府県単位で発表される翌々日までの予報を指している。北海道は支庁単位）だ。これは1日3回発表される、翌々日までの天気予報である。

　府県天気予報は、一次細分区域と呼ばれる範囲ごとに発表される。この区域は、都道府県をさらに細かく区分したもので、東京都の場合、本土部分の東京地方と、伊豆諸島北部、伊豆諸島南部、小笠原諸島の4つの区域に分類されている（**図7a、図7b**）。一次細分区域をさらに細かく分けたものが二次細分区域である。これは、いくつかの市町村をまとめた地域であったが、警報・

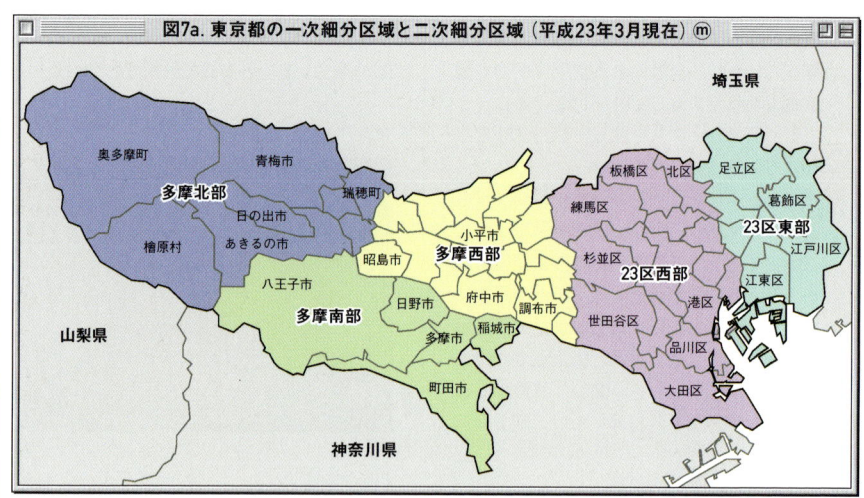

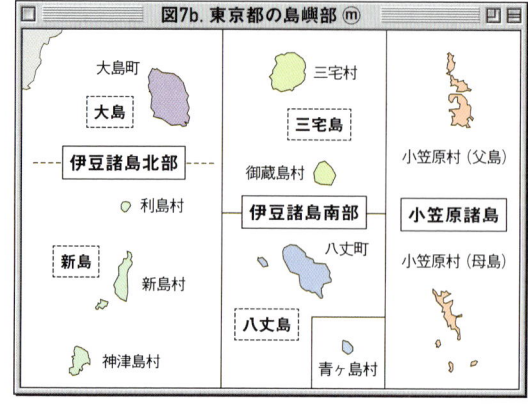

東京地方、伊豆諸島北部、伊豆諸島南部、小笠原諸島は一次細分区域。色分けされたエリアは従来の二次細分区域（市町村等をまとめた地域）。現在の二次細分区域は市町村単位

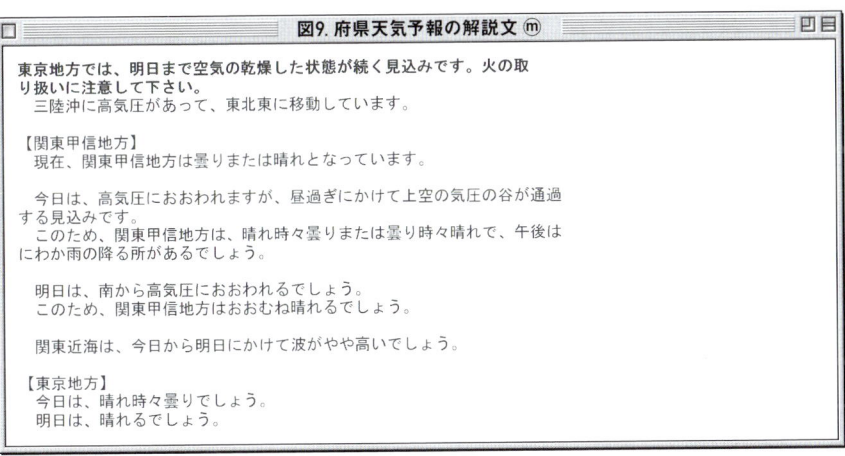

＊上図のように5時発表の天気予報では、翌々日の天気予報は発表されない（週間予報のなかで発表される）。
11時、17時発表の予報では翌々日まで府県天気予報で発表される

天気予報といっしょに、ホームページでは解説文が掲載される

注意報が市町村単位で発表されるようになってからは、原則として市町村単位を表すようになった。

　府県天気予報の内容は、天気、最低・最高気温、降水確率、波の高さや風向、風の強さなどで、**図8**と**図9**は、実際に気象庁が発表したものである。この予報はテレビやラジオの天気予報に利用されており、気象庁のホームページなどで簡単に手に入れることができる。

　次に、府県天気予報の利用方法を紹介する。多くの人が目にする天気予報で、登山前などにチェックしている人も多いと思う。しかし、この予報は基本的に平地向けのも

のであり、山においてそのまま適用するのは問題がある。府県天気予報を山の予報に利用するには、ちょっとしたコツが要求される。

風上側の天気予報を利用しよう。

山頂は複数の府県が接する境界にあることが多い。そこで、どちらの天気予報を利用するか迷うことがあると思う。そのようなときは風上側の天気予報を利用しよう。

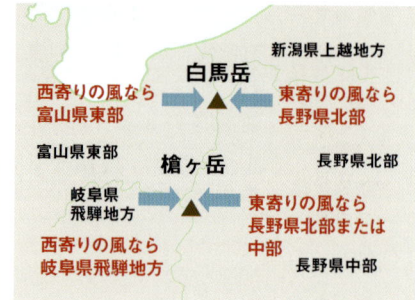

図10. 白馬岳と槍ヶ岳の天気予報利用法

降水確率の見方。登りたい山に吹いている風の向きによって、どこの降水確率を見るか判断しよう

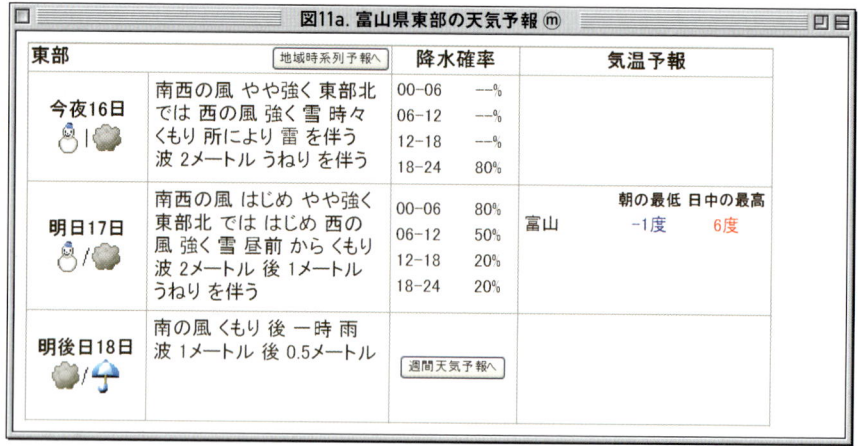

Chapter 3で詳述するが、雲は山の風上側で発生しやすいため、山の風上側では風下側より天気が崩れやすい。風上側で発生した雲は、山頂を覆うことが多いので、風上側の天気予報を利用したほうがあたる確率が高くなるというわけだ。とくに冬は、隣同士の府県で天気予報がまったく異なることも珍しくないので、ぜひこの方法をお試しいただきたい。

たとえば北アルプスにある白馬岳の場合、西風や北西風のときは富山県東部の、東風や南東風のときは長野県北部の、北や北東風のときは新潟県上越地方の天気予報をチェックする、といった具合である（図10、図11a、図11b）。

風向を調べる方法

風上側の天気予報を利用するとして、風向はどのように調べるのだろうか。標高2000m以下の山では、地上天気図が参考になる。地上付近の風は、高圧側を右手に見て、等圧線に平行な方向よりやや低圧側に向かって吹く（図12。風については54ページに詳述）。したがって、等圧線の向きから風向を推測することができる。標高が高い山の場合、地上天気図は地表付近の風向を表しており、あまり参考にならないので、高層天気図やウィンドプロファイラ（42ページ参照）を見るようにしよう。

また、府県天気予報で発表される風向を参考にするのもよい。その際、内陸の府県では山谷風（57ページ）や地形の影響を受けることが多いので、海沿いの府県の風向を利用しよう。たとえば白馬岳の天気を予想する図11のケースでは、長野県北部ではなく、海沿いの富山県東部の風向を参考にするわけである。これによると、富山県東部では、今夜、明日ともに南西や西の風という予想になっているから、白馬岳の南西もしくは西側にあたる富山県東部の天気予報を利用すればよいということがわかる。

ところで、天気予報では「ところにより雨（雪）」という表現がよく用いられる。山ではこれが曲者で、平地では「ところにより」の「ところ」に該当しなくても、山では該当す

図12. 地上付近の風向

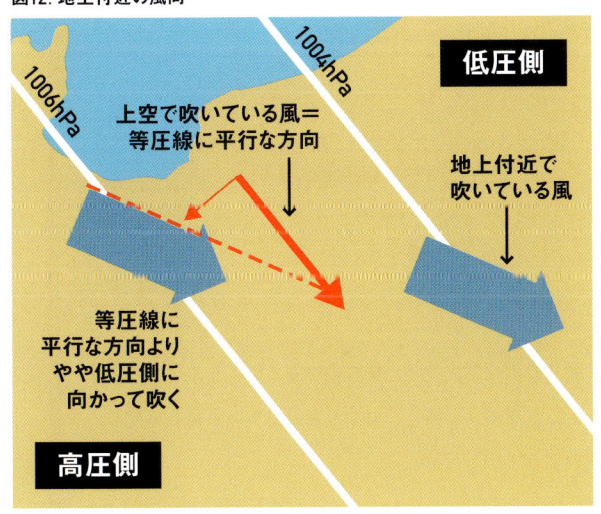

ることが多い。しかし、その府県の山岳地帯全域が該当することは少なく、どのエリアに該当するのかを見極めることが難しい。その場合には、**山の風上側で雲が発生しやすい**という法則を適用させる。なおかつ、**海から風が吹いてくる山の風上側で天気が崩れやすい**という法則を当てはめるとよい（46ページ**図2**）。こうした場所は、山が多く、海に囲まれた日本列島には至るところに存在し、海から風が吹きつける山では、「ところにより雨（雪）」が現れやすくなる。降水確率20～30%という予報で雨が降る可能性が高い場所も、このようなところだ。

3. 中期予報

中期予報の代表格は週間予報である。週間予報は1日2回発表され、7日先までの1日ごとの天気、最低・最高気温、降水確率、予報の信頼度などが盛り込まれている（**図13**）。レジャーやスポーツ大会などには欠かせない予報であり、予定を組んでいる人は予報が変更されるたびに一喜一憂するものだ。最近は予報精度も向上してきたので、利用価値はいっそう高まっている。

登山において週間予報を有効に活用するには、細かい予報よりも全般的な傾向、とくに行動不能になるような大荒れの天気になるかどうかを見極めることが大切だ。そのためには、目的とする山域の天気予報だけでなく、他の地域の予報にも目を配ろう。そこでおすすめしたいのが、気象庁のホームページで見ることができる、全国の週間予報の一覧だ（**図14**）。

この一覧を見て、まず全国のどのあたりで天気が崩れるのかをチェックしよう。着目すべきは、雨や雪マークが付いている地域だ。関東から西の太平洋側で雨や雪のマークが付いていて、北日本では天候の崩れが小さいようであれば、低気圧が南岸を通

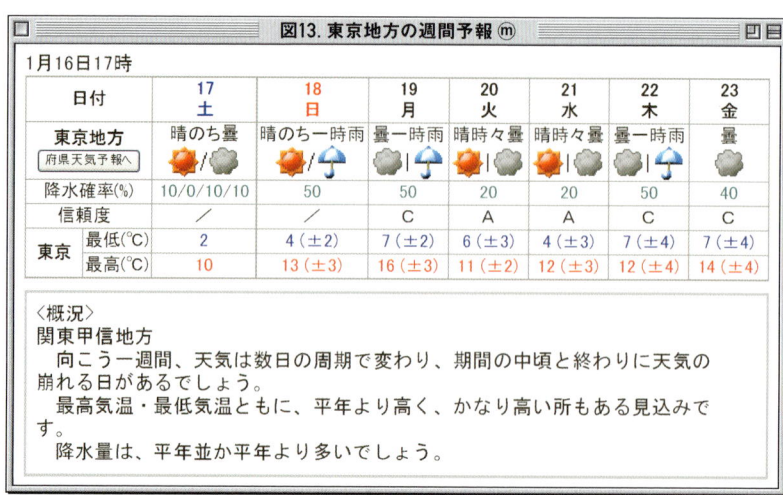

過することが予想される。逆に北日本を中心に天気が崩れる予報のときは、低気圧が日本海から北日本を通過する可能性が高い。また、全国的に天気が崩れるようであれば、二つ玉低気圧などの深い気圧の谷が通過することを疑わなければならない。

さらに重要なのが、低気圧が通過した翌日と翌々日の天気だ。ふつう低気圧による雨は一日程度なので、初日に雨が降ったら翌日は天気が回復し、また初日に「曇りのち雨」の場合は、翌日に「雨のち曇り（晴れ）」となることが多い。しかし、低気圧が通過したあとも天気が回復せず、翌日以降も雨や曇りが続くことがある。これが東日本や西日本の太平洋側で見られるときは、南岸に前線が停滞したり、高気圧が北に偏ったりするパターンで、山では天気は悪くても風が強まることは少なく、大荒れの天気にならないことが多い。

しかしながら、日本海側で雨（雪）が続き、太平洋側では雨マークの次の日に天気が回復するなど、両地域で大きく天気が異なるときは要注意だ。とくに日本海側の新潟や金沢で、雨や雪の初日よりも2日目に気温が大きく低下するような場合は、低気圧が通過したあとに強い寒気が入ってくる証拠である。低気圧は発達し、通過後には日本海側の山や脊梁山脈を中心に大荒れと

図14. 東日本の週間予報一覧

日付	16 日	17 月	18 火	19 水	20 木	21 金	22 土
新潟	-/20 -/10/10/10 /	12/22 0/0/0/0 /	14/23 20 A	16/25 40 C	15/22 60 B	13/19 40 C	11/18 30 B
金沢	-/22 -/10/0/0 /	12/23 0/0/0/0 /	15/24 30 A	15/23 50 C	16/23 60 B	14/21 40 C	12/21 30 A
東京	-/23 -/0/10/10 /	17/25 0/0/0/0 /	17/25 20 A	16/22 40 B	16/24 60 B	17/24 50 C	16/25 30 B
宇都宮	-/23 -/0/10/20/10 /	11/25 0/0/10/10 /	14/26 20 A	14/23 40 B	15/24 60 B	15/24 50 C	12/25 20 B
長野	-/22 -/10/10/10 /	9/25 0/0/10/10 /	12/26 20 A	13/25 50 C	14/24 60 B	12/21 40 C	9/22 30 A
名古屋	-/24 -/10/10/10 /	14/26 0/0/0/10 /	15/23 30 A	15/20 50 C	17/23 60 B	17/25 40 C	13/26 20 A

なることが予想されるので、とくに警戒しなければならない。そのようなときに北日本や日本海側の山、もしくは中部山岳などに登山の計画を立てている場合は、計画の変更を検討したほうがよいだろう。

4. 長期予報

気象庁が発表する長期予報は季節予報と呼ばれており、1ヶ月予報、3ヶ月予報、寒候期予報、暖候期予報などがある。農業や衣料品の製造販売など、長期的な天気の傾向が作物の生育や売上げに大きく影響を及ぼすような産業にとっては、重要な予報となっている。しかし、短期予報や中期予報のように1日ごとの天気や気温、降水確率などを発表できるような精度ではないので、気温や降水量、日照時間が平年と比べてどのような傾向になるのかを予想する内容になっている（**図15**）。

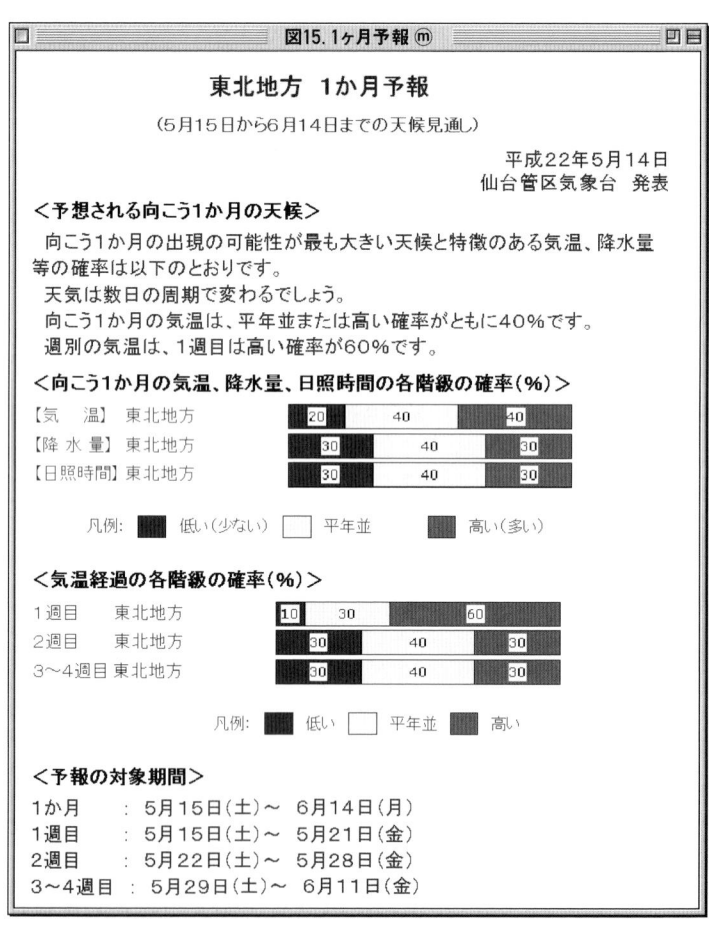

寒候期予報というのは、12月から翌年2月までの気温、降水量、日照時間を、暖候期予報は6月から8月までの気温、降水量、日照時間を、平年と比べて予想するものである（図16）。アイスクライミング愛好者やバックカントリースキーヤーにとっては、寒候期予報の発表はどきどきするものである。近年は地球温暖化（Chapter 10）の影響もあって極端な暖冬となる年もあり、「今年こそは寒くなってくれ」と祈るような気持ちになる人も多いのではないだろうか。また、夏の暖候期予報も、夏山縦走などを予定している登山者にとっては気になるところだろう。

　梅雨明けが発表されなかったり、梅雨明け後も天候が安定しなかったりするなど、近年は天候が不順な傾向にあるので、安定した夏山シーズンを望む登山者の声は年々高まっている。ともあれ、長期予報の精度はまだまだ高くないのが現状である。

図16. 暖候期予報

北陸地方　暖候期予報

（3月から8月までの天候見通し）

平成22年2月25日
新潟地方気象台　発表

＜予想される夏（6月〜8月）の天候＞

　夏（6月から8月）の出現の可能性が最も大きい天候と特徴のある気温、降水量等の確率は以下のとおりです。
　6月から7月は平年と同様に曇りや雨の日が多いでしょう。その後は平年に比べて曇りや雨の日が多い見込みです。
　この期間の降水量は平年並または多い確率ともに40％です。
　なお、5月までの予報については、最新の3か月予報等をご覧下さい。

＜夏（6月〜8月）の気温、降水量の各階級の確率（％）＞

【気　温】北陸地方　　30　40　30
【降水量】北陸地方　　20　40　40

凡例：　■低い（少ない）　□平年並　■高い（多い）

＜梅雨の時期（6〜7月）の降水量の各階級の確率（％）＞

【降水量】北陸地方　　30　30　40

凡例：　■少ない　□平年並　■多い

＜次回発表予定等＞
1か月予報：毎週金曜日　14時30分　次回は2月26日
3か月予報：3月25日（木）　14時
　暖候期予報については、3月と4月の3か月予報[毎月25日頃発表]に合わせて予報内容を再検討し、変更がある場合には修正発表します。また、5月の3か月予報発表以降、夏の予報については、最新の3か月予報等をご利用下さい。

各種の気象情報

1．降水確率

　気象庁によれば、降水確率は「指定された時間帯に1mm以上の降水がある確率」と定義されている。つまり、降水確率は降水の有無についての確率を示すもので、降水が連続的か断続的か、いつ降るのかなど、雨の降り方や強さついてはなにも示していない。また、予報が発表される地域内のどの地点でも、確率は同じとされる。

　「東京地方の正午から午後6時までの降水確率は70％」を例にすると、「東京地方のどの地点でも、正午から午後6時までに降水量の合計が1mm以上となる確率は70％」ということになる。なお、降水確率が70％というのは「予報が100回出されたとき、およそ70回は1mm以上の降水がある」とい

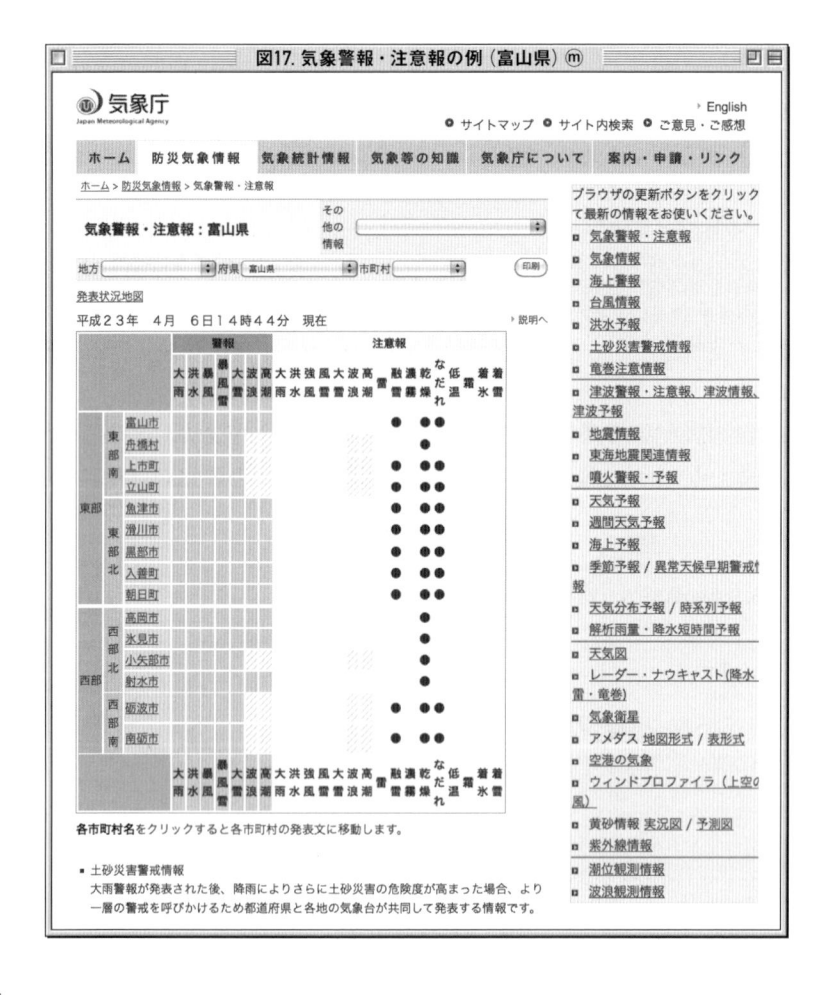

図17. 気象警報・注意報の例（富山県）

うことを意味している。つまり、コンピュータが100回、1mm以上の雨が降るか降らないかを計算したときに、70回雨が降るという予想結果が出たというように考えればよい。

2. 天気予報の発表時刻

気象庁が天気予報を発表する時刻は、毎日決まっている（**図18**）。したがって、天気予報が更新された直後にテレビやラジオで放送される天気予報をチェックすれば、最新の情報を得ることができる。翌々日までの府県天気予報は、5時、11時、17時の1日3回発表される。たとえば、夕方に翌日の天気予報を確認する場合、16時に予報を確認しても、それは11時に発表された古い情報である。新しい情報を得るには、17時以降の予報で確認しなければならない。

また、気象情報が発表される時刻によって予報内容も異なってくる。5時発表の予報では、今日と明日の天気予報が発表されるが、11時発表の予報にはそれに明後日の予報が加わり、17時の天気予報は今夜と明日と明後日の予報になる。

週間予報の発表は、11時と17時の1日2回。テレビなどで11時以前に放送される天気予報では、前日の17時に発表された週間予報を使っているので、朝のニュース時間帯に発表される週間予報は古い情報のままである。最新の情報を得るには、昼や夕方の予報をチェックする必要がある。

3. 警報と注意報

気象庁は、大雨や強風などの気象現象によって災害が起こるおそれのあるときには「注意報」を、重大な災害が起こるおそれのあるときは「警報」を発表して、注意や警戒を呼びかけている。注意報や警報は、二次細分区域（26ジ **図7**）ごとに発表されている。

2010年5月27日からは市町村単位ごとの発表となり、より地域の実況に合った情報が発信されている（**図17**）。

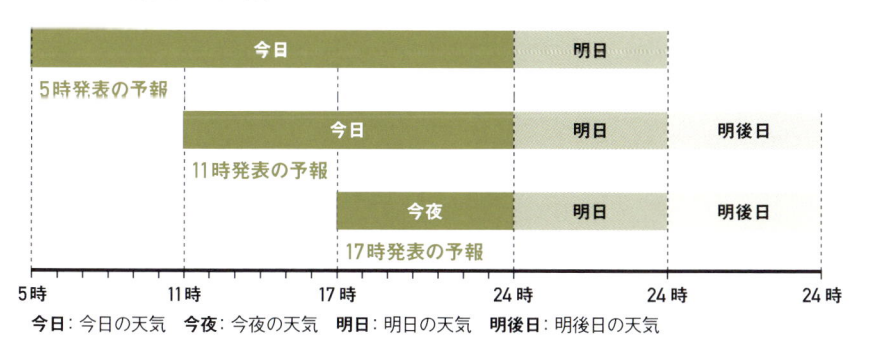

図18. 府県天気予報の発表時刻

今日：今日の天気　**今夜**：今夜の天気　**明日**：明日の天気　**明後日**：明後日の天気

なお、注意報や警報が発表される基準は、市町村ごとに異なっているので注意したい。たとえば、神奈川県横浜市と新潟県魚沼市の警報発表基準を比べてみると、魚沼市は大雪警報の発表基準が横浜市に比べてかなり高い（**表2、表3**）。これは、世界有数の豪雪地帯となっている魚沼市では、多少の降雪ならほとんど被害が出ないのに対し、大雪が降ることの少ない横浜市では、少量の降雪でも被害が出てしまうためである。このように、警報・注意報の発表基準は地域の実情に合わせて定められており、市町村単位で発表されることでさらに細かな基準が設けられることになった。

　注意報・警報が発表されるようなとき、山においては平地以上に警戒が必要である。注意報が発表されたときには、登山において細心の注意を払うことが必要であり、警報が発表されたときには、登山の中止を前提に計画を考え直すことが必要だ。登山前には、目的とする山に該当する市町村の警報・注意報を気象庁のホームページや携帯サイトなどで必ずチェックするようにしよう（**図19**）。また、気象庁では警報や注意報の内容を補完して気象情報を発表することがある（**図20**）。あわせて利用することをおすすめしたい。

表2. 横浜市の警報発表基準 ⓜ

横浜市	府県予報区		神奈川県
	一次細分区域		東部
	市町村等を まとめた地域		横浜・川崎
警報	大雨	浸水害 雨量基準	1時間雨量45mm
		土砂災害 土壌雨量 指数基準	91
	洪水	雨量基準	1時間雨量45mm
		流域雨量 指数基準	境川流域＝20 柏尾川流域＝18 帷子川流域＝18 恩田川流域＝8 新田間川流域＝15
		複合基準	―
	暴風	平均風速	陸上 25m/s
			海上 25m/s
	暴風雪	平均風速	陸上 25m/s、雪を伴う
			海上 25m/s、雪を伴う
	大雪	降雪の深さ	24時間降雪の深さ20cm
	波浪	有義波高	3.0m
	高潮	潮位	2.3m

表3. 魚沼市の警報発表基準 ⓜ

魚沼市	府県予報区		新潟県
	一次細分区域		中越
	市町村等を まとめた地域		魚沼市
警報	大雨	浸水害 雨量基準	1時間雨量50mm
		土砂災害 土壌雨量 指数基準	112
	洪水	雨量基準	1時間雨量50mm
		流域雨量 指数基準	破間川流域＝20 佐梨川流域＝19
		複合基準	―
	暴風	平均風速	20m/s
	暴風雪	平均風速	20m/s、雪を伴う
	大雪	降雪の深さ	24時間降雪の深さ100cm
	波浪	有義波高	―
	高潮	潮位	―

表4. 警報の種類

暴風	暴風雪	大雨	大雪
高潮	波浪	洪水	津波

表5. 注意報の種類

大雨	大雪	強風	風雪	波浪	高潮
洪水	乾燥	着氷	なだれ	濃霧	低温
雷	融雪	霜	着雪	津波	

```
┌─────────────────────────────────────────────────────────────┐
│ ■ ≡              図19. 十勝支庁の注意報・警報の発表状況 (m)          □ ■ │
├─────────────────────────────────────────────────────────────┤
│ 平成22年 4月29日06時56分  帯広測候所発表                        │
│                                                             │
│ 十勝北部」大雪，雷，強風，濃霧，なだれ，着雪注意報」             │
│ 十勝中部」波浪警報」大雪，雷，強風，濃霧，なだれ，着雪注意報」   │
│ 十勝南部」波浪警報」大雪，雷，強風，濃霧，なだれ，着雪注意報」   │
│ ((十勝地方の海は、29日昼前から夕方まで波の高さ6メートルの大しけ │
│ 。高波に警戒。十勝地方では、29日夕方までの12時間降雪量30センチ  │
│ の大雪。交通障害、なだれ、電線着雪、突風、落雷、ひょうに注意。))│
│                                                             │
│ 十勝北部 ［発表］大雪注意報 ［継続］雷，強風，濃霧，なだれ，着雪注意報 │
│                                                             │
│ 十勝中部 ［発表］大雪注意報 ［継続］波浪警報 雷，強風，濃霧，なだれ，着雪注意報 │
│                                                             │
│ 十勝南部 ［発表］大雪注意報 ［継続］波浪警報 雷，強風，濃霧，なだれ，着雪注意報 │
└─────────────────────────────────────────────────────────────┘
```

警報・注意報が確認できるサイト

| 気象庁ホームページ［パソコン用］ | 国土交通省防災情報提供センター［携帯電話用］ |

http://www.jma.go.jp/jma/   http://www.mlit.go.jp/saigai/bosaijoho/i-index.html

| 市町村や民間気象会社の携帯電話向けサービス紹介 |

http://www.jma.go.jp/jma/kishou/info/jichitai.html ［パソコン用］
http://www.jma.go.jp/jma/kishou/info/keitai.html ［携帯電話用］

```
┌─────────────────────────────────────────────────────────────┐
│ ■ ≡               図20. 気象庁が発表する気象情報 (m)              □ ■ │
├─────────────────────────────────────────────────────────────┤
│ 大雪に関する新潟県気象情報　第8号                              │
│                                                             │
│ 平成22年2月4日16時18分　新潟地方気象台発表                     │
│                                                             │
│ ［見出し］                                                    │
│ 下越の海岸と平野部では5日昼前まで大雪に警戒して下さい。県内では6日│
│ にかけて降雪による交通障害、なだれに注意して下さい。          │
│                                                             │
│ ［本文］                                                      │
│ ［要因］                                                      │
│ 　輪島市上空の約5000メートルには、およそ氷点下33度の強い寒気が │
│ 流れ込んでいます。強い寒気を伴った冬型の気圧配置は、6日にかけて続く│
│ 見込みです。                                                  │
│                                                             │
│ ［雪の予想］                                                  │
│ 新潟県では、4日18時から5日18時までの24時間降雪量は多い所で、   │
│ 　上越　海岸20センチ　平野30センチ　山沿い40センチ           │
│ 　中越　海岸40センチ　平野60センチ　山沿い70センチ           │
│ 　下越　海岸40センチ　平野60センチ　山沿い70センチ           │
│ 　佐渡　　　30センチ                                          │
│ の見込みです。                                                │
│                                                             │
│ ［雪の実況］                                                  │
│ 　県内のアメダス積雪深計によると、4日16時までの24時間降雪量（速│
│ 報値）と積雪深（カッコ内）は、以下の通りです。＜単位はセンチ＞  │
│                                                             │
│ 　新潟　　　　40（44）　　新潟市新津　29（22）                │
│ 　上越市高田　38（147）　十日町　　　　9（234）               │
│ 　佐渡市相川　17（9）　　津南　　　　　4（224）               │
│ 　長岡　　　　3（68）　　上越市安塚　21（209）                │
│ 　関川村下関　29（99）　　糸魚川市能生　43（136）             │
│ となっています。                                              │
└─────────────────────────────────────────────────────────────┘
```

Chapter 2 天気予報の利用法

天気予報の用語

　天気予報で使われている言葉には一定の決まりがある。たとえば「快晴」と「晴れ」や「曇り」は、きちんとしたルールによって分けられている。全天を10としたときに、雲に覆われている面積が1割以下の場合は「快晴」、2割から8割までが「晴れ」、9割以上なら「曇り」とされる。「1割以上2割未満はどうなるの?」と思う人がいるかもしれないが、そのあたりは大まかに判断されている。これらはあくまで人間が目視で観測していることであり、細かい数字までは出せないからだ。

　また、雨や雪、ひょう、雷など、なんらかの気象現象が見られるときは、それらを優先させるという決まりがある。雲量が5割程度で晴れているのに雨が降っているときは、一般には「お天気雨」と言われるが、気象用語では「雨」となる。

　さらに、「晴れのち曇り」の「のち」や、「晴れ一時雨」の「一時」、「曇りときどき雨」の「ときどき」も、使い方に厳密な決まりがある。その基準となるのが予報期間の概念だ。予報期間とは予報の対象となる時間で、基本的に1日単位となっている。たとえば11時発表の今日の天気予報ではその日の11時以降24時まで、明日の天気予報といえば明日の0時から24時までを指す。

　図21を見てみよう。①のように、期間の半分くらいを境にして前半と後半で天気が異なるときには「のち」という表現を使う。前半が「晴れ」で後半が「曇り」の場

図21. 天気用語の使用法

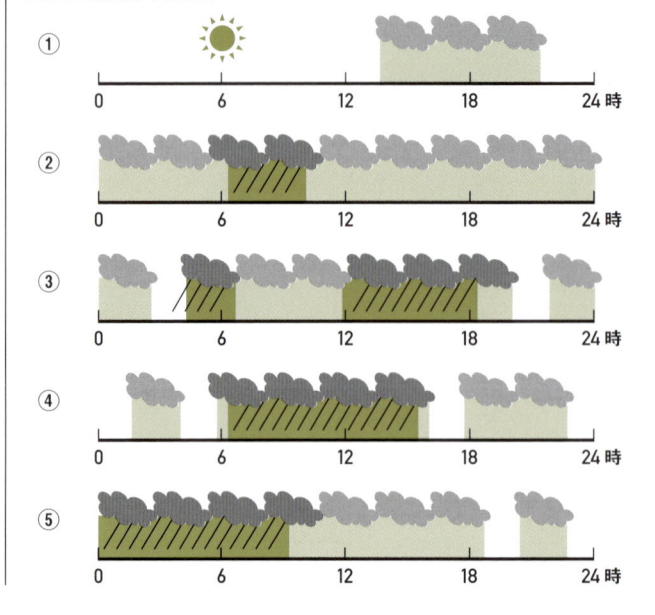

① **のち**
期間の½くらいを境に前半・後半で天気が変化

② **一時**
現象が連続して起こり、予報期間の¼未満

③ **ときどき**
現象が断続して起こり、予報期間の½未満

④ **ときどき**
現象が連続して起こり、予報期間の¼以上½未満

⑤ **はじめのうち**
予報期間のはじめ¼〜⅓位

合は「晴れのち曇り」、前半が「曇り」で後半が「雪」なら「曇りのち雪」となる。

②のように、雨が連続して降り、その期間が予報期間の4分の1未満のとき（予報単位が24時間の場合は、6時間未満の場合）は「一時雨」という表現を使う。残りの期間が晴れであれば、「晴れ一時雨」という具合である。

次に③と④を見ていく。雨の降る時間が予報期間の2分の1未満で、断続的に雨が降るとき、または連続して雨が降り、かつその期間が予報期間の4分の1以上2分の1未満のときには「ときどき雨」という表現になる。残りの期間が「曇り」であれば「曇りときどき雨」いうわけである。「曇りときどき晴れ」も同じ考え方で、晴れている時間が予報期間の2分の1未満で、断続的に現れる場合、または連続して晴れていて、かつその期間が予報期間の4分の1以上2分の1未満の期間の場合に使われる。

また、期間のはじめ4分の1から3分の1程度にだけ現象が見られる⑤のようなときには、「はじめのうち」という表現を使う。たとえば期間の半分くらいを境にして、前半が「曇り」、後半が「晴れ」の場合には「曇りのち晴れ」という表現になるが、さらに期間の前半4分の1程度に雨が予想されるときは「曇りのち晴れ、はじめのうち雨」となる。

なお、天気予報で使われる時間に関する言葉にも決まりがある（**図22**）。たとえば、「日中」というのは9時ごろから18時ごろまでを指し、「夜」は18時ごろから翌朝6時ごろまでを指す。ただし、季節や地域によって日没や日の出の時間が異なるため、厳密な時間は決められていない。

このように用語を正確に理解することで、有効に天気予報を活用できるようになる。

さらに、雨や風の強さを表す独特の言い回しもある（**表6**、**表7**）。天気予報やニュースでもこの言い回しが使われるので覚えておくとよいだろう。

図22. 天気予報の時間区分で使用される用語

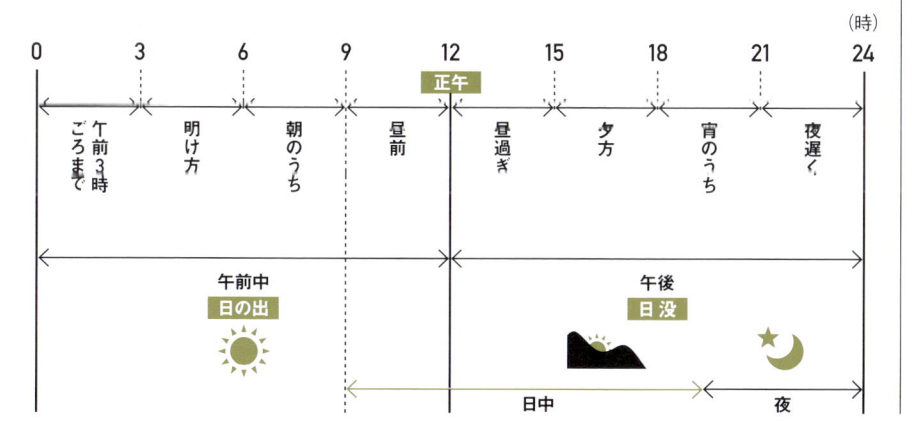

表6. 雨の強さと降り方 ⓜ

1時間雨量(mm)	予報用語	人の受けるイメージ	人への影響	屋内(木造住宅を想定)	屋外の様子	車に乗っていて	災害発生状況
10以上 20未満	やや強い雨	ザーザーと降る	地面からの跳ね返りで足元がぬれる	雨の音で話し声が良く聞き取れない	地面一面に水たまりができる		・この程度の雨でも長く続く時は注意が必要
20以上 30未満	強い雨	どしゃ降り				ワイパーを速くしても見づらい	・側溝や下水、小さな川があふれ、小規模の崖崩れが始まる
30以上 50未満	激しい雨	バケツをひっくり返したように降る	傘をさしていてもぬれる		道路が川のようになる	高速走行時、車輪と路面の間に水膜が生じブレーキが効かなくなる(ハイドロプレーニング現象)	・山崩れ・崖崩れが起きやすくなり危険地帯では避難の準備が必要 ・都市では下水管から雨水があふれる
50以上 80未満	非常に激しい雨	滝のように降る(ゴーゴーと降り続く)	傘は全く役に立たなくなる	寝ている人の半数くらいが雨に気がつく	水しぶきであたり一面が白っぽくなり、視界が悪くなる	車の運転は危険	・都市部では地下室や地下街に雨水が流れ込む場合がある ・マンホールから水が噴出する ・土石流が起こりやすい ・多くの災害が発生する
80以上	猛烈な雨	息苦しくなるような圧迫感がある。恐怖を感ずる					・雨による大規模な災害の発生するおそれが強く、厳重な警戒が必要

表7. 風の強さと吹き方 ⓜ

平均風速(m/s)	おおよその時速	平均風速(kg重/m)	予報用語	速さの目安	人への影響	屋外・樹木の様子	車に乗っていて	建造物の被害
10以上 15未満	~50km	~11.3	やや強い風	一般道路の自動車	風に向って歩きにくくなる。傘がさせない	樹木全体が揺れる。電線が鳴る	10m/秒で道路の吹流しの角度が水平となる。高速道路で乗用車が横風に流される感覚を受ける	取り付けの不完全な看板やトタン板が飛び始める
15以上 20未満	~70km	~20.0	強い風		風に向って歩けない。転倒する人もでる	小枝が折れる	高速道路では、横風に流される感覚が大きくなり、通常の速度で運転するのが困難となる	ビニールハウスが壊れ始める
20以上 25未満	~90km	~31.3	非常に強い風	高速道路の自動車	しっかりと身体を確保しないと転倒する			鋼製シャッターが壊れ始める。風で飛ばされた物で窓ガラスが割れる
25以上 30未満	~110km	~45.0			立っていられない。屋外での行動は危険	樹木が根こそぎ倒れはじめる	車の運転を続けるのは危険な状態となる	ブロック塀が壊れ、取り付けの不完全な屋外外装材がはがれ、飛び始める
30以上	110km~	45.0~	猛烈な風	特急列車				木造住宅の全壊が始まる

気象情報の活用

今日、気象情報はテレビやラジオの天気予報だけでなく、パソコン（PC）や携帯電話などからも入手することができる。しかし、情報が多すぎてどれを活用したらいのかわからないという人も多いだろう。そこで、山の天気という観点から使い勝手のいいウェブサイトを以下に紹介する。

気象庁のホームページ ［PC］

非常に充実した内容のサイトで、筆者自身もよく利用している。携帯では見られないのが欠点であるが、登山に出発する前に自宅で確認するのにはとても便利だ。天気予報はもちろん、3種類の衛星画像、レーダー・エコー合成図、降水短時間予報、アメダス、ウィンドプロファイラなど各種データが充実している。

http://www.jma.go.jp/jma/index.html

北海道放送の専門天気図 ［PC］

山の天気を予想するうえで、高層天気図を見ることは欠かせない。このサイトは、地上天気図や各種高層天気図が非常に充実している。とくに予想天気図は重宝する。

http://www.hbc.co.jp/pro-weather/

『山と溪谷』の現地最新情報ページ ［PC］

全国の山における積雪、気象、登山道などの最新情報を見ることができる。登山者必見のホームページ。

http://www.yamakei-online.com/mt_info/

ウェザーニュース ［PC・携帯電話等］

民間気象会社のウェザーニュースが提供する気象情報サイト。天気予報や各地のライブカメラ、実況天気、レーダー画像、山岳情報などが手に入る。また、「ゲリラ豪雨隊」などユニークな試みも行なっている。

http://weathernews.jp/livecam/index.html

日本山岳会天気予報 ［PC・メール］

北アルプス北部・南部および八ヶ岳の天気予報を、GW期間中や年末年始に配信。登録が必要だが、無料で利用できる。登山者の立場に立った詳細な解説が好評。携帯電話での閲覧はできないが、パソコンで閲覧できるほか、メール配信も行なっている。予報担当は筆者。

http://www.everest.jp/jacweather/

ヤマテン「山の天気予報」
［PC・携帯電話等・メール］

全国15山域の山頂の天気予報を毎日配信。翌々日までの6時間ごとの天気、気温、風速の予想と警戒すべき気象状況の詳細な解説を行なっている。また、不定期で「大荒れ情報」などのニュースメールを配信。月額315円の有料サイト。携帯電話およびパソコンで閲覧できるほか、メール配信も可能。

http://i.yamaten.info/

COLUMN 02

　ウィンドプロファイラは、地上から上空に向けて東西南北と真上の5方向に電波を発射し、大気中の風の乱れや降水粒子にぶつかって戻ってきたものを受信・処理することで、上空の風向風速を測定する観測システムである。大気の状況にもよるが、高度約300mから5km付近までの観測が可能で、上空1km、2km、3kmの各地点での風向・風速を知ることができる。

　また、気象庁のホームページ上（http://www.jma.go.jp/jp/windpro/）では、過去から現在までの風の変化（**図23**）や、全国における風の分布状況（**図25**）を見ることができるので、これと地上天気図や高層天気図を組み合わせることによって、目的とする山の風速を予想することができる。

　標高の高い山ほど平地との風速差が大きくなるので、山行前にはぜひウィンドプロファイラをチェックすることをおすすめしたい。ウィンドプロファイラのデータは、目的とする山に近いものを利用することになる。**表8**と**図24**を参考にしてほしい。

図23. 高田のウィンドプロファイラ観測データ

平成22年5月16日　高田

時刻	1km		2km		3km		4km		5km		6km	
時	風向	風速(m/s)	風向	風速(m/s)	風向	風速(m/s)	風向	風速(m/s)	風向	風速(m/s)	風向	風速(m/s)
1	−	−	−	−	−	−	−	−	−	−	西	12
2	−	−	−	−	−	−	−	−	西南西	13	西南西	14
3	−	−	−	−	−	−	−	−	−	−	西南西	16
4	南西	1	−	−	−	−	−	−	西南西	18	西南西	19
5	西北西	1	西	12	西北西	8	西	15	西	16	西南西	20
6	南南東	2	西	13	西北西	7	西	12	西南西	16	西南西	18
7	西	2	西	13	西	8	西	9	西	17	−	−
8	西	8	西	12	西	10	西	12	西	17	西	18
9	西南西	4	西	12	西	9	西	10	西	15	西	17
10	南西	3	西	11	西	12	西	7	西	15	西	17
11	西	2	西	11	西北西	10	西	10	西	12	西	16
12	西南西	2	西南西	4	西北西	9	西	9	−	−	西北西	16
13	西	9	南南西	2	西北西	10	西北西	13	西北西	17	−	−
14	西	9	西	3	西	9	−	−	北西	16	−	−
15	西南西	6	南南西	4	西北西	9	西南西	12	−	−	−	−
16	南西	3	南南西	3	西	9	西北西	11	−	−	−	−
17	西	8	南西	3	西	9	北西	11	北西	18	−	−
18	西	14	西南西	8	西南西	9	西北西	9	北西	15	−	−
19	西	10	西	14	西	9	西北西	9	北西	16	−	−
20	−	−	西	11	西	12	西北西	13	−	−	−	−
21	−	−	西	11	西北西	13	−	−	−	−	−	−
22	−	−	−	−	北西	14	−	−	−	−	−	−
23	−	−	西北西	8	北西	14	−	−	−	−	−	−
24	−	−	西	8	北西	13	−	−	−	−	−	−

ウィンドプロファイラの活用法

表8. 山域ごとの観測データ利用地点

山域	利用地点	利用高度
大雪	留萌・帯広	2km
日高	帯広	2km
羊蹄山	室蘭	2km、1km
鳥海山	酒田	2km
岩手山・早池峰山	宮古	2km
飯豊・朝日	酒田、高田	2km
谷川・赤城・日光	熊谷	2km
丹沢	河口湖	2km、1km
富士山	河口湖	4km、3km
八ヶ岳	河口湖	3km、2km

山域	利用地点	利用高度
北アルプス	高田、福井	3km
中央アルプス	名古屋、河口湖	3km
南アルプス	河口湖、静岡	3km
大山、氷ノ山	鳥取	2km、1km
八剣山、大台ヶ原	尾鷲	2km、1km
剣山、石鎚山	高松、高知	2km
久住、阿蘇	熊本、大分	2km、1km
霧島	市来	2km、1km
屋久島	屋久島	2km

図24. ウィンドプロファイラ観測網 ⓜ

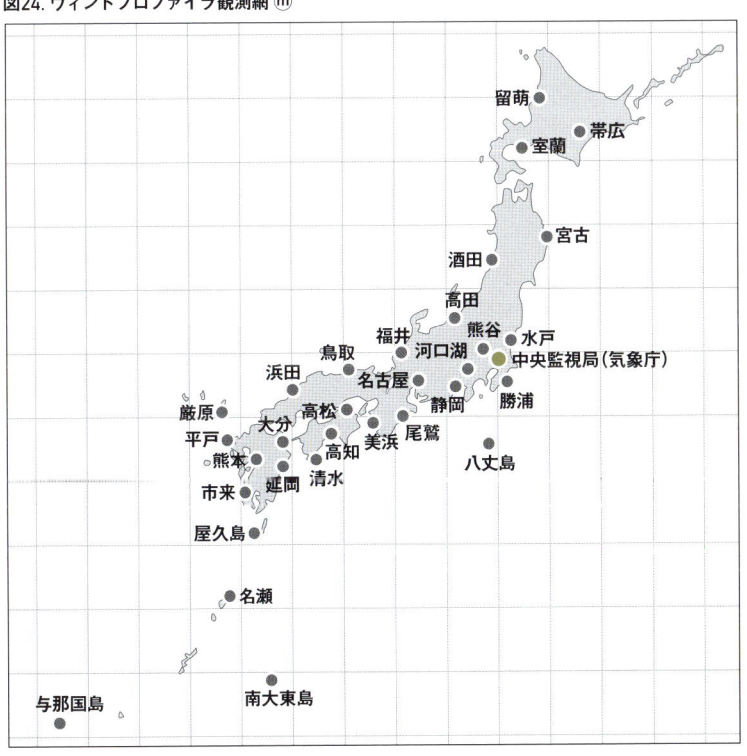

図25. 全国のウィンドプロファイラ

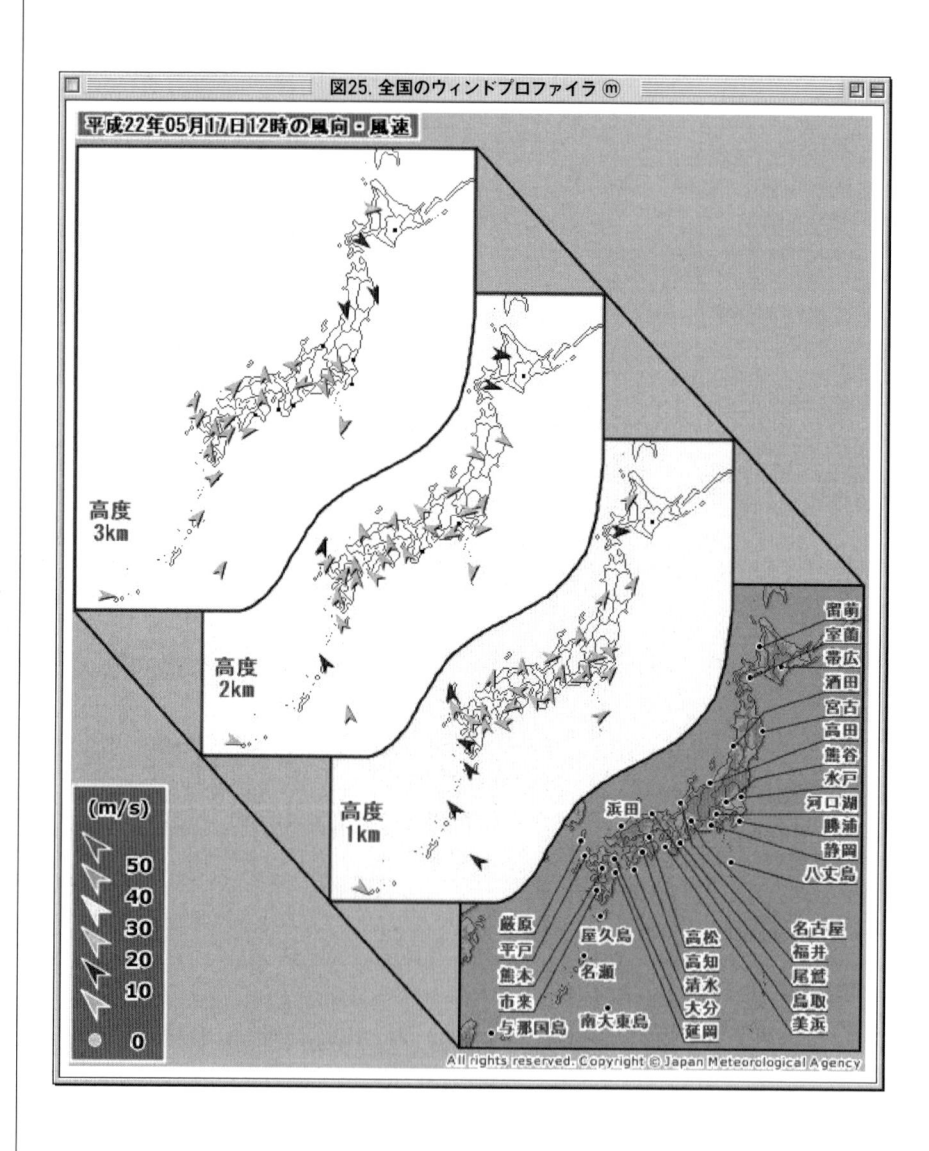

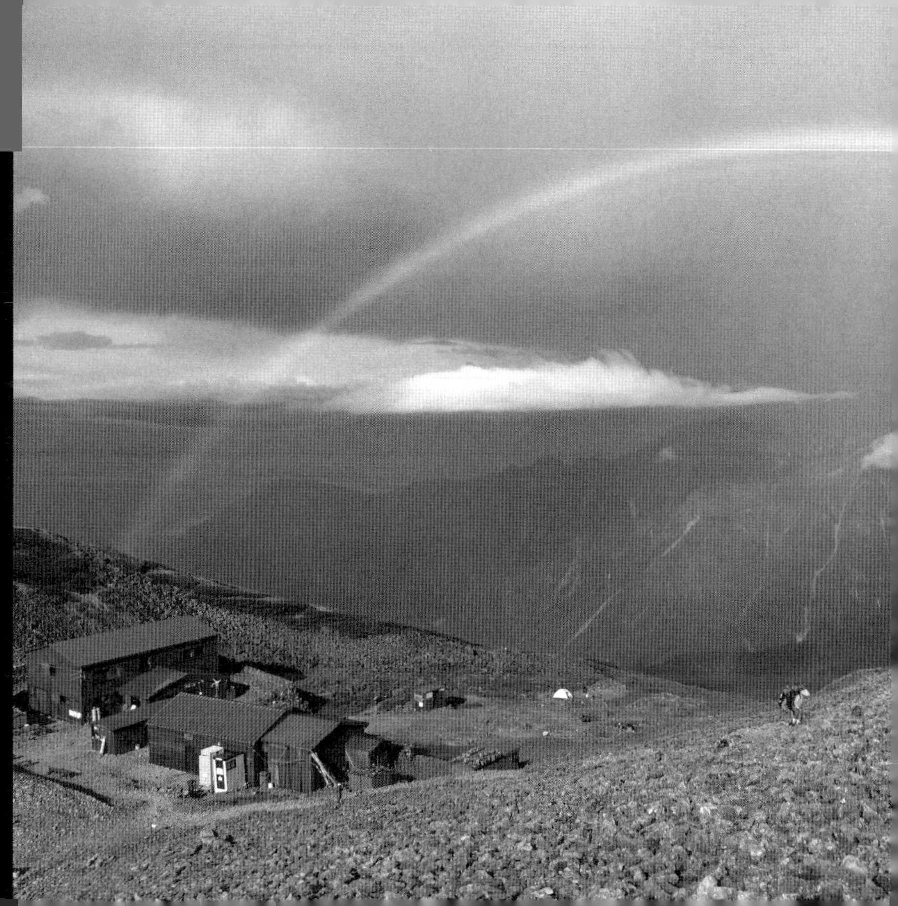

山の天気を左右する3要素

1. 上昇気流

山の天気は変わりやすい

　山の天気は変わりやすい、といわれている。その最大の理由は、山の地形に凹凸があることによる。この凹凸によって上昇気流が発生する。上昇気流は雲をつくり出す大きな要因となり、天気が変わりやすくなる。

　図1のように、風が右から左に吹いているとしよう。山がない場合は、風は上昇や下降をすることなく、地面に平行に吹く。ところが、図2のように、山と海がある場合には、海の上にあった空気は、風に運ばれて山の斜面にぶつかる。ぶつかった空気は地面に潜ることができないので、山の斜面に沿って上昇するしかない。こうして空気は強制的に上昇させられるので、山では風が吹けばすぐに上昇気流が発生する。

上昇気流が起きると天気が悪くなる

　空気は、目に見えないが大きな圧力を持っている。大人の手のひらの大きさで、なんと約100kgという重さがかかっている。それでも私たちが空気に押し潰されないのは、外側から働く空気の力と同じ力が体の内側からも働いているからである。

　空気の力は、上層に行くほど急速に小さくなる。というのも、高度が上がるとともに、空気は急速に希薄になるからだ。

　上昇気流とは、空気が上方へ移動することをいう。つまり、上方へ吹く風のことだ。上昇気流によって空気の塊が上昇すると、周囲からの空気の圧力が減少し、その結果、空気の塊は膨張する。上昇することによって空気が膨らむわけである（**図3a**）。標高の高いところや飛行機の中にポテトチップスを持ち込んだときに、袋がパンパンに膨らむのも同じ原理だ。

　このように空気は膨張することによってエネルギーを使う。それを補うために、自分が持っている温度のエネルギーを使うので、温度が下がる。つまり、温度を下げることで、空気を膨張するエネルギーを生み出しているのである（**図3a**）。

　空気が含むことのできる水蒸気の量は、温度によって違ってくる。温度が高いほど

図1. 山がない場合

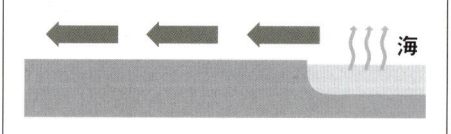

図2. 山の上昇気流

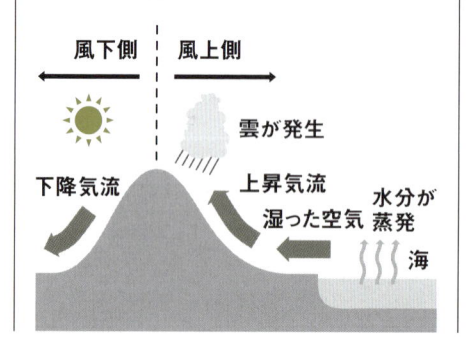

たくさんの水蒸気を含むことができ、温度が低くなればなるほど、少量の水蒸気しか含むことができなくなる。したがって、空気のかたまりが上昇して温度が下がると、やがては含むことのできる水蒸気の量が限界に達し、溢れ出したぶんの水蒸気が水滴に変わる（図4）。こうしてできた水滴がたくさん集まったものが雲となる。つまり、空気が上昇することによって雲が発生し、上昇気流が強ければ強いほど雲は発達する。

山で天気が悪くなる場所は

上昇気流は、山の風上側の斜面で起きる。図2を見ると、風上側から入ってきた空気は、山の斜面に沿って上昇し、雲を発生させることがわかる。その空気が山を越えて反対側に移動すると、今度は斜面に沿って下降し、雲は消散する。

空気が下降するときは、上昇気流の場合とは逆に、下に行くほど空気の圧力が増す。すると、空気のかたまりは縮んでいき、エ

図3a. 上昇気流による空気の変化

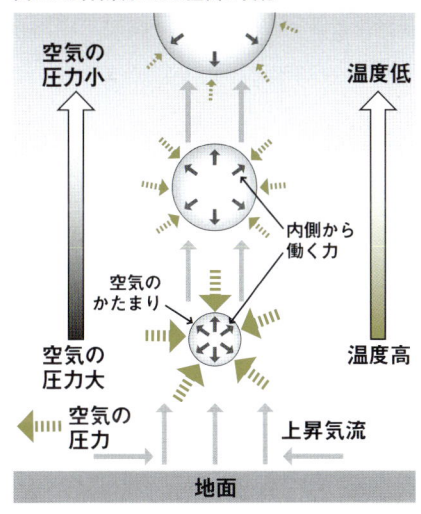

図3b. 下降気流による空気の変化

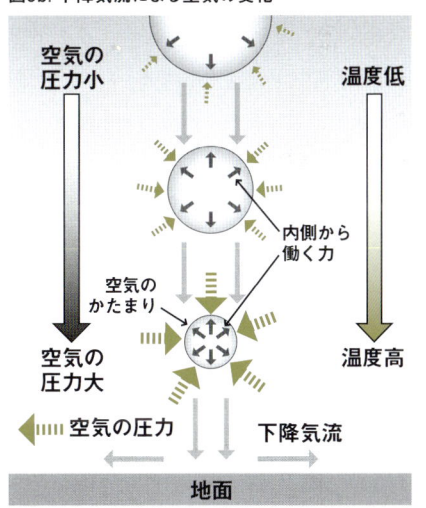

図4. 空気が冷えて雲が発生するしくみ

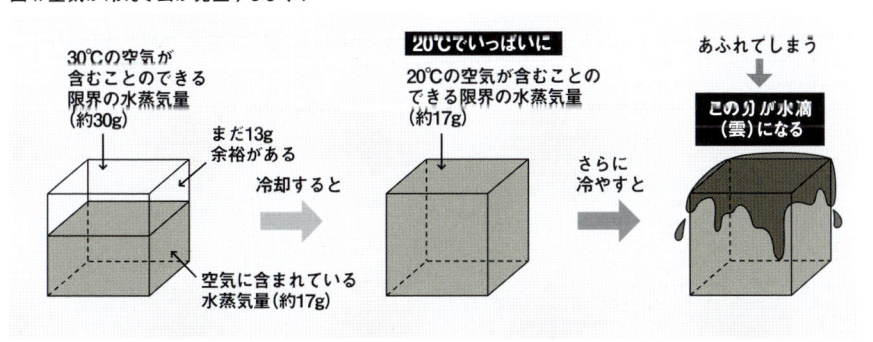

ネルギーが余る。余ったエネルギーは空気の温度を上昇させるのに使われるので、下降気流によって空気の温度は上昇する（**図3b**）。温度が上がれば含むことのできる水蒸気の量が増えるので、空気はもっと多くの水蒸気を含むことができるようになり、水滴が蒸発して雲は消えていく。

上昇気流と下降気流が発生する場所は、風が吹いてくる方向によって変わってくる。西側から風が吹いてくれば、山の西斜面で上昇気流が発生し、東斜面では下降気流となる。したがって、どの方向から風が吹いてくるのかを読むことが、山の天気を予想するうえで極めて重要になる。

海上の空気は海から蒸発した水蒸気を多く含んだ、湿った空気となっている。そのため、海側から湿った風が吹きつける山の風上側では、とくに雲が発生・発達しやすくなる（**図2**）。

図5. 低気圧や台風の中心における上昇気流

周囲から集まった空気が上昇する

低

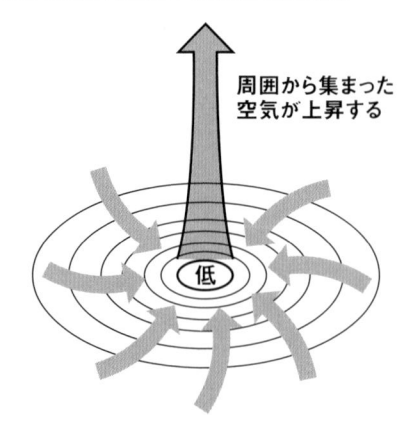

上昇気流が起こりやすい場所

上昇気流が発生するところでは天気が崩れやすい。したがって、上昇気流が発生しやすい場所がわかれば、天気が崩れる場所もおのずとわかってくる。上昇気流が起こりやすい場所を以下に挙げる。

- **山の風上側斜面**

これまで解説してきたように、山の風上側斜面では上昇気流が発生する（**図2**）。

- **低気圧や台風の中心付近**

低気圧や台風は、周囲から中心に向かって風が吹き込む（65ページ参照）。そのため、中心に集まった空気は行き場がなくなり、上昇する。それが、低気圧や台風の中心付近で天気が悪くなる理由のひとつである（**図5**）。

- **前線付近**

温暖前線では、寒気の上を暖気が緩やかに滑昇する。寒冷前線では、寒気が暖気に潜り込むことによって、暖気が急激に上昇する。このように、前線付近では上昇気流が発生することにより、天気が崩れる（69ページ参照）。

- **地面や海面が暖められたところ**

暖かい空気は軽いという性質があるので、周囲に比べて暖かい空気は軽くなって持ち上がる。そのため上昇気流が発生する。とくに上層に寒気が入ると、強い上昇気流が発生する（50ページ参照）。

- **風と風がぶつかり合うところ**

風と風がぶつかり合うと、ぶつかり合った空気は行き場がなくなり上昇する（**図6**）。

2.水蒸気量

　上昇気流が発生した場合でも、もとの空気が乾燥していれば、雲はなかなか発生しない。たとえ雲ができても、雨雲にまで発達しないのがふつうだ。

　たとえば富士山の場合、静岡県側で雨が降っているのに、山梨県側では晴れ間が出ているということがたびたびある。これは、水蒸気を多く含んだ空気が駿河湾から南風に乗ってきて富士山にぶつかり、それが上昇して風上の静岡県側で雲が発達するからだ。夏は太平洋高気圧や台風などから暖かく湿った空気が流れ込みやすいために、静岡県側で雨雲が発達しやすくなる。

　一方、冬になると西高東低(せいこうとうてい)の冬型の気圧配置になって、北西または西風が吹くことが多くなる。しかし、この空気は日本海側でたっぷりと雪や雨を落として水蒸気の少ない乾燥したものとなっているので、富士山にぶつかって上昇しても、風上の山梨県側で雨(雪)雲にまで発達することはほとんどない(**図7**)。

　ヒマラヤ山脈では、スケールがさらに大きくなる。夏はモンスーンと呼ばれる季節風がインド洋方面から吹きつけてくるが、この空気は暖かくて非常に湿ったものである。それがヒマラヤ山脈にぶつかって上昇するので、雲が非常に発達する。風上側に当たるインドのアッサム地方は、雨季の期間には連日大雨が降り、世界一の多雨地帯となっている。

　反対に、冬はシベリアの寒冷で乾燥した高気圧から冷たい北風が吹きつけてくる。この空気は乾燥しているため、上昇しても雲はほとんど発生しない。風上側にあたるチベット高原で冬の降水量が極めて少ないのは、このためだ(**図7**)。

　風が山にぶつかるとき、風上側でいつも雨や雪が降るのではなく、水蒸気の量によって天気は大きく左右される。**水蒸気の量が多いほど雲は発達し、水蒸気の量が少ないほど雲は発生しにくくなる。**上昇する空気にどのくらいの水蒸気が含まれているかを予想することが、雲の発達具合や降水量を予想するうえで重要になってくるのである(**図8**)。

図6. 風と風がぶつかり合って空気が上昇する

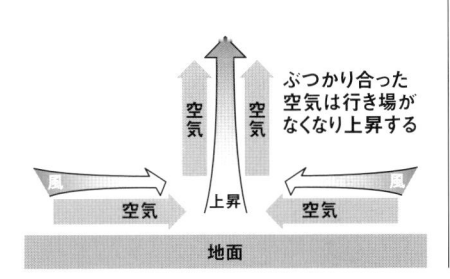

図7. 季節によって変わる雲の発生場所

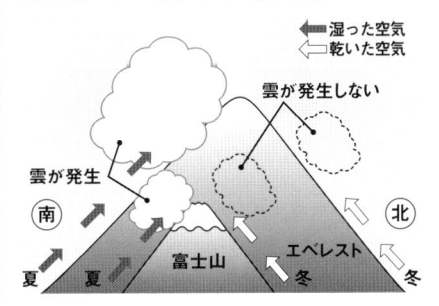

図8. 空気塊に含まれる水蒸気と雲の発達の関係

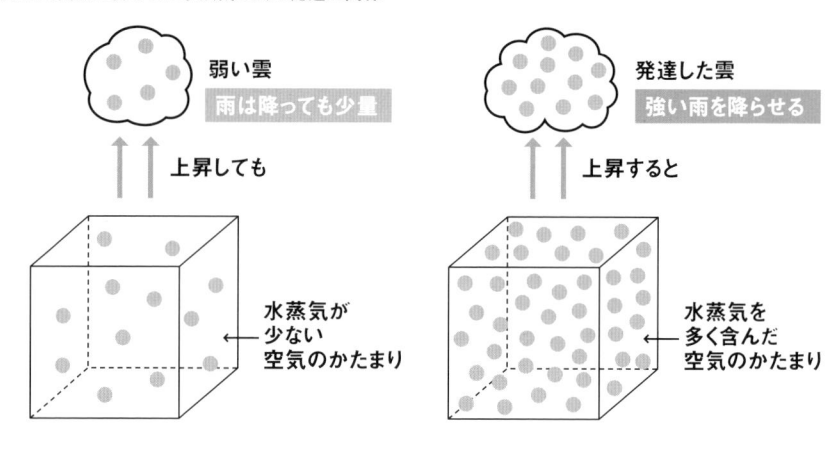

弱い雲
雨は降っても少量
↑ 上昇しても
水蒸気が少ない空気のかたまり

発達した雲
強い雨を降らせる
↑ 上昇すると
水蒸気を多く含んだ空気のかたまり

3. 大気の不安定度

雲はどこまで上昇するの？

　雲は上昇気流によって無限に上昇を続けていくわけではなく、上昇気流が終わったところで成長を止める。その地点が雲のてっぺん（雲頂）だ。標高が低い山では、山麓で発生した雲がよほど薄い雲でないかぎりは、山頂まで覆うことになる。しかし、標高の高い山の場合、山頂より低いところで上昇気流が終わり、雲が成長を止めれば、山頂は山麓の霧や雨から開放されて青空の広がる別世界となり、素晴らしい雲海を楽しむことができる。

　雲の成長は上昇気流の強さに左右される。上昇気流が強ければ雲はどんどん上昇していき、高い山の山頂は雲に覆われて悪天になる。しかし、途中で上昇気流が止まれば、雲はその高さで成長を終えることになる（図9）。

　上昇気流が強くなるかどうかを判断する

図9. 上昇気流と雲の高さの関係

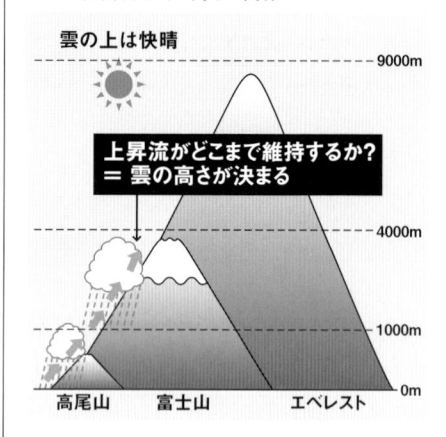

雲の上は快晴
9000m
上昇流がどこまで維持するか？
＝ 雲の高さが決まる
4000m
1000m
0m
高尾山　富士山　エベレスト

にはいろいろな指標があるが、大気の不安定度を調べるのがひとつの手がかりになる。

大気が不安定な状態

　空気には、**暖まると軽くなり、冷やされると重くなる**という性質がある。暖かい空気は軽いので上方へ行き、冷たい空気は重いので下方に集まる。暖房を効かせた室内では、暖かい空気は上に溜まっ

ていくため、足元はなかなか暖まらない。これは、空気の性質をよく表している現象のひとつだ。このような状態が空気（大気）にとっては理想的で、ストレスのない状態、つまりは大気が安定している状態という。

しかし実際には、地上から高度約11kmまでの対流圏では地面に近いところほど暖かく、上層に行くほど寒くなっている。登山者なら誰でも、標高の高いところに行けば行くほど、気温が低くなっていくという経験をお持ちだろう。

要するに、ふだんの大気の状態は、大気にとっては理想的な状態とはほど遠い、ストレスのかかる状態になっているわけである。しかし、空気は我慢強く、ある程度の不安定さまでは耐えられる。ところが、地面付近が暖まって上空に寒気が入ってくると、上下の温度差が非常に大きくなる。そうなると空気は耐えられなくなり、上方にある冷たい空気（寒気）は下降して暖かい空気（暖気）のなかに入り込み、下方にある暖気は上昇して寒気のなかに入り込むことによって、上下の温度差を和らげようとする。このときに強い上昇気流が発生し、雲は上へ上へとどんどん成長していって、鉛直方向に大きい積乱雲が発達する（**図10、写真1**）。

このような状態を大気が不安定と呼んでいる。**上空に強い寒気が入るときは、地面**

COLUMN 01　　低体温症を引き起こす3大要因

近年、低体温症が原因で命を落とす遭難事故がたびたび発生している。

人間の体は、爬虫類とは異なり、外気温が上がったり下がったりしても体温が維持されるようにできている。しかし、体温を維持するために必要な熱量が不足し、また外気温の低下などで体温が奪われる状況が長く続くと、調整が間に合わずに体温が急速に低下していくことになる。このような状況下で体温が35度を下回ると危険な状態に陥るといわれており、体温が33度以下になると意識混濁や意識喪失が起こり、放置しておくと死に至る。

凍傷治療の第一人者で、低体温症にも詳しい「ふれあい東戸塚ホスピタル」整形外科の金田正樹先生によれば、低体温症の最も大きな要因は、影響が大きい順に「風」「濡れ」「低温」の3つだという。体感温度の指針となる気温と風だけではなく、濡れが低体温を引き起こす重要な要素となるのである。

とすれば、雨（雪）を伴った強風が吹き、低温が続く状態が最も低体温症になりやすい気象条件ということになる。このような状況は、温帯低気圧が発達しながら接近・通過したときに発生しやすい。実際、低体温症は多くの場合、温帯低気圧の通過時あるいは通過後に発生している。

重要なのは、強風や降雨（雪）、低温といった気象状況をあらかじめ予想し、そうした状況下での行動を回避することだ。そのためのポイントについては、Chapter7で詳しく解説する。

付近との温度差が大きくなり、**大気が不安定な状態**になりやすい。したがって、雲がどこまで成長するかは、上空にどれだけ強い寒気が入っているかによる。

大気が安定した状態

一方で、大気が安定している層（**図11**）が上空にあると、地上付近で湿った空気が上昇し、雲が発生しても、安定した層に抑えられて、それ以上発達することはない。青空にぽっかり浮かぶ積雲や、冷たい空気が下層に入ったときに発生する層積雲が、その代表的な例だ。低い山では深い霧に覆われて雨が降ることもあるが、高い山の頂や稜線では雲の上に出て、雲海が広がる晴天が期待できる（**図12**、**写真2**）。

図10. 大気が不安定な状態

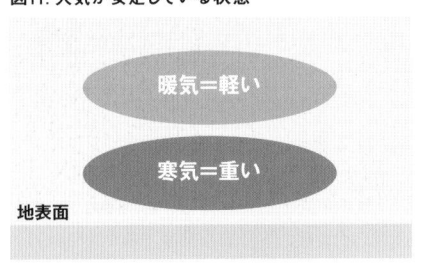

写真1. 大気が不安定なときに発生する雲

写真＝ Fujigoko.TV　http://www.fujigoko.tv/

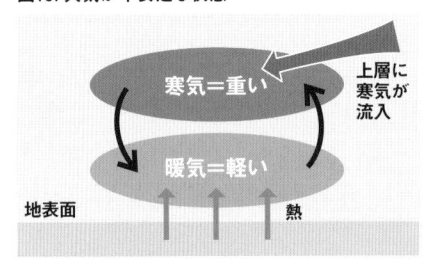

図11. 大気が安定している状態

写真2. 大気が安定しているときに発生する雲

図12. 大気が安定しているときの標高による天気の違い

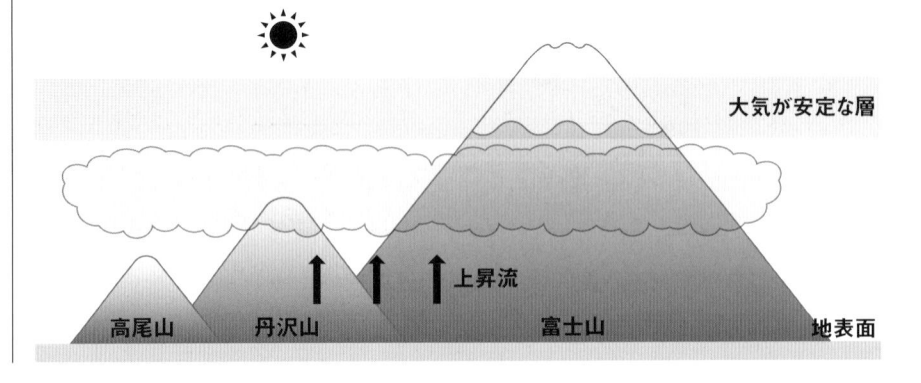

高度と気温と風の関係

1. 気温

大気の存在は高度約500kmが上限とされているが、上部に行くほど急激に希薄になり、あとは宇宙空間に続いている。天気変化のほとんどは、私たちが生活している高度約11kmまでの対流圏と呼ばれる大気の最下層で起きている（294㌻図1）。対流圏では、前述のとおり、地表面に近いほど大気の温度（気温）が高く、上部へ行くほど低くなっている。その割合は、地球の標準的な大気のなかでは高度が1km上昇するごとに約6.5℃下がるとされているが、日本付近では湿潤な気候のため、この割合は約6℃になっている。

たとえば地表面が30℃の場合、単純に計算すると標高1000mの山では24℃、2000mで18℃、3000mでは12℃ということになる（図13）。

図13. 山の高度と温度の関係

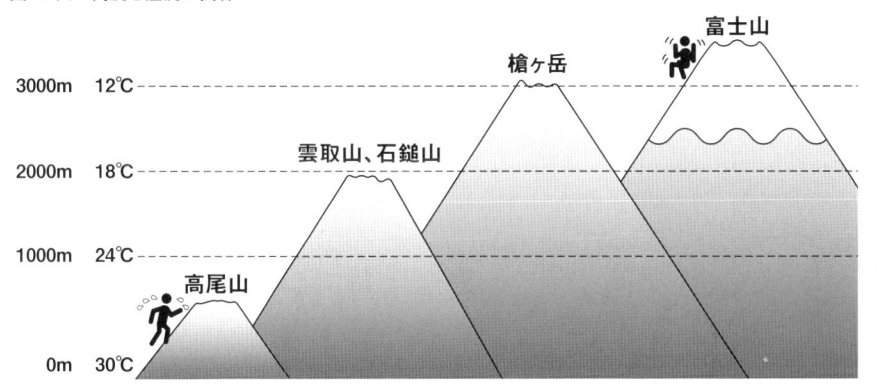

図14. 富士山と東京の月別平均気温（気象庁アメダス観測データより）

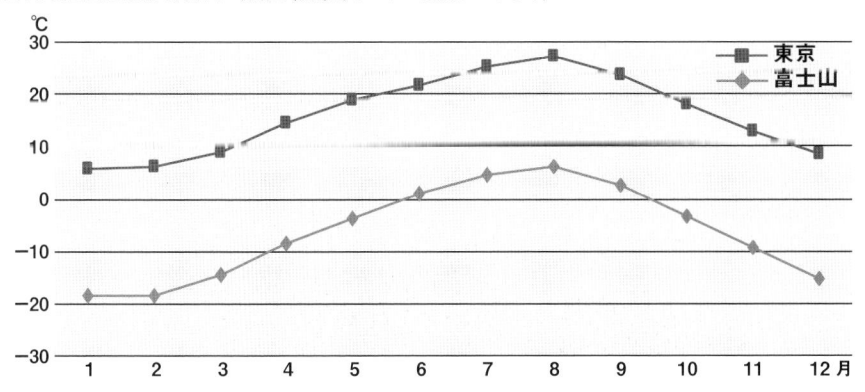

この温度減率は、冬に大きく、夏には小さくなる傾向にあるが、3000mの稜線では真夏でも平地の冬に近い温度になりえることを覚えておこう（**図14**）。もっとも、高い山ほど直接地面に達する日射量も多くなるので、晴れていれば気温以上に暑く感じる。逆に天候が崩れると、日射がないうえに風が強くなるので、気温以上に寒く感じるはずだ。

2. 風

風の特性

　風は水の流れと同じで、高いところから低いところに流れる（吹く）。また、傾斜が強ければ強いほど勢いよく流れる（吹く）。つまり、高度差（気圧差）が大きいほど風は強く吹くというわけだ。地図上で等高線の間隔の狭いところが急傾斜であるように、天気図上でも等圧線（高層天気図では等高度線）の間隔の狭いところが気圧差（高度差）の大きい場所となる。つまり、等圧線が込み合っていると風は強く吹き、等圧線の間隔が広いと風が弱いということになるので、天気図を見れば地上付近における風の強さを推測することができる（**図15・16**）。

　地上天気図は、あくまで地表付近における大気の状態を現したものであり、山の天気を予想するにはそれぞれの高度の天気図を見ることが望ましいが、標高2000m以下の山であれば、地上天気図がかなり参考になる。ただし、2500m以上の山では、高層天気図やウィンドプロファイラ（42ページ）をあわせて利用したほうがよい。ちなみに中緯度では高度とともに風が強まる性質があり（56ページ**図18**）、山では高度が高いほど、そして周囲に高い山がないほど（独立峰など）、風が強くなる傾向にある。

図15. 2002年1月28日9時　地上天気図

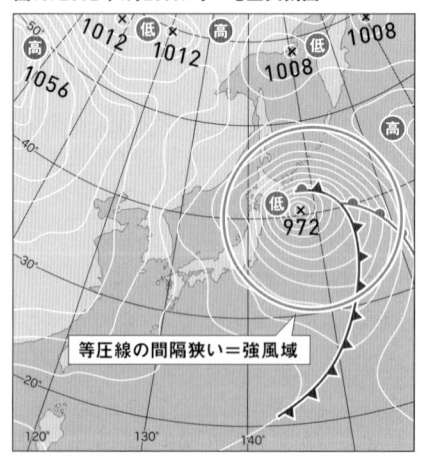

図16. 2007年8月10日9時　地上天気図

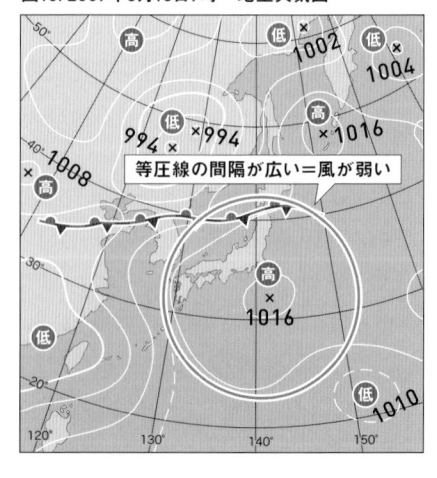

COLUMN 02　　　　　　　　　　　　　　放射冷却とは?

　昼間、地面は太陽光によって暖められるが、夜間は太陽の光が入らないため、地表面から熱が上空に逃げていき、気温が下がる。これが放射冷却だ。

　とくに晴れた風のない日は、冷たい空気は重いので地面付近に溜まりやすいうえ、風によってそれが上の暖かい空気と混じり合うことがない。また地表面から出ていく熱が雲に吸収されることもなく、宇宙へと逃げていくために、放射冷却がいっそう強まる（図17）。逆に雲が多い夜は、地表面から逃げていく熱を雲が吸収して周囲を暖めるため、冷え込みが緩む。放射冷却は、冷たい空気が溜まりやすい、内陸の盆地で顕著に現われる現象である。

図17. 放射冷却のしくみ

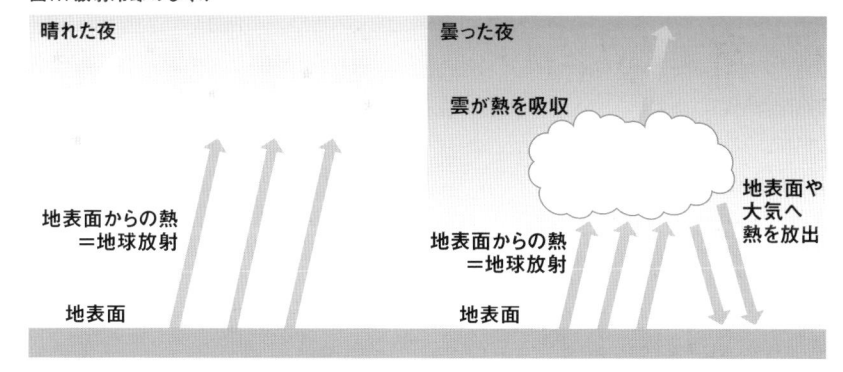

偏西風とジェット気流

　日本を含む中・高緯度帯では、上空を**偏西風**と呼ばれる風が吹いている。このため、高い山ほどこの影響を受けやすい。それでは偏西風はどうして発生するのだろうか。

　一般に暖かい空気は膨張し、冷たい空気は圧縮するという性質を持つ。赤道など低緯度では気温が高いので、空気が膨張する。そのため、各気圧面の高度が高くなっている。また、北極や南極など高緯度では気温が低く、空気が圧縮しているため、各気圧面の高度が低くなっている（図18）。風は、高いところから低いところへ吹くので、ふつうに考えると高度の高い低緯度から高度の低い高緯度に向かって南風が吹きそうなものであるが、実際は西風が吹いている。西風になっているのは、地球の自転により見せかけの力（コリオリ力）が働いていて、北半球では直角右向きに風向を変えられているからである。その理由については、話が難しくなるので詳述しない。

　いずれにしても、中緯度や高緯度の中緯

度側（北半球では南側）では、南北の温度差が大きく、各気圧面の高度差が大きくなっている。風は、前述したように、傾斜が大きいと強く吹くので、高度差が大きい中緯度や高緯度の中緯度側で強い風が吹いている。

各気圧面の高度差を見てみると、上層の気圧面における南北の高度差は、下層（地面に近い）の気圧面における高度差に比べて大きくなっている（**図18**）。高い山ほど風が強くなるのは、地形による摩擦の力が減少することに加えて、高度差が大きいためである。対流圏の圏界面付近（高度約11km）ではとくに強い偏西風が吹いており、これを**ジェット気流**と呼ぶ。ヒマラヤ山脈の8000m級の山々では、ジェット気流が上空に停滞すると、猛烈な風が吹き荒れて登頂が不可能になる。

ジェット気流は、一年中同じようなところにあるのではなく、季節によって移動する（**図19**）。夏になると北半球では太陽高度が高くなり、地面が暖められて気温が上昇するので、中緯度でも気温が高くなり、低緯度と中緯度の温度差が少なくなる。一方、高緯度では南北の温度差が大きくなるため、ジェット気流は北上する。

冬になると、温度差が大きい地域が南に移るため、ジェット気流は中緯度の低緯度側に南下する。また、ジェット気流がひとつではなくふたつ現れることが多く、高緯度側に現れるジェット気流を**寒帯前線ジェット気流**と呼ぶ。これは、北極から強い寒気が南下し、その地域で南北の温度差が

図18. 緯度による各気圧面の高度分布

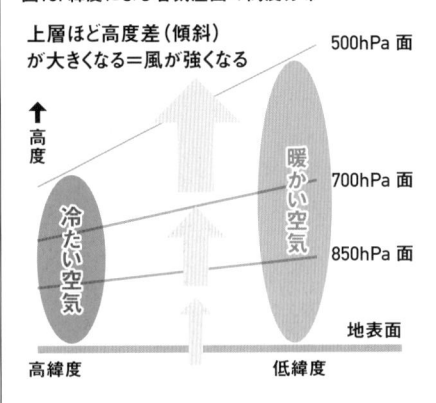

上層ほど高度差（傾斜）が大きくなる＝風が強くなる

500hPa 面
700hPa 面
850hPa 面
地表面

高度 ↑
高緯度　低緯度
冷たい空気　暖かい空気

図19. ジェット気流の季節による位置変化

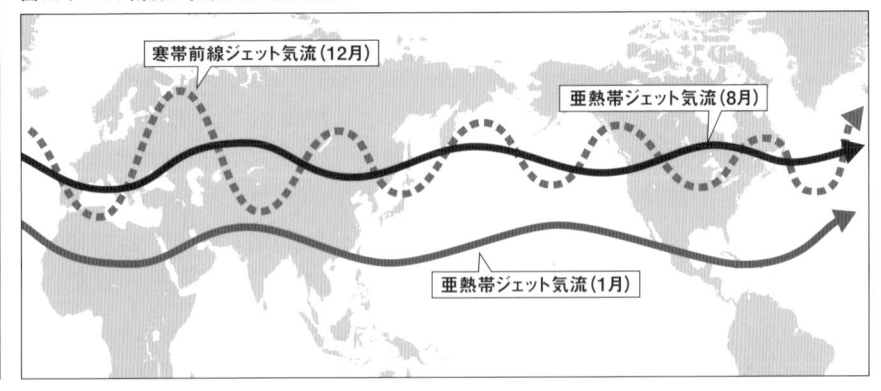

寒帯前線ジェット気流（12月）
亜熱帯ジェット気流（8月）
亜熱帯ジェット気流（1月）

大きくなることによって出現するジェット気流である。（106ページ参照）このジェット気流は冬には日本付近まで南下する。このため、富士山や中部山岳の稜線など標高が高い山になればなるほど、寒帯前線ジェット気流の影響を強く受けるために、冬は風が強くなる（図20）。

山谷風

　一般に、地面は暖まりやすく冷めやすいという性質があり、逆に大気は暖まりにくく冷めにくいという性質がある。そのため、日中、陽が照っているときは、大気よりも地面のほうが暖まる。地面付近の暖まった空気は山の斜面に沿って上昇し、山頂に向かって風が吹く（図21a）。つまり平地（谷）から山頂へ向かって風が吹くので、これを谷風と呼ぶ。

　一方、夜は太陽が沈み、地面から熱が逃げていくため、冷えにくい大気よりも地面付近の気温が下がる。このため、山から平地（谷）に吹き下りる山風が吹く（図

図20. 富士山と東京の月別平均風速　平均値（気象庁アメダスデータより）

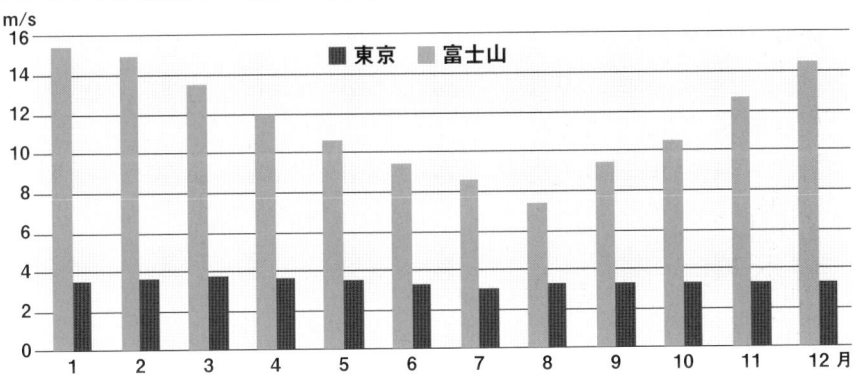

図21. 広い意味での山谷風

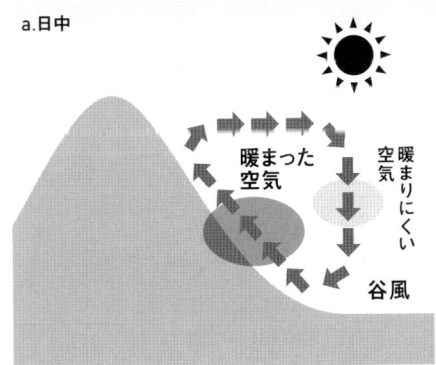

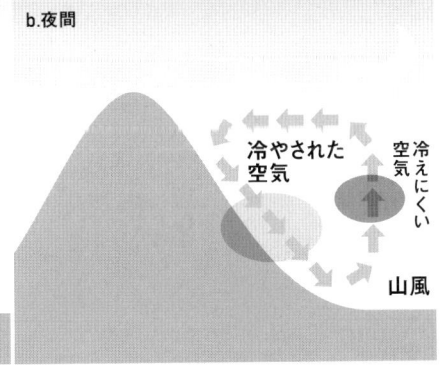

a.日中

b.夜間

21b)。

　この考え方を、ひとつの沢について、もう少し具体的に説明したのが**図22**である。

　たとえば上高地の河童橋では、昼間は焼岳の方向（下流）から風が吹いてくることが多い。逆に夜間や早朝は、明神岳の方向（上流）から風が吹いてくることが多い。

これは高気圧に覆われて穏やかに晴れているときに起きる現象であり、風が強いときや、低気圧や前線が通過するときには、山谷風の循環は崩れる。したがって、山谷風を注意深く観察することは、天気を予想するための材料として使える。

　もっとも、山岳地帯は非常に複雑な地形

図22. 山谷風の1日の変化モデル

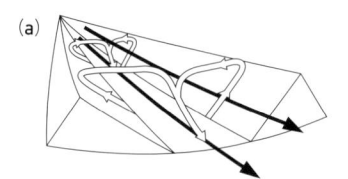

(a) 日の出：主流は山風。谷壁斜面を上る気流（斜面風）も発生している

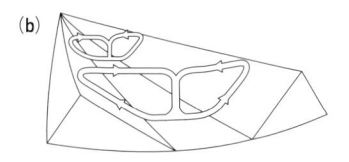

(b) 午前中：谷壁斜面を上る気流だけになり、小さな対流が起こる

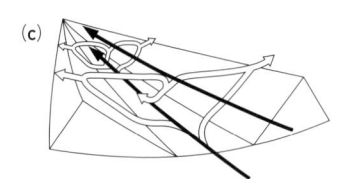

(c) 正午：谷壁斜面を上る気流が強くなり、谷風が吹くようになる

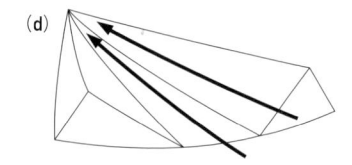

(d) 午後：谷壁斜面を上る気流がなくなり、谷風だけになる

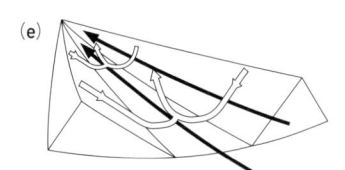

(e) 夕方：斜面風は下降気流に変わり、谷風も吹いている

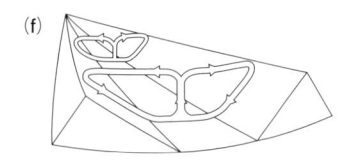

(f) 夜の始まり：谷壁斜面の下降気流だけになる

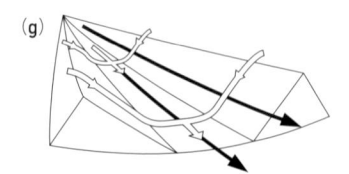

(g) 真夜中：谷壁斜面の下降気流が強まり、山風が吹き出す

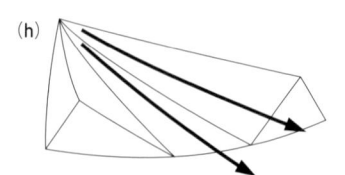

(h) 夜明け：谷壁斜面の下降気流はやみ、山風だけになる

『登山者のための最新気象学』（飯田睦治郎 山と渓谷社）より

をしているので、理論どおりに風が吹かないこともある。そのエリアに精通した山小屋の主人らの経験が役立つこともあるので、彼らから積極的に気象の特徴について学ぶことをおすすめする。

早朝の強い風

山頂で早朝に強風が吹き荒れ、テントが大きく揺さぶられて不安を感じたという経験をお持ちの方もあると思う。筆者も白馬岳の幕営地でツエルトビバークをしているときに、このような目に遭った。「今日は晴れるはずだったのに、大荒れか？」と不安に思ってツエルトから顔を出すと、なんのことはない、よく晴れている。すぐに「山頂で吹く早朝の風か」と納得し、風に押されるツエルトと格闘しながら朝飯をつくったものだ。

一般に、平地では日中に風が強まることが多いが、山頂では逆に、夜から朝にかけて風が強まりやすい（図23）。山頂は地面が最も盛り上がったところであり、周囲を大気に囲まれている。山頂は地面なので夜から早朝にかけて冷え込み、周囲の大気との温度差が大きくなって、風が吹き出すというわけだ。

逆に昼間は、谷から山頂へ谷風が吹き上がってくるが、山頂に近づくころには地形の影響で風が弱まっているのである。

谷風と山風をあわせて山谷風と呼ぶ。この風は、山の地形によって大きな影響を受け、山によっては早朝に風が強まりにくいところもあれば、強い風が吹いている山のすぐ近くではまったくの無風ということもある。

体感温度

これまで、高度による風と温度の変化を見てきたが、一般的に言えるのは、「高度が上がるほど気温が下がり、風が強くなる」ということだ。

私たちが日常感じているように、人間が体で感じる温度（体感温度）は、気温だけでなく、風速の影響を強く受ける。気温5℃で無風のときと、風速10m/sの木枯らし吹きすさぶ気温5℃のときとでは、体で感じる温度はまったく違ってくる。高度とともに気温が下がり、また風速が強まる山では、高度が上がるにつれて気温以上に体感

図23. 富士山頂と平地の風速の日変化（冬季）

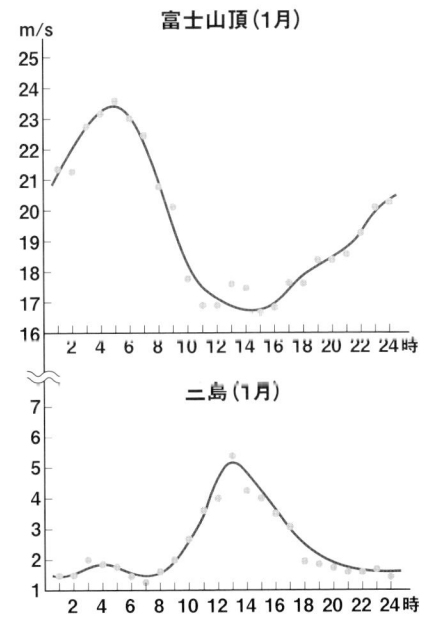

『登山者のための最新気象学』（飯田睦治郎 山と溪谷社）より

温度が急速に下がっていく(**図24**)。まして悪天時ともなると平地との気温差・風速差がさらに大きくなり、体感温度が大きく下がって**低体温症**の危険が高くなる(51ページ参照)。

　低体温症にならないようにするためには、事前に悪天を予想し、低温や強風が続く稜線での長時間行動を避けることや、エネルギー源を補給すること、充分な防寒対策をとることが大切である。

風雨のなかの登山は低体温に注意

図24. 気温と風速から体感温度を算出する表

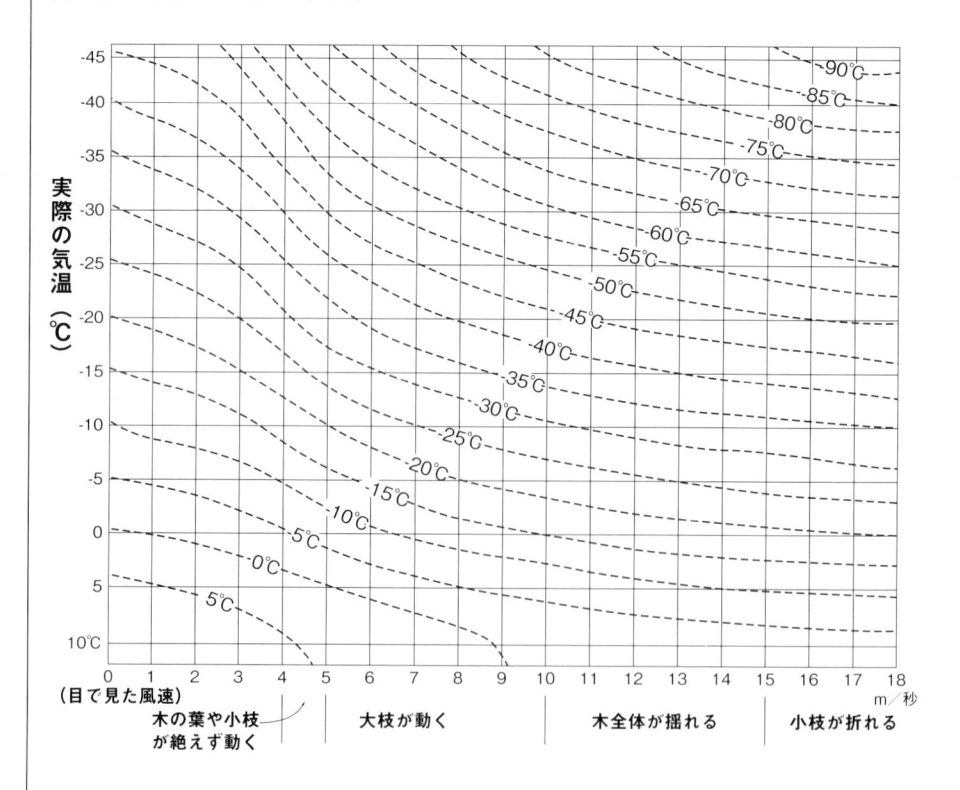

（注1）点線は体感温度
（注2）風速17.9m／秒以上の場合は風速17.9m／秒の場合とあまり変わらない

『登山者のための最新気象学』(飯田睦治郎 山と渓谷社)

Chapter 4
高気圧・低気圧と前線

天気を予想するのに不可欠なのが、天気図から天気に関する情報を読み取ることだ。そのためには、天気図に表される高気圧や低気圧、前線の意味と、その周辺で見られる天候の特徴を知っておかなければならない。この章では、高気圧と低気圧、そして前線の種類と構造について学ぶとともに、これらの周辺ではどのような天候となるのか理解する。また、天気図の書き方についてもマスターしたい。

天気が変化する理由

1. 太陽高度角と気温

　地球は太陽からの光によって熱を受け取っている。しかし、地球上の全地域が平等に熱を受け取っているわけではない。太陽から受け取る熱の量は、太陽の高度角（太陽の光と地表面との角度）に影響を受けるため、緯度によって異なってくるからだ。

　図1のように、太陽の光は、ほぼ平行に地球に降り注ぐ。地球の軸が太陽の光に対して垂直であると仮定すると、地球は球形であるため、赤道付近では太陽の光は真上から地表を照らすが、高緯度になるにつれて斜めから照らすようになる。北極や南極では地平線すれすれのところしか照らされず、太陽の光はほとんど届かないということになる。

　じつは、**太陽光によって地表面が受け取る熱の量は、太陽が真上から照らすほど多くなり、逆に斜めから照らすほど少なくなる**。つまり、低緯度になるほど太陽から受け取る熱の量は多くなり、高緯度ほど少なくなるのだ。

　懐中電灯で床を照らしたときを考えてみるとわかりやすい。懐中電灯を真上から照らすと、狭い範囲が強く照らされる。一方、傾けて斜めから照らすと、広い範囲が照らされるが、淡い光となってしまう。これは、真上から照らすときも斜めから照らす場合も、同じ光量が懐中電灯から出ているのだが、斜めから照らすと、より広い範囲を照

図1. 地表面が受け取る熱量と緯度との関係

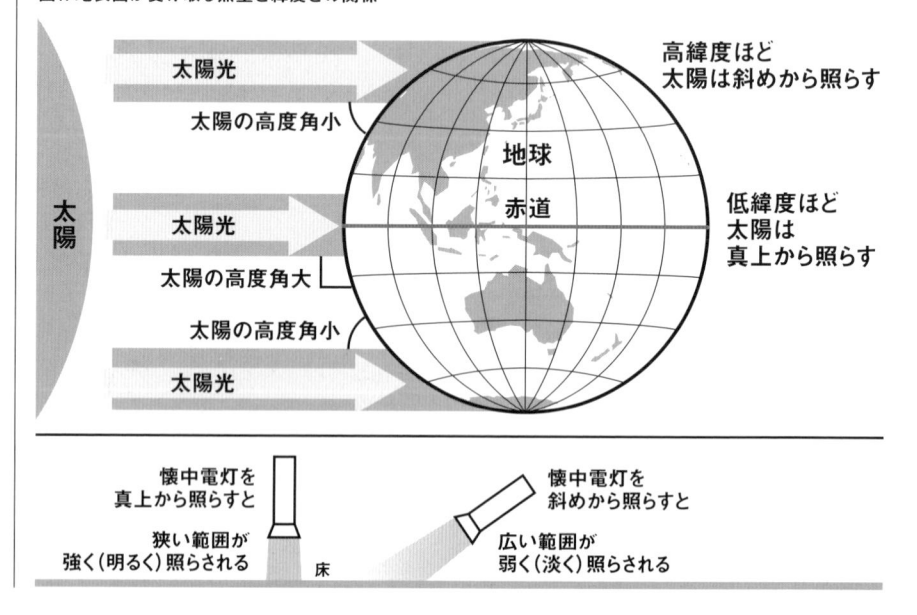

らさなければならないため光量が分散してしまい、真っ直ぐ照らした場合と比べたときに、同一面積で受け取る光量は少なくなってしまうからだ。逆に、真っ直ぐ照らす場合は、少ない面積を照らせばよいので、同一面積で受け取る光量は多くなる。

これと同じ原理で、太陽光によって地表面が受け取る熱の量も、太陽が高い位置にあるときは多くなり、低い位置にあるときは少なくなる。つまり、低緯度になるほど太陽から受け取る熱の量は多くなり、高緯度ほど少なくなるわけである。

2. 天気の変化をもたらす熱輸送

もっとも、太陽から熱を受け取るばかりだと、地球は年々気温が上昇し、灼熱の星になってしまう。そうならないのは、55で説明したように、地球自身も宇宙へ熱を逃がしているからだ。

太陽から受け取る熱の量は、緯度による違いが大きい一方で、地球から放出される熱の量は緯度による違いが少ない。太陽から受け取る熱の量と地球から出ていく熱の量とを比べてみると、北緯38度くらい（日

COLUMN 01　　　　四季があるのはどうしてだろう?

地球の軸は垂直ではなく、23.5度傾いている。この状態で太陽の周りを1年かけて一周しているため、四季が生まれることになる（**図2**）。太陽の高度は、北半球の夏の時期は北半球側で高くなっているが、冬は南半球側のほうが高く、北半球側では低くなる。たとえば東京の正午における太陽の高度角は、夏至には約78.5度、冬至には約31.5度と大きな差がある。夏は太陽から受け取る熱の量が多く、冬は少なくなるのはこのためだ。

なお、大気は地面よりも暖まるのに時間がかかり、海は大気よりさらに時間がかかる。日本列島は海に囲まれているので、大気が暖まるのにより時間がかかること、6〜7月は日本列島が梅雨に入り、日射量が減少することなどが影響して、夏至から1ヶ月以上遅れた8月に月平均気温の最高を記録するところが多い。いずれにしても、

太陽高度が気温に大きな影響を及ぼし、北半球では夏に気温が上がり、冬に気温が下がることになる。

とくに中緯度から高緯度にかけては、夏と冬の太陽高度の差が大きくなるため、季節変化がはっきりしている。このように、地球の軸が傾いていることで太陽の高度は季節によって異なり、気温も変化するのである。

図2. 四季による太陽高度角の違い

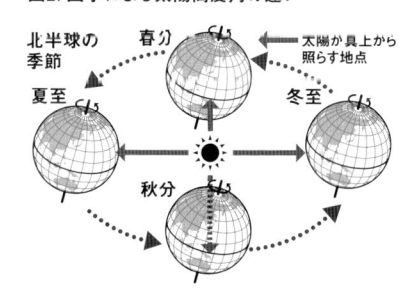

本でいえば新潟や仙台付近）を境にして、高緯度側では太陽から受け取る熱量よりも地球から出ていく熱量のほうが多く、これより低緯度側では太陽から受け取る熱量のほうが多くなる。この状態が続けば、高緯度側では熱が不足して年々気温が低くなり、逆に低緯度側では気温が高くなる。この状態を放置しておけば、低緯度側と高緯度側の温度差は非常に大きくなってしまう。

　そうならないように、南北の温度差を少しでも緩和させようという働きが起きる。その役割を担うのが大気であり、また海流や水蒸気である。

　たとえば、寒流は高緯度側の冷たい水を低緯度側に運び、暖流は低緯度側の暖かい水を高緯度側に運んでいる。南北の温度差を和らげるために熱輸送を行なっているのが海流なのだ。また、台風は低緯度の暖かい空気を中緯度や高緯度に運んでくれる。低気圧や高気圧も、同じように熱を運ぶために生まれてくる。

　台風や低気圧というと悪者扱いされがちだが、熱を輸送するという大切な役割を担っている。そして、この熱輸送によって、地球規模の大気の流れが生じ、これが天気に大きな影響を与えているのだ。

　低緯度で吹いている貿易風（偏東風）は、インドシナ半島やインドネシア、オーストラリア北部に多量の雨をもたらしている。また、日本を含む中緯度帯では、南北の温度差が大きいため熱輸送が活発で、偏西風という西風が蛇行することで、低気圧や高気圧が発生し、天気の変化をもたらす。

高気圧と低気圧

1. 高気圧

「明日は高気圧に覆われて晴れるでしょう」「低気圧が接近するので天気が崩れるでしょう」といったお天気キャスターの解説を誰でも一度は聞いたことがあるだろう。

　一般に、高気圧に覆われると天気がよくなり、低気圧や前線が接近すると天気が悪くなる。

　それは、高気圧の中心付近では下降気流が、低気圧の中心付近では上昇気流が発生しているからである。高気圧は、地面付近の空気が周囲より冷えたところで発生する。**空気は冷たいと重くなるという性質がある**ので、冷えた空気が下降していき、地面付近に溜まる。すると、周囲より気圧が高くなって高気圧ができる（**図3a**）。また、溜まった空気は周囲に流れ出すので、高気圧の中心からは周囲に風が吹き出している。つまり、**高気圧とは周囲より気圧が高いところ**であり、また空気が下降すると雲が消えるので、高気圧の中心付近では天気がよくなるのである。

　図3cで示したように、**高気圧は、中心から周囲に向かって時計回りに風が吹き出す**。このため、高気圧の北側では南西の風が、東側では北西の風が、南側では北東の風が、西側では南東の風が吹きやすい。

　高気圧は中心付近ほど天気がよいが、周辺にいくほど天気は崩れやすい。どの範

図3. 高気圧と低気圧ができるしくみ

a 高気圧

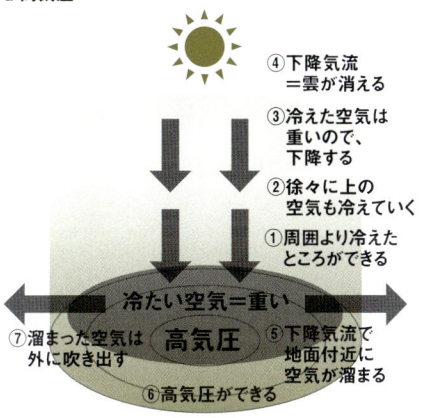

- ④下降気流＝雲が消える
- ③冷えた空気は重いので、下降する
- ②徐々に上の空気も冷えていく
- ①周囲より冷えたところができる
- 冷たい空気＝重い
- ⑦溜まった空気は外に吹き出す
- ⑤下降気流で地面付近に空気が溜まる
- ⑥高気圧ができる

b 低気圧

- ④上昇気流＝雲ができる
- ③暖かい空気は軽いので、上昇する
- ②徐々に上の空気も暖まる
- ①周囲より暖まったところができる
- 暖かい空気＝軽い
- ⑦少なくなった空気を補うために、周りから風が吹き込む
- ⑤上昇気流で地面付近に空気が少なくなる
- ⑥低気圧ができる

c 高気圧周辺の風と雲の発生

日高山脈や中央アルプス、南アルプス、富士山の南側、紀伊半島から九州の山の南西側で雲が発生しやすい

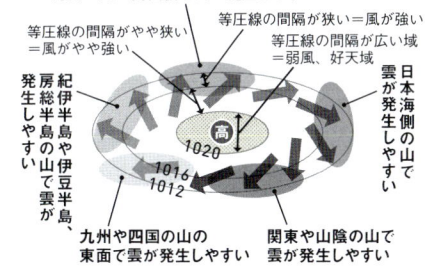

- 等圧線の間隔がやや狭い＝風がやや強い
- 等圧線の間隔が狭い＝風が強い
- 等圧線の間隔が広い域＝弱風、好天域
- 日本海側の山で雲が発生しやすい
- 紀伊半島や伊豆半島の山で雲が発生しやすい
- 房総半島で雲が発生しやすい
- 九州や四国の山の東面で雲が発生しやすい
- 関東や山陰の山で雲が発生しやすい

高気圧の中心から時計回りに吹きだす

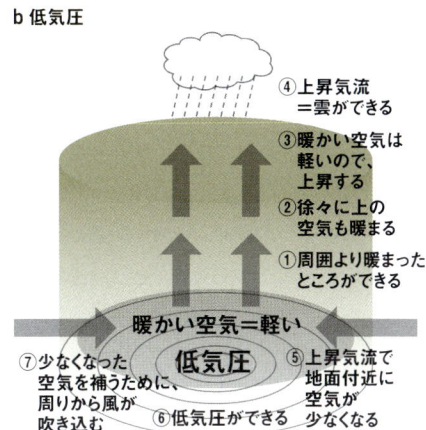

d 低気圧周辺の風と雨の降り方

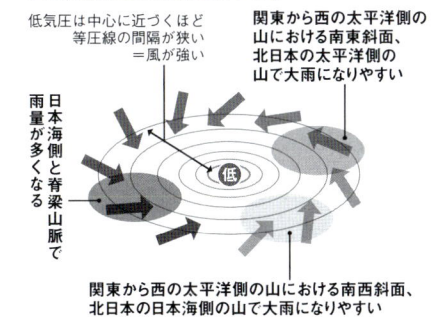

低気圧は中心に近づくほど等圧線の間隔が狭い＝風が強い

関東から西の太平洋側の山における南東斜面、北日本の太平洋側の山で大雨になりやすい

日本海側と脊梁山脈で雨量が多くなる

関東から西の太平洋側の山における南西斜面、北日本の日本海側の山で大雨になりやすい

低気圧では反時計回りに中心に向かって風が吹き込む

囲まで晴れるかというと、等圧線の間隔が広い範囲内（図3cの網掛け部分）は雲が発生しにくく、好天域となる。一方、高気圧の周辺では等圧線の間隔が次第に狭くなり、風が強まる。この風が海側から吹きつける山やその風上側の地域では、雲が発生しやすい。海がある位置は山によって異なるため、目的の山が高気圧のどの位置にあるときに雲が発生しやすいかを覚えておくと便利である。雲が発生しやすい場所と山が逆の位置にあるときは、雲ひとつない快晴に恵まれることが多く、山岳写真撮影にうってつけの条件となるだろう。

2. 低気圧

　反対に、低気圧の場合は、周囲より暖まったところで発生する。**暖かい空気は軽い**

という性質があるので、上方に昇っていく。空気が上昇すると、地面付近の空気が少なくなり、気圧が低くなって低気圧となる（図3b）。つまり、**周囲より気圧が低いところが低気圧**である。そして少なくなった空気（気圧）を補うために周囲から空気が集まってくる。すると、中心に集まってきた空気は行き場がなくなり、上昇気流が強められる。この上昇気流によって雲が発生し、雲が発達すると雨が降る。このため、低気圧の中心付近では天気が悪くなるのだ。

図3dのイラストで示したように、**低気圧は周囲から中心に向かって反時計回りに風が吹きこむ**。つまり高気圧とはまったく逆で、低気圧の北側では北東の風が、西側では北西の風が、南側では南西の風が、東側では南東の風が吹きやすい。低気圧のどの位置で雲が発達し、大雨になりやすいかは、山の位置によって異なる。**図3d**のように、太平洋側の山では低気圧の東側に位置したときに雨量が多くなりやすく、日本海側では低気圧の西側に位置したときに多くなる傾向がある。これも、海側から風が吹く山の風上側で上昇気流が発生し、雲が発達しやすいことから説明できる。

登山中に天気図が入手できない場合でも、風向の変化によって、低気圧が山の北側を通過するのか、南側を通過するのかを予測することができる。**図4**を見てみよう。低気圧が左（西）から右（東）へ進んでいるとする。山から見て低気圧が南側を通過するとき（山が低気圧の北側にあるとき）は、反時計回りに風向が変化する。一方、北側を通過するとき（山が低気圧の南側にあるとき）は、時計回りに風向が変化する。

低気圧が山の南側を通過するときの気圧配置で代表的なものは南岸低気圧型（137ページ）、低気圧が山の北側を通過するときの気圧配置で代表的なものは、日本海低気圧型（132ページ）である。それぞれの気圧配置

図4. 低気圧の進路と風の変化

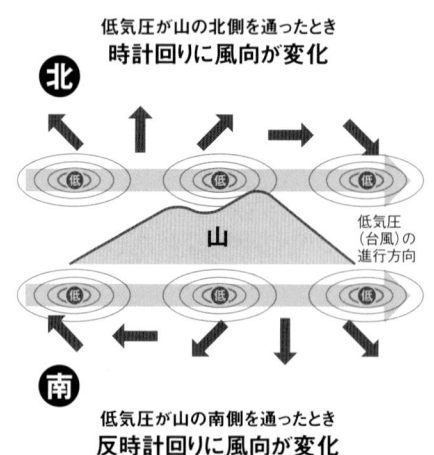

低気圧が山の北側を通ったとき
時計回りに風向が変化

低気圧が山の南側を通ったとき
反時計回りに風向が変化

図5. 台風の進路と風の変化

台風が山の西側を通ったとき
時計回りに風向が変化

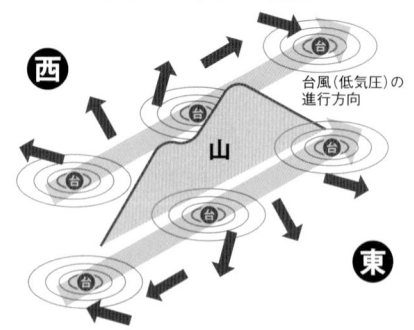

台風が山の東側を通ったとき
反時計回りに風向が変化

における特徴と注意点はChapter 7を参考にしていただきたい。

台風も低気圧と同じ風向の変化をするが、南から北へと北上する進路を取ることがあり、その場合の山における風向変化を**図5**に示した。山から見て台風が西側を通るとき（山が台風の東側にあるとき）は時計回りに、東側を通るとき（山が台風の西側にあるとき）は、反時計回りに風向が変化する。

なお、風向の変化の観測は、地形の影響をあまり受けない稜線などで行ないたい。樹林帯や沢筋では参考にならないので注意しよう。

観天望気と同様、このように人間の五感を駆使して天気の変化を予想する方法は、人間が古来から行なってきた最も原始的な天気予報であり、気象情報を入手しにくい山中では重要なテクニックとなる。これを用いるには、ふだんから風向や風速、気温に対する感覚を研ぎ澄ますとともに、地形図や太陽の位置、周囲の景色などから方向を見定める能力が必要となってくる。山に登るときには常に方角を意識し、風や気温などの変化にも気を配っていたい。

ところで、高気圧は気圧が高く、低気圧は気圧が低いというイメージがあり、実際、多くの場合はそうなのだが、「○○hPa以上が高気圧」「○○hPa未満が低気圧」という決まりはない。どんなに気圧が低くても、周囲より気圧が高いところが高気圧になるし、どんなに気圧が高くても周囲より気圧が低いところは低気圧になる。1002hPaの高気圧や1020hPaの低気圧が発生することは充分にありえる。

あくまでも周囲と比較して気圧が高い場合を高気圧、低い場合を低気圧と呼ぶことを覚えておこう。

3. 高気圧の種類

表1に示したとおり、高気圧には大きく分けて4つの種類がある。これらの名称を覚える必要はないが、それぞれの特徴を知っておくと、山での気象予想に役立つはずだ。

表1. 高気圧の種類と性質

高気圧の種類	性質
温暖高気圧	名前のとおり暖かい高気圧。上層にまで及ぶ勢力の強い高気圧で、太平洋高気圧が代表例。暖かく湿った性質を持つ。動きが遅く、停滞することが多い。
寒冷高気圧	地表面付近が冷却することでできる、冷たい高気圧。下層のみに存在するため、地上天気図では明瞭だが、高層天気図では現れない。シベリア高気圧が代表例。冷たく乾燥した性質を持つ。動きが遅く、停滞することが多い。
移動性高気圧	移動する高気圧。偏西風が蛇行することによって発生する。中国大陸にあるときは乾燥しているが、日本付近を通過し東海上へ抜けると、次第に暖かく湿った性質を持つようになる。
切離高気圧	偏西風の蛇行が大きくなって、流れから切り離されることによって形成される高気圧。オホーツク海高気圧が代表例。発生する場所によって性質が異なるが、大陸で発生するときは乾燥した性質となり、海上で発生するときは湿った性質を持つ。動きが遅く、長期間、その周辺の気象に影響を及ぼす。

どの高気圧も中心付近では天気はよいが、高気圧の種類によっては、その周辺で天気が崩れることがある。乾いた性質の高気圧に覆われると、広く晴れることが多いが、湿った性質の高気圧から吹き出す風は、山にぶつかって上昇するため、雲を発生させる。また、寒冷高気圧のように、冷たい性質の高気圧から吹き出す風が暖かい海上を渡ると、海面から熱と水蒸気の供給を受けて雲が発生する。これが風によって山にぶつかると雲が発達し、風上側の地域や山頂付近で雨や雪を降らせることになる。冬型の気圧配置時における日本海側の降雪が、その典型的な例である。

4. 気団

4種類の高気圧のうち、移動性高気圧以外は動きが遅く、停滞する傾向にある。これらの高気圧は、同じ場所に長期間停滞することによって、その地域特有の性質を帯びるようになる。このような空気の性質を**気団**と呼ぶ。日本付近に影響を及ぼす気団は、**図6**のとおり5つある。

このなかで、冬を中心に秋から春にかけて日本付近に影響を及ぼすのが**シベリア気団**だ。ここで発生する高気圧がシベリア高気圧で、日本付近に張り出すと冬型の気圧配置となる。

春、秋には日本付近を移動性高気圧が通過することが多いが、これは**揚子江気団**の中で発生する移動性高気圧である。温暖で乾燥した性質を持つが、日本列島を通過し、東海上へ抜けると、海から水蒸気の供給を受け、次第に湿った性質を持つようになる。

夏を中心に日本付近に影響を及ぼすのが**小笠原気団**である。ここで発生する高気圧は、太平洋高気圧（小笠原高気圧）と呼ばれ、盛夏期には日本列島を広く覆うことが多い。暖かく湿った性質を持ち、日本の蒸し暑い夏はこの気団の影響による。

そのほか、高温で湿潤な性質を持つ**赤道気団**がある。ふだんは赤道周辺の低緯度にあるが、台風が北上するときに日本付近に影響を及ぼす。

5. 低気圧の種類

低気圧には3つの種類がある（**表2**）。冷たい空気（以下、寒気）と暖かい空気（以下、暖気）からなる**温帯低気圧**、暖気のみからなる**熱帯低気圧**、そして寒気のみからなる**寒冷低気圧**だ。また、温帯低気圧は、低気圧が通過するコースによって、日本海を進む**日本海低気圧**、日本の南海上あるいは南岸沿いを進む**南岸低気圧**、日本海と南岸両方を低気圧が進む**二つ玉低気圧**の3つに分類することが多い。

いずれの低気圧も、進路と発達の度合いによって山の天候は大きく変わってくる。どのようなときに山で大荒れになるのかは、Chapter 7で具体的事例を挙げながら詳述する。

図6. 日本付近に影響を及ぼす気団

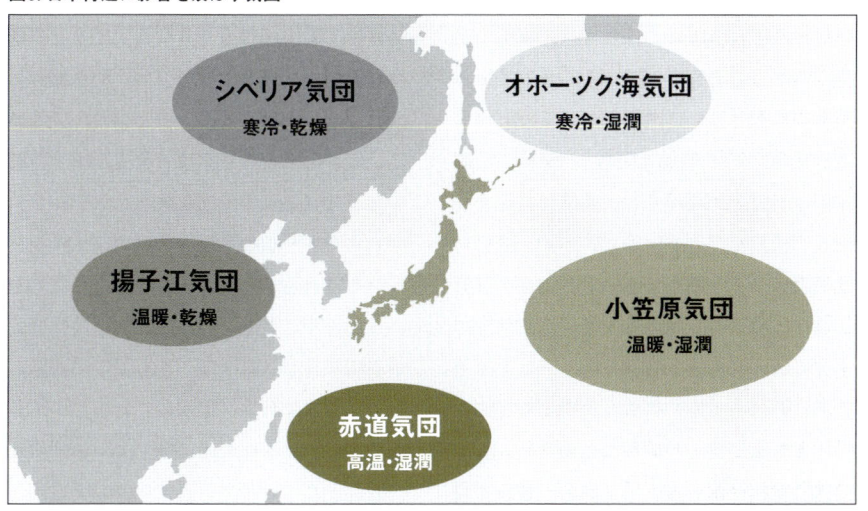

- シベリア気団　寒冷・乾燥
- オホーツク海気団　寒冷・湿潤
- 揚子江気団　温暖・乾燥
- 小笠原気団　温暖・湿潤
- 赤道気団　高温・湿潤

表2. 低気圧の種類と性質

低気圧の種類	性質
温帯低気圧	偏西風が蛇行することによって発生する。低気圧の進行前面に暖気、後面に寒気が存在する。高緯度側からの寒気と、低緯度側からの暖気がそれぞれ強まったときに発達し、山で大荒れの天気をもたらす。温暖前線と寒冷前線を持つのが特徴。天気予報などでは単に、"低気圧"と呼び、通過するコースによって、日本海低気圧、南岸低気圧、二つ玉低気圧に区分される。
熱帯低気圧	暖かい海上で発生する低気圧。台風もこれにあたる。熱と水蒸気が発達源で、寒気と暖気がぶつかり合う温帯低気圧と異なり、暖気のみからなる。前線は持たない。
寒冷低気圧	地球温暖化に伴い、近年、発生数が増加している低気圧。寒気のみからなるのが特徴。とくに上層に強い寒気を持ち、低気圧の南東側を中心に激しい気象現象をもたらす。前線は持たない。動きが遅く、長期間、悪天候をもたらすことがある。

前線の種類と構造

前線は、性質の異なる2つの空気（気団）がぶつかり合う境界にできる。簡単にいえば、暖かい空気と冷たい空気、あるいは乾燥した空気と湿った空気がぶつかり合うところだ。

前線には、**表3**のように4つの種類がある。それぞれの性質と構造を見ていこう。

1. 温暖前線

温暖前線は、温帯低気圧の進行前面（多くは南東または東側）に延びる前線だ。温暖前線の▲▲マークは暖気を表しており、扇の先端に向かって暖気が進んでいることを意味している。つまり、暖気の勢力が強く、それまで存在していた寒気を後退させ

つつ東進する。

前線は地表面付近にあるだけでなく、上空に向かって延びている。その延びている面を前線面と呼び、前線面が地表面と接しているところを前線と呼ぶ。(図8)。これが地上天気図で表現される前線だ。暖かい空気（暖気）は軽く、冷たい空気（寒気）は重いという性質があるので、暖かい暖気は冷たい空気の上を滑昇する。温暖前線の場合には、前線面の傾斜が緩く、寒気が地表面付近に存在し、暖気が上空に存在するので大気は安定している。このため、広い範囲の空気がいっせいに上昇し、層状の雲が形成される。

図8を見ると、前線に近いところほど、地表面の近くで空気が上昇していることがわかる。したがって、前線の近くでは低いところから雲が発生し、前線から遠くなるにつれて高いところで雲が発生する。水蒸気の量は、地表面や海面に近いところほど多いので、上昇気流が発生している場所が低いほど、雲の中で雨粒が発達しやすい。また、前線の近くでは乱層雲だけでなく、高層雲や巻層雲など上・中層の雲が存在していることも多い。つまり雲が厚くなっているということで、雲は厚ければ厚いほど雨を降らせやすくなる。さらに、雨が降るとき、雲と地表面の距離が近ければ、雨が蒸発しないまま地表面に落ちてくる。前線に近いところほど雨が降りやすいのは、こうした理由による。乱層雲からは比較的長い時間、しとしと雨が降る。これを地雨と呼ぶことがある。

温暖前線の前面（多くは東側）では雨の降る範囲が広く、平均的には前線から300km程度まで降雨域が広がっている。この範囲は、低気圧や前線の規模・発達度合いによって大きく異なる。高い山では乱層雲だけでなく、高層雲に覆われるころから雨が降り出すことがあり、平地よりも早く天気が崩れる。

2. 寒冷前線

温帯低気圧の進行後面（多くの場合、南西側）に延びる前線が**寒冷前線**だ。寒冷前線の▼▼▼は寒気を表しており、逆三角形の先端に向かって寒気が進んでいることを意味している。

寒冷前線は、寒気の勢力が強く、それま

表3. 前線の種類と性質

前線の種類		
温暖前線	⌒⌒⌒	寒気があるところに暖気が流入して発生する前線。暖気の勢いが強く、寒気の上を緩やかに滑昇する。
寒冷前線	▼▼▼	暖気があるところに寒気が潜り込んで発生する前線。暖気が急激に持ち上げられて、強い上昇気流が発生する。
閉塞前線	▲▲▲	寒冷前線が温暖前線に追いついて発生する前線。寒冷型と温暖型の2つに分類される。
停滞前線	⌒▼⌒▼	2つの気団の勢力が拮抗していて同じところに長期間、停滞する前線。

で存在していた暖気を後退させつつ東進する。暖気は軽く、寒気は重いという性質があるので、寒気は暖気の下に無理やり潜り込もうとする。このため、暖気が急激に持ち上げられ、強い上昇気流が起きて、寒冷前線付近では、温暖前線のときのような層状の雲ではなく、鉛直（垂直）方向に発達した積乱雲や積雲が発生する（図9）。

積乱雲からは、しゅう雨（にわか雨）と呼ばれる短時間に強い雨が降る。また、落雷や突風などを引き起こすこともある。

寒冷前線面の傾斜は温暖前線面に比べて大きいので、雲が発生する範囲は狭く、降雨域は前線から約70kmとなっている。こ

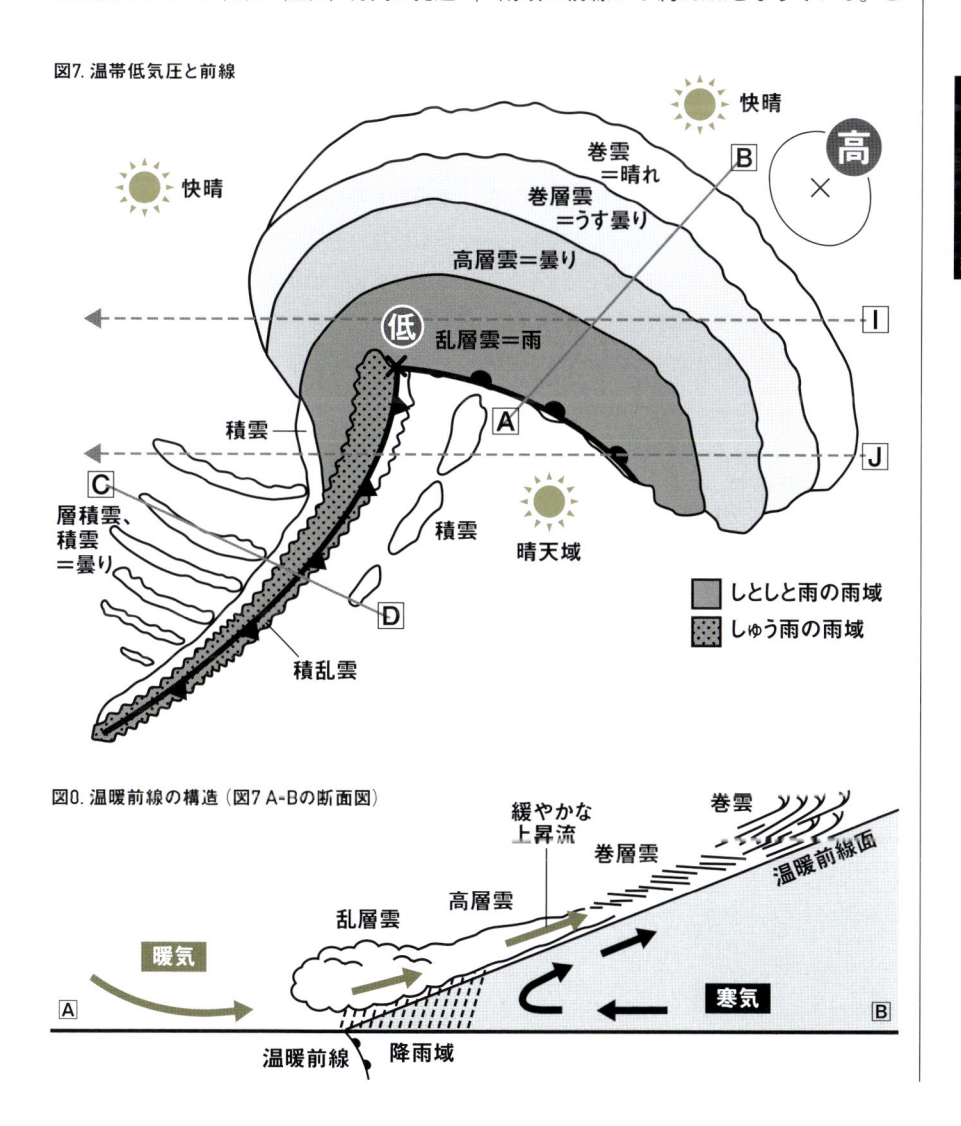

図7. 温帯低気圧と前線

図8. 温暖前線の構造（図7 A-Bの断面図）

の範囲は、温帯低気圧や寒冷前線の規模によって異ってくる。

　寒冷前線の暖気側では風下側の平地を中心に晴天域となっているが、湿った空気の影響で山では上昇気流が発生しやすく、激しい降雨に見舞われることがある。寒冷前線の通過後は、平地では次第に天気が回復する。ただし、寒気の流入が強ければ、日本海側や脊梁山脈を中心に、山では長時間荒れ模様の天候が続く。

3. 閉塞前線

　一般に、寒冷前線は温暖前線より進行速度が速い。このため、寒冷前線はやがて温暖前線に追いつくことになる。この追いついた状態の前線を閉塞前線と呼ぶ。閉塞前線では、暖気が上空へ後退し、地表面付近は寒気のみに覆われる。つまり、地表面付近が寒気、上空が暖気という、大気にとっては理想的な状態（大気が安定した状態）となる（図11）。また、時間とともに寒冷前線が温暖前線に追いつく部分が長くなる

ので、閉塞前線は次第に長くなっていく。このため暖気が次第に上空に後退して、上昇気流が発生する高度が高くなり、前線付近の雲は弱まっていく。閉塞前線は時間の経過とともに衰退して、消滅する運命にある。

【寒冷型閉塞前線】

　寒冷前線の後面にある寒気が、温暖前線の前面にある寒気よりも低温である場合に、寒冷前線が温暖前線に追いついた状態を、**寒冷型の閉塞前線**と呼ぶ（図11）。寒冷前線の性質に近い、閉塞前線である。前線が接近すると、はじめは乱層雲により、し・と・し・と・雨が降るが、前線通過時には発達した積乱雲に伴い、激しい雨となる。

【温暖型閉塞前線】

　温暖前線の前面にある寒気が、寒冷前線の後面にある寒気よりも低温である場合に、寒冷前線が温暖前線に追いついた状態を、**温暖型の閉塞前線**と呼ぶ。温暖前線の性質に近い、閉塞前線である。したがって、前

図9. 寒冷前線の構造（図7 C-Dの断面図）

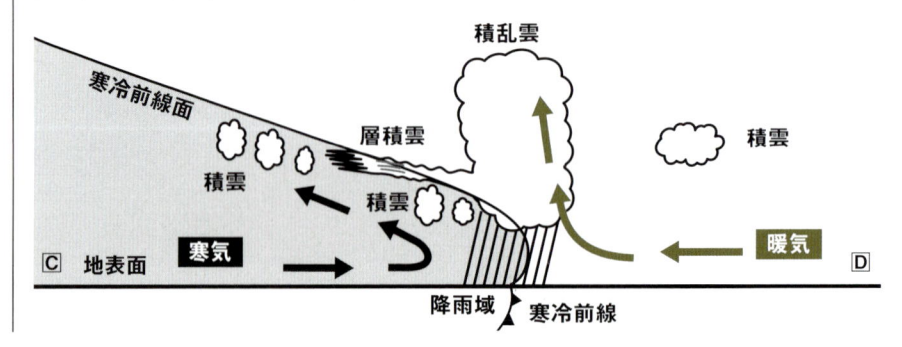

線接近時は主に乱層雲によりしとしと雨が降り、通過時に一時的に積乱雲による強い雨が降ることがある。

4. 停滞前線

2つの気団の勢力が拮抗しているときに形成されるのが**停滞前線**（**図12**）だ。構造は温暖前線に似ているが、温暖前線の暖気が停滞前線では湿潤な空気に、寒気は乾燥した空気に変わることがある。また、前線の南側で暖かく湿った空気が入ると、大気が不安定となり、積乱雲が発達して大雨をもたらすことがある（**図12、図13**）。

図10. 閉塞前線を伴った温帯低気圧

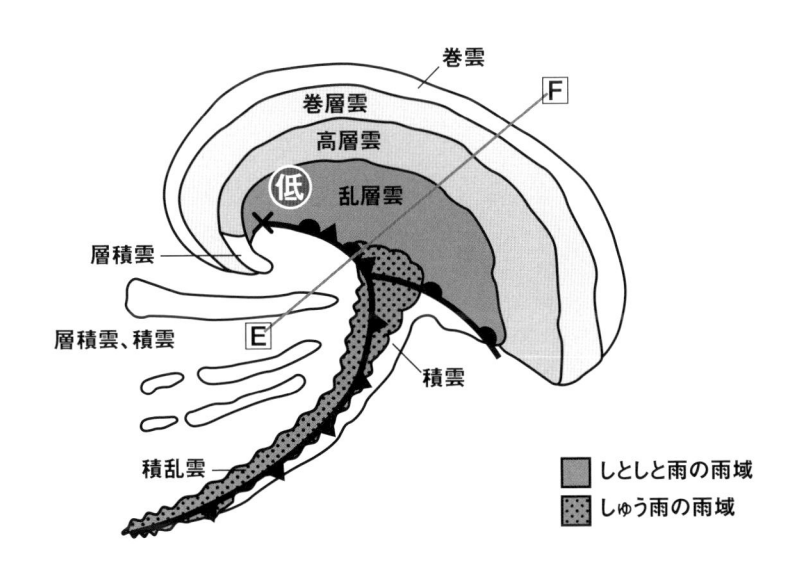

図11. 寒冷型閉塞前線の構造（図10 E-Fの断面図）

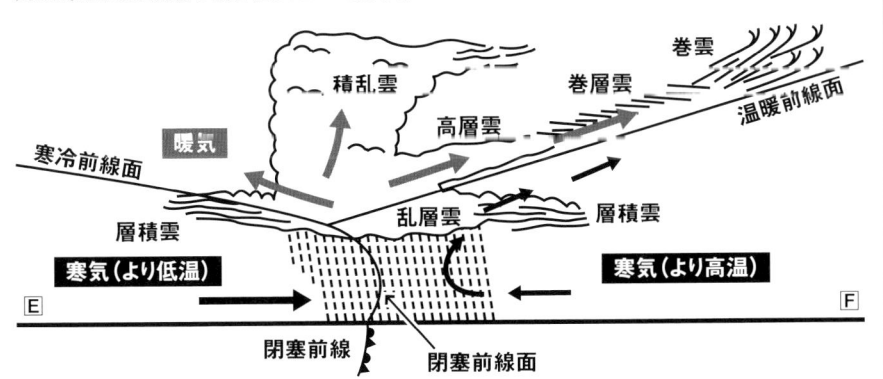

図12. 停滞前線とその周辺の天気

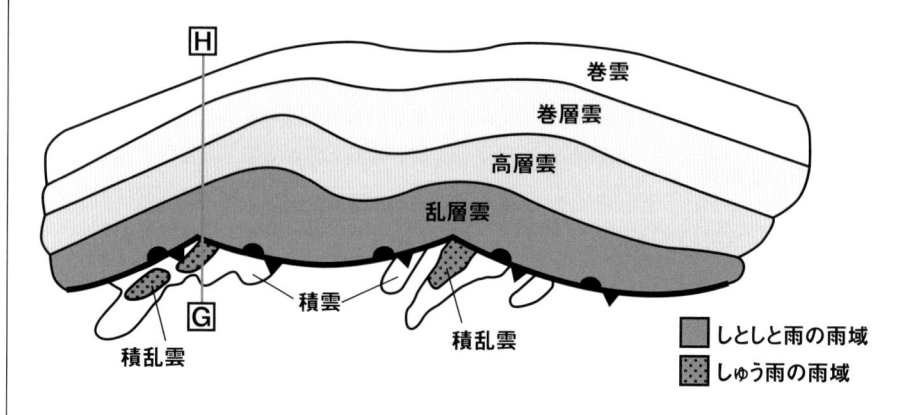

図13. 停滞前線の構造（図12 G-Hの断面図）

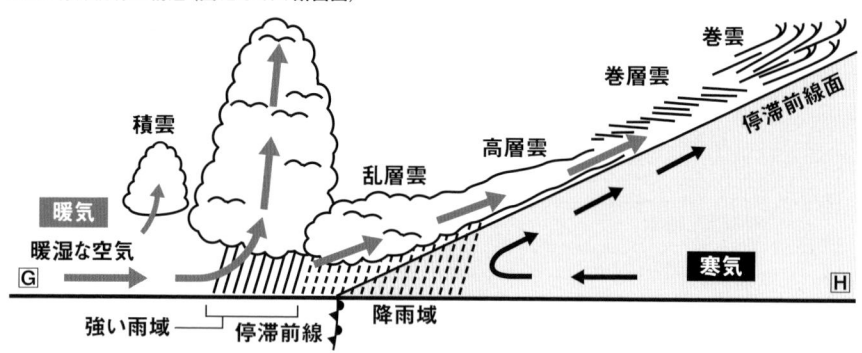

高気圧・低気圧と前線付近の天気

　高気圧の中心付近では天気がよくなり、低気圧の中心や前線付近では天気が悪くなることをこれまでに学んできた。また、高気圧や低気圧や前線にはさまざまな種類があることもわかった。それでは、天気図から天気が悪くなるところ（雨や雪が降るところ）を予想していこう。

　高気圧の周辺では全域が晴れているわけではなく、高気圧の後面（西側）では雲が広がることが多い。また、温帯低気圧は温暖前線と寒冷前線を伴っているが、低気圧が接近するときには、まず温暖前線が接近することが多い。

　そこで温暖前線の構造を思い出してみよう（**図7、図8**）。前線に近いところから乱層雲、高層雲、巻層雲、巻雲という順に雲が形成される。したがって、天気が崩れるときは、まず上空に巻雲が現われ、次第に巻層雲、高層雲に変わり、乱層雲となって雨が降ることになる。高い山では、高層雲

の雲底が低くなってくると霧に覆われ、やがて雨が降り出す。

　さて、今、図7のI地点にいるとする。高気圧の中心に近く、現時点での天気は晴れ。だが、I地点のはるか西にある低気圧が東に進むとすると、I地点は次第に高気圧の後面に入って、巻雲が広がるようになる。やがて、巻層雲に変わり、天気はうす曇りに。その後、雲に厚みが増して高層雲となり、完全な曇り空となる。さらに雲底が低くなって乱層雲に変わり、雨が降り出す。

　雨は低気圧の中心がI地点を通過したあとまで続く。しかし、低気圧の通過後に低い雲は急速に取れていき、上層の巻雲や巻層雲になり、それもまばらになって青空が広がってくる。日本海側の地方であれば低い層積雲が残るが、太平洋側の地方では青空が広がり、空気も乾燥して爽やかな好天に恵まれるだろう。

　一方、図7のJ地点は、温暖前線が通過するまでは、I地点と同じ天気変化をする。その後、低気圧がJ地点の北側を通過したときは、いったん雲のない晴天域に入る。このとき、平地では晴れることが多いが、低気圧の南側では湿った南西風が吹き、山は雲がかかりやすい。

　低気圧南側の晴天域から抜けると、寒冷前線が接近し、積乱雲の下で短時間に強い雨が降る。その後、移動性高気圧の前面に入るため、天気が回復する。ただし、低気圧の後面で寒気が強いと、山では天気の回復が遅れる。とくに日本海側や脊梁山脈では低気圧通過前より通過後のほうが荒天になることが多いので、その点を充分考慮しなければならない。実際、気象遭難が発生しているのは、低気圧の通過前より通過後が圧倒的に多い。

　温帯低気圧が閉塞前線を伴うようになった場合の天候の変化は、図10を参考にするとよい。停滞前線の場合は、図12をベースにして考えよう。前線の北側では、温暖前線と同じような雲の分布になるが、停滞前線の場合は動きが遅いので、巻層雲から高層雲、乱層雲という変化をせずに、同じような天気が長く続くことがある。また、西から東へと天気が変化せずに、前線が南北に移動することもあるので注意が必要だ。

　このように、高気圧や低気圧、そして前線のどのあたりでどのような種類の雲が現れるのか、あるいは雨が降るのかを理解することによって、今後の天気変化が予想できるようになる。これを基本として、山においては「海側から風が吹いてくる」「風上側の地域や山で雲が発生しやすい」といった特性を考慮に入れて予想を修正していけば、適中率は上がっていくはずである。

気圧や前線の構造を理解して天気変化を予測しよう

COLUMN 02

　これまでに学んできたことを応用して、実際にラジオ天気図（ラジオの気象通報で作成した天気図）から天気を予想してみよう。

　図14は、2010年5月22日午前9時の天気図である。この天気図から翌日の北アルプス・槍ヶ岳における天気を予想してみる。難しければ、翌23日午前9時の天気図（図15）を参考にしていただきたい。

　22日9時（図14）の時点で東北地方南部には高気圧があり（③）、東日本から北日本を覆っている。このため、この方面の天気は晴れであった。一方、中国大陸東岸には低気圧があり（①）、低気圧の中心から温暖前線が東へ延びている（②）。高気圧の後面に入る槍ヶ岳では、巻雲や巻層雲が広がりはじめていると思われる。

　この低気圧の右側に書かれている矢印マークと数字は、低気圧の進行方向と進行速度を示すもので、東北東に時速30kmで進んでいることが読み取れる。このまま30kmの速度で進めば、24時間後には720km進むことになる。つまり、ほぼ東京～岡山間と同じ距離を進むわけだ。

　そこで天気図上で東京～岡山の距離を定規で測り、その長さのぶんだけ低気圧の中心から東北東の方向に延ばしてみよう。そうすれば、24時間後の低気圧の位置がだいたいわかる。実際に測ってみると、翌日（23日9時）には済州島の北に低気圧が進むことが予想できる（④）。

　あるいは、天気図上に引かれている緯度10度ごとの線を利用するという手もある。緯度10度が約1100kmなので、緯度10度分の長さを定規で測り、低気圧が720km進むならば、その7割の長さを進行方向に延ばしてみてもいい。この方法なら、都市間の距離がわからなくても24時間後の位置を予測することができる。

　図15で確認してみると、低気圧はほぼ予想した位置にあることがわかるだろう。

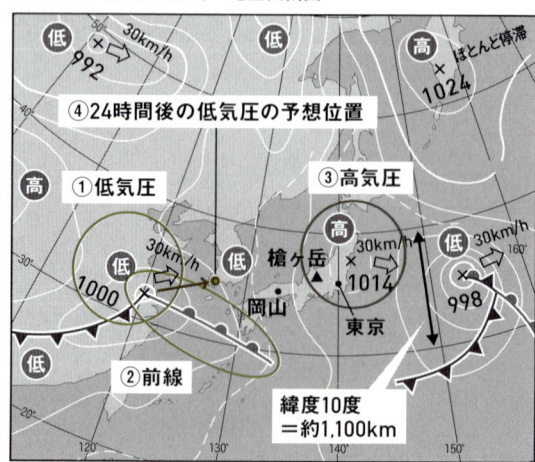

図14. 2010年5月22日9時　地上天気図

チャレンジ！ラジオ天気図から天気を予想しよう

　もちろん、低気圧のスピードや進路が途中で変わることもあり、必ずしもこの方法が通用するとはかぎらない。山中でラジオ天気図しか手に入らないときはこの方法を使うしかないが、可能ならば気象庁のホームページや北海道放送（HBC）の専門天気図などの予想天気図をあわせて使うとよい。

　低気圧が24時間後に進む位置が予想できた。今度は、Chapter 4で学んだことをもとに、23日の槍ヶ岳における天気を予想してみよう。

　ポイントは、低気圧や前線のどのあたりで雨が降るのかを予想することだ。温暖前線の前面では、広範囲でしとしと雨が降る。また、低気圧から南西に伸びる寒冷前線付近やその東側では、狭い範囲で強い雨が降る。さらに、高い山では高層雲がかかるころから雨が降りやすくなるので、平地よりも早めに天気が崩れることを考慮に入れよう。

　先ほど予想した24時間後の低気圧の位置（④）から温暖前線を南東に延ばすと、九州北部から四国付近に前線が位置する予想になる。温暖前線の前面は約300kmの範囲で雨となるので、槍ヶ岳はまだ雨域には入っていない。しかし、雨域に近いことから高層雲に覆われていることを予想し、この時点で雨が降る可能性を考えておくべきだ。また、低気圧や前線がさらに近付いてくるため、この時点で雨が降っていなくても、間もなく降り出して本降りになることや、等圧線の込み合っている部分が近づき、風が次第に強まってくることも想像できる。したがって、23日は次第に風雨（雪）が強くなってくるという予想が立つ。低気圧の後面に寒気が入ってくる場合は、低気圧通過後も荒天が続き、気温が急激に下がってくることにも留意したい。

　こうした予想は、ラジオ天気図からだけでは難しいことがある。そのようなときは、観天望気や予想天気図、高層天気図、衛星画像などを併用するとよいだろう。

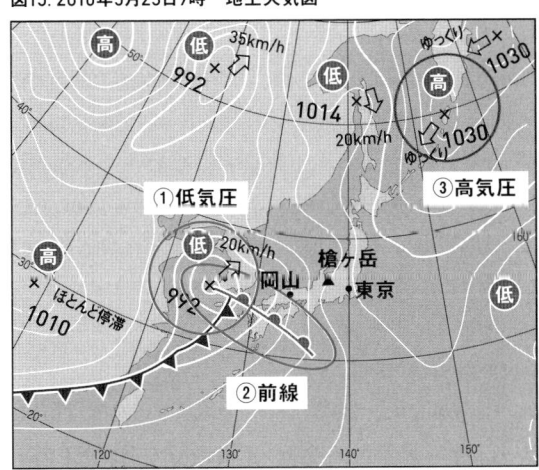

図15. 2010年5月23日9時　地上天気図

地上天気図の書き方

現在では、天気図や衛星画像、レーダー・エコー合成図、ウィンドプロファイラなどの気象情報は、パソコンのウェブサイトを通して誰でも気軽に手に入れられるようになっている。これらの一部は携帯電話のサイトでも利用でき、また、山の天気予報を有料で提供する会社も現れている。

こうした流れのなかで、「ラジオ放送の気象通報から天気図を書くのは時代遅れ」という意見もあり、天気図を読めない・書けないという登山者が増えているのも事実だ。便利になるのはたしかにいいことだが、情報の氾濫は、どの情報を信用すればよいのかわからなくなったり、人間の学習する意欲を減衰させたり、自然に対する感性を鈍らせたりすることにつながりかねない。

情報を活用するうえで注意しなければならないのは、ほかに解釈の余地が少なくなるという点である。たとえば「晴れときどき曇り」という予報が発表された場合、ほかに解釈のしようがない。この情報を見た人は、そのまま鵜呑みにしてしまう可能性がある。このような傾向は、とくに気象に精通していない人に多く見られる。安全登山のためには、こうした情報を鵜呑みにすることなく、上手に活用することが必要になってくる。

そのためには、気象について理解を深めることが不可欠だ。地上天気図を書けるようになる、あるいは天気図から山における天気変化を読み取ることができるようになるということが、そのための第一歩である。天気図に記載される数多くの情報は、必要最低限のものなので、それらを自分自身で解釈していく必要がある。そしてほかの情報と組み合わせていけば、自分だけのオリジナルの天気予報をつくることができる。そうなればしめたもので、天気図を書くことが楽しくなってくるはずだ。

山でも携帯電話が利用できるエリアが増えているとはいえ、沢や谷のなかなど、山深い場所ではまだまだ電波が通じないところも多い。そうしたときにも頼りになるのが、ラジオ放送の気象通報である。学生時代の山行中、16時発表のラジオ放送に間に合わせるために、幕営地に急いだ経験が懐かしく思い出される。ぜひ、皆さんにも天気図を書く楽しみを味わっていただきたい。

気象情報は携帯電話からも入手できるが……

1. 気象通報と放送時刻

NHK第2放送では9時10分、16時、22時の1日3回、それぞれ6時、12時、18時の天気図が放送されている。放送時間はいず

れも20分程度である。初めてトライする人は9時10分か22時放送の天気図を書いてみるとよい。というのも、この2つの時刻の天気図は、それぞれその日の新聞の夕刊（当日6時の天気図）と翌日の朝刊（前日18時の天気図）に掲載されるため、自分の書いた天気図と照らし合わせることができるからだ。

放送内容は、各地の天気、船舶からの報告、漁業気象という順になっている。それぞれの概要は次のとおりだ。

各地の天気

あらかじめ定められた地点の風向、風力、天気、気圧、気温が放送される。これを聞きながら天気図用紙に記入する。

船舶からの報告

海上を航行する船舶からの気象電報や、気象庁が保有する定点ブイ観測点データのなかから、天気図を書くのに重要だと思われる船舶やブイの位置と、その場所における風向、風力、気圧が放送される。ただし、気温は放送されず、定点ブイ観測点では天気は放送されない。

漁業気象

高気圧や低気圧の中心位置と中心気圧、進行方向と速度、前線の位置が告げられ、天気図を書く際に不可欠な、いくつかの等圧線の通過点が緯度と経度によって放送される。たとえば、「1008hPaの等圧線は北緯28度・東経140度、北緯32度・東経142度、北緯38度・東経140度……の各点を通っています」というように放送される。これは、等圧線を書くときに最も重要なので、

聞き逃さないようにしよう。初めのうちは、通過点の位置をすぐには見つけられないので、天気図の欄外のスペースに緯度・経度をすべて記述して、放送が終了したあとに図中に書き込むようにしよう。慣れてくると、直接図に書き込めるようになる。

以上の気象通報は、一般の利用者が天気図を書いて天気を予想することを想定し、気象庁で作成している天気図から適当な地点を選び出して放送しているものである。ただし、放送は1回だけで繰り返されないので（時間が余ったときは、一部のみ繰り返し放送されることがある）、初めのうちは自宅で録音し、繰り返し練習するようにしよう。慣れていないと、焦っていくつかの地点を聞き逃してしまうかもしれないが、ひとつの地点にとらわれず、今放送されている地点に集中することだ。「継続は力なり」とはよく言ったもので、天気図の書き方に習熟するには、飽きずに続けることが大切である。次第に慣れてくれば、放送を聞きながら直接、天気図に書き込めるようになるだろう。

そのためには、まず天気記号（**図16**）を覚えることが必要となる。慣れないうちは、観測地点の○印の中に快晴のときにはカ、雨のときはアなどというように書き込み、放送終了後に記号を見ながら書き込んでいくとよい。

2. 天気図用紙と地点の覚え方

ラジオの気象通報を聞いて天気図を作成

079

図16. 天気記号

- ○ 快晴
- ● 雨
- ⊗ 雪
- ① 晴れ
- ● キ 霧雨（きりさめ）
- ⊗ニ にわか雪
- ◎ くもり
- ● ッ 雨強し
- △ あられ
- ⊕ 風じん
- ● ニ にわか雨
- ▲ ひょう
- ⊕ 地ふぶき
- ⊖ 雷雨
- ⊖ 煙霧（えんむ）
- ◉ 霧または氷霧（ひょうむ）
- ⊖ みぞれ

するときは、**図17**のような天気図用紙を用いる。大型の書店や登山用具店、文房具店でないと取り扱っていないが、インターネットを利用して購入することもできる。以下、天気図用紙に書かれている情報について解説しておく。

まず、東西に引かれている横線が緯度を示す緯線、南北の縦線が経度を示す経線である。用紙によっては1度ごとに引いてあるものと、2度ごとに引いてあるものがあるので注意しよう。**図17**の天気図は2度おきのものである。また、それぞれ10度ごとに太線が引かれている。緯線については、北緯30度の太線が九州の南海上を、北緯40度線が秋田付近を通っていることを、経線については東経130度線が九州西部を、東経140度線が東京付近を通ることを頭に入れておこう。緯度や経度は、船舶の位置や高気圧や低気圧、前線の位置、さらに等圧線の通過点で利用することになる。北緯42度といったら、秋田付近を通っている太線の1本上の線（2度ごとに緯線が引いてある場合）だと瞬時に判断できるようにしたい。

次に覚えなければならないのが、各地の天気を記入する観測地点である。放送される地点がすぐに見つからないと、つい焦ってしまい、多くの地点で書き損ねることになってしまう。全部の地点を最初から覚えるのは大変なので、初めのうちはわからないところは飛ばしてしまおう。次第に慣れると覚えられるようになる。放送がどの地点から始まり、どのような順序をたどるのかを漠然と覚えておけば、比較的迷わなくてすむ。**図17**には放送される地点を順番に矢印で結んであるので参考にしてほしい。

ただし、ある地点において観測資料が入電しないときは、その付近にある予備地点の資料が放送されることがある。たとえば、バスコの観測資料が入らないときに、その南西にあるラワーグの資料を放送するといった具合である。そのときも慌てずに近くの地点を探すようにしよう。

3. 観測地点の記入

各観測地点のデータは、風向、風速、天気、気圧、気温の順に放送される。たとえば「輪島では北西の風、風力4、天気晴れ、1016hPa、1℃」というような感じだ。天気図上の各観測地点は○印で記されている。この○印の中に天気を、○印の外側に風向、風速、気圧、気温を**図18**のように記入する。これらはボールペンかインクペンで書くことをおすすめする。そうすれば、あとで等圧線を修正するために消しゴムを使っても

図17. 天気図用紙と各地の放送順序

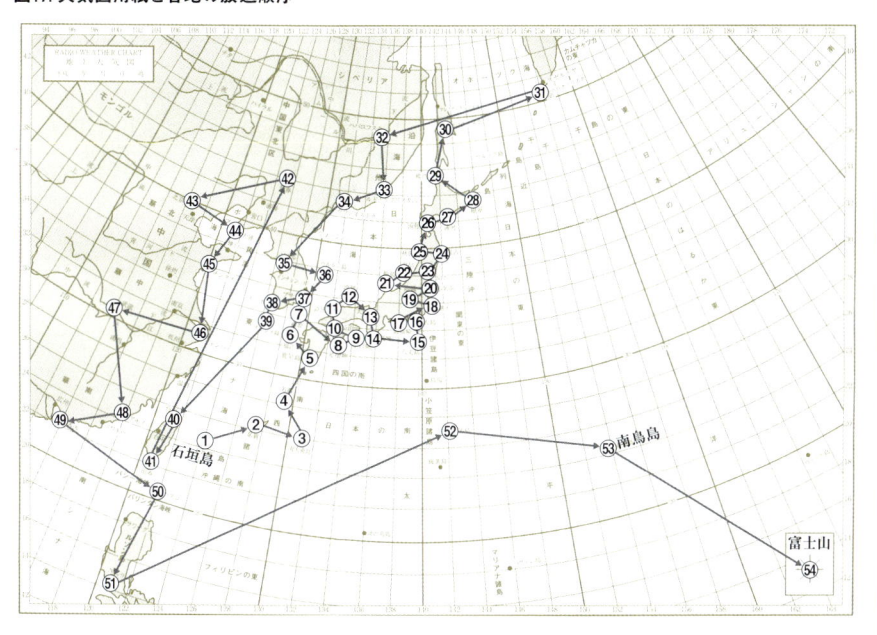

消えないからである。

①風向の記入

　風向というのは、その風が吹いてくる方向のことを表し、「北の風」は北から吹いてくる風のことである。風向を記入するときは、風の吹いてくる方向から地点を示す○に向かって棒線を1本引く。気象通報では**図19**のように風向を16方位に分けて放送しているので、その方向から○Hに向けて線を引けばよい。また、「風弱く」と放送されたら何も書かない。なお、**図19**の16方位は、高気圧や低気圧などの移動方向にも使われる。その場合は、該当する高気圧や低気圧のそばに、放送された方角に向かって太い矢印を書く（**図20**）。

図18. 天気図の記入例

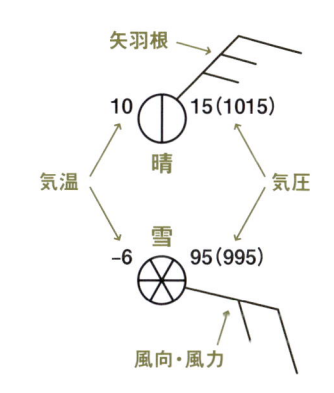

②風速の記入

　風速とは空気が1秒間に何m進むかを示すもので、「南の風5m」といったら、南から秒速5mの速さで風が吹いてくることを

図19. 風向の16方位

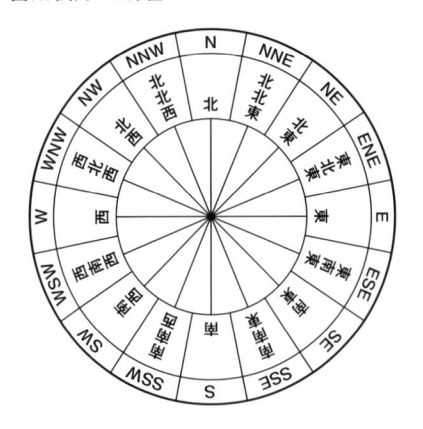

(16方位の風配図: N, NNE, NE, ENE, E, ESE, SE, SSE, S, SSW, SW, WSW, W, WNW, NW, NNW / 北、北北東、北東、東北東、東、東南東、南東、南南東、南、南南西、南西、西南西、西、西北西、北西、北北西)

図20. 高気圧または低気圧の移動方向の書き方

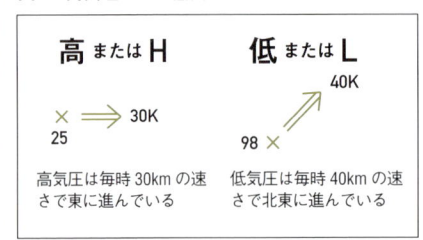

高 または H   低 または L

× ⇒ 30K   40K
25   98 ×

高気圧は毎時30kmの速さで東に進んでいる

低気圧は毎時40kmの速さで北東に進んでいる

表4. 気象庁風力階級

風力	記号	風速(メートル)
0		0.0〜0.3未満
1	⊢	0.3〜1.6 〃
2	⊢⊣	1.6〜3.4 〃
3		3.4〜5.5 〃
4		5.5〜8.0 〃
5		8.0〜10.8 〃
6		10.8〜13.9 〃
7		13.9〜17.2 〃
8		17.2〜20.8 〃
9		20.8〜24.5 〃
10		24.5〜28.5 〃
11		28.5〜32.7 〃
12		32.7 以上

図21. 矢羽根の書き方

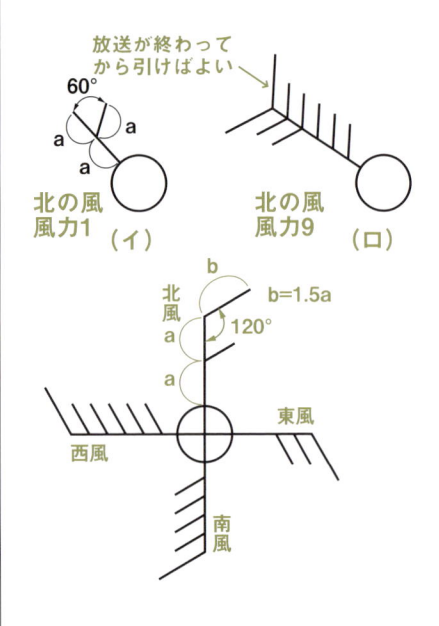

放送が終わってから引けばよい

60°
a   a
   a

北の風 風力1 (イ)   北の風 風力9 (ロ)

b   b=1.5a
北風 a   120°
   a

西風   東風

   南風

図22. 風力と風速の書き方

風速 → 22   北西の風 風力9

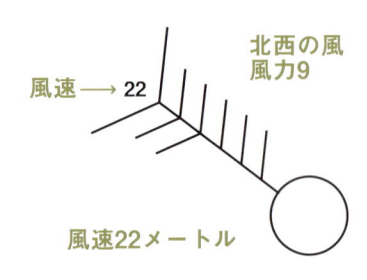

風速22メートル

図23. 矢羽根が重なるときの書き方

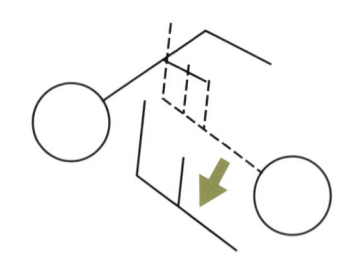

矢羽根が隣の地点と重なるときは、このようにずらす

意味している。しかし、気象通報で放送される風速は、**表4**のように13階級に分けた風力で表現される（ただし富士山だけは風速で表されるので、富士山の○印の横に数字を書き添えておこう）。

風力の記入の仕方は、風向を示す棒線に矢羽根を書き入れていく（**図21**、**図22**）。風力1のときだけは、**図21**のイのように、真ん中に1本短い矢羽根をつける。矢羽根は必ず棒線の右側につけること。矢羽根の数が多いほど、風が強いことを表している。もし、矢羽根が多くて放送についていけないときには、風向の棒線の横に数字を書いておいて、あとで書き直せばよい。ほかの地点の矢羽根と重なってしまうときは、**図23**のように観測地点の○印から少しずらして書くようにする。

風速を記入していると、等圧線の間隔が狭いところほど風が強いことに気づくだろう。

③天気の記入

天気の記号は**図16**のとおりである。簡単な記号は直接天気図に記入できるが、たとえば雨の記号（○印の中を黒く塗りつぶす）のように時間がかかる場合は、中心付近だけ軽く塗っておき、あとで完全に塗りつぶすとよい。慣れないうちは○印の中に「ア」と書いておいてもよいだろう。

みぞれや風塵、雹、地吹雪など、あまり出現しない現象は、忘れがちなので、「ミ」や「フウ」などと書いておいて、放送終了後に記号の一覧表を見ながら作図するようにしよう。

④気圧、気温の記入

気圧は、「1012hPa」「996hPa」というように放送されるときと、「12hPa」「96hPa」と略して下2桁だけで放送されるときとがある。そこで天気図上にも下2桁だけを記入しよう。数値を記入する位置は、○印の右側とされている。

気温は気圧の次に続いて放送される。放送された数字をそのまま○印の左側に記入する。○印を挟んで気圧と左右対象になるように書くと見やすい（**図18**）。氷点下のときはマイナス記号をつける。たとえば氷点下6℃のときには「−6」と記入する。

⑤船舶からの報告の記入

海上には観測地点が少ないため、海上ブイや船舶からの報告は天気図を作成するうえで非常に重要である。これがないと、どこに等圧線を引いてよいかわからなくなるからだ。そのため、気象通報では気象庁が収集した多くの船舶からの報告のなかから、等圧線が引きやすいように10箇所程度のポイントを選んで放送している。

記入の仕方は各地の天気と同じであるが、まず最初に放送される海上ブイや船舶の位置を見つけることが必要となる。これらの位置は、「北緯○○度・東経○○度」と放送されるので、10度ごとに引かれた緯線・経線から位置を特定すればよい。緯度経度が放送される前には、「三陸沖」「東シナ海」というように、その地点が属するエリアが

示される。それを目安にすると探しやすくなるが、そのためには三陸沖や東シナ海がどこなのかを知らなければならない。これも少しずつ覚えていくようにしよう。

⑥漁業気象の記入

　高気圧や低気圧、前線の位置や中心気圧、進行方向や速度、特定の等圧線が通過する位置などが放送される。高気圧や低気圧の中心位置は、船舶からの報告と同じように緯度・経度で告げられるので、その地点に×印をつけておく。そして**図20**のように、高気圧は「高」または「H」、低気圧は「低」または「L」という文字を、×印の近くに大きく書く。ただ、低気圧の場合、文字が前線の位置と重なり合うと、前線を記すときに邪魔になるので、前線のない西側や北西側の少し離れたところに書くとよい。

　次に放送されるのが進行方向と進行速度。×印の近くに進行方向を矢印で、その先に大きな文字で進行速度を**図20**のように書く。これも低気圧の場合は前線と重ならないように、少し離れたところに書くようにしよう。

　前線や等圧線の位置も、いくつかの通過点が緯度・経度で述べられる。その地点に×印をつけておくが、前線にはいくつかの種類があるので、温暖前線のときは「オ」、寒冷前線のときは「カ」と×印の隣に書いておき、放送後に記号を入れるようにする。前線の記号は**図24**を参照してほしい。

　等圧線の通過点は、毎日、同じ等圧線が告げられるわけではないので、最初に放送

図24. 前線の種類と記号

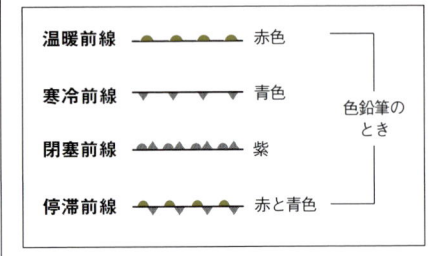

前線	記号	色
温暖前線	●●●	赤色
寒冷前線	▼▼▼	青色
閉塞前線	▲●▲●	紫
停滞前線	▲●▲●	赤と青色

（色鉛筆のとき）

される地点の×印の近くに、小さく気圧の数値を書いておこう。1012hPaの場合は「12」という具合だ。また、通過点は等圧線を引く順番に放送されるため、最初に放送された地点には「1」、2番目に放送された地点は「2」というように、×印の近くに順番を記しておくと、あとで混乱せずにすむ。ただし、最初から直接、天気図に通過点を書き込むのはなかなか難しい。とりあえず天気図の欄外の空白部分に放送された順に通過点を書いておき、あとで天気図に書き込むのがよいだろう。

4. 天気図の書き方

　ラジオの気象通報を聞き終えたら、次の手順に従って天気図の仕上げにとりかかろう。

①放送中に書き残したものを書く

　まずは放送中に書き切れなかったデータを書き込んでいく。観測地点における雨の天気図記号や等圧線の通過点、前線の位置など、書き忘れのないように注意したい。

②前線を書く

漁業気象で放送された前線の位置に従って、前線記号を書いていく。前線の種類は、前述したように4つあり、それぞれ前線記号が決まっている。ジグザグにならないよう、なめらかに書くようにしよう。温暖前線と寒冷前線は、**図25**のようにそれぞれ低気圧の進行方向前面へ丸みをもたせて書くと格好よく見える。

温暖前線に寒冷前線が追いついた閉塞前線は、その末端から温暖前線と寒冷前線が分かれることになる。この末端を閉塞点と呼び、ここで新たな低気圧が発生することもある。閉塞前線は温暖前線などと同様に、進行前面へ丸みをもたせるか、直線的に書く（**図26**）。

③等圧線を引く

等圧線は、まず漁業気象で放送された特定の等圧線から引いていく。その際には、放送された通過点と、その周囲にある観測地点の気圧を参考にするため、これらを聞き逃すと天気図を書くことが難しくなる。漁業気象データは気象通報のなかで最も聞き逃してはならない重要ポイントである。

等圧線は気圧の等しいところを結んだ線で、地図に例えると等高線と同じようなものである。放送された等圧線を引いたら、4hPaまたは2hPaごとに等圧線を引いていく。特定等圧線が1016hPaであれば、次は1020hPa、1024hPaといった具合に書けばよい。1000hPa、1020hPaなど、20hPaごとの等圧線を太線で書くと、天気図がより見やすくなる。

放送された等圧線より高い線から書くか、低いほうから書くかは、どちらでもかまわない。ただし、日本付近のように観測地点が多いところのほうが書きやすいので、観測地点が多いほうから書いていくとよいだろう。次に、等圧線を書くときに注意しなければならないことを箇条書きにしてみた。

- ●観測点の細かい気圧にこだわりすぎない（**図27**）
- ●等圧線はジグザグに書かず、なめらかに書く（**図28**）
- ●等圧線と風向は密接な関係がある
- ●等圧線の間隔は風力が大きいほど狭く、小さいほど広い
- ●等圧線は途中で消えることはない
- ●等圧線は枝分かれしたり、交差したりし

図25. 前線の通過点の結び方

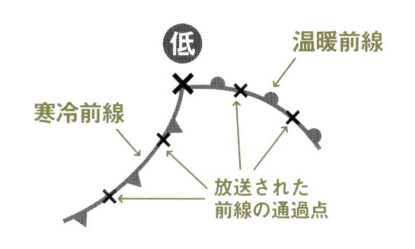

図26. 閉塞前線の書き方

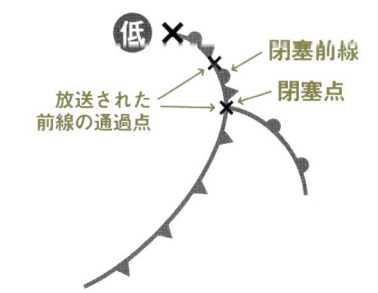

ない（**図29**）
- 等圧線は長い距離にわたって平行に引かない（**図30**）
- 等圧線は前線のところで低気圧を内側にして折り曲げる（**図31**）

④高気圧や低気圧付近の等圧線を書く

　等圧線を2hPaごとに書いていくうちに、高気圧や低気圧の近くを線が通過するようになるだろう。そのときに観測地点の気圧を頼りにするだけでは、等圧線を正しく書くことができない。高気圧と低気圧は、それぞれ周囲より気圧が高いところ、低いところにあたるので、それらを囲むように閉じた等圧線を書く必要がある（**図32、図33**）。

　低気圧や高気圧の近くでは、中心気圧を参考にして、今引いている等圧線との気圧差を計算し、だいたいどのくらいの間隔で線を引いたらよいのか目安をつける。そのうえで、低気圧は**図32**のように中心に近いほど等圧線の間隔を狭くし、高気圧は**図33**のように逆に等圧線の間隔を広げて書くとよい。また、台風や熱帯低気圧は、等圧線をほぼ円形に書き、低気圧と同様に中心付近ほど等圧線の間隔を狭くしよう。

⑤気圧の谷と尾根

　気象通報では、ときおり「気圧の尾根」や「気圧の谷」という表現が用いられる。これらは、地形図における谷や尾根とまったく同じものだと考えればよい。**図34a**のように周囲より気圧が低い部分が連なっているところが谷、**図34b**のように気圧が高い部分が連なっているところが尾根である。

　以上、述べてきたように、天気図を作成するには、いろいろなことに注意しなければならない。慣れるまでは天気図をうまく書ける人に添削してもらったり、新聞やインターネット上に掲載されている天気図と比べてみたりするとよい。どこが間違っていたのかをチェックすることで、上達が早まるだろう。天気図を上手に書けるようになるには、けっこう時間がかかるものだ。

　しかし、天気図の書き方を習熟すれば、それだけ気象に対する認識が深まることは間違いない。

　また練習を重ねることによってうまく書けるようになると、天気図を書くこと自体が楽しくなってくる。「千島列島は夏と冬の温度差が非常に小さい」「アモイは台湾と同じ緯度なのに冬には気温がかなり低くなる」など、いろいろな発見もあるはずだ。

　ぜひ、**図35**のようなオリジナルの天気図を作成し、ほかの情報や観天望気などとあわせて天気予報にチャレンジしてもらいたい。どんどん経験を積んでいけば、きっと一人前の"予報士"になれるだろう。

図27. 細かい気圧にこだわらない

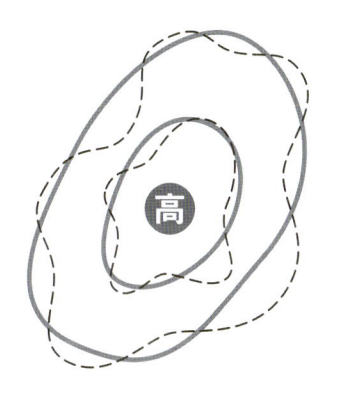

放送される気圧の値は四捨五入されている。あまり細かく案分しないで、実線のように大まかな案分で引く

図28. ジグザグに書かない

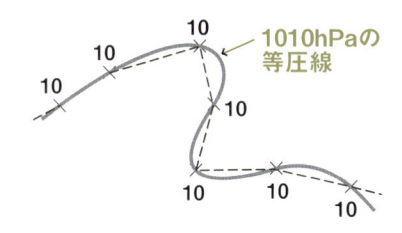

図29. 枝分かれ・交差しない

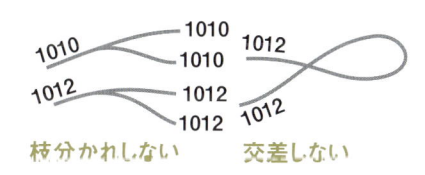

枝分かれしない　　交差しない

図30. 等圧線の長距離平行はない

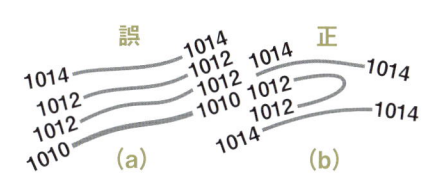

誤　(a)　　正　(b)

図31. 前線のところで折り曲げる

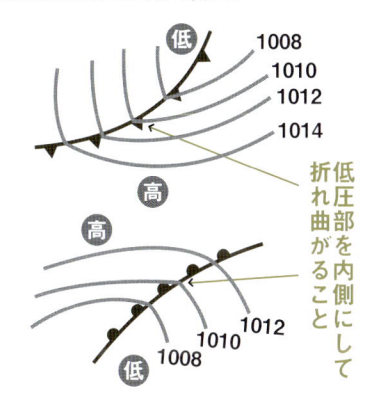

低圧部を内側にして折れ曲がること

図32. 低気圧の等圧線の引き方

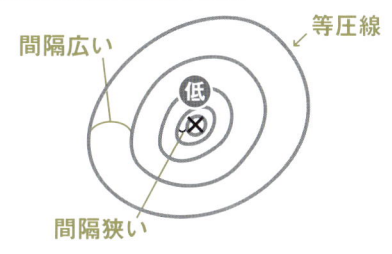

等圧線
間隔広い
間隔狭い

図33. 高気圧の等圧線の引き方

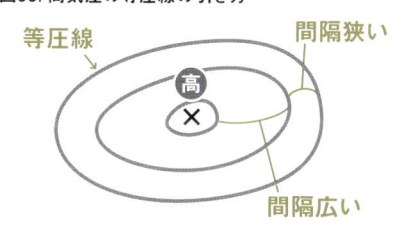

等圧線
間隔狭い
間隔広い

図34. 気圧の谷と尾根

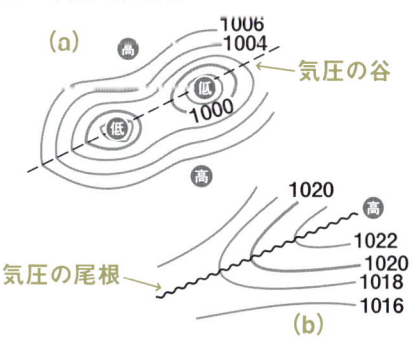

(a) 気圧の谷

(b) 気圧の尾根

Chapter 4
高気圧・低気圧と前線

図35. 天気図の作成例

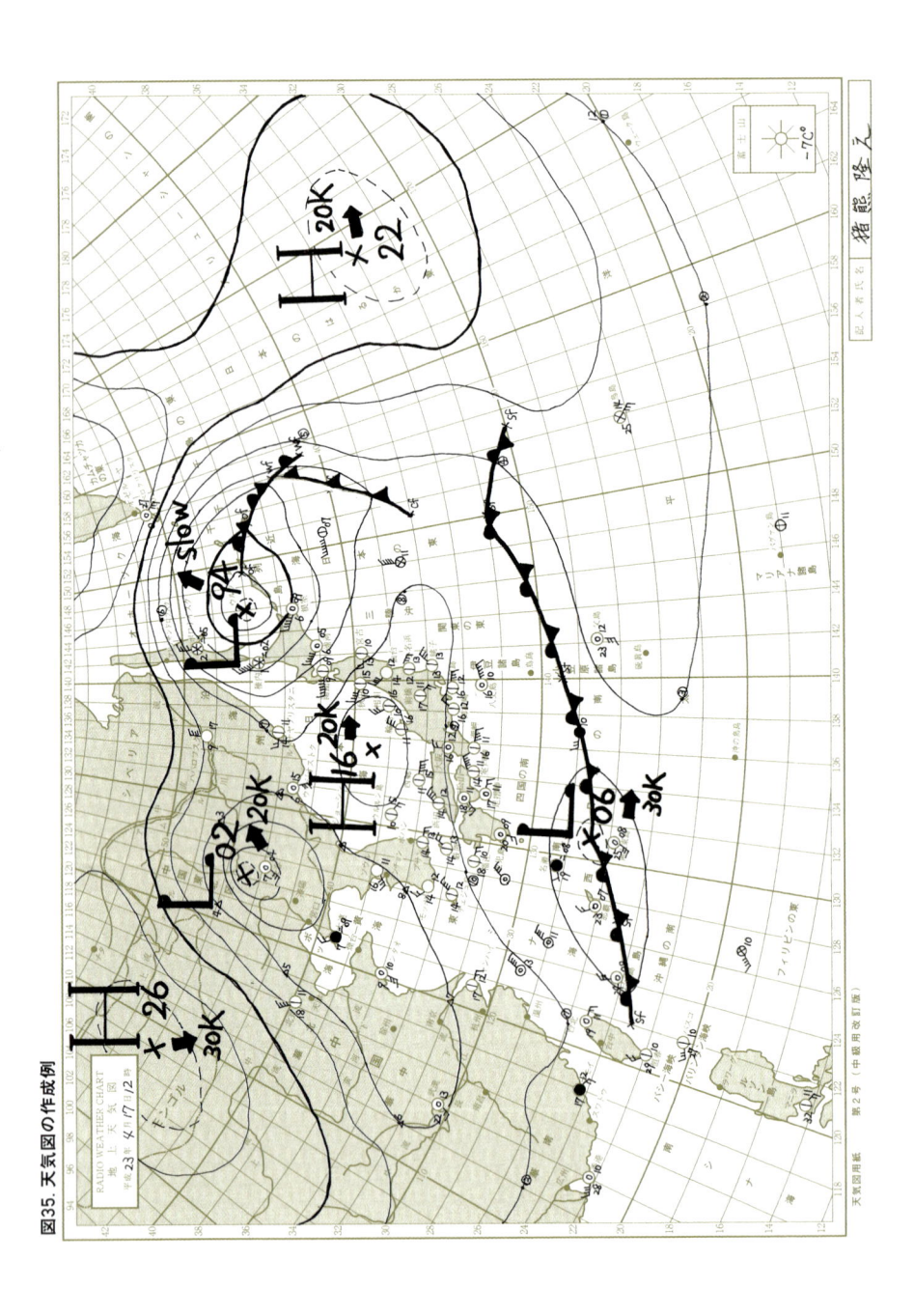

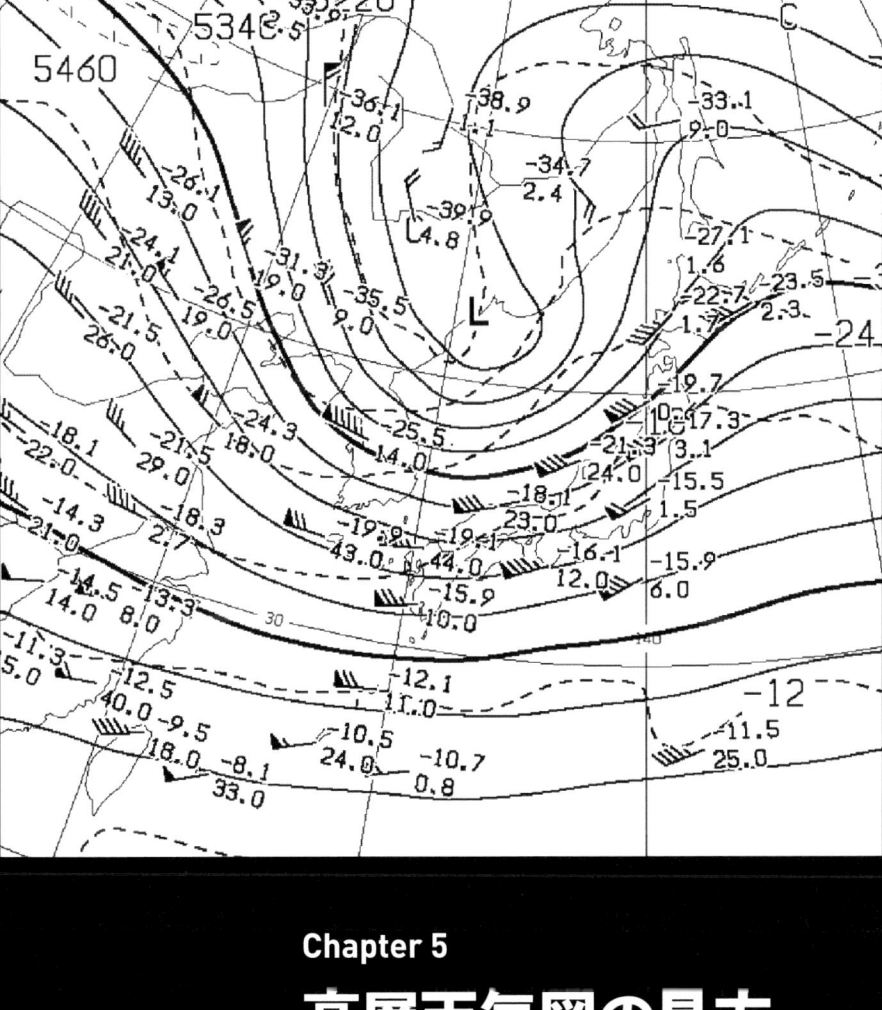

Chapter 5
高層天気図の見方

天気は立体的に変化するので、テレビやウェブサイトなどの地上の天気予報が山の天気にはあてはまらないこともあり、これらの予報を鵜呑みにして突っ込むと、ときに痛い目に遭ってしまう。山の気象状況を予想するためには、地上天気図だけでは不充分で、高層天気図から上空の寒気や気圧の谷の動向を予想することが必要となってくる。この章では、500hPa面の天気図を中心に、高層天気図の見方について学ぶ。

高層天気図の種類

テレビなどでよく見る地上天気図は、地表面の気圧配置を表したものであるが、上層における大気の状態を示したのが高層天気図だ。高層天気図は、気圧面（高度）ごとに多くの種類がある。**表1**は、その代表的な種類と用途を表している。

なお、気圧とは空気の圧力のことで、高度が上がるほど気圧は低くなり、地表面に近いほど気圧は高くなる。また、気圧面とは500hPaなど、ある特定の気圧を基準とした面のことで、850hPa面よりも500hPa面のほうがより高い高度の気圧面を表している（**図1**）。それぞれの気圧面の高度は、**表1**を参考にしていただきたい。

表1. 高層天気図の種類と用途

高度	気圧面	主な用途
約9000m	300hPa	ジェット気流の強さと位置、動きなど
約5500m	500hPa	気圧の谷、気圧の尾根、寒気の強さと動き、低気圧が発達するかどうかなど
約3000m	700hPa	大気の湿り具合、上昇気流・下降気流の大きさなど
約1500m	850hPa	暖湿流の流入、風向・風速、気温、暖気、寒気の移流、雨・雪の判別など
海抜0m		地上天気図

各気圧面における天気図は、**表1**で示したように、用途によって使い分けられている。たとえば、ジェット気流の位置を見るには、300hPa面または200hPa面の天気図を、上層の寒気や気圧の谷・尾根を見るには500hPa天気図を、上昇気流や下降気流の

図1. 山の標高と高層天気図の関係

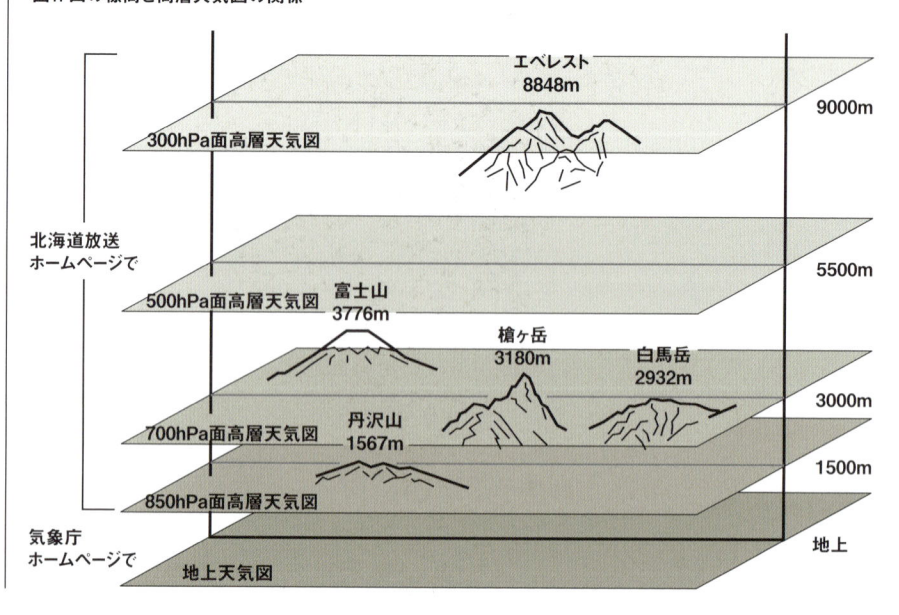

強さを見るのには700hPa天気図を、下層における暖かく湿った空気の流入や高度1500m付近の気温を見るのには850hPa天気図を利用する、といった具合である。

こうした高層天気図はどこで入手できるのだろうか。残念ながらラジオ短波の高層天気図（700hPa面）の放送は終了してしまったが、北海道放送（HBC）のホームページ（http://www.hbc.co.jp/pro-weather/）には各種高層天気図がアップされている。「HBC 専門天気図」で検索をかけると見つかるだろう。このサイトには、各高度の実況天気図や予想天気図など多くの天気図が掲載されていて非常に重宝する。**図2**を参考にして、目的に合った天気図をチェックするとよい。

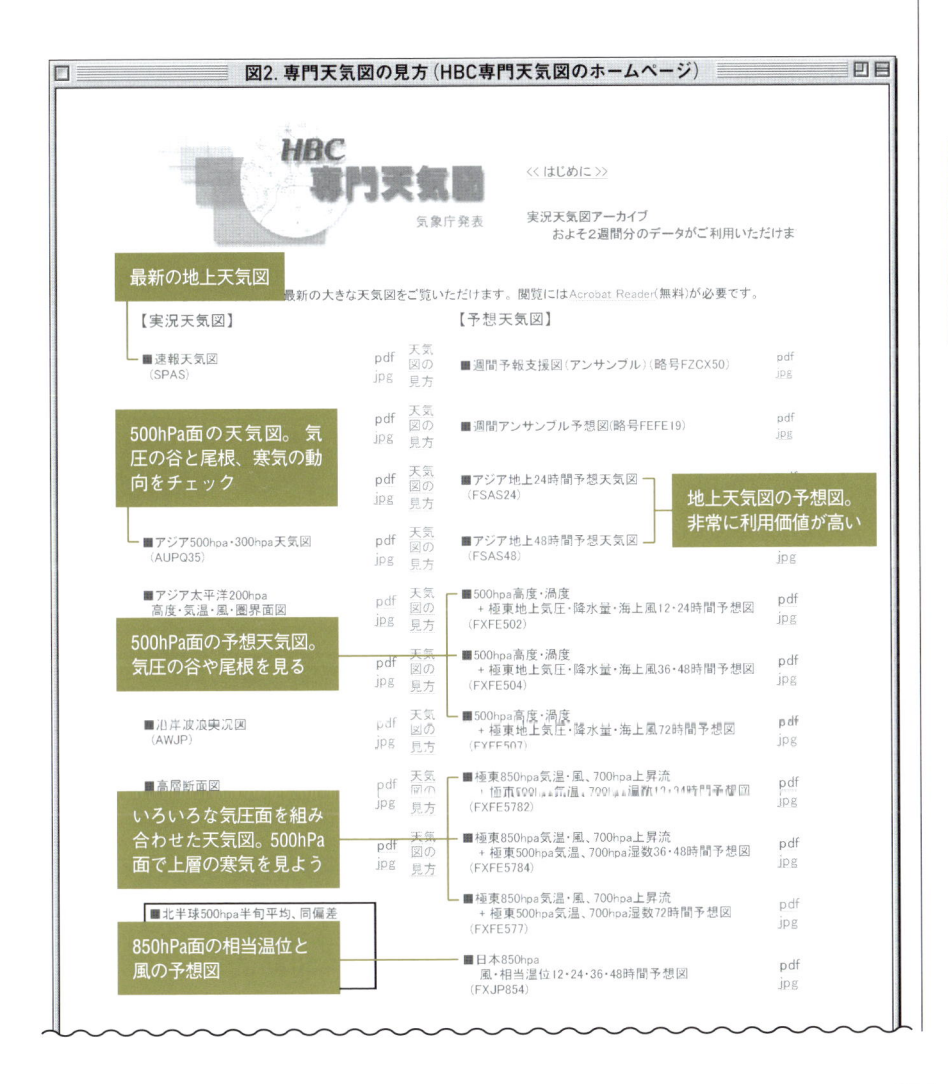

図2. 専門天気図の見方（HBC専門天気図のホームページ）

- 最新の地上天気図
- 500hPa面の天気図。気圧の谷と尾根、寒気の動向をチェック
- 500hPa面の予想天気図。気圧の谷や尾根を見る
- いろいろな気圧面を組み合わせた天気図。500hPa面で上層の寒気を見よう
- 850hPa面の相当温位と風の予想図
- 地上天気図の予想図。非常に利用価値が高い

気圧の谷と尾根

　山の天気を予想するうえで、最も役に立つ高層天気図が500hPa天気図だ。

　500hPa天気図から読み取るポイントは2つある。ひとつは、**等高度線（とうこうどせん）から気圧の谷と尾根を探すこと**、もうひとつは**等温線から上層の寒気を探すこと**である。

　500hPa天気図には等高度線が実線で60mごとに記されており、等温線は冬季が6℃ごと、夏季は3℃ごとに破線で示されている。まずは実線で記された等高度線に注目し、気圧の谷と尾根を探すことから始めるが、その前に高層天気図の等高度線と、地上天気図の等圧線の関係について触れることにする。

　地上天気図には、海抜ゼロメートルを基準にして、等しい気圧を結んだ等圧線が描かれている。これに対し、高層天気図には、同じ気圧面での等しい高度を結んだ等高度線が描かれる。つまり、高層天気図では、それぞれの気圧面（たとえば500hPa面）が基準となるわけだ。

　こう説明するとわかりづらいかもしれないが、簡単にいえば、**高層天気図の等高度線が地上天気図の等圧線のようなもの**だということになる。あるいは、高層天気図では等しい気圧面での高度差を表しているので、等高度線は地形図の等高線（**図3**）と同じようなものだと考えてもよい。

　図4は500hPa天気図である。空気は温度が高いほど膨張し、温度が低いほど圧縮する（縮まる）という性質を持つ。このため、温度が高い低緯度側で空気は膨張し、温度が低い高緯度側では圧縮することから、各気圧面の高度は、北半球では北に行くほど低くなり、南に行くほど高くなる（56㌻**図18**）。ただし、等高度線は東西に平行に走っているところだけではなく、南北に蛇行しているところがある。この蛇行部分が気圧の谷や尾根にあたる。

図3. 2万5000分の1地形図（「えぶり差岳」より）

地形図の等高線は等しい高度を結んでいる

図4. 500hPa天気図 ⓜ

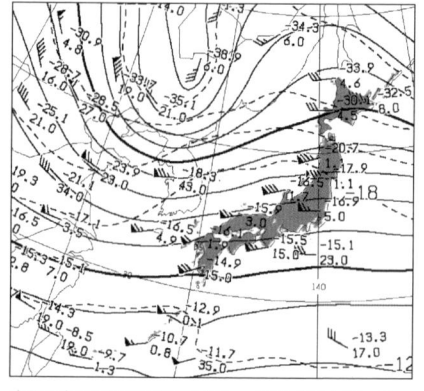

高層天気図の等高度線も等しい高度を結んでいる

図5は、図4とは別の日の500hPa天気図から等高度線を抜粋したものである。北緯40度線に沿って華北の東経120度（A地点）から日本の東の東経150度（B地点）間を断面図にしたものが図6である。これを見ると、等高度線が南に張り出した部分は周囲より高度が低くなっている。この部分を気圧の谷と呼ぶ。また、逆に等高度線が北に張り出している部分は、周囲より高度が高くなっている。これを気圧の尾根と呼ぶ。

500hPa天気図を地上天気図と同じように、ある高度を基準とした天気図に修正するとしよう。たとえば500hPa天気図を、5400mを基準面にする。

図6を見ると、A地点の高度は約5280mである。気圧は高度が高くなるほど下がるので、A地点は5280mで500hPaの気圧であることから、基準面である5400mに高度を上げれば、気圧は500hPaより低くなる。逆にB地点の高度は5400mで基準面と同じなので、500hPaのままということになる。

このようにしてAからBの断面図の各点について考えていくと、高度が低いところで気圧は低くなり、高度が高いところでは気圧が高くなる。つまり、前述のとおり高層天気図の等高度線は、地上天気図の等圧線と同じだと思えばよい。

地上天気図では、周囲より気圧が低い部分が連なったところを「気圧の谷」、高い部分が連なったところを「気圧の尾根」と呼び、気圧の谷に入ると天気が崩れ、気圧の尾根では天気がよくなることが多い。高層天気図でも、同じように**高度が低い部分が連なったところを「気圧の谷」**（図7）、**高い部分が連なったところを「気圧の尾根」**（図8）と呼ぶ。

慣れないうちは、特定の等高度線を色つきのマーカーでなぞってみよう。その形状が南に張り出しているところが気圧の谷、北に張り出しているところが気圧の尾根だ。気圧の谷と尾根を見つけたら、気圧の谷には二重線を、気圧の尾根には波線を引いていく（図5）。地形図から尾根や谷を読み取

図5. 2009年12月27日21時　500hPa天気図

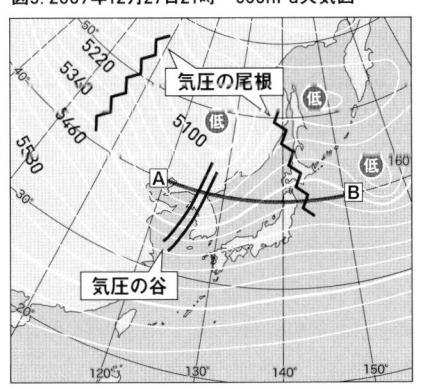

図6. 図5のA-B間の断面図

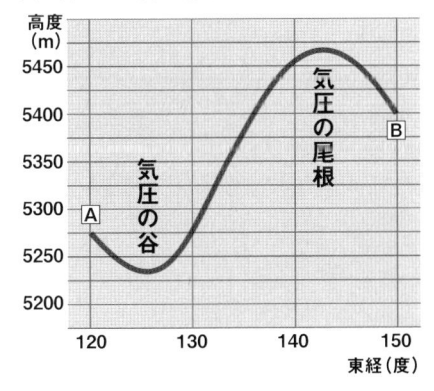

るのと同じ要領で見てみるとわかりやすいだろう。

図7. 気圧の谷の見つけ方

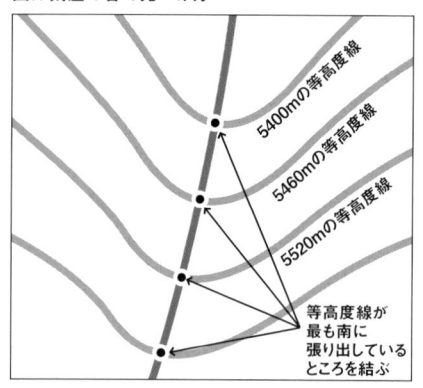

5400mの等高度線
5460mの等高度線
5520mの等高度線
等高度線が最も南に張り出しているところを結ぶ

図8. 気圧の尾根の見つけ方

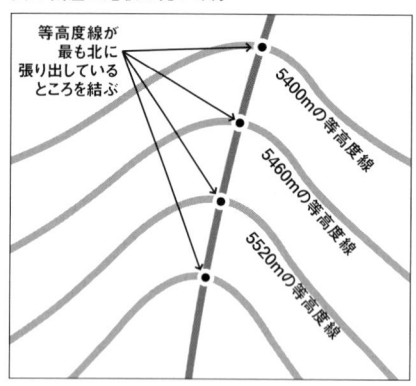

等高度線が最も北に張り出しているところを結ぶ
5400mの等高度線
5460mの等高度線
5520mの等高度線

図9. 地上の高・低気圧と
　　 上層の気圧の尾根・谷との位置関係

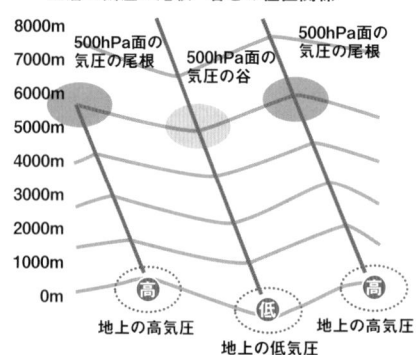

500hPa面の気圧の尾根
500hPa面の気圧の谷
500hPa面の気圧の尾根
地上の高気圧
地上の低気圧
地上の高気圧

気圧の谷や尾根と天気の関係

　図10は、図5と同時刻の地上天気図に500hPa面での気圧の谷と尾根を重ねて記したもので、地上天気図での気圧の谷と、500hPa天気図での谷の位置がずれている。その理由は、発達中の温帯低気圧や移動性高気圧では、気圧の谷や尾根の軸が地上から上層にいくにつれて西に傾いているからだ（図9）。

　一方、図11は、水蒸気画像に高層天気図を重ね合わせた図である。

　水蒸気画像というのは予報業務によく利用されている衛星画像で、白く（明るく）写っているのが中・上層で水蒸気が多い（湿っている）ところ、黒く（暗く）写っているところは水蒸気が少ない（乾燥している）ところを表している（114ページ参照）。

　図11では、気圧の谷の進行方向前面（多くは東側）で白い部分が帯状に連なっており、この地域の中・上層で水蒸気が多く、湿った空気が流れ込んでいることを示している。また、**上層で吹いている風は、高度が高いほうを右手に見て等高度線と平行に吹く**ので、ここでは南西の風が吹いていることになり、南西の風が暖かい空気を北へ運んでいることを意味している。

　これと図10を見比べてみると、水蒸気画像で白くなっている部分に地上の低気圧が存在していることがわかる。つまり、上層で暖かく湿った空気が流れ込んでいると

COLUMN 01　　　　　　　　　上層の風と水蒸気画像

　大気中の水蒸気は風によって流されるので、水蒸気画像を見ると風の流れもわかる。図11の水蒸気画像では、500hPa天気図の等高度線に沿うようにして、水蒸気の多い（白い）部分や、少ない（黒い）部分が流れるように分布している。これは、上層の風の流れを表しており、低気圧や高気圧はこの風に流されて移動していく。

　図12は、図10の12時間後の地上天気図だが、水蒸気画像における流れや、高層天気図の等高度線に沿うように、低気圧や気圧が進んでいることがわかる。このように水蒸気画像や500hPa天気図を活用して、低気圧や高気圧の動きを予想することができる。

図12. 図10の12時間後の地上天気図

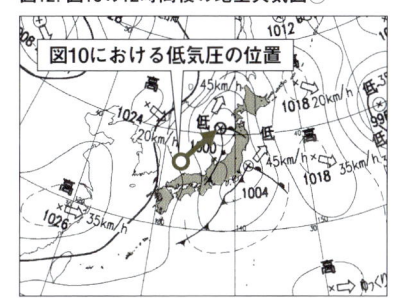

ころには上昇気流が生じているため、地上低気圧が存在するというわけである。

　また、図11の気圧の谷周辺とその後面（西側）は暗い領域が広がっていて、ここには乾燥した空気が流れ込んでいる。そして北西から南東に向かって等高度線が走向

しているので、北西の風が吹いていることが見て取れる。図10を見ると、ここには地上の高気圧がある。上層に冷たく乾燥した空気があるところでは下降気流が生じるため、地上には高気圧が存在している。

　このように、500hPa天気図上で気圧の

図10. 図5と同時刻の地上天気図に500hPaの気圧の谷と尾根を重ねて表示したもの

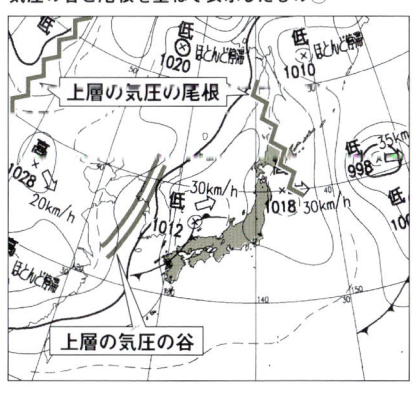

図11. 図5と同時刻の水蒸気画像に500hPa等高度線を重ねた図

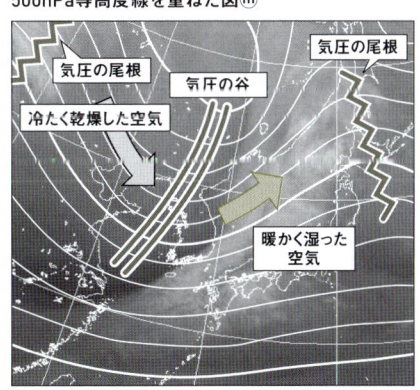

谷の前面（多くの場合、東側）には地上の低気圧が、気圧の尾根の進行方向前方には地上の高気圧が存在する。したがって、上層で気圧の尾根が通過するころから天気が下り坂となり、薄い雲が広がりやすくなる。気圧の谷前面の南西風が吹いている領域に入ると地上低気圧が接近し、山は霧に覆われて雨が降り出すことになる。

高層天気図から天気を予想する

　高層天気図上で気圧の谷や尾根を探したら、次は天気を予想してみよう。

　500hPa面における気圧の谷前面では地上の低気圧が存在し、そのあたりでは天気が悪くなっていることが多い。一方、気圧の尾根前面には地上の高気圧があって、その付近では概ね天気がよくなっている。また、**山が気圧の谷の前面に入ると、南または南西の風となり、暖かく湿った空気が入りやすくなって、地上天気図上で低気圧や前線がなくても天気は崩れやすくなる。**

　図13を見ると、気圧の谷の後面（西側や北西側）では北または北西の風が吹いている。○印で囲んだ観測地点の風速や風向のデータを見ていけば、それがわかる。

　高層天気図における風向は地上天気図と同じで、矢羽根の先端の方向から風が吹いてくることを示している。また、観測地点は、風向を表している線の根元にあたる。風速は、ラジオ天気図の階級表示（82ジ）とは異なり、「ノット」という単位で表される。矢羽根の数がひとつだと10ノット、2つだと20ノットというように数え、線の長さが半分の場合は5ノットとなる。太い羽根は50ノットを表している（**図14**）。1ノットは約0.5m/sなので、ノットの数値を秒速に直すときには数値を半分にする。

　このようにして観測地点の風を見ていくと、**気圧の谷後面では北西の風が吹いており、乾燥した空気が入ってきて天気がよくなる傾向にある。**しかし、日本海側の山ではこの原則があてはまらないことがあるので注意が必要だ。

　もうひとつ重要なのは、平地と山における天気の違いである。平地の天気は、地上の低気圧が通過したのち、日本海側など一部の地域を除いて急速に回復するが、山では地上の低気圧が通過したあとも、それよりも西側にある上層気圧の谷が通過するまでは天気が回復しないことが多い。また、上層の寒気が強いと、上層で気圧の谷が通過したあとも天気が回復しにくく、日本海側の山を中心に荒れ模様の天気となることもある。

　冬の場合は、気圧の谷が通過したあとに冬型の気圧配置が続くかどうか、そして冬型が強まるかどうかは、地上の天気図からだけで判断するのは難しく、上層の寒気の位置や強さ、移動方向と速度、寒気の及ぶ範囲を見ることによって、予想することが

できる。高層天気図を見るにあたっては、気圧の尾根と谷、及び寒気の動向に注意することが大切だ。

8000m峰のベースキャンプが500hPa面の高度にあたる

図14. 風の強さと風向

風の強さ

風速
約2.5m/s
約5m/s
約10m/s
約15m/s
約20m/s
約25m/s

矢羽根がひとつ増えるごとに約5m/s風が強い

風向

北 北風
北西　　北東
西　　　　東
南西　　南東
南

矢羽根のある方向から風が吹いてくる

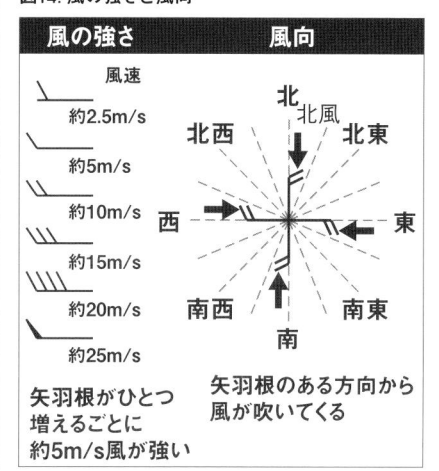

図13. 500hPa天気図における気圧の谷と風の関係 ⓜ

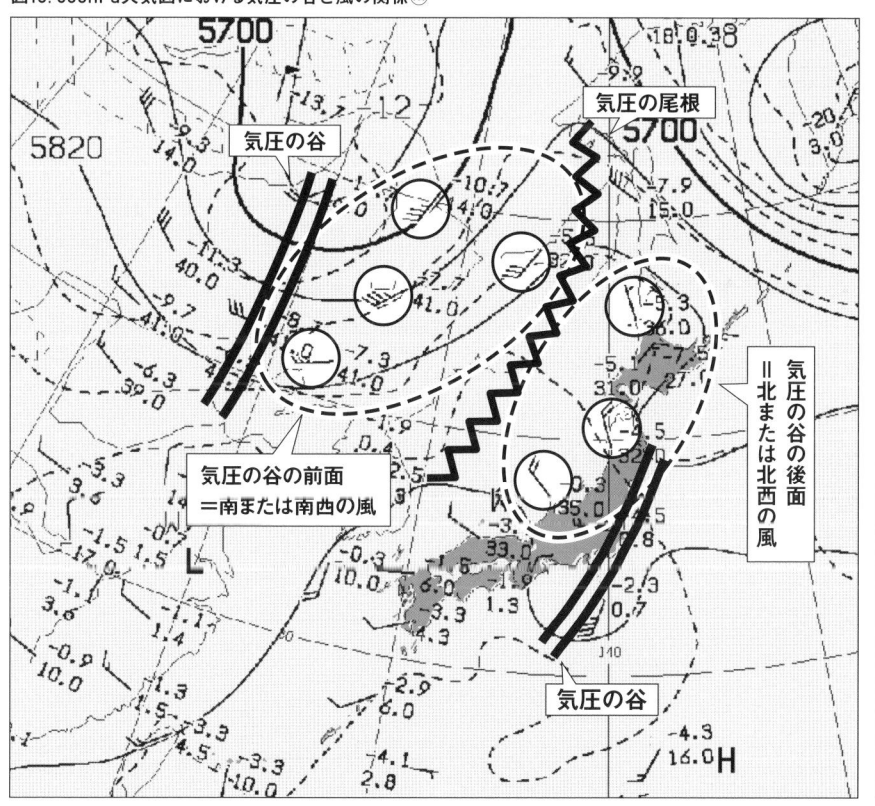

気圧の谷

気圧の尾根

気圧の谷の前面
＝南または南西の風

気圧の谷の後面
＝北または北西の風

気圧の谷

Chapter 5　高層天気図の見方

温帯低気圧の発達を予測する

山における気象遭難の多くは、温帯低気圧が発達したときに発生している。温帯低気圧が発達しながら通過すると、広い範囲で暴風雨（雪）になり、また通過後も日本海側の山や脊梁山脈では荒れ模様の天気が続く。

温帯低気圧の発達は山の気象に大きな影響を与えるが、それを地上天気図のみで予想することはなかなか難しい。そこで、高層天気図を利用して、温帯低気圧が発達するかどうか、つまり山において大荒れの天候になるかどうかを予想することが必要になってくる。

1. 温帯低気圧

一般的に低気圧といえば温帯低気圧のことを指す。温帯低気圧は暖気と寒気の両方を持ち、暖気のみからなる熱帯低気圧（台風も広い意味での熱帯低気圧に含まれる）や、寒気のみからなる寒冷低気圧などとは区別されている（68ページ参照）。熱帯低気圧や寒冷低気圧は前線を持たないので、前線を持つことが多い温帯低気圧は、地上天気図ですぐに見分けられる。

温帯低気圧は、暖気と寒気をエネルギーとして発達する。北半球では基本的に北ほど寒く、南ほど暖かい。ある地域でその温度差が非常に大きくなると、空気はそのストレスに耐えられなくなり、温度差を和らげようと運動を始める。その結果、発生するのが温帯低気圧だ。

図15を見てみよう。水槽に暖かいお湯と冷たい水を入れて、その間に仕切りを入れる。仕切りがあるから、冷たい水と暖かいお湯はきちんと分かれる（a）。この状態は、実際の大気でいえば南北の温度差が大きくなった状態で、このようなときに停滞前線が形成される。

ところが、南北の温度差があまりにも大きくなると、それを和らげるために冷たい空気と暖かい空気が混じり合おうとする。水槽の例でいえば、それが（b）の仕切りを外した状態にあたる。

冷たい水は重く、暖かいお湯は軽いので、冷たい水は暖かいお湯の下に潜り込み、暖かいお湯は冷たい水の上に這い上がる。空気も水と同じ性質なので、実際の大気中でも同じことが起きる。つまり、**暖気の下に寒気が潜り込もうとし、暖気が寒気の上に這い上がろうとして回転運動が起きるわけ**だ。また、日本を含む中緯度では、上空を偏西風と呼ばれる西風が吹いている（106ページ）。偏西風は通常、図16aのように、西から東へ緯線にほぼ平行に吹いているが、南北で温度差があまりにも大きくなると、蛇行を始める。蛇行することによって反時計回りの渦ができ、ここで気圧の谷が発生する。さらに、冷たい空気は北から南へ運ばれ、暖かい空気は南から北へ運ばれるので（図16b）、結果として南北の温度差を和らげる役割を果たす。

図15. 温帯低気圧が発達する仕組み

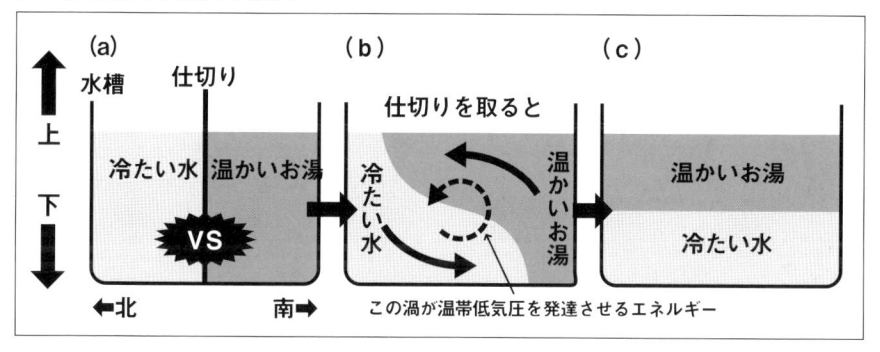

図16. 偏西風の蛇行と温帯低気圧の発達

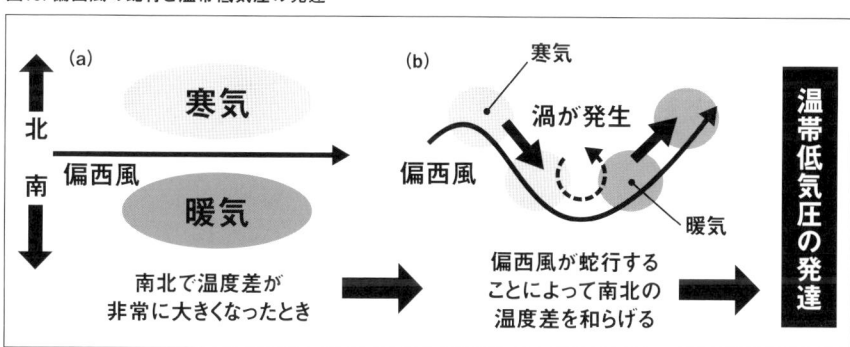

このように鉛直方向と水平方向で相互に作用した立体的な回転運動が発生し、これらが温帯低気圧のエネルギー源となる。**寒気と暖気が共に強ければ回転運動も強まり、温帯低気圧はより多くのエネルギーを得て発達する**ことになる。

やがて冷たい水は重いので下に溜まり、暖かいお湯は軽いので上に移動し、きれいに分かれる（**図15c**）。閉塞前線はまさにこのような状態になっている。そうなると冷たい空気も暖かい空気もそれぞれ理想的な位置にいるので、新たな運動は発生しない。水平方向でも暖かい空気と冷たい空気が東西に分かれる形となり、南北の温度差は少なくなる。つまり、温帯低気圧は南北の温度差を和らげるという役目を果たして衰えていくことになる。

このように、**温帯低気圧は寒気と暖気がそれぞれ強ければ強いほど発達する**。温帯低気圧の発達を予想するには、寒気と暖気の強さを見ることが重要になってくる。

2. 上層の寒気の強さを見る

寒気と暖気のうち、山の気象に大きな影響を与えるのは寒気のほうだ。というのも低気圧が通過したあとに強い寒気が南下することによって、山では天候が荒れるうえ、

回復も遅れるからである。

　日本の山では、上層における寒気の目安を500hPa面（高度約5500m）で見ることが多く、500hPa面の温度から寒気の強さを予想していくことが重要となる。その温度は、季節ごとに目安が異なる。**表2**は、季節ごとに目安となる500hPa面の気温を表したものである。これを参考にして、寒気の強さをチェックしていこう。

　図17は、2009年4月24日21時の500hPa天気図である。**表2**によると、ゴールデンウィークの時期にマイナス21〜24℃以下の寒気があると、温帯低気圧が発達し、山では大荒れの天候になりやすい。マイナス21℃の等温線は書かれていないので、マイナス18℃またはマイナス24℃の等温線に着目する。どちらに注目するかは、より特徴的な形状をしている線を選ぶようにしよう。マイナス18℃とマイナス24℃の等温線を、違う色の色鉛筆やマーカーでトレースしていくとわかりやすい。マイナス18℃線はなだらかで凹凸がやや不明瞭であるのに対し、マイナス24℃線は華北で大きく南に張り出している。つまり、大陸方面から強い寒気が接近中であることが読み取れるわけだ（**図17**ではマイナス24℃以下の寒気をアミかけで示している）。

　このように、華北や黄海、中国東北部方面でマイナス18℃以下の等温線が北緯40度より南に張り出しているときは、寒気が日本付近に南下するおそれが高い。寒気の動きは、ジェット気流の動きなどに左右されるため予想は難しいが、基本的には南東や東南東に移動することが多く、**図17**のように寒気が中国東北部に出現したときは要注意だ。また、寒気の中心は「C」という文字で天気図上に書かれる。その付近の観測点の温度や等温線から、寒気の中心の気温を推定する。**寒気の中**

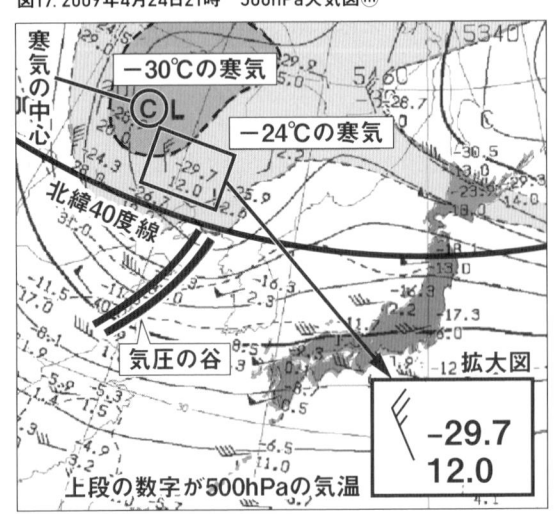

表2. 500hPa面で目安となる季節ごとの気温

警戒事項	季節	500hPa面気温
ドカ雪の目安	12〜3月	-36℃以下
大雪の目安	12〜3月	-30℃以下
低気圧発達による大荒れ	GW	-21℃〜-24℃以下
	9月下旬〜10月上旬	-15℃〜-18℃以下
	梅雨期、初秋 夏季（北海道）	-9℃〜-12℃以下
雷雨	夏季	-6℃以下

図17. 2009年4月24日21時　500hPa天気図

心付近の温度が低いほど、南への張り出しが大きいほど、山で大荒れの天気となることも覚えておこう。

3. 等高度線を見る

温帯低気圧が発達しているときは、上層における気圧の谷が深まっていく。気圧の谷が深まるということは、等高度線の形状が次第に南に張り出していくことになる。そこで特定の等高度線に着目し、時間とともにどのように変化していくか見ていこう。

温帯低気圧が発達するとき

図18は2007年2月13日21時の500hPa天気図、図19はその24時間後の500hPa天気図から等高度線を抜粋したものだ。500hPa天気図は、60mごとに等高度線が引かれているが、5400m、5700mというように300mごとに太い実線で書かれている。ここで、どの等高度線に注目するか迷うが、等高度線も等温線と同じように特徴が明瞭なものを選ぶ。ここでは5400m線に注目しよう。

図18を見ると、すでに中国東北部から

図18. 2007年2月13日21時　500hPa天気図

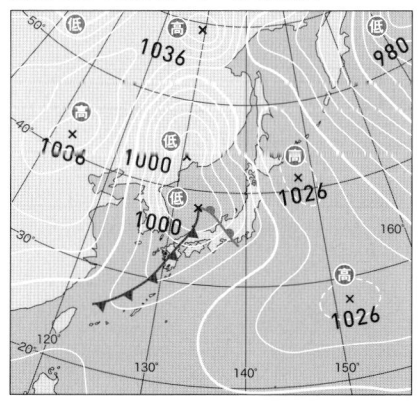

図19. 2007年2月14日21時　500hPa天気図

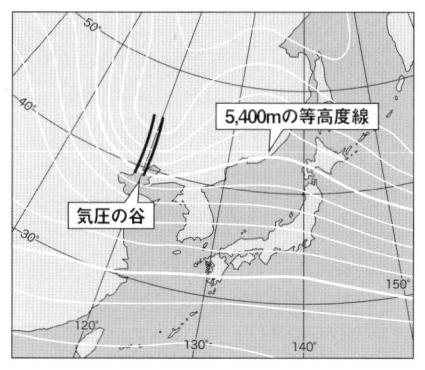

図20. 2007年2月14日9時　地上天気図

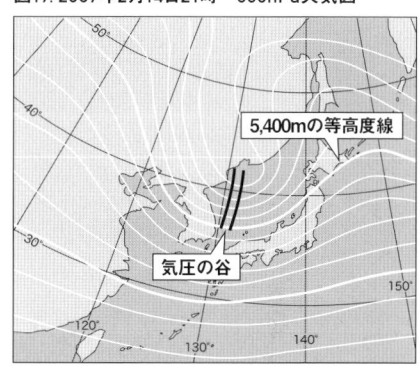

図21. 2007年2月15日9時　地上天気図

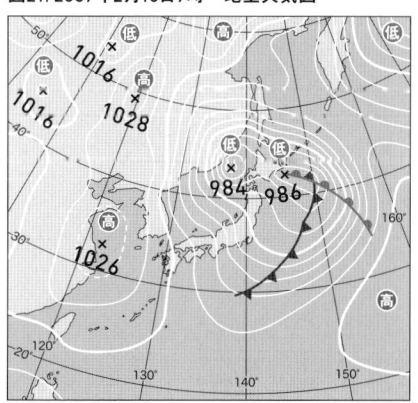

黄海北部にかけて各等高度線が南側に張り出しはじめ、気圧の谷が出現している。5400m線に注目すると、東経120度付近で最も南に張り出している。24時間後の**図19**になると、5400m線の南への張り出しが大きくなり、北緯40度付近だった5400m線が北緯37度付近まで南下している。このように、**特定の等高度線で気圧の谷に伴う南への張り出しが大きくなっていくようだと、温帯低気圧は発達する。**

図20と**図21**は同年2月14日9時と翌日の地上天気図であるが、たしかに日本海を進んだ低気圧は発達して北海道付近に達している。また、このケースのように、気圧の谷付近の等高度線が時間とともに南下するときは、上層の寒気も同時に南下するので、山の天気は大荒れになることが予想される。

温帯低気圧が発生しないとき

一方、**図22**と**図23**は、2008年3月14日と15日のそれぞれ9時における500hPa天気図から等高度線を抜粋したものである。これらの図では、気圧の谷に伴う南への張り出しが明瞭な5520m線に注目する。

図22. 2008年3月14日9時　500hPa天気図

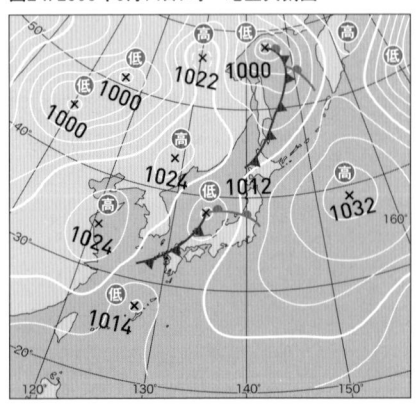

図23. 2008年3月15日9時　500hPa天気図

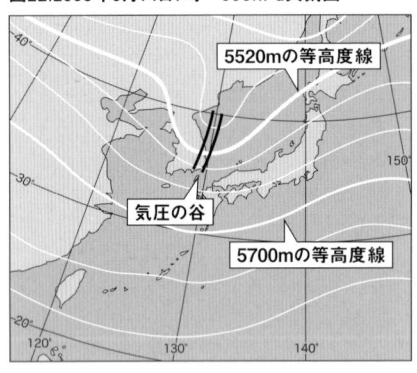

図24. 2008年3月14日9時　地上天気図

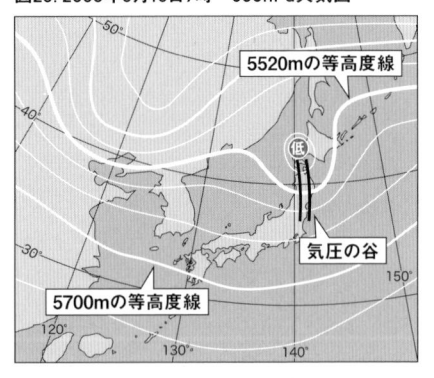

図25. 2008年3月15日9時　地上天気図

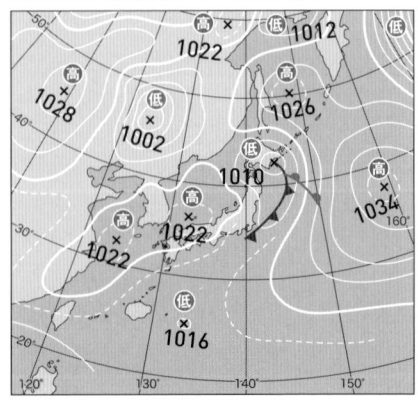

まず、図22を見てみよう。朝鮮半島付近の東経130度で等高度線が南に張り出しており、ここに気圧の谷がある。24時間後の図23では、気圧の谷が北海道付近（東経140度）に進んでいる。しかし、図23においても等高度線の形状にはほとんど変化が見られず、気圧の谷付近の5520m線はむしろ北上傾向にあることがわかる。このような場合は、温帯低気圧はあまり発達しないことが多く、山での荒天も一時的で回復が早い。実際に地上天気図を見てみると、図24では日本海に低気圧があるが、24時間後の図25では北海道東部に達しているものの、あまり発達せず、西日本には移動性高気圧が張り出している。

山における荒天を考えるうえでは、特定の等温線と等高度線を利用して温帯低気圧の発達と寒気の南下を予想することが非常に重要である。

予想天気図を活用する

1. 500hPa高度・渦度予想図の活用

これまで高層天気図の見方を解説してきたが、実況天気図だけで今後の等温線や等高度線の動きを予想することは難しい。そこで活用したいのが予想天気図だ。

北海道放送（HBC）の専門天気図から、等温線の場合は「500hPa気温・700hPa湿数予想図」を、等高度線の場合は「500hPa高度・渦度予想図」をチェックする（91ページ図2）。

図26は500hPaの実況天気図、図27は「500hPa高度・渦度予想図」（上段）と「地上気圧予想図」（下段）である。図26では、中国東北部に気圧の谷があることがわかる。この気圧の谷がどう変化するのかを図27の予想天気図（以下、予想）で確認してみよう。

図27には4つの天気図が掲載されているが、上段の2つが500hPa面の高度を表した予想図である。図の左下には「T12」という表記がある。これは初期時刻（予想をスタートさせた時間。予想図の最下段に時刻が書かれている。ここでは日本時間の26日9時）から12時

図26. 2008年2月26日9時　500hPa天気図 ⓜ

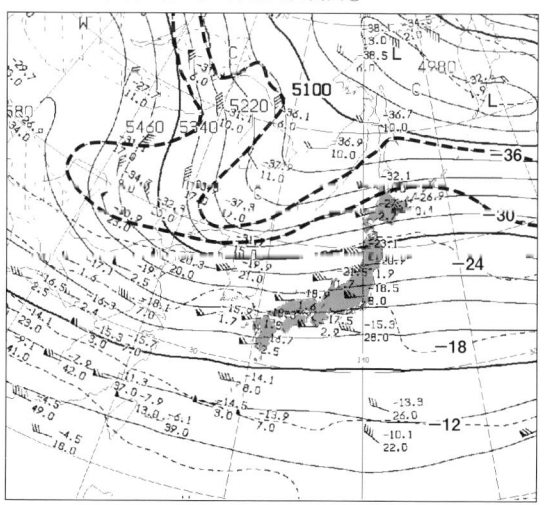

間後の予想図であることを意味しており、その右側の「261200UTC」は、予想図の時刻を表している。数字の左側2桁が日付で、右側4桁が時刻となっている。UTCというのは世界標準時であるロンドン（イギリス）のグリニッジ天文台の時刻のことで、日本はこれより9時間進んでいるのでプラス9時間、つまり日本時間に直すと26日21時（以下、とくに断らない限りは日本時間で記載）の予想図ということになる。その右側は、27日9時の予想図である。

これらの予想図のなかで注目したいのが、実線で書かれた等高度線だ。実況天気図と同じように、等高度線のなかでも特徴的な線を選ぼう。ここでは太線でわかりやすい5400mと5100mの等高度線に注目してみると、いずれの等高度線も時間とともに東へ移動しながら南下していることがわかる。さらに、5100m線は時間とともに蛇行が著しくなっている。これらは温帯低気圧が発達するときの特徴を表している。

それを下段の地上気圧予想図で確認してみよう。こちらも図の下に予想時間が書かれており、左側が26日21時の予想図、右側が

図27. 500hPa高度・渦度予想図（上段）と地上気圧予想図（下段）⑰

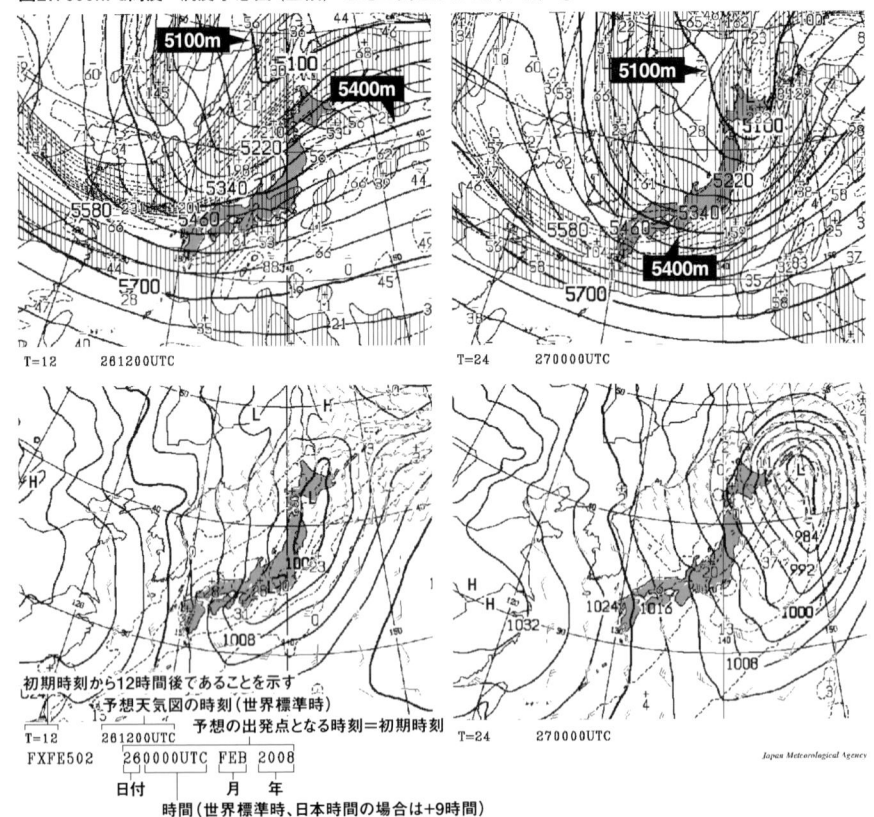

104

27日9時の予想図となっている。「L」は「Low」の略で低気圧の中心位置を、「H」は「High」の略で高気圧の中心位置を示している。予想図では、低気圧や高気圧の中心気圧が書かれていないので、近くの等圧線から判断していく。26日21時の地上予想図で北海道の南にある低気圧の中心気圧は、中心に最も近い等圧線を読み取ると1000hPaであるが、27日9時には980hPaになっている。つまり12時間で20hPaという急激な発達をすると予想されているわけで、非常に危険な低気圧だということが読み取れる。

2. 500hPa気温予想図の活用

実況天気図から上層の寒気を見る方法についてはすでに学んだ。同様に予想図を活用し、温帯低気圧の発達と低気圧通過後の山における天候の荒れ具合を予想してみよう。

26日9時の500hPa実況天気図（**図26**）をもう一度見ていただきたい。今度は破線の等温線に注目する。冬に日本海側の山で大雪となる目安のマイナス30℃線（100ページ**表2**）が中国大陸で南下しており、ドカ雪の目安となるマイナス36℃線も中国東北部で北緯40度付近まで南下している。この寒気が日本付近に達すれば、山では大雪やドカ雪となることが想定される。

図28は、北海道放送（HBC）の専門天気図から引用した、**図27**と同時刻の「極東500hPa気温、700hPa湿数予想図」である。サイトでチェックすると、4つの予想図がひとつのページにまとめられており、「極東500hPa気温、700hPa湿数予想図」は上段に、「極東850hPa気温・風、700hPa上昇流予想図」は下段に掲載されている。ここでは上段の極東500hPa気温、700hPa湿数予想図を利用する（91ページ**図2**）。

500hPa面の等温線は、実線で3℃ごとに引かれている。実況天気図と違って、実線で書かれているので見やすい。マイナス30℃線に注目すると、東に進みながら南下しており、

図28. 図27と同時刻の500hPa気温と700hPa湿数予想図 ⓜ

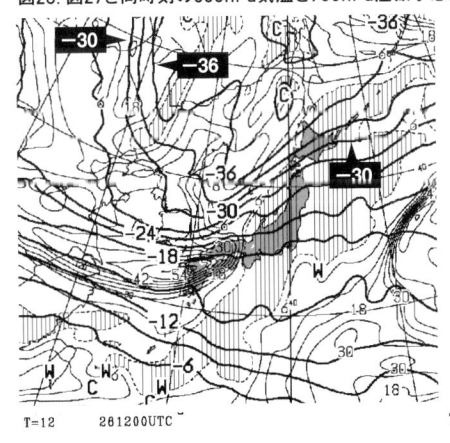

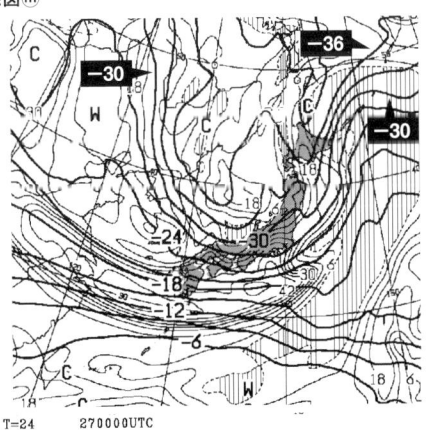

T=12　281200UTC　　　　T=24　270000UTC

27日9時には北陸地方を覆う予想となっている。このようなとき、北アルプスや上信越の山、白山などでは大雪となるおそれがある。

500hPa高度・渦度予想図と気温予想図において、**特定の等高度線の蛇行が大きくなって南下することが予想されるときや、特定の等温線が南下しながら日本付近に近づいてくるときは、温帯低気圧が発達し、低気圧通過後に山は大荒れとなる**と思って間違いない。

偏西風とジェット気流

日本を含む中・高緯度では、上空を**偏西風**と呼ばれる西風が吹いている。低気圧や高気圧はこの風に流されて西から東へ進み、天気は西から変わっていくことが多い。かたや低緯度地方では**偏東風（北東貿易風）**と呼ばれる東風が上空を吹いていることから、天気は東から西へ変化する。

偏西風のなかでもとくに風が強く吹いているところを**ジェット気流**と呼ぶ。風を発生させるのは高度差（気圧差）、つまり温度差であり、ジェット気流が存在しているところは、南北の温度差が非常に大きい。地球上で最も南北の温度差が大きいのは中緯度なので、ジェット気流は中緯度付近に位置することが多い。ジェット気流には、低緯度側にある**亜熱帯ジェット気流**と、高緯度側にある**寒帯前線ジェット気流**の2つがある。前者は高度約10〜13kmの上空にあり、熱帯の暖

図29. ジェット気流の位置と高度

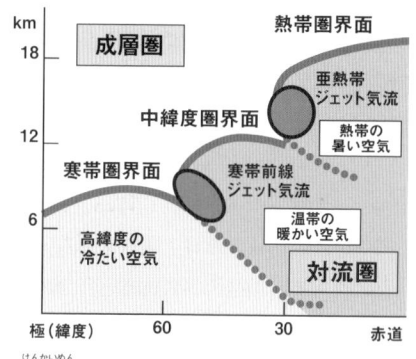

※圏界面は成層圏と対流圏の境界

図30. ジェット気流の季節による位置変化

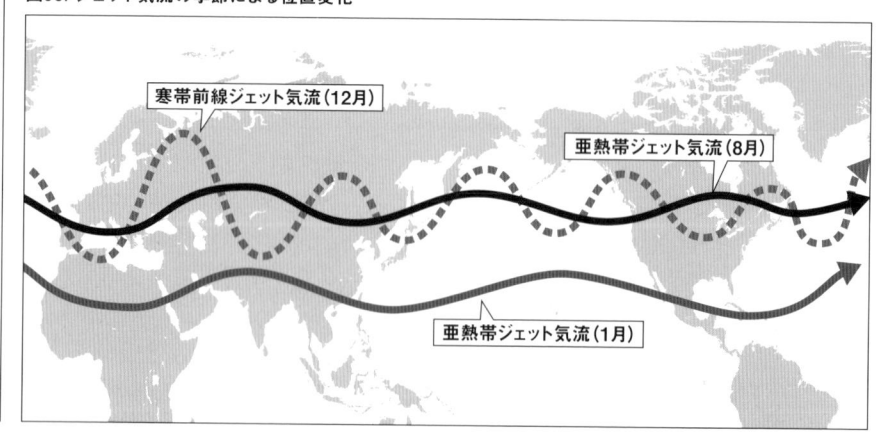

図31. 2009年6月22日9時　500hPa天気図

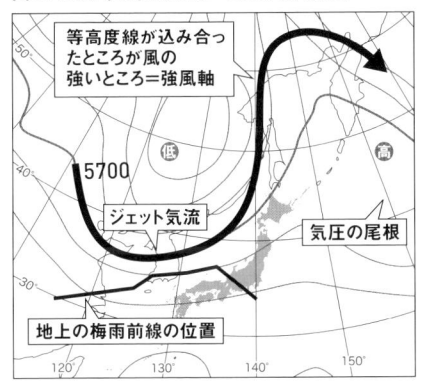

等高線が込み合ったところが風の強いところ＝強風軸

5700

ジェット気流

気圧の尾根

地上の梅雨前線の位置

図32. 図31の24時間後における500hPa高度予想図

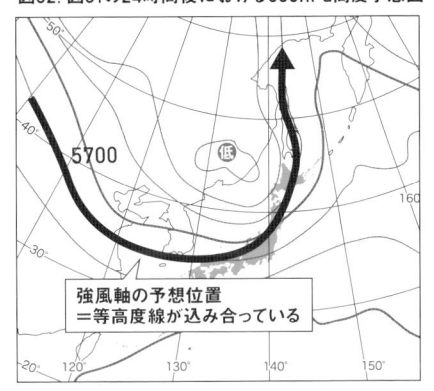

5700

強風軸の予想位置
＝等高線が込み合っている

かい空気と温帯のやや冷たい空気の境界を、後者は高度約8〜9km上空にあり、北極から南下する冷たい空気と温帯のやや暖かい空気との境界を（**図29**）、それぞれ蛇行しながら地球を一周している。ジェット気流の経路は、秋から冬にかけて南下し、春から夏にかけて北上する（**図30**）。

亜熱帯ジェット気流は台風の進路や梅雨前線の形成に大きく影響し、寒帯前線ジェット気流は北極からの寒気の南下を予想するときに利用できる。本来はそれぞれの高度にあたる200hPa、300hPaの天気図からジェット気流の位置を特定するのだが、覚える天気図が増えると複雑になりすぎるので、ジェット気流より下の高度にあたる500hPa面の強風軸（偏西風が強く吹いているところ）を500hPa天気図から探して利用しよう。

図31は梅雨期の500hPa天気図から等高度線を抜粋したものである。風は気圧または高度の傾斜が大きいところほど強く吹く。つまり、**地上天気図では等圧線の間隔が、高層天気図では等高度線の間隔が狭いとこ**ろほど風が強い。**図31**を見ると、5700m線付近で等高度線の間隔が狭くなっている。

強風軸を見つけ出せたら、天気図に色鉛筆やマーカーでラインを引いてみよう。低気圧や高気圧はこの流れに沿って移動することが多い。また、強風軸が南側に蛇行している場合はそこに気圧の谷が、北側に蛇行しているときは気圧の尾根があることがわかる。

図32は、**図31**の24時間後の予想図だ。同じようにして等高度線の間隔が狭いところから強風軸を探そう（**図32**の矢印）。**図31**では朝鮮半島中部から日本海にかけて強風軸があるが、**図32**では朝鮮半島の南側から山陰地方、北陸地方にかけて存在する。つまり、時間とともに南下傾向にあることがわかる。さらに**図31**には地上の梅雨前線の位置が記されているが、梅雨前線は上層の強風軸によく対応しているので、強風軸の南下に伴い梅雨前線も南下していくことが予想できる。

このように、強風軸の位置や形状の変化から、梅雨前線や高気圧・低気圧、寒気などの動きを予想することができる。

Chapter 5 高層天気図の見方

850hPa天気図を活用する

1. 相当温位予想図

相当温位というのは聞きなれない言葉だと思うが、前線の解析や集中豪雨が発生する場所の予想によく利用される。ひとことでいえば気温と水蒸気量をあわせ持った指標である。

相当温位の値が高ければ暖かく湿った空気、低ければ低温で乾燥している空気ということになる。暖かく湿った空気が上昇すれば雲が発達するが、とくにその空気が山にぶつかって上昇気流が強まるところでは大雨になりやすい。したがって**相当温位予想図では、相当温位の高さと風向**（山のどちら側で上昇気流が発生するか）、**風の強さ**（風が強いほど上昇気流が強まる）を見ることが重要になってくる。

図33の相当温位予想図には、太い実線と細い実線、風のデータが記されている。実線は相当温位が等しいところを結んだ線（以下、等相当温位線）で、相当温位はK（ケルビン）という単位で表される。温度を表す「℃」のようなものだと思えばよい。等相当温位線は3Kごとに細い線が、315K、330K、345Kというように15Kごとに太い線が引かれている。

風のデータは、一定の間隔ごとに予想値が矢羽根で記されている。見方は500hPa天気図と同じだ。(97ぺ→図14）。

まずは、等相当温位線をチェックしよう。500hPa面における気温と同じように、季節ごとに注目すべき線が異なるが、梅雨期や夏には339K線や342K線、345K線が目安となる。339K以上（とくに345K以上）の空気は気温が高く、水蒸気量がかなり多いことを示しており、このような空気が入ってくるところでは雲が発達しやすい。とくに、これらの線がくさび状になっている場所に注目する。図33では、朝鮮半島から日本海北部にかけて345K線がくさび状に延びている。つまり、非常に暖かく湿った空気が北海道方面に向かって流れ込みつつある。くさび状の線が向かっている先端とその内側（図のアミかけ部分）では、集中豪雨が発生しやすくなる。

一方で、関東から四国の南海上には、周囲より相当温位が低い330K以下の地域が存在する。ここには比較的乾いた空気があることが予想されるので、この空気が流れ込むところでは雲が発生しにくい。

図33. 2010年8月6日9時を初期時刻とした24時間後の相当温位予想図 ⓜ

空気が進んでいく方向は、風の予想値を利用する。前述の日本海北部の暖湿な空気があるところは西南西の風が吹いているため、北海道方面に暖かく湿った空気が流れ込むことが予想できる。また、関東から四国の南海上にある乾いた空気は、南東の風に乗って関東から四国の太平洋側に流れ込むことが予想できる。このため、北海道では今後、大雨に対しての警戒が必要になるし、関東から四国の太平洋側では好天が期待できる。

2. 850hPaの気温と風

山の山頂付近や中腹では気温の観測値が得られない場所が多いため、通常は地上の気温に大気の気温減率をあてはめて目的とする山の気温を推定する。大気の気温減率は約6℃／1000mなので、標高1000mの山頂では地上より6℃低く、2000mの山頂では12℃低いということになる。

しかし、気温減率は水蒸気量や天候、風などによって大きく変わり、ときには上方にいくにつれて気温が高くなっている層が現れることもある（これを逆転層と呼ぶ）ので、気温減率があてはまらないことが多い。そこで活用したいのが、850hPaの高層天気図だ。

850hPaは1500m付近の高度を表した天気図で（90ジ・表1）、500hPa天気図と同じく、等高度線が実線で、等温線が破線で記されている。また、高層観測地点の観測データが表示されており、その高度の風向や風速がわかるので（図34）、北アルプスや白山などは輪島の観測値を参考にするとよい。ただし、中部山岳など3000m級の山には850hPa面は低すぎるため、図35のように700hPa天気図を利用するとよいだろう。これらはいずれも北海道放送（HBC）のホームページ「専門天気図」で見ることができる。

850hPa面の気温を見るなら、850hPa天

図34. 2009年11月13日21時　850hPa天気図

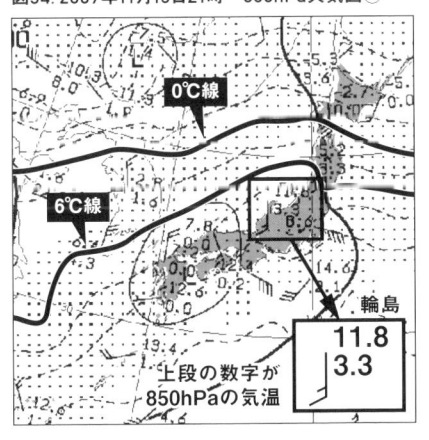

図35. 2009年11月13日21時　700hPa天気図

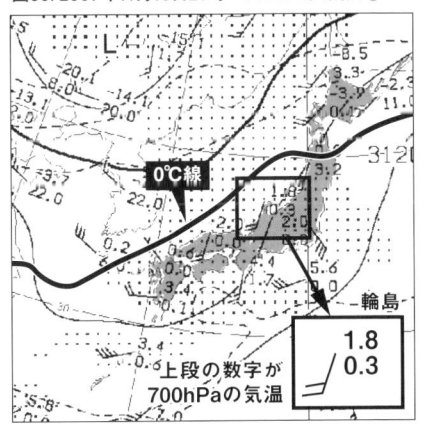

気図よりも「極東500hPa・700hPa」天気図を見るとよい（図36）。この天気図は、タイトルに850hPaという文字はないものの、850hPa面の等温線が太い線で記載されていて見やすい。また、同サイトに掲載されている予想天気図もこの形式で表示されており（図37）、予想天気図と比較して見るときにも便利だ。

この天気図で注目したいのが、850hPa面では0℃線と6℃線、700hPa面では0℃線である。無雪期の山においては、雨になるか雪になるかは行動判断上、非常に重要になる。もちろん、春や秋においては、降雪を念頭においた計画を組むべきであるし、装備もそれに対応できるものを持参するのは当然だが、雪になりそうだとわかっていれば心構えも違ってくる。

雪と雨の境界は2℃前後であるが、積雪になるほどの雪は0℃以下と思ってよい。そこで、**1500m級の山では850hPa面で、3000m級の山では700hPa面で、それぞれ0℃線が目的の山よりも南下したときに降水が予想されれば、積雪を伴う降雪を覚悟しなければならない**。また、700hPa面の予想天気図は入手が難しいので、3000m級の山に関しては、850hPaの気温予想図を利用し、大気の気温減率から850hPa面で9℃以下のときに積雪を伴う降雪のおそれが、6℃以下になると本格的な降雪のおそれがあると判断しよう（表3）。

表3. 山における雨・雪の判断基準

高度	1500m	2000m	2500m	3000m
850hPa	0℃以下	3℃以下	4〜6℃以下	6〜9℃以下
700pHa	マイナス9℃以下	マイナス6℃以下	マイナス3℃以下	0℃以下

図36. 2009年11月13日21時
「極東500hPa・700hPa天気図」の850hPaの気温 Ⓜ

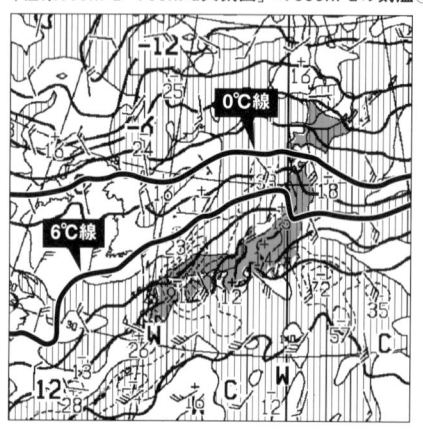

図37. 図36の24時間後の850hPa気温予想図 Ⓜ

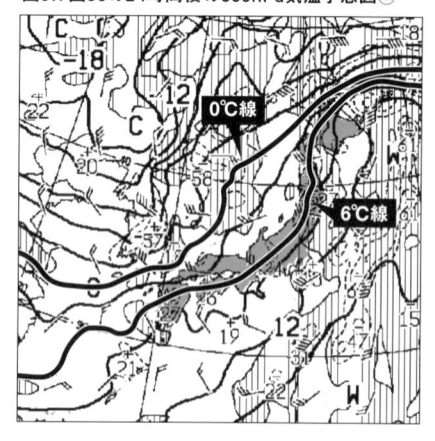

Chapter 6
衛星画像の見方

1977年に日本初の気象衛星「ひまわり」が打ち上げられてから30年以上が経つ。この間に、衛星画像は天気予報になくてはならないものとして定着した。衛星画像には「赤外画像」「可視画像」「水蒸気画像」の3種類があり、それらのしくみや活用法を学んでいく。また、意外と知られていないが、山の天気予報に役立つ衛星画像の利用法も紹介する。

気象衛星

天気予報でおなじみの衛星画像は、現在「ひまわり7号」（**写真1**）から送られてきている。ひまわり7号は、高度約3万6000kmの赤道上空（東経140度）を地球の自転と同じ速度で回っている（**図1**）。地上にいる私たちから見れば、衛星は静止して見えるので、このような衛星を静止衛星と呼ぶ。

一方、極軌道衛星と呼ばれる衛星がある。これは、高度約850km上空にあって地球を南北に約100分で一周し、1日に14回周回している衛星である。同一エリアの観測は1日2回のみ可能なので、特定の地域における連続的な雲の観測には向かないが、静止衛星に比べてずっと地上に近いところで観測しているため、水平分解能が密である。極軌道衛星は主に海面水温や二酸化炭素などの観測を行ない、気候変動の予測や

写真1. ひまわり7号 Ⓜ

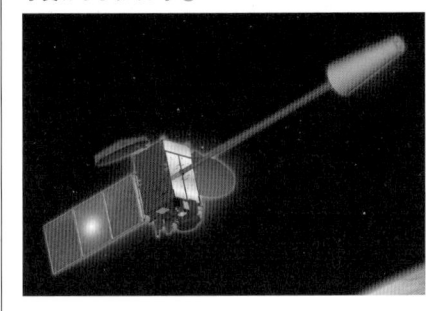

調査に役立てられている。

これに対し、常に赤道上空にあるひまわり7号は、地球が球であることから高緯度側の観測は行なえないという欠点がある。しかし、日本を含む極東域を広くカバーすると同時に、四六時中、同じ場所で観測しているので、連続的な雲の観測に適している。天気予報に役立つのは、ひまわり7号などの静止衛星画像のほうだ。

図1. 静止衛星と極軌道衛星

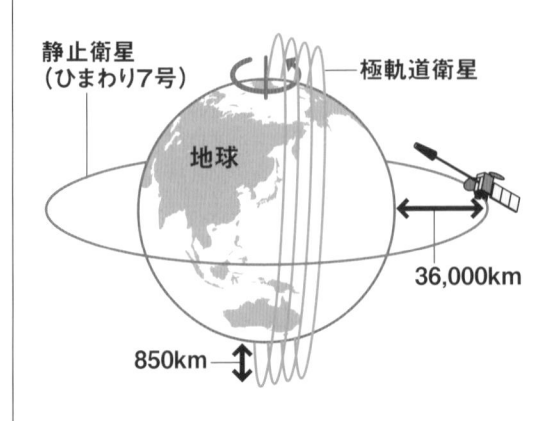

写真2. 地球の衛星画像

衛星画像の種類

ひまわり7号から送られてくる衛星画像には赤外画像、可視画像、水蒸気画像の3つの種類がある。それぞれの特徴を理解し、目的に応じて使い分けよう。

1. 赤外画像

テレビの天気予報などでおなじみの衛星画像。地球は太陽からの光（太陽放射）によって熱を吸収している。一方で、太陽から熱をもらうばかりだと地球はどんどん暖まってしまうため、地球自身も地表面や海水面などから熱を放出している（地球放射）。この放射熱（赤外線または赤外放射と呼ぶ）を利用した画像が赤外画像である。

図2のように、雲がない場合は地表面から放出される地球の熱、つまり赤外線が衛星に届く。しかし、途中に雲があると、赤外線は雲に吸収されてしまい、衛星まで届かない。また、赤外線は温度が高いほど強く、温度が低いほど弱くなるという性質がある。図3で示したように、雲がない場合には、地表面や海水面付近の温度に応じた強さの赤外線が衛星に届く。だが、上空に低い雲のみがあるときは、雲によって赤外線が吸収され、その低い雲の温度に応じた強さの赤外線が衛星に届く。高い雲のみの場合も同様だ。厚い雲（雲低は低いが雲頂が高い）のときは、雲頂部分の温度に応じた強さの赤外線が衛星に届く。

一般に対流圏では、高度が上がるほど気温が低くなるので、雲頂高度が高い雲ほど温度が低いことになる。赤外画像では、この**温度による赤外線の強さの違いを利用して、温度が低いと白色に、高くなるにつれて黒色になるように表現している**。つまり、

図2. 赤外画像のしくみ

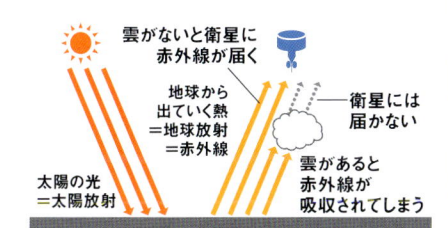

写真3. 赤外画像 Ⓜ

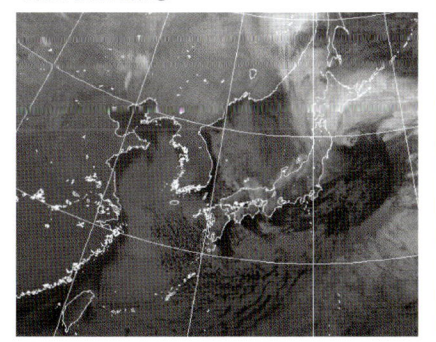

図3. 雲頂高度と赤外画像の色の関係

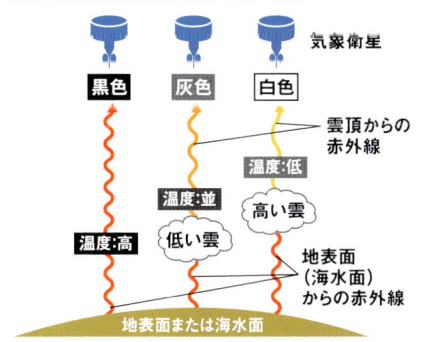

低いところにある雲ほど灰色（暗色）に、高いところにある雲ほど白色に（明るく）表現されるわけだ。また、地表面や海水面は温度が高いので、雲がない場所は黒色に表現される。赤外画像は昼夜に関係なく24時間利用できるが、地表面や海水面に近い低い雲（下層雲など）は地表面や海水面との温度差が小さいため、識別が難しいという欠点がある。

2. 可視画像

太陽から届く光は、目に見える可視光線と、目に見えない紫外線や赤外線に分類される。そのなかで太陽の可視光線を利用し、太陽光が地球表面や雲によって反射する強さの違いを表現した衛星画像が可視画像だ。人間が宇宙から肉眼で眺めたものと同じ見え方をする。**厚い雲ほど白っぽく、薄い雲ほど灰色や暗い色に写る**。また、低いところにある雲は高いところにある雲より多くの雲粒や雨滴を含むので反射率が大きく、高いところにある雲よりも明るく見える傾向がある。ちなみに天気変化が起きる大気の最下層を対流圏（高度約11kmまで）と呼び、そのなかで高度2〜3km以下を下層、3kmから5、6kmまでを中層、それよりも高いところを上層と区分することが多い。

可視画像は赤外画像よりも解像度が高く、下層雲など低い雲も識別できるが、太陽光を利用しているので夜間は利用できないのが最大の欠点だ。

3. 水蒸気画像

対流圏の中層や上層の水蒸気量を表現した画像。赤外画像と同じように、地表面や海水面から放出される赤外線を利用している。赤外線が水蒸気に吸収されやすい波長帯を選択し、水蒸気が上・中層に多いほど明るい白色に、水蒸気が少ないほど黒っぽく写る（図4）。このため、大気の上・中層における水蒸気の量がわかり、水蒸気は風に流されて移動することから、上層で吹いている風や偏西風の流れなどを見ることができる。

写真4. 可視画像 ⓜ

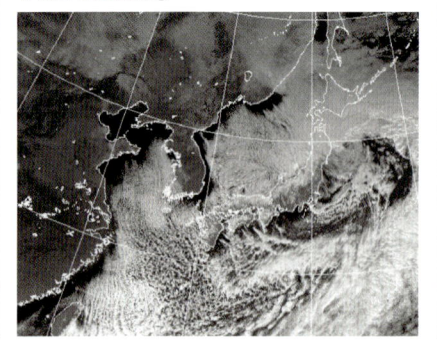

図4. 水蒸気の分布と水蒸気画像の色の関係

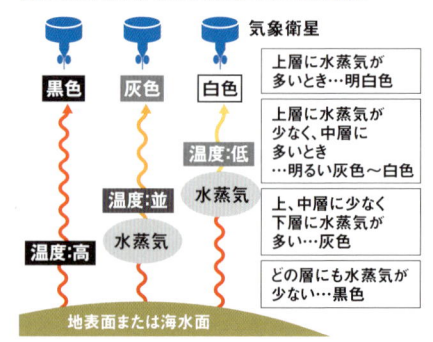

雲の判別法

1. 赤外画像から判別する

　赤外画像では、雲頂が高いところにある雲は白く（明るく）、低いところにある雲は灰色に（暗く）写る。こうした色と形状の違いから、雲の種類を見分けられる。雲の種類や量の変化、移動方向を知ることによって、山での気象予想に役立てよう。

積乱雲を見つけよう

　災害を発生させるような大荒れの天気をもたらす犯人は、たいがい積乱雲なので、まずは積乱雲を見分けることが重要である。写真5の①のように、白く輝いて塊状になっている雲が積乱雲だ。積乱雲が接近するようなときは、落雷や突風、短時間の強雨（大雨）に充分な注意が必要となる。

低い雲には2種類ある

　写真5で灰色に写っている雲は、雲頂の高さが低い雲である。形状に注目すると、②は陰影が少なく滑らかなので、層雲や高度の低い乱層雲など、層状の雲だと判別することができる。また、濃淡にむらがある③は、雲頂の低い積雲や層積雲ということになる。どちらのときも低山は霧に包まれて天気が悪いが、高い山は雲の上となり、雲海が広がる晴天となっていることが多い。

雲がない場所

　④のように真っ黒に写っているところは、雲のないエリアである。つまり、天気がよいことを示している。

2. 赤外画像と可視画像を組み合わせた雲の判別法

　赤外画像のみからだと雲の判別、とくに下層雲の識別が難しい場合がある。そのようなときは、可視画像を併せて利用する。ただし、夜間は可視画像は利用ができないので、赤外画像のみで判別するしかない。

写真5. 赤外画像による雲の判別 ⓜ

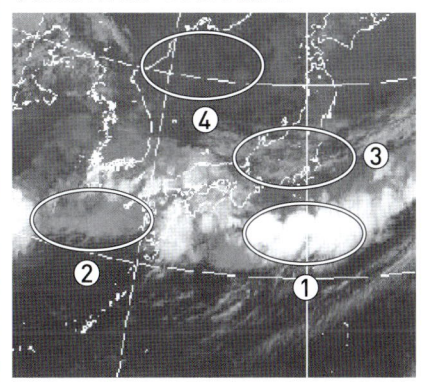

表1. 衛星画像による雲の判別法

雲の種類	赤外画像	可視画像	形状
積乱雲	白く輝く	白く輝く	団塊状
積雲 層積雲	灰色 （やや暗い）	白い （明るい）	団塊状
巻雲 巻層雲	白い （明るい）	灰色 （やや暗い）	なめらか
乱層雲	灰色 （やや暗い）	白い （明るい）	なめらか
層雲	暗い	灰色 （やや暗い）	なめらか

赤外画像では雲頂が高い雲ほど白く写り、低い雲ほど黒っぽく写る。また、可視画像では厚い雲ほど白く写り、薄い雲ほど黒っぽく写る。これらを組み合わせた判別法が**表1**だ。この表を活用して衛星画像から雲を判別しよう。慣れてくると、危険な雲とそうでない雲の判別ができるようになる。

図5. 気象庁ホームページから衛星画像を探す ⓜ

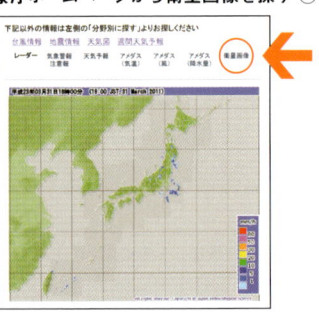

温帯低気圧の発達を判別する

山で気象遭難が最も発生しやすい気圧配置は、温帯低気圧が発達しながら日本列島を通過するとき、あるいは通過後である。このようなときは、登山を中止する、もしくは安全な場所に避難するなどの対応が必要となる。

温帯低気圧が発達するかどうかは、高層天気図や地上天気図などから総合的に判断するが、衛星画像でもある程度予測することができるので、ぜひ活用してほしい。次に、温帯低気圧が発達するときの衛星画像上の特徴をいくつか挙げておく。

COLUMN 01　　赤外画像と可視画像から雲を判別してみよう

表1を参考にして、下の衛星画像（**写真6**、**写真7**）から
①から③で囲まれた部分の雲を判別してみよう（答えは118ページ下）。

写真6. 赤外画像 ⓜ

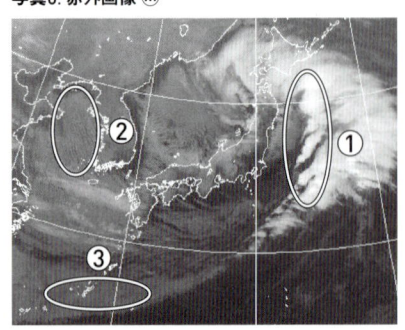

写真7. 可視画像 ⓜ

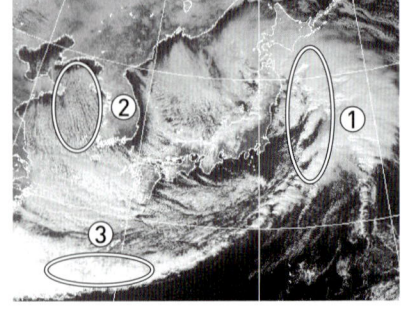

1. 発生期

　低気圧に伴う雲にまとまりがなく、低気圧の中心位置が不明瞭。温暖前線や寒冷前線に伴う雲域がはっきりしない（**写真8**）。中国大陸北部で発生する低気圧は、はじめから渦を巻いた雲形をしていることがある。

2. 発達期

　低気圧の北側にある雲域が大きく盛り上がる（**写真9a**）。この盛り上がった雲域を、その形状から**バルジ**と呼ぶ。バルジが明瞭になり、北への盛り上がり方が次第に大きくなっていくときは、温帯低気圧が発達する。また、可視画像では温暖前線と寒冷前線に伴う雲域が明瞭になる（**写真9b**）。

3. 最盛期

　低気圧に伴う雲域全体が次第に渦を巻くように「，（コンマ）」型になっていくと、温帯低気圧は最盛期を迎える。寒冷前線に伴う積乱雲の雲列が徐々に細く明瞭になり、その後面には雲のない乾燥した領域が入り込んでくる（**写真10a**）。これを水蒸気画像で見ると、水蒸気の少ない乾燥した空気（暗い部分）と、水蒸気の多い湿った空気（明るい部分）のコントラストが寒冷前線付近で明瞭になっていく。

　とくに**写真10b**のように乾燥した領域がくさび状に低気圧の中心に向かって入り込んでいるところを、**ドライスロット**と呼ぶ。

写真8. 発生期（赤外画像）

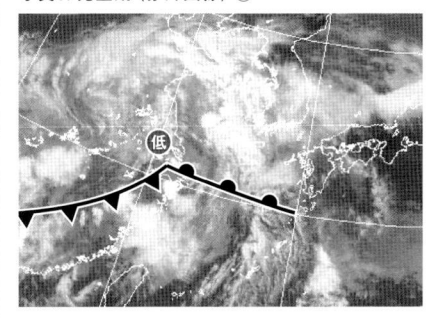

写真9a. 発達期（赤外画像）

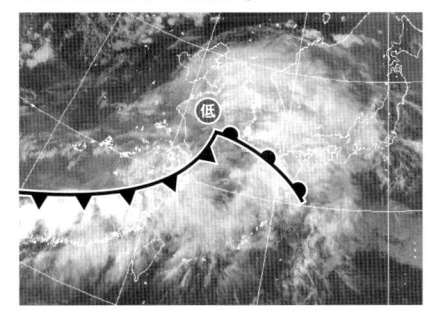

写真9b. 発達期（可視画像）

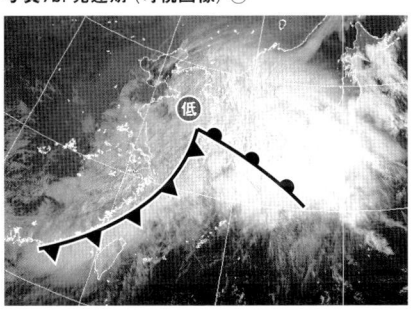

写真10a. 最盛期（赤外画像）

写真10b. 最盛期（水蒸気画像）

水蒸気の多いエリア
低
水蒸気の少ないエリア

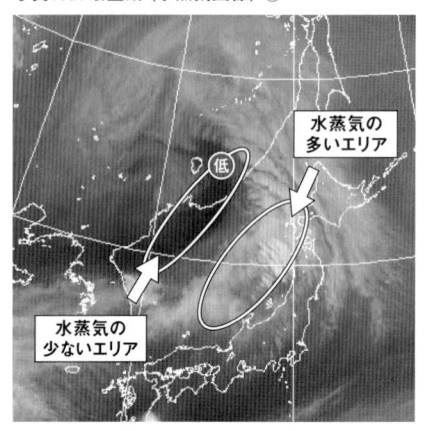

写真11. 衰弱期（赤外画像）

低
雲のないエリア

写真12. 衰弱期（水蒸気画像）

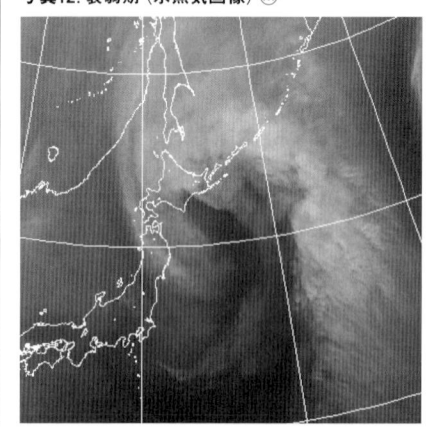

この後面（西側）では強い寒気が入り込むため、山では気温の急激な下降や、北西または西寄りの強風を伴った雨や雪に警戒が必要となる。

　また、最盛期の低気圧では、赤外画像や可視画像を見ると、温暖前線に伴う雲域が南東側から北西側へと反時計回りに低気圧の周囲を巻き込むように入ってきて、雲のない乾燥域に接している（**写真10a**）。このような特徴が見られるときに温帯低気圧は最も発達しており、地上天気図では閉塞前線が形成されるころである。

4. 衰弱期

　雲のない乾燥した領域が低気圧の中心付近に入り込み、低気圧の中心を取り巻く雲が次第に弱まってくる（**写真11、写真12**）。このため、コンマ状の雲域は低気圧の南側から不明瞭になっていく。このような特徴が見られると、温帯低気圧は次第に衰えていくようになる。地上天気図では閉塞前線が次第に延び、低気圧の中心と閉塞点との距離が長くなっていく。低気圧は次第に衰弱していくが、閉塞点では新たな低気圧が発生して発達することもある。また、衰弱した低気圧の上層に寒気が入ると、寒冷低気圧となることがある。

台風における雲の特徴

　数値予報（300㌻）の技術が発達した現在においても、台風の中心位置や中心気圧、最大風速などは衛星画像から判断している。衛星画像には、台風に関する情報がそれだけ詰まっているということだ。

　台風の勢力が強まっていくのか衰えていくのか、台風はどの方向に進んでいくのか、台風のどの部分に強い雨雲があるのかを衛星画像から読み取ることによって、台風の接近・通過時における山での気象判断に役立てていただきたい。

　衛星画像で見ると、赤外画像、可視画像ともに台風は円形の白く（明るく）輝いた雲の塊に見える。この雲は積乱雲で、多数の積乱雲の集合体が台風である。台風の中心を取り巻いている、ひときわ白く輝く雲域の下では猛烈な暴風雨となっている。この雲の形は台風の発達過程によって異なり、それを見ることで台風の勢力が今後強まっていくのか、あるいは衰弱していくのかを判断することができる。

1. 発生期

　台風の渦があまり明瞭でなく、積乱雲の塊が無秩序な集団から次第に円形になってきた状態（**写真13**）。台風を取り巻く雲が大きくまとまりがないので、台風の中心がどこにあるのかわかりにくい。中心から遠いところではそれほど風は強くないが、中心が近づくと急激に雨と風が強まる。

2. 発達期

　台風の渦がはっきりとし、中心を取り巻く積乱雲の塊がコンパクトにまとまってくる。勢力が強くなってくると、**写真14**のように中心付近に「台風の眼」が現れる。眼の周囲には非常に発達した積乱雲があり、ここでは猛烈な暴風雨となっている。この段階で日本に接近する台風はほとんどない。

写真13. 発生期 ⓜ

写真14. 発達期 ⓜ

3. 最盛期

　台風の勢力が最も強いころ。台風の眼がはっきりとしてきて次第に大きくなる（**写真15**）。中心を取り巻く積乱雲の塊はきれいな円形となっている。この雲域の外側に、幾筋もの積乱雲群が見られるようになることが多い。眼の形や中心を取り巻く積乱雲の形が崩れてくると、台風は衰えはじめる。

4. 衰弱期

　眼が不明瞭となり、台風を取り巻く積乱雲の形が次第に崩れていく。中心付近を取り巻く積乱雲の塊が円形から楕円形になり、広がってまとまりがなくなってくる（**写真16**）。台風によって異なるが、中心の南側や西側にある雲から弱まっていくことが多い。ただし、夏台風は台風の南側で雲が発達し、長時間、湿った空気が入り続けることがあり、そのようなときは台風が通過したのちも太平洋側の山では強い雨が続く。その場合、日本の南海上から積乱雲の雲列が続いているので予想しやすい（**写真17**）。

5. 台風の進行方向

　台風を取り巻く積乱雲の塊は、美しい円形をしていることが多いが、台風の進行速度が上がってくると、進行方向に向かって雲が伸びる傾向がある。**写真18**を見ると、台風を取り巻く円形の雲はやや南北方向に長い楕円となっている。このようなときは、

写真15. 最盛期 ⓜ

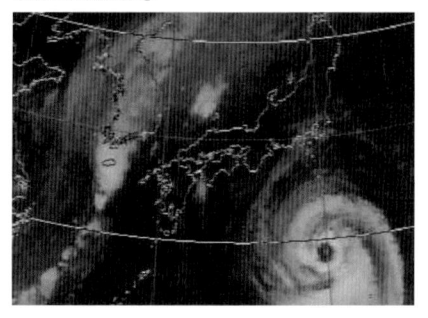

写真16. 衰弱期 ⓜ

写真17. 南側に雲が発達している夏台風

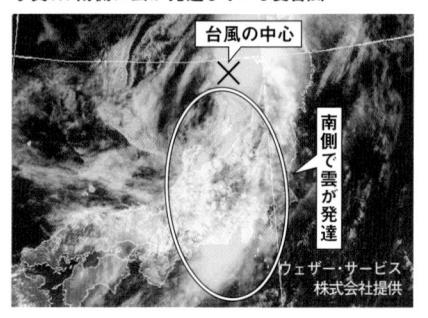

写真18. 活発な雲域が北に延びた台風 ⓜ

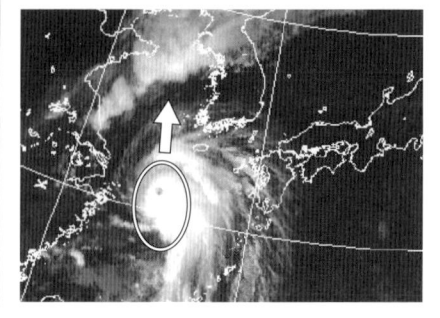

台風は北へ進むことが多い。また、**写真19**では、北西方向へ楕円が延びているので、台風は北西に進むものと予想される。

この性質を利用して、雲の形状から、台風の進行方向を予想することができる。ただし、この方法は短時間の予想でしか通用しない。

写真19. 活発な雲域が北西方向に延びた台風 Ⓜ

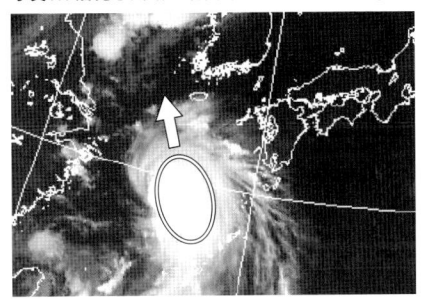

積乱雲の動きを予想する

気象災害のほとんどは、積乱雲が原因で発生している。積乱雲は短時間の強雨・落雷・突風などの気象現象を引き起こすうえ、同じ場所に次々と積乱雲が流入することによって集中豪雨や大雨（大雪）などをもたらす。山でも遭難事故を未然に防ぐという意味で、積乱雲の動向を知ることが非常に重要になってくる。

もっとも、積乱雲が発生する場所を地上天気図や高層天気図から特定することは、寒冷前線などを除いて難しく、とくに夏型の気圧配置（174ページ）のときの予想は困難である。レーダー・エコー合成図や大気の不安定度、アメダスの風向やウィンドプロファイラなどを利用するという手もあるが、いつも陸上で積乱雲が発生するわけではなく、海上から積乱雲が侵入することもある。その場合、陸地から離れた海上はレーダーの探知範囲外となってしまうほか、観測データも少ないので、これらの情報から積乱雲の動きを予想することは難しい。また、一般登山者が大気の不安定度などの情報を入手したり、それらから積乱雲の発生箇所を予想するのも容易ではない。そこで衛星画像が貴重な情報源となってくる。

写真20. 日本の南海上から侵入してくる積乱雲群 Ⓜ

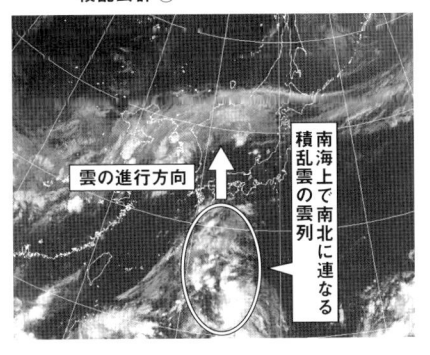

1. 積乱雲群の動きをチェック

気象庁のホームページでは、過去24時間の赤外、可視、水蒸気の衛星画像を動画で見ることができる。これらを見て雲量や形状の変化、移動方向をチェックしよう。

写真20のように、積乱雲の雲列が南海上から北へ移動してくるときは、その進行方向にあたる山で大きく天気が崩れるので注意が必要だ。

積乱雲は上空（中層付近）の風によって流されている。雲が南から北へ移動しているときは、上空を南風が吹いているものと推定される。したがって、Chapter5で学んだように、500hPa天気図から風向を推測するとよい。このような雲が太平洋から陸地に侵入してきた場合、山にぶつかって上昇気流が強められるので、山の南斜面では雲が発達しやすい。南海上にある雲が侵入してくる西日本の山では今後、太平洋側を中心に強い雨が降ることが予想される。

2. テーパリングクラウド

風上側に向かって次第に細くなっている「毛筆状」または「にんじん状」の雲域のことを、**テーパリングクラウド**呼ぶ（**写真21、写真22**）。この雲は、積乱雲が最も発達した段階の「かなとこ雲」で、雲域の穂先部分では豪雨や落雷、突風、降雹などを引き起こす。テーパリングクラウドが発生した地域や、その進行方向にあたる山にいる登山者は、すぐに安全な場所に避難しなければならない。

テーパリングクラウドは、下層に非常に暖かく湿った空気が入る一方で、中層に比較的乾いた空気が入る「対流不安定」な状態のときに発達する（対流不安定とは、下層が湿潤で中層が乾燥しているときに、もともとは安定していた空気が上昇することによって不安定になる大気の状態のこと）。

また、寒冷前線の暖気側（主に東側）や、停滞前線上で発生する小低気圧や前線のくびれの暖気側（南側）で発生しやすい。上層の風が強いと、積乱雲の上部が風に流されて風下側に大きく広がって、全体として「にんじん状」になるため、上層で強い風が吹いていなければ発生しない。

写真21. 縦長のテーパリングクラウド ⓜ

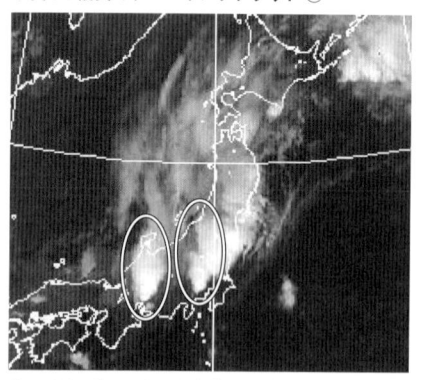

テーパリングクラウドと呼ばれる発達した積乱雲の集合体。この下では猛烈な雨となった

写真22. にんじん状のテーパリングクラウド ⓜ

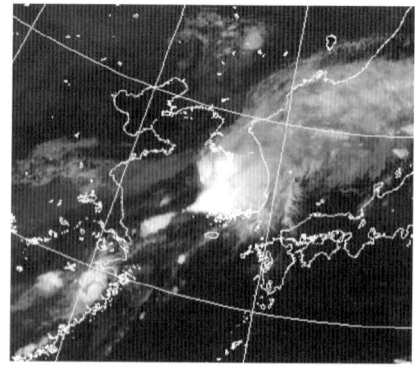

テーパリングクラウドが朝鮮半島に出現。朝鮮半島南部では今後、大雨が予想される

冬型の気圧配置

1. 雲列の進行方向を見る

　冬型の気圧配置時には、日本海や太平洋に一面に広がる筋状の雲が見られる。これらの雲は、雲頂高度の低いほうから層積雲や積雲、雄大積雲、積乱雲で構成されている。一般に、海面水温と上空の空気との気温差が大きいほど雲は上方に発達しやすく、雲頂高度の高い雲になる。言いかえれば、上空に強い寒気が入るほど、また日本海の水温が高いほど雲は発達しやすい。日本海の水温は、大陸に近いほど低く、日本列島に近いほど高くなるので、大陸から日本列島に近づくにつれ、雲は発達する（**図6**）。日本列島の近海で発達した積雲や積乱雲は、北西の季節風に流されて脊梁山脈にぶつかり、上昇気流が強められる結果、さらに雲

写真23. 日本海で見られる発達した雲の列 Ⓜ

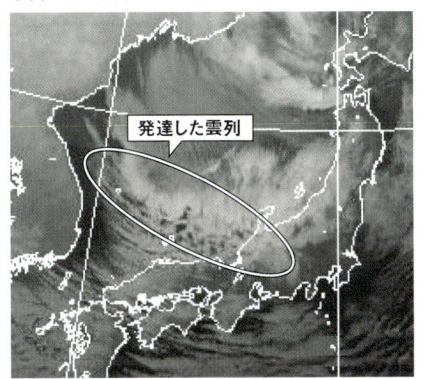

写真24. 冬型が弱いときの衛星画像

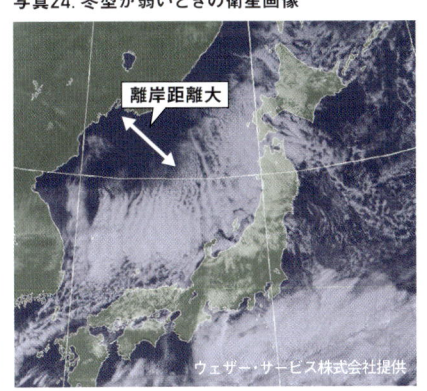

ウェザー・サービス株式会社提供

図6. 日本海の海面水温と雲頂高度との関係

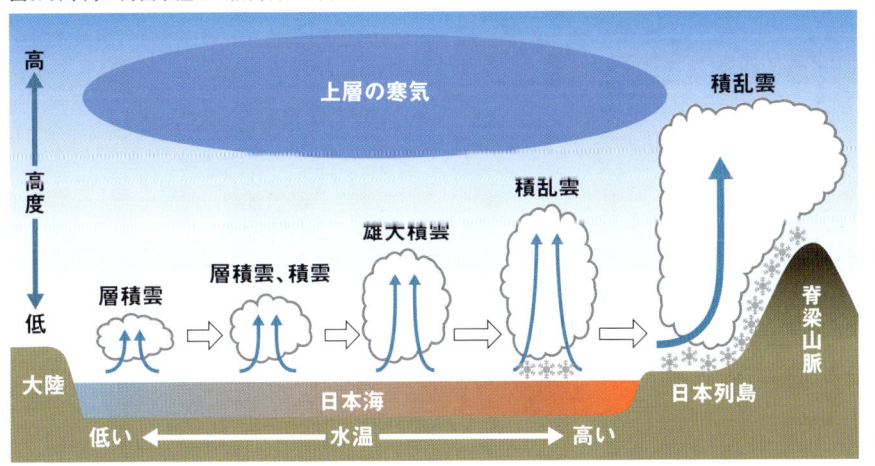

が発達し、山では大雪となることがある。

衛星画像で見ると、雲が発達しているところは白く輝いている。この雲がかかっている場所では降雪量が多くなるので、充分注意しなければならない。また、日本海に発達した雲の列が見られるときは（**写真23**）、雲列の進行方向にあたる山では大雪に対する警戒が必要となる。

2. 離岸距離に注目しよう

日本海の海水温は大陸に近いほど低くなり、上空の空気との気温差が小さくなるので、日本海で発生する筋状の雲は大陸に近いところほど発生しにくくなる。一般に、冬型が弱いときは上空の寒気も弱く、地表面（海水面）付近との温度差が小さくなり、大陸の近くでは雲は発生しない。このため、冬型が弱いときは、大陸から離れたところから筋状の雲が発生しはじめる（**写真24**）。

逆に冬型の気圧配置が強いときは上空の寒気も強く、大陸近くの海水温が低いところでも上空との温度差が大きくなるので、大陸のすぐ近くから筋状の雲が発生する（**写真25**）。

筋状の雲が発生している場所と大陸との距離を離岸距離といい、この距離が小さいほど冬型は強まり、日本海側の山に大雪をもたらすことになる。逆に離岸距離が大きければ冬型は弱く、日本海側の山における降雪量は少なくなる。

また、冬型は西から弱まっていくことが多いので、黄海や東シナ海で筋状の雲が見られなくなったり、日本海の西部で筋状の雲が減少してきたりするときは、冬型は次第に弱まり、山の風雪も徐々におさまってくる（**写真26**）。冬型が続くときの衛星画像（**写真27**）と比べてみるとよくわかる。

写真25. 冬型が強いときの衛星画像 ⓜ

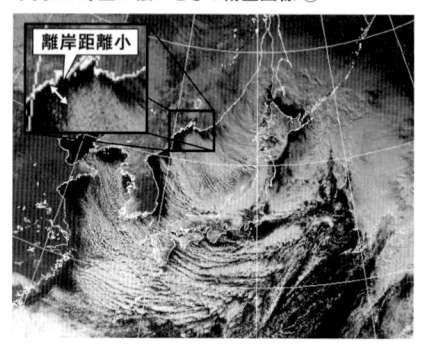

写真26. 冬型が続かないときの衛星画像 ⓜ

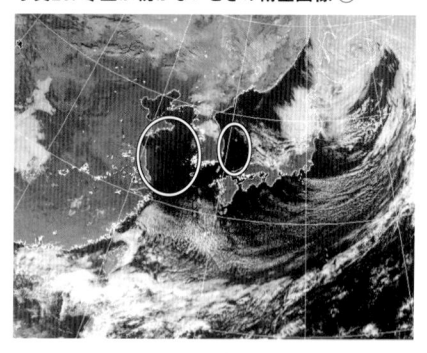

写真27. 冬型が続くときの衛星画像 ⓜ

地形性降水と雲

日本の山は海に囲まれており、また海からの距離が近いため、海側から湿った空気が吹きつけてくると、それが山にぶつかって上昇し、雲が発生しやすい。低気圧や前線の通過など平地で天気が崩れるような気圧配置になっていなくても、山で天気が崩れることがあるのはそのためだ。このように、地形の影響によって降る雨（雪）のことを**地形性降水**という。地形性降水とそれをもたらす雲は、衛星画像で識別することができる。

地形性降水は、風向が変わったり風が弱まったりしないかぎり、なかなかやまないし、雲も取れにくい。山では、風向の変化、風の強さ、雲の動きなどに意識を向けて、その変化に注意しよう。どのような風向のときに、どの山で雲が発生して雨が降りやすくなるのかを覚えておくとよい。

図7. 東、西日本で北東風が吹くときの気圧配置

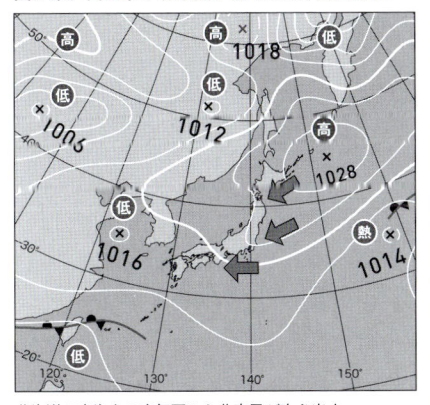

北海道の東海上の高気圧から北東風が吹き出す

1. 北東風、東風の場合

北日本や日本海北部に高気圧があるときは、東日本や西日本から見ると、高気圧が北に偏っている（図7）。このような気圧配置を**北高型**と呼ぶ（165ページ）。

北高型の気圧配置のときは、高気圧から吹き出す北東の風や東風が卓越する。関東地方や東北地方、山陰地方など北東側に海がある山の周辺や、風上側にあたる北東や東側の地域は、雲に覆われやすくなる。また、日高山脈や紀伊山地、九州山地では、東風が吹くと山の東面が雲に覆われる。このようなときに発生する雲は、層積雲や層雲といった、雲頂高度の低い下層雲が主体となる。このため雲が高い山を超えて風下側に流入することはなく、西面では好天に恵まれる（**写真28**）。また、低気圧や前線が接近していなければ風も比較的弱く、山頂や稜線では穏やかな陽気となる。風上側の登山口が濃霧や小雨であっても、あまり

写真28. 北東風のときに発生する地形性の雲（可視画像）

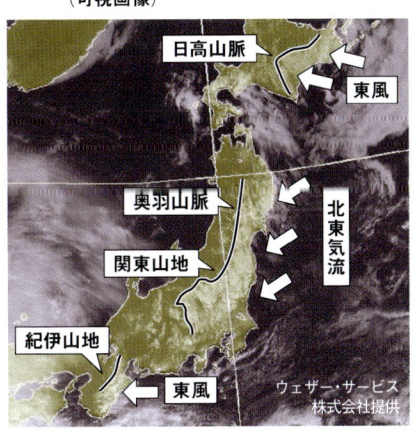

気にすることはない。

2. 南西風、南風の場合

　日本海に低気圧や前線があるとき（**図8**）、または日本の東海上に高気圧があるとき（**図9**）などは、東日本や西日本では南海上や東海上にある高気圧から日本海にある低気圧や前線に向かって南西や南の風が吹く。

このようなときは、南西側や南側に海がある山の周辺や風上側（南西側や南側）で雲が発生しやすい（**写真29、写真30**）。上空では風が強く、山の上は荒れ模様の天気になりやすいので注意したい。また、暖かく湿った空気が流れ込むと、積乱雲が発達し、大雨となる。なお、風下側の平地では晴れていることが多い。

図8. 東・西日本で南西風が吹くときの気圧配置

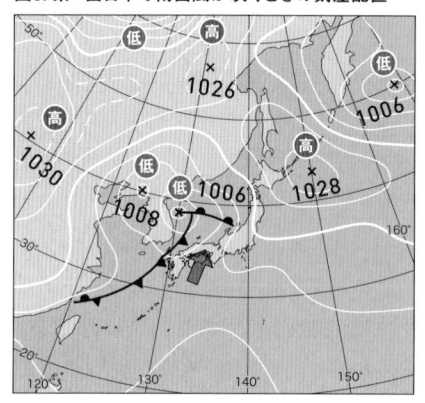

日本海西部に低気圧があり、低気圧に吹き込む南西風が吹いている

図9. 東・西日本で南風が吹くときの気圧配置

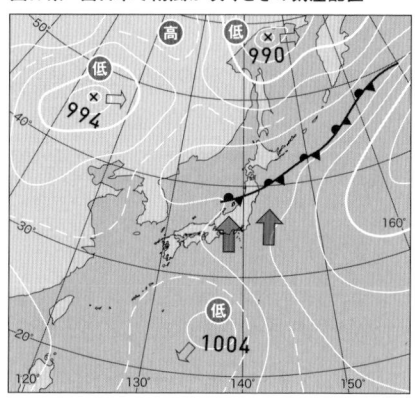

日本の東海上の高気圧から前線に向かって南風が吹く

写真29. 南西風のときの可視画像

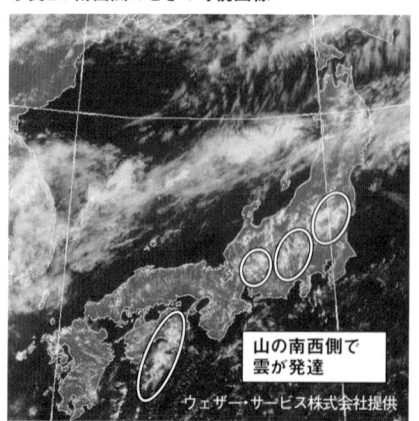

山の南西側で雲が発達

ウェザー・サービス株式会社提供

写真30. 南風のときの可視画像

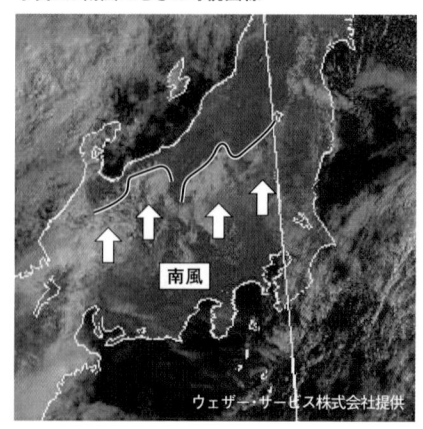

南風

ウェザー・サービス株式会社提供

3. 北西風、西風の場合

冬型の気圧配置や、発達した低気圧が日本の東海上に抜けたときには、全国的に北西の風や西風が卓越する。このようなときは、先述のとおり日本海や東シナ海、太平洋に筋状の雲が現われる。北西や西側に海がある脊梁山脈の風上側（北西側や西側）では雲が発達し、風下側では雲がない晴天域となることが多い。

ただし、北東風の場合の雲よりも雲頂高度が高いので、標高が低い山では雲が山を越えて風下側に流れることがあり、風下側でも天気が変わりやすくなる。とくに西日本や東北地方の山は標高が低いので、積乱雲が発達すると風下側に流れ込みやすい（**写真31**）。また、西風が強い場合は、山岳波（18ぺ）が発生しやすい（**写真32**）。

図10. 北西風が吹くときの気圧配置

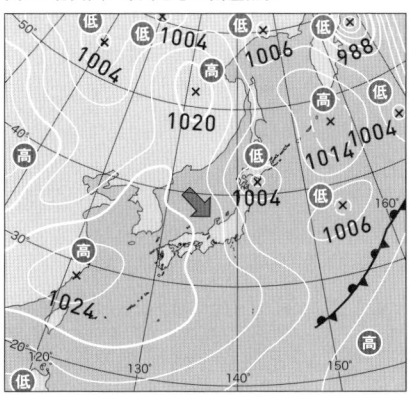

西高東低の気圧配置で等圧線が南北に立っているときは、北西の風が吹く

図11. 西風が吹くときの気圧配置

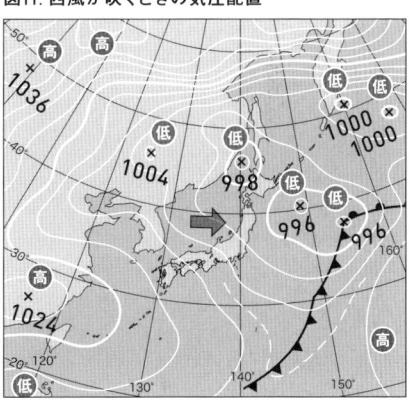

中国大陸南部の高気圧から日本の東海上の低気圧に向かって西風が吹く

写真31. 北西風のときの可視画像 ⓜ

写真32. 西風のときの可視画像

ウェザー・サービス株式会社提供

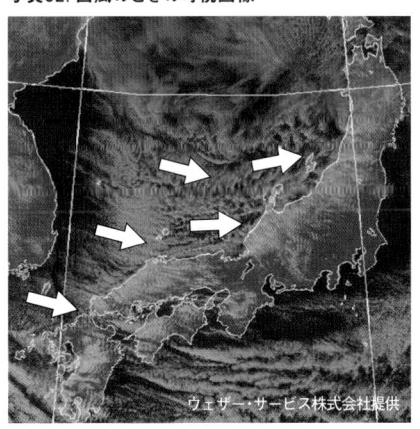

カラー図版
資料1

ここでは、ページ構成の関係で1色または2色で掲載せざるをえなかった本文中の写真・図版類を、本来のカラーで再掲する。本文と照合しながらご覧いただきたい。

Chapter7　春山　P134
図7. 2009年3月13日20時 レーダー・エコー合成図 Ⓜ

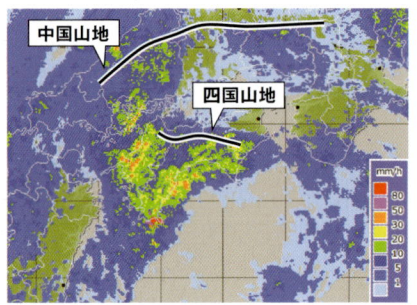

Chapter7　春山　P152
図39. 9月30日4時 レーダー・アメダス解析雨量図 Ⓜ

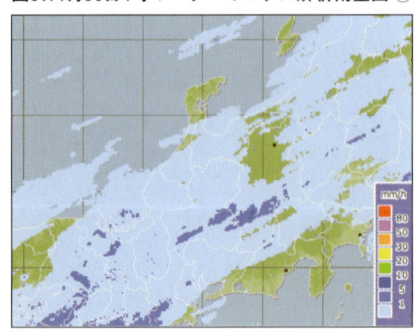

Chapter7　梅雨期　P158
図5. レーダー・エコー合成図（14時20分）Ⓜ

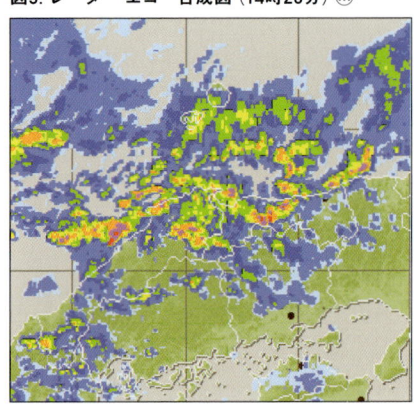

Chapter7　梅雨期　P158
図6. レーダー・エコー合成図（15時20分）Ⓜ

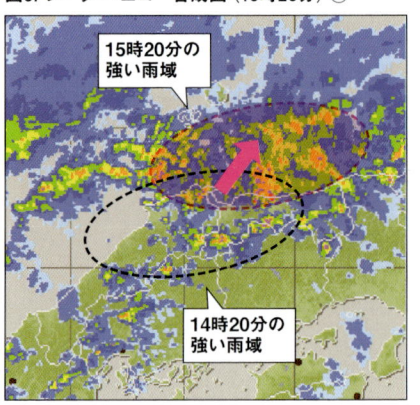

Chapter7　梅雨期　P158
図7. レーダー・エコー合成図（16時20分）Ⓜ

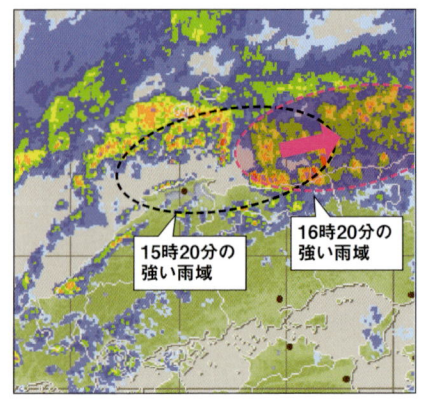

Chapter 7
四季の山岳気象

これまでに学んできた基本的な天気のしくみや、さまざまな気象資料を駆使して、各季節の山岳気象の特徴を体系的にまとめたのが本章だ。それぞれの季節における山の天気の予想法を理解するとともに、過去の気象遭難から学ぶべき教訓についても加えておいた。Chapter1の観天望気とあわせて活用すれば、自分なりのオリジナルな天気予報を出せるようになるだろう。

春山（3〜5月）の気象

1. 春山の気象の特徴

　この季節の特徴は、冬型の気圧配置が長く続かず、移動性高気圧や温帯低気圧が交互に通過することだ。そして強い寒気が南下すると低気圧が猛烈に発達し、通過後には一時的に冬型となって、山々に大荒れの天気をもたらす。3月から4月上旬にかけては南岸に前線が停滞する菜種梅雨となり、太平洋側の山で降雪や降雨が続くこともある。一方、ゴールデンウィークごろには帯状高気圧の気圧配置となって好天が長く続くこともある。また、5月になると移動性高気圧が日本の東海上で勢力を強め、冬型とは逆の東高西低型が出現する。このような気圧配置になると、全国的に南風や南東の風が吹き、日本海側では低山を中心に好天が続くが、太平洋側では低山ほど霧に覆われやすくなる。

　このように、春にはさまざまな気圧配置が出現するが、代表的な天気のサイクルは下記の6つだと考えてよい。

ⓐ 移動性高気圧→日本海低気圧→一時的な冬型→移動性高気圧（**図2**）
ⓑ 移動性高気圧→南岸低気圧→一時的な冬型→移動性高気圧
ⓒ 移動性高気圧→二つ玉低気圧→一時的な冬型→移動性高気圧
ⓓ 温帯低気圧→北高型（菜種梅雨）
ⓔ 温帯低気圧→一時的な冬型→南高北低型（夏型）
ⓕ 帯状高気圧

　このうちⓓとⓔは他の項で説明するので、ⓐ日本海低気圧とⓑ南岸低気圧、ⓒ二つ玉低気圧、ⓐからⓒに共通する移動性高気圧、ⓕ帯状高気圧について学んでいく。

図1. 2006年3〜5月の富士山、室堂（立山）、阿蘇山における日平均気温の推移（※）

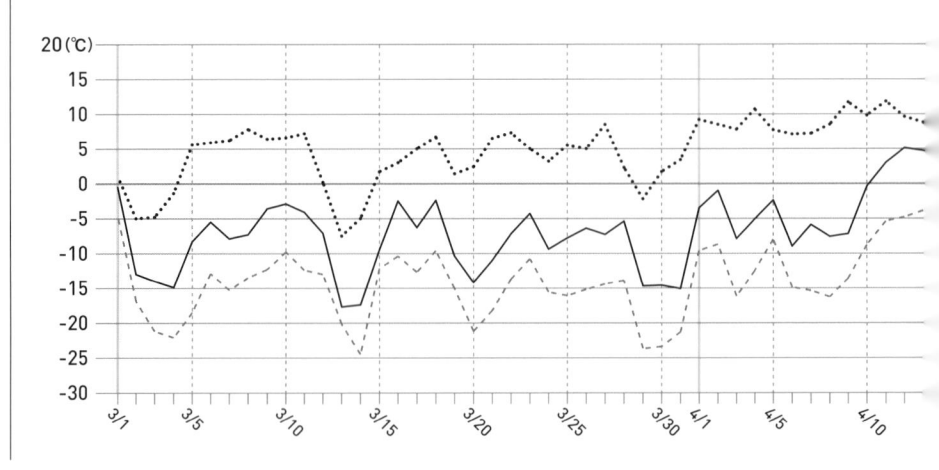

※富士山と阿蘇山の観測データはアメダスによる（気象庁提供）。　※室堂（立山）の観測データは、立山カルデラ砂防博物館の提供による。※これらの図における富士山の観測データは標高3775.1m地点、室堂（立山）の観測データは標高2450m地点、阿蘇山の観測データは標高1142.3m地点のものである。

図2. 春の代表的な天気サイクル

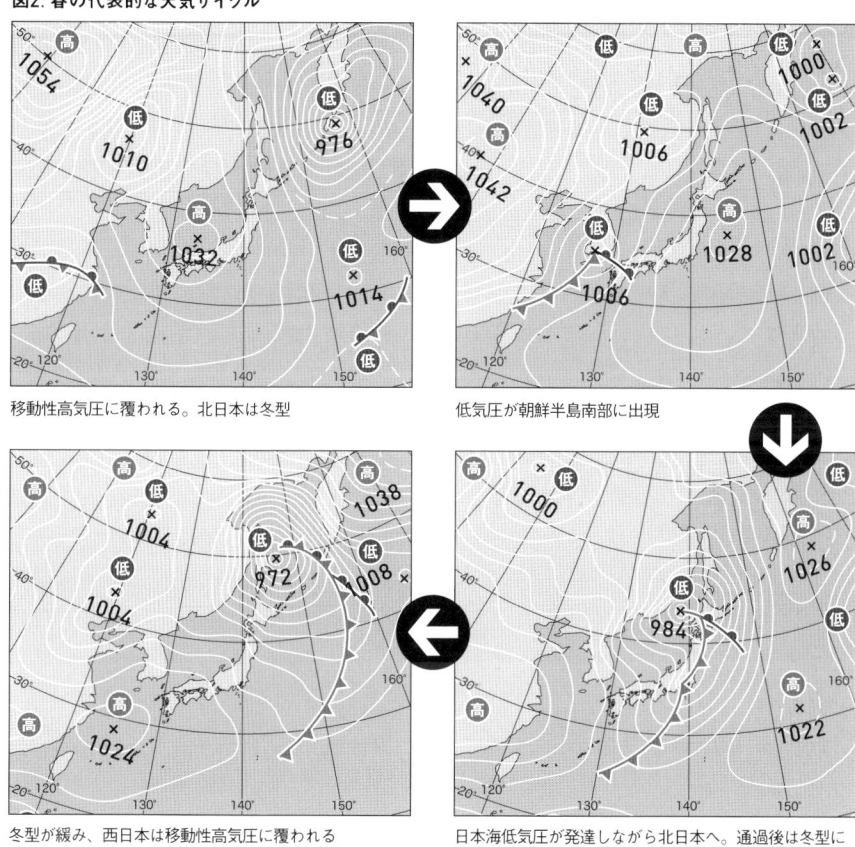

移動性高気圧に覆われる。北日本は冬型

低気圧が朝鮮半島南部に出現

冬型が緩み、西日本は移動性高気圧に覆われる

日本海低気圧が発達しながら北日本へ。通過後は冬型に

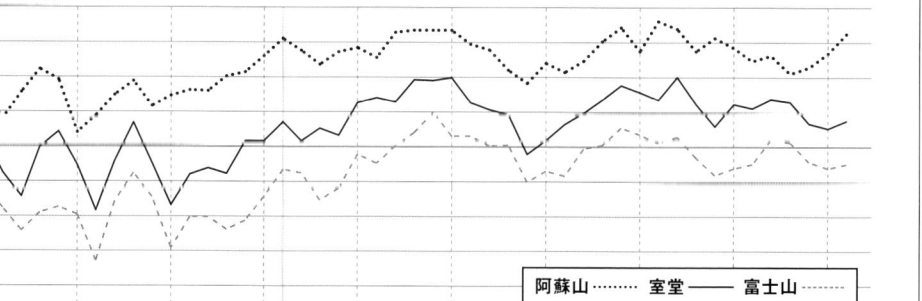

阿蘇山 ……… 室堂 ── 富士山 -----

Chapter 7　四季の山岳気象　春山

131

2. 温帯低気圧の発達

日本海低気圧と南岸低気圧、二つ玉低気圧は、3種類の低気圧のうち**温帯低気圧**という種類に区分される（68ジ参照）。山におけるほとんどの気象遭難は、温帯低気圧が発達して日本列島を通過しているとき、またはその通過後に発生している。

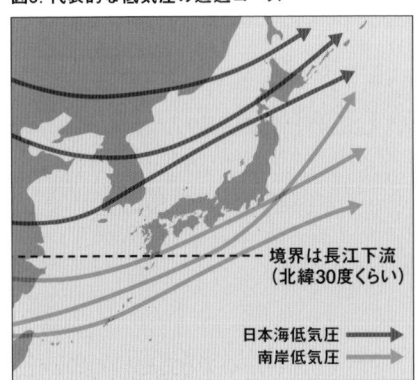

Chapter 4で学んだように、温帯低気圧は通過するコースによって、日本海を通過する**日本海低気圧**と、本州の南岸沿いを進む**南岸低気圧**に分けられる（**図3**）。また、両方が同時に日本列島を通過する気圧配置を**二つ玉低気圧**と呼ぶ。

温帯低気圧の発達を予測するうえで、必要な資料と見るべきポイントを**表1**にまとめたので、参考にしていただきたい。

日本海低気圧

日本海を通過し、強い南寄りの風をもたらす日本海低気圧は恐ろしい存在だ。**図4**は代表的な日本海低気圧型の気圧配置である。図には低気圧周辺の風向や、降水域、雲域を記してある。

これを見ると、日本海低気圧の南側や東側では南寄りの風が吹いている。したがって、低気圧が通過する前には「春一番」に

図3. 代表的な低気圧の通過コース

境界は長江下流
（北緯30度くらい）

日本海低気圧 →
南岸低気圧 →

表1. 温帯低気圧の発達で使う天気図、資料

資料の種類	見るポイント
地上天気図（実況）	中国大陸に低気圧が発生（北緯30度より北側） 等圧線の走行と間隔から風向と風速を推測（Chapter 2） 風向と風速から山のどちら側で雨（雪）雲が発達するかどうか（Chapter 3）
500hPa天気図（実況）	中国大陸にある上層の寒気の強さ（Chapter 5）
衛星画像	24時間前からの動きを確認し、温帯低気圧が発達する特徴があるか（Chapter 6） 黄海や東シナ海に筋状の雲があるかどうか 発達した雲が接近していないか（Chapter 6）
降水ナウキャスト	直近の降水域、発達した雨雲の動きを予想（Chapter 2）
地上予想図	低気圧が今後、発達するかどうか
500hPa予想図	上層の寒気の動向
府県天気予報	目的とする山周辺の予報を確認（Chapter 2） 日本海側と太平洋側で予報が異なっていないかなど（Chapter 2） 新潟と東京の予想最高気温の差
ウィンドプロファイラ	目的とする山の近くにある観測データの確認（Chapter 2）
観天望気	出発前に空の様子を観察、強風時に出現する雲がないか（Chapter 1）

代表される南寄りの強風が吹いて気温が上昇し、風上側の山ではひと足早く暴風雨になる。また、低気圧の西側では北西の風が吹くので低気圧が通過したあとは、日本海側や西日本から寒気が入って気温が急激に下降し、山では猛吹雪となる。日本海低気圧は、春山で最も危険な気圧配置のひとつといってよいだろう。

図5と図6は、日本海低気圧が発達しながら日本列島を通過したときの地上天気図である。日本海低気圧は文字どおり日本海を通過する低気圧なので、日本列島の大部分は低気圧の南側（暖気側）に入る。図5のように、低気圧の南側や東側では等圧線が南北方向または南西方向から北東方向に走っており、南寄りの風が吹いている（等圧線からの風向の推定法については29ペ参照）。とくに等圧線が込み合っている地域の山では、南風が非常に強まるので注意が必要だ。

日本海低気圧が接近すると、北日本など温暖前線の影響を受ける地域では、温暖前線が近づいてくるときの天気変化を見せる

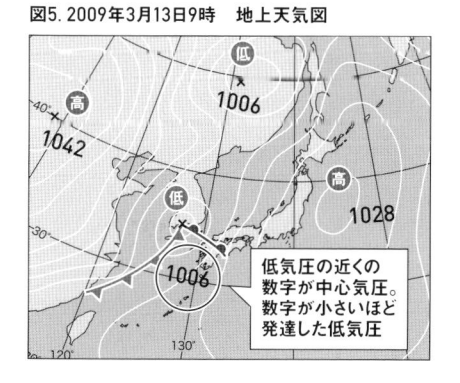

図4. 日本海低気圧型

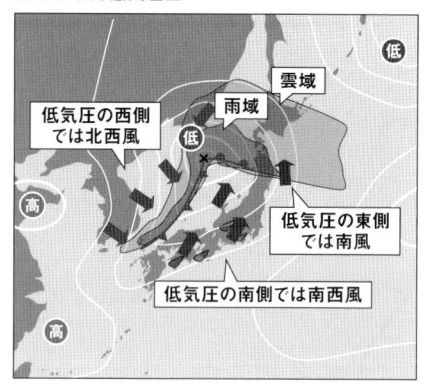

（69ペ参照）。最初に巻層雲などの上層雲が現れ、それが次第に高度の低い雲に変わり、やがて雨や雪が降りだすだろう。

一方、温暖前線の南側に入る地域は前線から遠いほど影響を受けにくくなり、平地では晴れ間が広がるところが多い。ただし、山では日本海側の低山を除き、南寄りの湿った空気が山にぶつかって上昇気流が発生するため、濃霧に包まれて断続的に雨が降る。とくに南西側に開けた斜面や、南西側に海がある山では、南寄りの湿った空気が海から入るので、激しい雨の降ることがあ

図5. 2009年3月13日9時　地上天気図

図6. 2009年3月14日9時　地上天気図

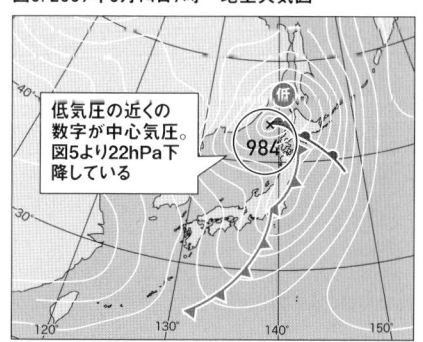

る。

　図7は、レーダー・エコー合成図である。日本海を低気圧が通過しているとき（図5と図6の間の時間帯）の四国・中国地方の雨雲の様子を示したもので、黄色や赤色の部分は激しい雨が降っている地域を示している。山の南西側や南側で雨が強いことがおわかりいただけるだろうか。これは、低気圧の南側にあたる中国・四国地方で南西風が吹いており、太平洋からの湿った空気が山にぶつかって上昇気流が強化され、積乱雲が発達するためである。このように山の稜線や南西（南）側斜面では早くから天気が崩れ、低気圧や前線の接近時には激しい雨となるので充分な警戒が必要だ。

　低気圧の南側で強い雨が降りやすいのは、九州山地の西側や四国山地の南側、紀伊山地や中央アルプス南部、恵那山、南アルプス南部、富士山の静岡県側など。また、南風が暖気を運んでくるので気温が上昇し、3000m級の山でも雨やみぞれになることが多い。しっかりとした防水対策が必要となる。さらに、雨とともに日本海低気圧へ吹き込む南風も強まるので、稜線での行動は非常に厳しいものとなろう。

　一方、日本海側の山では南風が脊梁山脈を越えて下降気流となり、フェーン現象を引き起こす。このため、**気温が急激に上昇し、多雪地帯の山では全層雪崩や融雪による沢の増水、ブロックや雪庇の崩落などが起きやすくなる**。また、稜線や沢筋の一部で強風が吹くことを除けば、低気圧が近づくまで天候が大きく崩れることは少ない。このため、油断して行動を続けていると、低気圧や寒冷前線が通過したとたんに猛烈な暴風雨（雪）に見舞われて痛い目に遭う。

　日本海側の山では、寒冷前線通過時に雷を伴った激しい雨やあられが降ったのち、**風向が南寄りから北西または西に変わり、通過前よりもいっそう風が強まる。気温は急激に下がり、雨は標高の高いところから次第に雪に変わっていく**。

　図6は、図5の24時間後の天気図である。日本海低気圧は北海道の西に進んでいる。全国的に等圧線の間隔は狭く、東北地方以西では縦縞模様となり、北寄りの風が強く吹いた。日本海側の山では終日、猛吹雪に見舞われ、太平洋側でも北日本や標高の高い山、鈴鹿山脈など季節風が吹き抜けやすい地域では、午前中を中心に吹雪となった。

　このように、**日本海低気圧が通過するとき、寒冷前線が通過する前は強い南寄りの風が吹いて、気温が上昇し、断続的な降雨が見られる。通過後は強い北寄り（高い山では西寄り）の風に変わり、気温は急激に下降して暴風雪となる**。

図7. 2009年3月13日20時　レーダー・エコー合成図 ⓜ

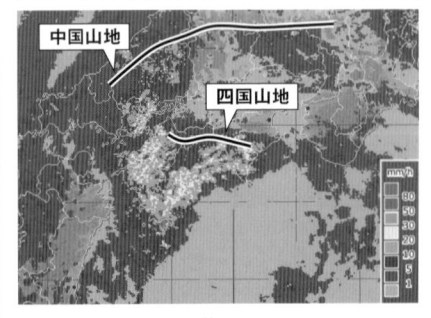

※128ページにカラー図版を掲載

最悪なのは、雨に濡れながら尾根を登っていて、稜線に出たときに寒冷前線が通過する場合だ。濡れた体に猛烈な風雪（風雨）が吹きつけ、気温も下がるために体温は一気に下がり、低体温症（51㌻参照）の危険が非常に高くなる。出発前には必ず予想天気図を確認し、寒冷前線が通過するタイミングを想定しておこう。低気圧は偏西風に流されると予想より早く進む傾向があるので、充分に余裕を持った計画を立てることが重要だ。

いずれにせよ、稜線でこの荒天に捕まれば、極めて深刻な事態となろう。そのような状況に陥らないためにも、日本海低気圧が発達するかどうかを出発前に予想できるようにしたい。

日本海低気圧の発達を予想する
地上天気図から予想する

低気圧が発達すればするほど、低気圧通過時の荒れ方は大きくなり、通過後の天候の回復も遅くなる。低気圧がどれくらい発達するかを予想する最も簡単な方法は、気象庁が発表する予想天気図を利用することである。気象庁のホームページには、最新の実況天気図と24時間後、48時間後の天気図が掲載されている。また、北海道放送（HBC）の専門天気図や、民間気象事業者のホームページなどにも同様の天気図が掲載されている。

天気図を見ると、低気圧を表す「低」や「L」という字の近くに×印がある。これは中心位置を示している。また、低気圧の中心付近に書かれている数字は、低気圧の中心気圧を示しており、この数字が小さいほど低気圧が発達している（強い）ことを意味している。時間とともに中心気圧が小さくなっていけば、低気圧が発達するということになる。

一般に、24時間で10hPa以上発達するような低気圧は要注意だ（表2）。たとえば図5の場合、24時間後の図6までの間に中心気圧が22hPa下降している。このようなときは登山を中止したほうがよい。

日本海低気圧などの温帯低気圧は、寒気と暖気をエネルギー源としており、その温度差が大きければ大きいほど発達する（98㌻参照）。単純に考えれば、低気圧の東側と西側の温度差を見ることにより、地上天気図からある程度その発達を予想することができる。

ラジオ天気図やアジア地上解析天気図には、図8のように観測地点のデータが記載されている（ラジオ天気図の見方はChapter 4を参照）。これを見ると、寒冷前線を挟んだ輪島とウルルン島の気温はそれぞれ14℃と4℃となっており、10℃も異なっている。このように、寒冷前線や気圧の谷の両側で温度差が大きければ（目安とし

表2. 低気圧の発達度合いと山の天気の関係

比較する時間	山で荒れ模様	平地で災害が発生 山で大荒れ
12時間	6hPa以上下降	12hPa以上下降
24時間	10hPa以上下降	20hPa以上下降

24時間で24hPa以上発達する低気圧を気象庁では「急速に発達する低気圧」と呼び、一般には「爆弾低気圧」と呼ぶ

て5〜7℃以上)、低気圧が発達すると思ってほぼ間違いない。しかし、気温は地形の影響を受けるため、この方法が単純にあてはまらないケースもある。

たとえば、海に近いウラジオストクと内陸の長春のように、2つの地点の気象特性が大きく違うときは単純に比較をするのは危険であり、同一地点で寒冷前線が通過する前と通過した後の気温差を比べたほうがよい。ただし、この方法では2回天気図をとる必要があり、1日1回天気図をとる場合は翌日に天気図をとってデータを得なければならず、そのときにはすでに荒天につかまってしまうということもありえるので、あまりおすすめできない。高層天気図や地上予想図が手に入るときは、それらから低気圧の発達を判断すべきだろう。

高層天気図から予想する

低気圧が発達するかどうかを予想する最もよい方法は、高層天気図で上空の寒気と暖気の強さを見ることだ。この方法は、低気圧通過後にどのくらい天候が荒れ、それがどれくらい長く続くのかを知る目安にもなるので、非常に有効である。

一般に、**温帯低気圧は暖かい空気(暖気)と冷たい空気(寒気)がぶつかり合うことで発生・発達するので、暖気と寒気の温度差が大きいほど発達する**。もう少し具体的にいえば、日本海低気圧などの温帯低気圧は、低気圧の進行前面(多くは低気圧の東側)の暖気と、後面(多くは低気圧の西側)の寒気との温度差が大きいほど発達する。とくに後面にある寒気が強いときは、温帯低気圧が通過したあとの荒れ方も大きくなるので、これを見ることが重要だ。

まずは、100ページの**表2**で学んだように、季節ごとに目安になる等温線をトレースしよう。**図5**は3月なので、マイナス30℃線をトレースする。**図9**は、**図5**と同時刻の500hPa面(高度約5500m)における天気図(以下、500hPa天気図)である。中国東北部にマイナス36℃以下の強い寒気があり、マイナス30℃線が中国大陸で大きく南下していることがわかる。**図5**の地上天気図における低気圧(以下、地上低気圧)の位置と比較してみよう。**図9**の高層天気図に地上低気圧の位置を書き込むとわかりやすい。中国大陸の東北部の強い寒気は地上低気圧の後面(北西面)にあり、低気圧が発達する要件を備えていることが見えてくるだろう。

図10は**図9**の24時間後、**図11**と**図12**は

図8. ラジオ天気図を簡略化した図

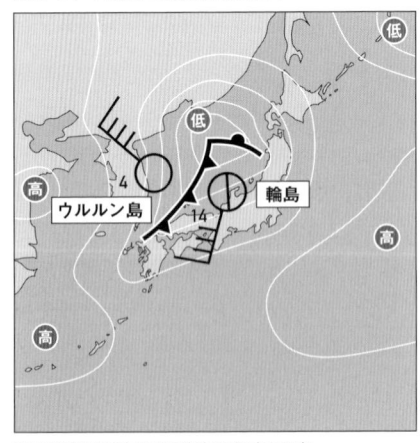

寒冷前線前後の気温差が低気圧発達の目安

図9. 2009年3月13日9時 500hPa面の寒気

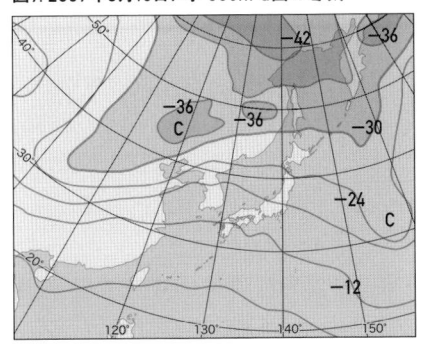

図10. 2009年3月14日9時 500hPa気温予想図

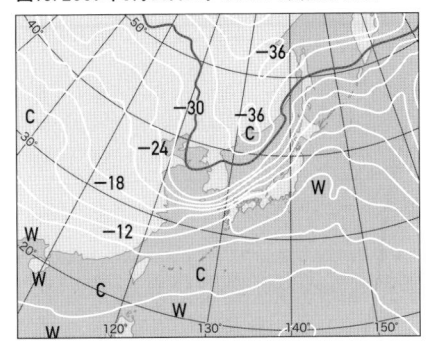

図11. 3月14日21時 500hPa気温予想図

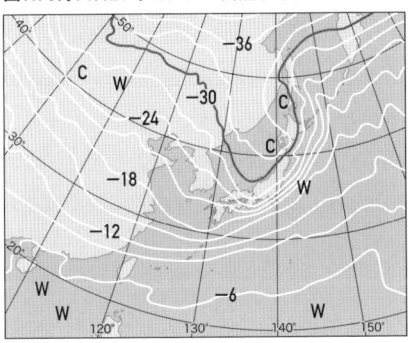

図12. 3月15日9時 500hPa気温予想図

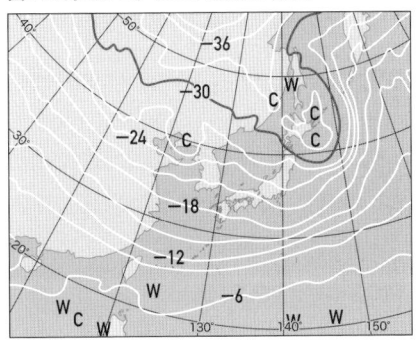

それぞれ36時間後、48時間後の500hPa面における気温予想図だ。こちらもマイナス30℃線をトレースする。**図9**で中国東北部にあったマイナス30℃以下の寒気は、24時間後の14日9時（**図10**）に日本海に入り、36時間後の21時（**図11**）に北陸地方まで南下、48時間後の15日9時（**図12**）には北海道まで北上している。このように強い寒気が日本付近まで南下する場合、低気圧が発達するのは確実である。

また、**強い寒気に覆われるときが降雪のピークになる**ので、寒気が移動する速度を考えると、西日本の山では14日の日中に、東日本の山では14日夜に、北日本の山では14日夜から15日朝にかけてが大雪と荒天のピークになることが予想される。

このように、上層の寒気の動きと通過時刻によって、雪が最も激しく降る時間帯を予測することができる。

南岸低気圧

南岸低気圧とは、本州の南海上または南岸沿いを東進し、日本列島の東海上に抜ける温帯低気圧のことである（132ページ **図3**）。**図13**は代表的な南岸低気圧型の気圧配置を示した図で、低気圧周辺の風向や降水域、雲域を表している。日本海低気圧とは異なり、南岸低気圧の場合は日本列島がほぼ全

域にわたって低気圧の北側（寒気側）に入る。このため、通過前には北東や東の風が、通過後には北西や北の風が吹き、いずれの場合も地上付近の気温は低い。冬にこの低気圧が通過すると、太平洋側の平地でも降雪となることがある。

しかし、低気圧の進行前面（多くの場合東側）では暖気が寒気の上を這い上がっていくので（71ページ 図8）、平地では気温が低くても、上空は暖かい空気に覆われている。

このため、日本海低気圧ほどではないが、山では気温が上昇し、湿った雪や凍雨となることがある。南岸に前線が停滞する春先などには、上空の暖かい空気で融けた雪が、地面付近の冷たい空気で冷やされて、木の枝に凍り付く「雨氷（うひょう）」が見られることもある。

温帯低気圧は北側に広い降水域を持つので、低気圧に近い太平洋側の山ほど降水量が多くなり、風も強まる。しかし、低気圧が東海上で発達すると、今度は日本海側の山で暴風雪となる。

図13. 南岸低気圧型

南岸低気圧の発達を予想する

地上天気図から予想する

図14と図15は、2008年2月2日9時と3日9時の地上天気図である。日本の南海上を低気圧が発達しながら通過し、関東から西の太平洋側の山では20〜40cmの降雪となり、大雪となった。

南岸低気圧が日本付近に接近するときは、必ずその前兆が現れる。図14のように、**東シナ海や台湾周辺で停滞前線が北に盛り上がったり、前線上に低気圧が発生したりするときは、南岸低気圧が接近する兆候**だ。実際に、このときも東シナ海で低気圧が発生し、翌日には日本の南海上を発達しながら通過した。このように台湾周辺で発生する低気圧を**台湾坊主（たいわんぼうず）**と呼ぶ。台湾坊主が現れたり、東シナ海や中国大陸南部で停滞前線が出現したら注意しよう。そのときは必ず地上予想天気図で低気圧の進路と発達度合いを確認したい。

高層天気図から予想する

台湾坊主や停滞前線が発生すると、いつでも必ず南岸低気圧が発達し、山で大荒れの天候になるとは限らない。低気圧があまり発達せず、日本の南海上を離れて通る場合には、山における天候の崩れは小さくなるからだ。荒れ模様の天気になるのは、低気圧が沿岸近くを通過するときや、低気圧が発達するときである。図16は、図14とは別の日の地上天気図で、台湾付近に前線が停滞している。この点で図14と大きな違いはない。このときも前線上に低気圧が

図14. 2008年2月2日9時　地上天気図

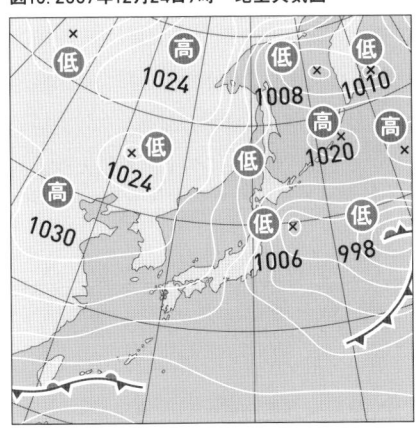

図15. 2月3日9時　地上天気図

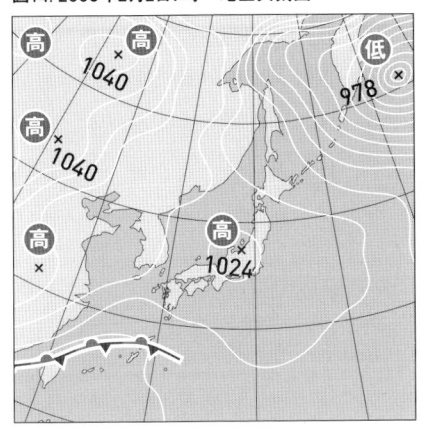

図16. 2007年12月24日9時　地上天気図

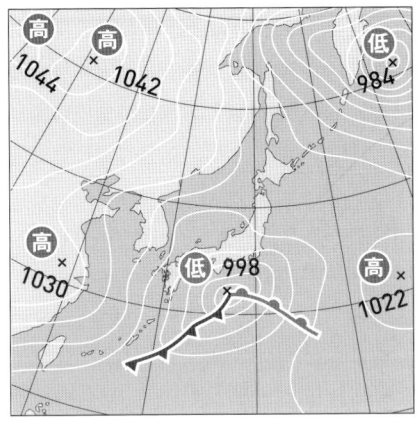

図17. 12月25日9時　地上天気図

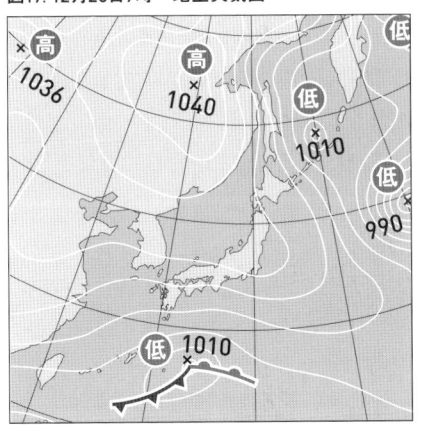

発生したが、日本の南海上を東に進んだ。しかし、沿岸から離れて通過したため（図17）、太平洋側の山でもほとんど降雪はなかった。これらの低気圧で天候が大きく違ったのは、図14の場合には東北東に、図16の場合は東へ進んだことによる。

　低気圧は上層の風に流されて進むことが多く、進路を予想するには500hPa面の天気図で風（偏西風）をチェックするとよい。上層の風は等高度線に平行に吹くので（29ページ図12）、500hPa面の天気図で等高度線の向きを見る。図18は図14と、図19は図16と同じ日における500hPa面の高度と寒気を表した図である。図18の等高度線は西南西から東北東に走っており、低気圧周辺で西南西の風が吹いている。低気圧はこの風に流されて東北東に進んだ。一方、図19の等高度線は西から東に走っているので、低気圧は北上することなく東へと進んだ。

　このように、500hPa面の天気図からあ

る程度、進路の予想が可能だ。これは日本海低気圧の場合にも応用できる。

次に、南岸低気圧が発達するかどうかについて予想してみよう。南岸低気圧の場合も、日本海低気圧と同じように、低気圧後面（多くの場合、北西または西側）における寒気の強さが影響する。**図18**と**図19**の天気図から上層における寒気の強さを見てみると、**図18**ではマイナス30℃の等温線が低気圧の北西側で南下している。また、大陸にはさらに強いマイナス36℃以下の寒気が控えている。一方、**図19**では、マイナス30℃線は大陸で大きく北上しており、低気圧の後面に強い寒気が存在しないことを示している。

これらのことから、**図14**では低気圧は東北東に進み、日本列島にやや接近して通過するおそれがあること、後面にある強い寒気によりさらに発達する可能性が強いことがわかる。太平洋側の山を中心に風雪が強まるのは明白だろう。これに対し、**図16**の低気圧は東へ進み、日本列島から離れて通過する可能性が高く、またあまり発達しないことが予想される。したがって、山でも天候の崩れは少ないはずだ。

二つ玉低気圧

日本海低気圧と南岸低気圧が同時に日本列島を通過する気圧配置を、**二つ玉低気圧**と呼ぶ。この低気圧が発達しながら日本列島を通過すると、暴風雨と気温の上昇をもたらし、通過後には一時的な冬型となって気温は急激に下降し、山は暴風雪となる。過去には何度も二つ玉低気圧による気象遭難が起きており、非常に警戒しなければならない気圧配置のひとつとされている。

図20は代表的な二つ玉低気圧型の気圧配置を示した図で、低気圧周辺の風向や降水域、雲域を表している。基本的には、日本海低気圧と南岸低気圧の両方の性質を持

図18. 2月2日9時　500hPa面の高度と気温

図19. 12月24日9時　500hPa面の高度と気温

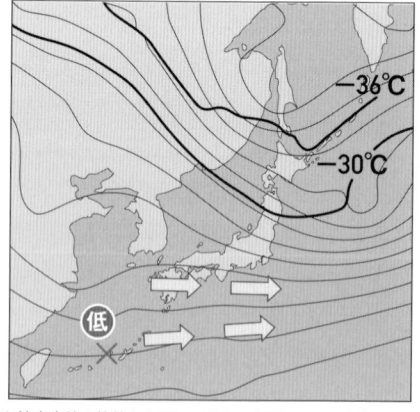

500hPa天気図からマイナス30℃およびマイナス36℃の等温線と等高度線を抜粋した図に、地上天気図における低気圧の位置を記したもの

図20. 発達する二つ玉低気圧型　　　　　　図21. あまり発達しない二つ玉低気圧型

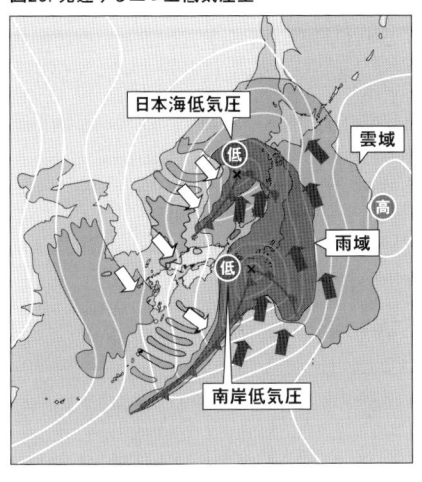

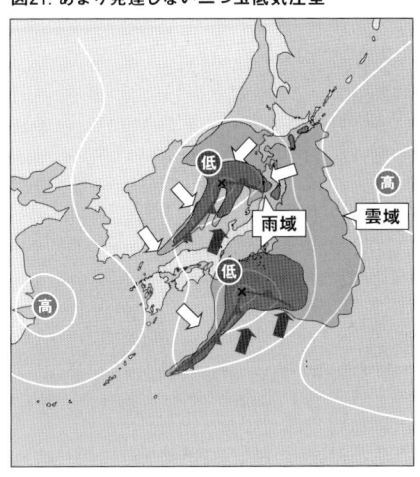

っていると思えばよい。つまり、2つの低気圧の影響を受けるので、全国的に大きく天気が崩れる。また、低気圧の前面では暖気が入り、後面には寒気が入ってくるので、**低気圧の進行前面（多くの場合東側）や南側では南寄りの風が吹いて気温が上昇し、後面（多くの場合北西または西側）では北西や西寄りの風が吹いて気温が下降する。** 暖気と寒気の勢いが強ければ強いほど低気圧が発達するのは、日本海低気圧や南岸低気圧と同じである。

　一般に、日本海を進む低気圧が南岸を進む低気圧よりも勢力が強いときは、日本海低気圧に似た気象状況となり、南岸を進む低気圧のほうが強いときは南岸低気圧に似た気象状況となる。どちらの勢力が強くなるか、予想天気図でしっかり確認したい。

　低気圧が日本列島を通過中にあまり発達しないときは、低気圧と低気圧の間に位置する山では一時的に天気がよくなることもある（図21）。そのようなときにも、日本列島を通過したあとに低気圧が東海上で発達するときは、日本海側や脊梁山脈では寒冷前線通過時の天候急変と通過後の気温低下、風雪や風雨に注意しなければならない。

二つ玉低気圧の発達を予想する
地上天気図から予想する

　2009年の4月下旬、北アルプス後立山連峰南部の鳴沢岳付近で、京都府立大学山岳部OBのパーティが暴風雪のなかで進退窮まり、3名全員が低体温症で亡くなるという痛ましい事故があった。以下、このときの気象データをもとに二つ玉低気圧について解説していく。

　図22は事故の2日前、パーティが登山を開始する前夜の地上天気図である。東シナ海と朝鮮半島付近には低気圧があり、それぞれ東進している。これらの低気圧は日本海と太平洋岸を進み、典型的な二つ玉低気

図22. 2009年4月24日21時　地上天気図

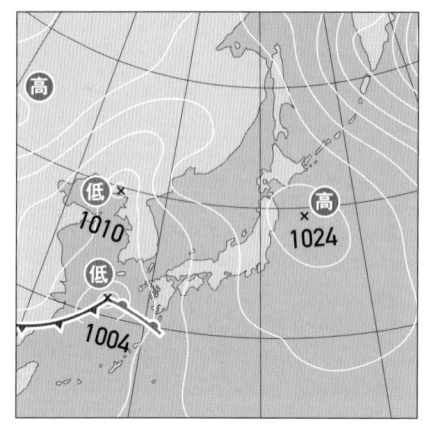

図23. 図22の24時間後の予想図（4月25日21時）

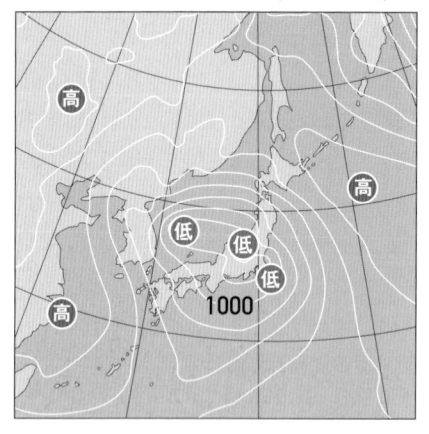

図24. 図22の36時間後の予想図（4月26日9時）

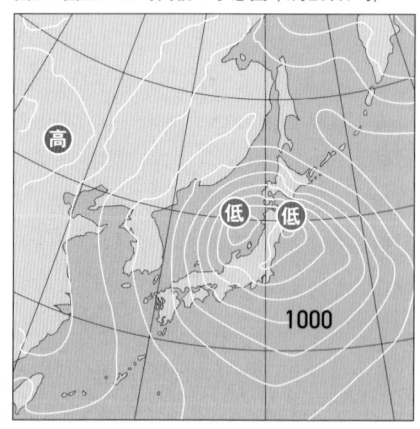

圧となった。

　地上天気図で**東シナ海付近と、朝鮮半島から中国東北部にかけてのどこかにそれぞれ低気圧が出現したときは、二つ玉低気圧になることが多い**。登山を開始するかどうか、この時点で慎重な判断を下さなければならない。

　二つ玉低気圧の兆候が見られるときは、気象庁が発表している予想天気図から低気圧の発達状況を予想していこう。**図23**と**図24**は、2009年4月24日21時（**図22**）を基準として予想された、24時間後（25日21時）と36時間後（26日9時）の地上予想図である。

　地上予想図は、高気圧や低気圧の中心気圧が記されていないので、等圧線からそれらの中心気圧を調べなければならない。そこで、**図23**と**図24**の等圧線から低気圧の中心気圧を調べてみよう。地上天気図の等圧線は4hPaごとに引かれている。**図23**で関東南部にある低気圧の中心気圧は1000hPaの一本内側の線で、996hPaと読みとれる。低気圧の中心気圧を比べてみると、**図22**では1004hPa、**図23**では996hPaとなり、24日夜から25日夜にかけての24時間で8hPa下がる予想となっている。また**図24**の低気圧の中心気圧は984hPaなので、25日夜から26日朝にかけての12時間では12hPaも下がるという予想だ。

　このように、温帯低気圧が12時間で12hPa以上、あるいは24時間で20hPa以上発達するようなときは、行動不能になるほどの大荒れの天候となる（135ページ**表2**）。ま

た、地上天気図における等圧線の間隔は本
州付近で非常に狭くなっている。これらの
予想図から、登山には非常に厳しい気象状
況になることが予想できる。

高層天気図から予測する
①上層（500hPa面）の寒気

これまでに述べてきたように、温帯低気
圧の発達を予想する指標で最も重要なもの
が上層の寒気である。図22と同時刻にお
ける500hPa天気図から等高度線と等温線
を抜粋した図（図25）を見ると、黄海か
ら中国大陸東部にかけて等高度線（実線）
が南へ張り出しており、気圧の谷があるこ
とがわかる。また、等温線（破線）に着目
すると、気圧の谷の後面にはマイナス24
℃以下の寒気があり、中心付近はマイナス
30℃以下となっている。

ここで100㌻の表2を見ていただきたい。
ゴールデンウィークの時期は、マイナス
21℃以下の寒気が温帯低気圧の発達にお
ける目安となっている。つまり、図25に
おけるマイナス30℃以下の寒気は、この
時期にしては非常に強く、危険な状況にあ
ると判断してよい。このように、**黄海や中
国大陸北部で気圧の谷が発生し、その西側
や北西側に強い寒気があるときは、温帯低
気圧が今後発生・発達する可能性が高いの
で、警戒が必要だ。**

図26は、事故当日にあたる26日9時の
地上天気図である。予想図のとおり、黄海
と東シナ海にあった低気圧は日本海側と太
平洋側を進み、二つ玉低気圧型の気圧配置

図25. 2009年4月24日21時　500hPa天気図

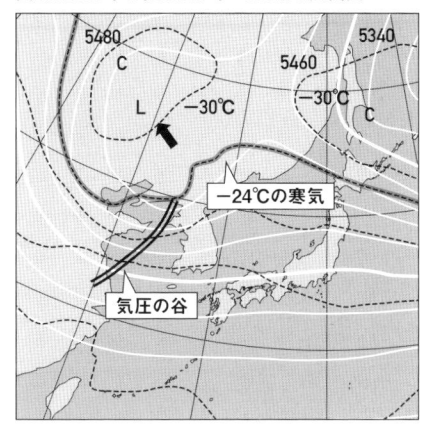

図26. 2009年4月26日9時　地上天気図

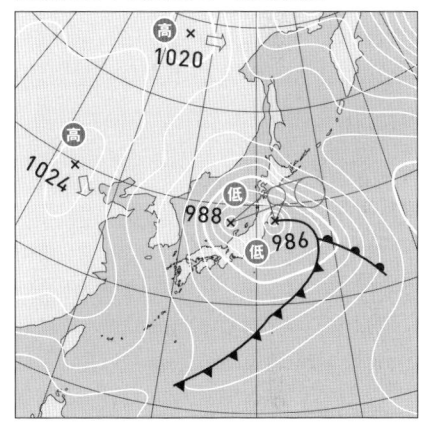

図27. 2009年4月26日9時　500hPa天気図

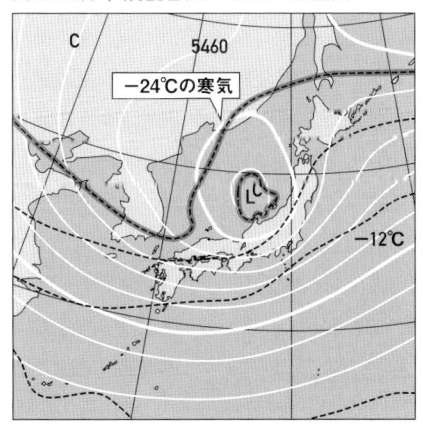

となった。それぞれの低気圧の中心気圧は、24日21時と比べて20hPa前後も下がり、猛烈に発達している。

図27は**図26**と同時刻の500hPa面の寒気を示した図だが、すでにマイナス24℃線は日本海西部から山陰地方にまで南下し、一部は能登半島付近にもある。また、上層の気圧の谷は東へ進み、能登半島付近に達した。26日朝には非常に強い寒気が北アルプス上空に流れ込みつつあり、上層の気圧の谷が通過中であることが読み取れる。

上空の強い寒気が近づいてくる一方で、26日未明には地上の低気圧と寒冷前線が北アルプスを通過し、それまでの南寄りの風は西風に変わった。気温は急激に下降して、稜線では風速20m/sを超える暴風雪となったのである。

②下層（850hPa面）の寒気と暖気

温帯低気圧のエネルギー源は冷たい空気（寒気）と暖かい空気（暖気）であり、両者の温度差が大きいほど温帯低気圧は発達するので、上層だけではなく、下層の寒気と暖気を見ることが役立つ。そこで、850hPa面（高度約1500m）の天気図や予想図から、寒気と暖気の温度差が大きいかどうか、それぞれの勢いが強いか弱いかを判断し、温帯低気圧の発達および通過後の荒天度合いを予想していこう。

図28から**図30**は、4月24日から26日までの850hPa天気図から等高度線と等温線を抜粋した図だ。気温を示す等温線は3℃ごとに破線で引かれており、等温線の間隔が狭いほど寒暖の差が大きいことを意味している。これらを見ると等温線の間隔が狭くなっている日本付近が、南側の暖気と北側の寒気のちょうど境界にあたっていることがわかる。

暖気の強さと勢いについては、500hPa面と同様に特定の等温線に注目し、時間ごとにおける変化を見ていくとよい。ここでは暖気の代表として9℃線に注目する。ただし常に9℃線に着目すればよいというわけではない。特定の等温線を見つける目安は、寒暖の境界（等温線の集中帯、込み合っている部分）の南側にある等温線のなかから、時間ごとの変化が大きい線をひとつ選ぶことだ。慣れないうちは、色鉛筆で特定の等温線をなぞっておくとわかりやすい。

24日21時（**図28**）の9℃線は、小さな凹凸はあるものの、全体は東西に横たわっている。その後、25日9時（**図29**）には地上低気圧付近で北に盛り上がりを見せ、26日9時（**図30**）になると、さらに北へくさび状に入り込んでくる。24日から26日にかけて9℃線が北に大きく盛り上がっているのは、暖気の勢いが強くなっていることを示している。

次に、寒気の経過を見てみよう。まずは寒気の目安となる等温線を探す。等温線が集中している部分のいちばん北側の線を選ぶと、うまくいくことが多い。今回もその法則に従って0℃線に注目する。24日21時（**図28**）の段階では0℃線にはっきりした特徴はないが、25日9時になると地上低気圧の北西側で南下が見られ、26日9時には

低気圧の西側で大きく南下している。24日から26日にかけて、0℃線が低気圧の西側や北西側に大きく南下しているのは、寒気の勢いが強くなっているためだ。

このケースでは、**850hPa面での暖気と寒気の勢力がともに強まり、24日から26日にかけて温帯低気圧が多くのエネルギーを得て発達したことが**、高層天気図からも分析できる。

なお、850hPa面の天気図を使って温帯低気圧の発達を予想するコツは、ほかにもある。ひとつは日本付近を横断している等温線の傾きに注目する方法である。**図28**では、日本列島を横切る等温線はほぼ東西に走っているが、**図30**になると南北に変化している。**時間経過とともに等温線が南北に立っていくようなときは、寒気と暖気双方の勢いが強いときであり、温帯低気圧が発達する**。等温線が南北に立ったら危ないと覚えておこう。

もうひとつは、暖気と寒気の中心を結んでみる方法である。暖気の中心とは周囲より気温が高いところで、高層天気図には「W」と書かれている。寒気の中心は周囲より気温が低いところで、「C」で表される。実際の天気図にはWやCが複数あったりしてわかりにくい。そこで先ほどの9℃線と0℃線、つまり暖気を代表する等温線と寒気を代表する等温線に再び注目しよう。

暖気の中心は9℃線がくさび状に北側へ入りこんでいる部分の南側にある（**図28**では9℃線の形状がはっきりしないので、その2本南側にある15℃線を見てもよい）。

図28. 2009年4月24日21時 850hPa天気図

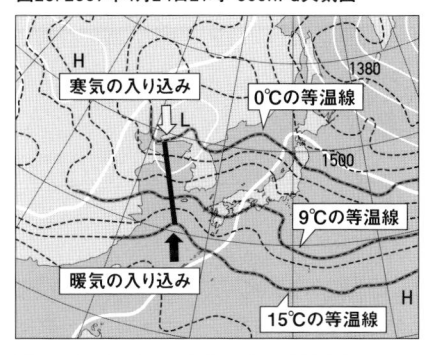

図29. 2009年4月25日9時 850hPa天気図

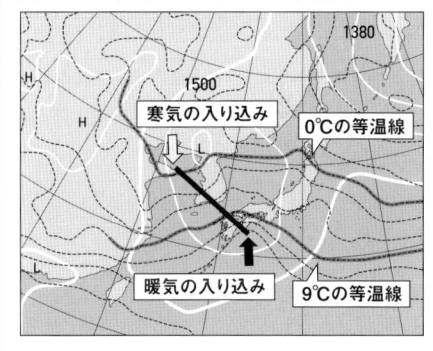

図30. 2009年4月26日9時 850hPa天気図

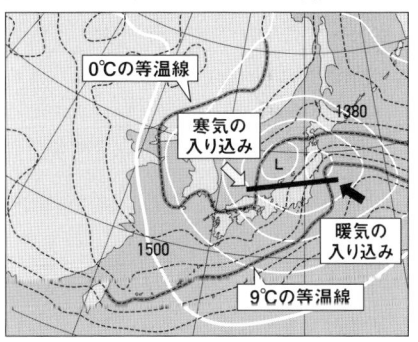

一方、寒気の中心は、0℃線がくさび状に南側へ入りこんでいる部分の北側にある。この、暖気と寒気の中心を線で結んでみると（図中の太い線）、**図28**では線が南北方向なのに対し、**図30**では東西方向に変化

している。このように、暖気と寒気を結ぶ線が、南北方向から東西方向に反時計回りに回転するときは、温帯低気圧が発達するときである。

衛星画像をチェックする

次に衛星画像を見てみよう。ここでは低気圧に伴う大きな塊状の雲域の後面（多くは西側）にある筋状の雲に着目する（**写真1**）。この雲は、低気圧の後面にある強い寒気が勢いよく流れ込んでいるときに発生するものだ。このように、低気圧の後面に強い寒気があるときには、その低気圧は発達すると思って間違いない。

低気圧が通過したあとの黄海や東シナ海に筋状の雲が見られるときは、低気圧が日本列島の東へ抜けたあと、日本海にもこの雲が一面に現れるようになり、中部山岳北部や日本海側の山を中心に吹雪となる。したがって、この雲が東シナ海に現れたときは、低気圧の通過後さらに天候が悪化するので、そのときが下山できる最後のチャンスである。また、出発前に入山をするかどうかの判断材料にもなるので、必ず衛星画像で確認するようにしたい。

天気予報を活用する

気象庁が発表している府県天気予報（26ページ参照）も、低気圧の発達を予想するのに活用できる。**図31**と**図32**は25日11時に気象庁から発表された東京地方と新潟県下越地方（新潟市）の翌々日までの天気予報である。注目したいのは、低気圧通過後における両地方の天気の違いだ。26日は、東京地方の天気は回復する予想だが、新潟県では雨の予報になっている。

春や秋に、低気圧通過後の天気が太平洋側で晴れ、日本海側は雨と、異なる予報が出ているときは、強い寒気が流入している証拠である。このようなときには低気圧の発達を疑い、低気圧通過後も日本海側の山では風雪（雨）に警戒が必要となる。

また、東京と新潟の最高気温の差にも注目しよう。16日は東京で22℃、新潟で14℃と予想されており、その差は8℃にもなる。**両者の差が5℃以上あるとき（新潟のほうが低い場合）は、日本海側から強い寒気が流入している**可能性がある。また、新潟や金沢の最高気温が15℃を下回るようなときは、3000m級の山々はもちろん、妙高山、苗場山、越後三山、谷川岳や尾瀬周辺、笠ヶ岳など標高1500〜2000mクラスの中級山岳でも吹雪になるので注意したい。

写真1. 低気圧後面の筋状の雲に注意 Ⓜ

3. 移動性高気圧

移動性高気圧の特徴

　移動性高気圧は、その名のとおり比較的早い速度で移動する高気圧のことである。例年2月の後半ぐらいから冬型の気圧配置が続かなくなり、大陸から高気圧が移動性となって日本列島にやってくることが多くなる。高気圧の周辺では比較的風が弱く、好天に恵まれるので、登山者や山スキーヤーは天気予報と睨めっこしながら、移動性高気圧がやってくるのを待っているものだ。

　だが、移動性高気圧が接近・通過しているときはどこでも快晴無風かというと、そうでもない。図33は、移動性高気圧に覆われたときの代表的な天気分布である。あわせて65ページ図3cを見ていただきたい。高気圧の進行前面（東側）では日本海側の山（とくに海に近い低山や山麓）で天気が悪く、高気圧の進行後面（西側）では太平洋側の山で天気が崩れることがわかる。

　このような天気分布になるのは、高気圧周辺の風向が影響しているからだ。高気圧の前面では北西や北寄りの風が吹くので、日本海から湿った空気が入りやすい日本海側では天気の回復が遅れ、山麓を中心に雨や雪が残りやすい。しかし、この高気圧が日本付近に近づくころには、上空の寒気が

弱まっており、雲は高い高度まで発達しにくく、標高2000m以上の山は雲の上で晴れることが多い。ただし、海に近い鳥海山や飯豊連峰と朝日連峰の越後側や稜線では、天気の回復は遅れる。

一方、高気圧が通過したあとの太平洋側では、次第に北東または東寄りの風が吹くようになる。すると、太平洋からの湿った空気が入りやすい紀伊山地や四国山地、九州山地の東面や稜線で天気が崩れてくる。また、高気圧が東海上に抜け、北東の風が吹くようになると、関東地方ではひと足早く天気が崩れる（65ペ゛図3c）。

実は、移動性高気圧が通過する際にも気象遭難がたびたび発生している。意外かもしれないが事実だ。そこで、安全登山のための3つのポイントを次に挙げておく。

地上天気図における3つの注意点

図34は、日本海に高気圧がある、典型的な移動性高気圧型の気圧配置である。ここでは高気圧の東側に注目していただきたい。北日本や東日本では等圧線が南北に走っていて間隔が狭いことがわかる。つまり北西の風が強く吹いている。とくに**高気圧の東側では高気圧からの吹き出しと等圧線の走行による風向が一致するので、風が強まる傾向にある。**

これがひとつ目の注意点で、**北西の風が吹き抜けやすい那須連峰では、このような気圧配置のときに、強風による遭難事故が多発している**（254ペ゛参照）。移動性高気圧が近づいているということで登山を開始したものの、予想していなかった暴風により滑落したり、低体温症で行動不能に陥ったりするからだ。また、蔵王連峰や安達太良山でも、同じようなときに西風が非常に強く吹くので注意が必要である。なお、移動性高気圧の東側で北西や西風が強いときは、日本海側の山では高気圧の中心が通過するまで霧が取れないことが多い。

2つ目の注意点は、中国東北部に低気圧が発生していること。中国大陸の北部や黄海、朝鮮半島で低気圧が発生するときは日本海低気圧になることが多く、この低気圧が今後、発達するかどうかを見極めなければならない。

そして3つ目の注意点が、中国大陸の華中（長江下流付近）に停滞前線があることだ。停滞前線はすでに北へ盛り上がっており、このくびれ（前線が北へ盛り上がった部分）に低気圧が発生することが予想される。南岸低気圧になるか日本海低気圧になるかは位置的に微妙であるが、前述の中国東北部にある低気圧といっしょになって二

図33. 移動性高気圧型の天気分布

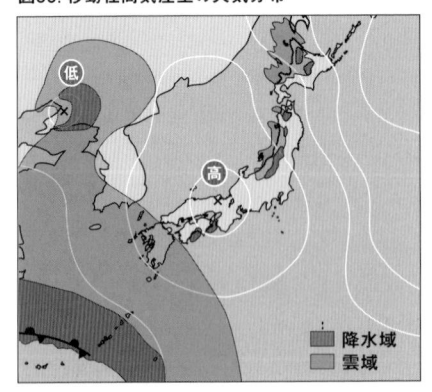

図34. 移動性高気圧型の気圧配置

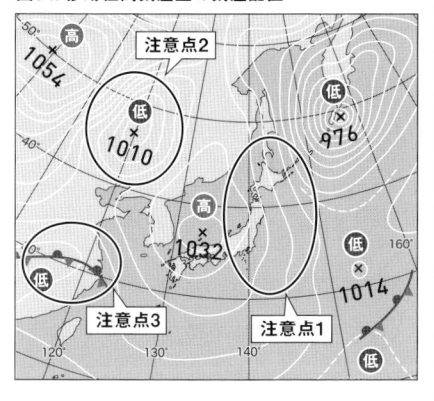

つ玉低気圧になる可能性もある。

いずれにせよ、移動性高気圧が通過したあとは、大きく天気が崩れるおそれがある。とくに太平洋側の山（九州南部や四国、紀伊半島の山）では、高気圧が通過した直後から湿った東寄りの風が吹くため、上部から霧に覆われて間もなく雨や雪が降り出す。

また、低気圧の通過するコースや、発達度合い、後面の寒さの強さによっては全国的に大荒れの天気となることがあるので、これまでに学んできた温帯低気圧が発達するかどうかの指標にしたがって予想することが大切だ（153㌻参照）。

4. 帯状高気圧

帯状高気圧とは

帯状高気圧は、複数の高気圧が東西方向に長く連なった気圧配置のことである。ゴールデンウィークのころや10月中旬から下旬にかけてよく出現するが、近年は11月上旬から中旬ごろにも現れるようになっ

てきた。

多くの場合、移動性高気圧の中心が東へ過ぎ去ると、西から低気圧が接近し、雲が広がって天気が崩れてくる。ところが、帯状高気圧の場合は、移動性高気圧の西側に別の高気圧が控えているため、薄雲が広がることはあっても大きな天気の崩れにはならず、次の高気圧に覆われて再び好天になる。好天が長続きするので、ゴールデンウィークや秋の連休などを利用して長い山行をするときには、この気圧配置になることを期待する人も多いだろう。

気圧の尾根を見つける

図35を見ると、日本のはるか東海上と紀伊半島、そして中国大陸に高気圧が連なる、典型的な帯状高気圧の気圧配置となっている。

ここでは日本付近を東西に走る1024hPaの等圧線に注目する。紀伊半島の高気圧が1028hPaなので、それよりひとつ外側の線が1024hPaということになる。1024hPaの線は、高気圧を挟んで南側と北側に2本走っている。つまり、このふたつの線の間は周囲より気圧が高くなっており、ここを**ハイベルト**（気圧が帯状に高いところ）と呼ぶ。このなかは等圧線の間隔が広いため風が弱く、穏やかな好天となっている。

また、ハイベルトのなかでもいちばん気圧が高いところを結んだ軸（**図35の破線**）を気圧の尾根と呼ぶ。気圧の尾根は高気圧の中心と中心を結んだところや、気圧の高い方から低い方へ等圧線が張り出したとこ

Chapter 7 四季の山岳気象　春山

ろを通っている（87㌻**図34b**）。気圧の尾根上にあたる山では、雲ひとつない快晴となることが多い。

帯状高気圧の周辺部

ハイベルトの内側に入れば好天が長続きするが、ハイベルトの周辺部では湿った空気が入りやすく、雲が広がりやすい天気となるので注意が必要だ。

図36は、**図35**に帯状高気圧周辺における風の吹き方を加えた図である。帯状高気圧の南側では北東の風が、北側では南西の風が吹いている。一般的に風は気圧の高いほうから低いほうへ吹く。つまり高気圧からその周辺へと風が吹き出すため、このような風向になる。これは、29㌻で学んだ、等圧線から判別した風向とも一致する。

帯状高気圧の北側では、等圧線の間隔が狭いので強い風が吹く。また、南西の風によって暖かく湿った空気が入りやすくなり、山によっては天候が崩れる。とくに南西側に海がある山の場合は、水蒸気を多く含んだ空気が山にぶつかって上昇するため、天気の崩れが大きくなる。

一方、高気圧の南側では冷たい北東の風が吹き、関東地方や山陰地方のように北東側に海がある山で天候が崩れやすくなる。

気圧の谷の発生に注意

帯状高気圧下では、高気圧と高気圧の間に入ったときに雲が広がりやすくなるくらいで、次の高気圧が来ると再び快晴になるが、ときには気圧の谷が発生することがあり、そうなると天気が大きく崩れてしまう。

気圧の谷は、低気圧と低気圧を結んだところや、気圧の低いほうから高いほうへ等圧線が張り出したところである（87㌻**図34a**）。**図35**を見ると、中国大陸の東部に気圧の谷がある（**図35**の二重線）。このように気圧の谷が中国大陸や黄海、東シナ海で現れたら、予想天気図で今後の動向をチェックしなければならない。

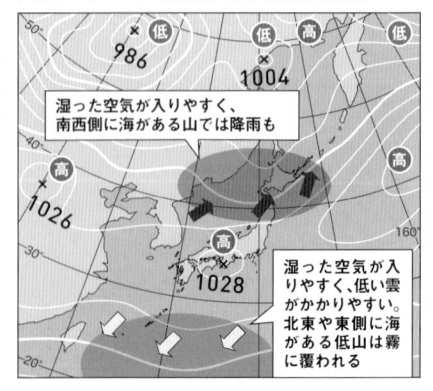

図37は2010年9月29日21時の地上天気図である。本州付近と黄海に高気圧がある、

図35. 2009年11月5日9時 地上天気図

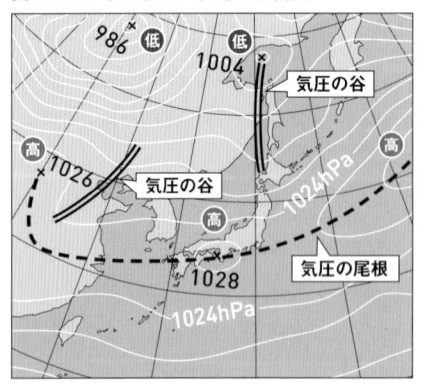

図36. ハイベルトの周辺における風向と天気

図37. 2010年9月29日21時 地上天気図

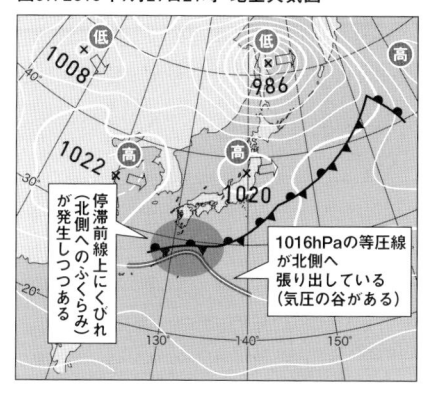

図38. 図37の24時間後の予想天気図（9月30日21時）

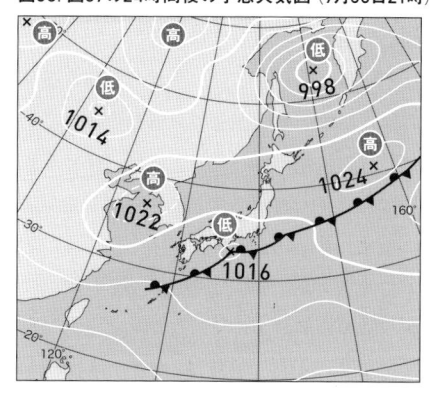

典型的な帯状高気圧の気圧配置だ。しかし、よく見てみると、**図35**とは違った特徴に気づく。ハイベルトの南側に停滞前線が横たわり、九州の南海上で前線が北側にふくらみはじめている。さらに、1016hPaの等圧線がそのあたりで北側へ盛り上がっている（くびれている）ことがわかる。ここに隠れているのが気圧の谷だ。このように、**前線上にくびれがあったり、高気圧と高気圧の間で等圧線が北に盛り上がったりしているときは、そこに低気圧が発生して天気が崩れる**ことが多い。

図38は**図37**の24時間後の地上予想図であるが、紀伊半島沖に低気圧が発生することが予想されており、実際、本州付近の山岳地帯は広い範囲で雨となった（**図39**）。しかし、この低気圧は発達しなかったため、風・雨ともに強まることはなく、遭難が起こるほどの悪天候にはならなかった。

このように、帯状高気圧の間にできる低気圧が発達することは少ないが、心配なときは温帯低気圧が発達するときの特徴があるかどうか、高層天気図や衛星画像などで確認しておこう。

一方、**図35**の気圧の谷は、等圧線の張り出しが大きくなく、前線や低気圧も見当たらない。このようなときは好天が続くことが期待できる。ただし、現状では気圧の谷が深くなくても、急速に深まることもあるので注意したい。

実際に、翌日の天気図（**図40**）を見ると、気圧の谷がほとんど動かず、等圧線の南への張り出しが大きくなっていない。このような特徴は帯状高気圧型が続く特徴で、今後の好天が期待できる。

高層天気図をチェックする

地上天気図で帯状高気圧の推移の予想が難しいときは、高層天気図で確認してみるとよい。**図41**は**図35**の前日の500hPa天気図から等高度線を抜粋した図、**図42**は別の日の同図である。いずれも帯状高気圧に覆われて好天が長続きした。

これらの天気図を見ると、2つの特徴が

Chapter 7 四季の山岳気象 春山

あるのがわかる。ひとつは、日本列島およびその西側で**各等高度線が右肩下がりになっていること**。もうひとつは、**顕著な気圧の谷が日本列島の西側に見あたらないこと**。これらの特徴が見られるときは、帯状高気圧型の気圧配置が長続きし、安定した好天に恵まれることが多い。

これに対し、**図43**は**図37**と同じ時刻における500hPa面の天気図である。**図41**や**図42**と異なり、日本列島およびその西側で各等高度線が右肩上がりとなっている。

図39. 9月30日4時　レーダー・アメダス解析雨量図 m

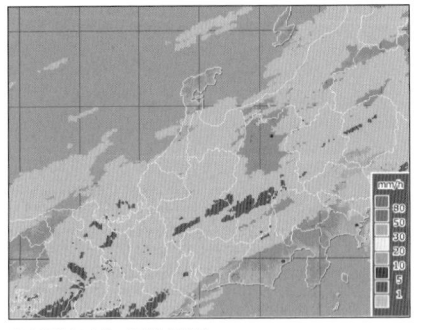

※ 128ページにカラー図版を掲載

図40. 2009年11月6日9時　地上天気図

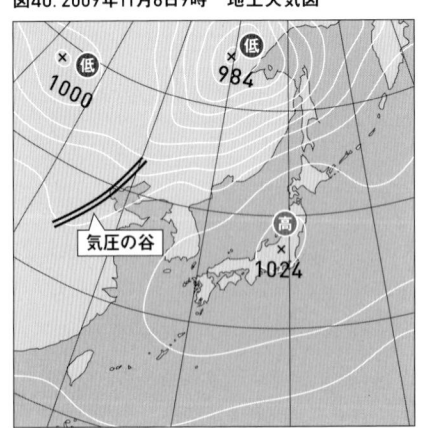

また、黄海には弱いながらも気圧の谷が見られる。このような場合には、気圧の谷の前面（東側）で地上の低気圧が発生したり、前線が北上して広い範囲で天気が崩れることになる。

図41. 2009年11月4日9時　500hPa天気図

各等高度線が右肩下がり（西側が高度が高くなって東側で高度が低くなっている）

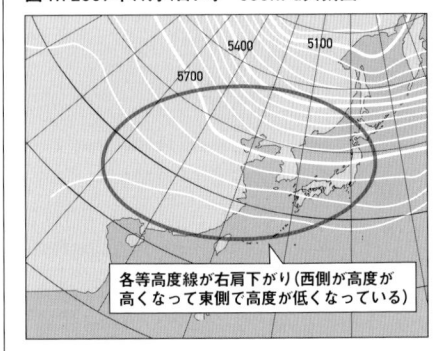

図42. 2010年5月1日9時　500hPa天気図

各等高度線が右肩下がり（西側が高度が高くなって東側で高度が低くなっている）

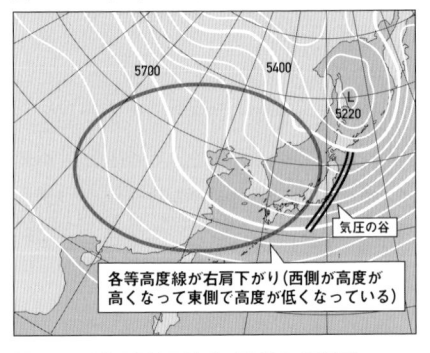

図43. 2010年9月29日21時　500hPa天気図

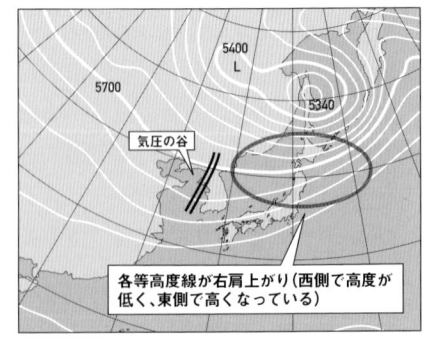

各等高度線が右肩上がり（西側で高度が低く、東側で高くなっている）

COLUMN 01　　温帯低気圧が発達する条件確認チャート

1. 出発前に確認

① 地上天気図で中国大陸に低気圧や前線がある
　　ⓐ北緯30度より北側…日本海低気圧
　　ⓑ北緯30度より南側…南岸低気圧
　　ⓐとⓑ両方…二つ玉低気圧
② 衛星画像で中国大陸に大きな雲の塊がある
③ 500hPa天気図で中国大陸に気圧の谷がある

Ⅰ. 地上天気図で確認

① 地上天気図と予想図で温帯低気圧の進路を確認
② 地上予想図で温帯低気圧が12時間、24時間にどれくらい発達するか確認
　　ⓐ12時間に6hPa以上、または24時間に10hPa以上発達 … 山で荒れ模様
　　ⓑ12時間に12hPa以上、または24時間に20hPa以上発達 … 山で大荒れ、登山中止すべき

Ⅱ. 500hPa面天気図で確認

① 500hPa天気図で特定の等温線が大陸で北緯40度よりも南下　　Chapter 7 秋山の気象参照
② 500hPa予想図で特定の等高度線の蛇行が時間とともに大きくなる　　Chapter 7 秋山の気象参照
③ 500hPa予想図で特定の等高度線が時間とともに南下する
④ 500hPa予想図で特定の等温線が時間とともに南下
⑤ 500hPa予想図における等高度線の走行方向
　　ⓐ 南西から北東方向へ走行…低気圧が北上、日本列島に接近
　　ⓑ 西から東へ走行…低気圧が南海上を離れて通過

Ⅲ. 850hPa面天気図で確認

① 850hPa予想図における暖気側の等温線が低気圧の東側で北上し、寒気側の等温線が低気圧の西側で南下
② 850hPa予想図における日本付近の等温線の傾きが、東西方向から南北方向に変化しつつあるとき
③ 850hPa予想図で暖気の中心と寒気の中心を結ぶ線が、南北方向から東西方向に変化しつつあるとき

Ⅳ. その他

① 衛星画像で黄海や東シナ海に筋状の雲が発生…低気圧の後面に強い寒気
② 府県天気予報で日本海側（新潟や金沢）が雨、太平洋側（東京や名古屋）が晴れ予想
③ 府県天気予報で新潟の最高気温が東京より5℃以上低い

2. 登山中

① 最新の天気図で温帯低気圧が発達傾向
② レーダー・エコー合成図で低気圧周辺と前線付近の雨雲が発達傾向
③ 衛星画像で雲が北へ大きく盛り上がってバルジ状を呈している
④ ラジオ天気図で温帯低気圧が発達する予想
⑤ ラジオ天気図で寒冷前線を挟んで東側と西側の地点の温度差が5℃以上
⑥ ラジオ天気図で寒冷前線が通過した地点で前日より気温が5℃以上下がる

梅雨期（6月～7月中旬）の気象

1. 梅雨期の気象の特徴

　5月中旬になると、中国大陸から南西諸島にかけて**梅雨前線**が姿を現すようになり、6月に入ると日本の南海上にある太平洋高気圧の勢力が強まり、日本の南海上まで張り出してくるようになる。このため、6月上旬～中旬ごろには、梅雨前線が本州から九州にかけての南岸沿いに北上してくる。いわゆる梅雨の到来である。

　6月中旬ごろから7月中旬ごろまでの時期は、オホーツク海で高気圧が発達する。北日本から東日本の太平洋側では、この高気圧から吹き出す北東の冷たく湿った空気が流れ込んで、どんよりとした雲に覆われ、霧雨の降る肌寒い陽気が続くようになる。これを北日本の太平洋側では「やませ」と呼び、農作物の生育に悪影響を及ぼす風として恐れられてきた。これに対し、東日本から北日本の日本海側では山越えの気流で爽やかな好天となり、絶好の登山日よりとなる。おりしもこの時期は、これらの地方の山で雪融けが進み、高山植物が開花しはじめるころ。山腹の新緑とあいまって、一年で最も美しい季節のひとつである。

　しかし、近年、オホーツク海高気圧がこの時期にあまり発達しなくなり、梅雨の天候が大きく変化しつつある。この高気圧がもたらす「梅雨寒」が減って、太平洋高気圧からの暖かく湿った空気が流れ込む、蒸し暑い梅雨となる年が増えてきている。

図1. 2006年6～7月の富士山、室堂（立山）、阿蘇山

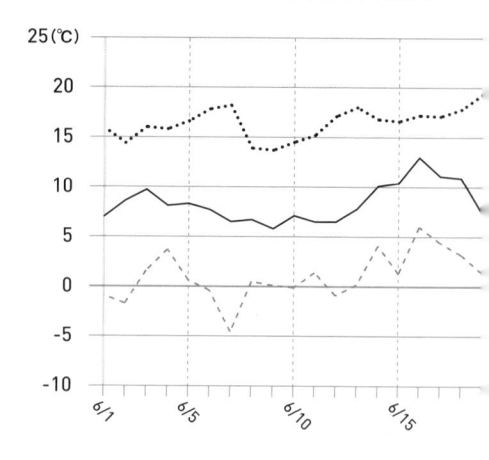

　梅雨というと連日、曇りや雨の天候が続くと思いがちであるが、実は中休みともいえる時期があり、うまく好天をとらえれば、花や新緑の時期とも重なるので、快適な山行を楽しむことができる。自宅周辺が雨や曇天でも、ちょっと足を伸ばせば晴れていることがあるのも、この季節の特徴だ。

　一方、梅雨期ならではの危険な気象状況もある。日本海側の山々や中部山岳では残雪も多く、滑落事故が起きている。視界不良による道迷いが多発する季節でもあり、また梅雨前線が日本海まで北上して暴風雨となることもある。さらに、北海道の山では低体温症による事故も多い。

　この項では、梅雨期に気象遭難が発生しやすい気圧配置を予想するポイントと、この季節によく現れる「北高型」の特徴について学んでいく。

※富士山と阿蘇山の観測データはアメダスによる（気象庁提供）。　※室堂（立山）の観測データは、立山カルデラ砂防博物館の提供による。※これらの図における富士山の観測データは標高3775.1m地点、室堂（立山）の観測データは標高2450m地点、阿蘇山の観測データは標高1142.3m地点のものである。

における日平均気温の推移（※）

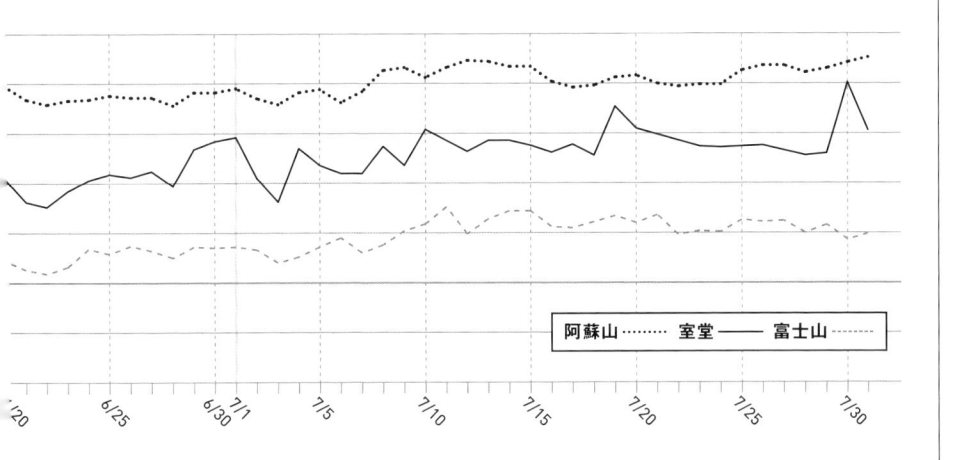

阿蘇山……… 室堂—— 富士山

2. 梅雨前線

　梅雨とは、梅の実が熟すころに続く長雨の季節のことをいう。梅雨をもたらすのは梅雨前線である。前線は、寒気と暖気など異なった性質の空気がぶつかり合う境目にできる。そこでは暖気が上昇して雲が発生するため、前線付近では一般に天気は悪化する。

　前線には、温暖前線や寒冷前線、停滞前線など、いくつかの種類があるが、梅雨前線は停滞前線に分類される（70㌻参照）。動きが遅く、6月から7月にかけて日本付近に停滞することが多いので、日本列島は雲がかかりやすくなり、雨が続く。

　では、梅雨前線はどうしてできるのだろうか。実は、西日本と東日本では梅雨前線の性質が異なり、それぞれ前線のでき方も違っている。106㌻で述べたように、北半球の中緯度には、偏西風という西風が吹いている。そのなかでもとくに強く吹いているところをジェット気流と呼ぶ。ジェット気流には**寒帯前線ジェット気流**と**亜熱帯ジェット気流**の2種類がある。亜熱帯ジェット気流は、熱帯の暖かい空気と温帯のやや冷たい空気の境界を、蛇行しながら地球を一周しており、流路は季節によって南北に移動する。冬はヒマラヤ山脈の南側を通っているが、夏に向けて次第に北上し、6月ごろになるとヒマラヤ山脈のあたりを通る

図2. 梅雨前線が発生するしくみ

ようになる。

　ところが、8000m級のヒマラヤ山脈は亜熱帯ジェット気流にとって障害物となるため、ヒマラヤ山脈を避けて南北に分かれる。北側のジェット気流は、内陸アジアの砂漠地帯を通るうちに、次第に乾燥した性質を持つようになり、南側のジェット気流は、東南アジアの湿潤な地域を通って湿った性質に変化する。この2つのジェット気流は中国大陸の南部で再び合流するが、**北側のジェット気流は乾燥した性質を持ち、南側のものは湿った性質を持つようになるので、その間に前線が形成される**（図2）。これが梅雨前線の発生原因のひとつである。西日本から中国大陸にかけての梅雨前線が形成される時期は例年6月上旬ごろのことで、ヒマラヤ山脈南側のモンスーン（雨季）開始時期にも重なる。

　一方、これとは性質が異なるのが、東日本から日本の東海上で形成される梅雨前線だ。例年6月ごろになると、オホーツク海にはシベリアからの雪融け水が多量に流れ込み、周囲に比べて水温が低くなる。このため空気が冷やされて重くなり、重くなった空気が下降して高気圧が発生する。これが、冷たく湿った性質を持つ**オホーツク海高気圧**だ。また、このころに亜熱帯ジェット気流が日本上空を通って日本の東で大きく北へ蛇行すると、そこに上層の気圧の尾根ができるので（図8）、上層にまで達した強い高気圧が形成される。

　さらにこの時期になると、日本の南海上では太平洋（小笠原）高気圧が勢力を北へ広げるようになる。この高気圧は、亜熱帯の暖かい性質を持ち、また、海で形成されるので湿った性質を持つ。

　こうして**オホーツク海高気圧の冷たく湿った空気**と、**太平洋高気圧の暖かく湿った空気がぶつかりあい、その間に前線ができる**。これが東日本から日本の東海上にかけて形成される梅雨前線である（図2）。

3. 強雨域の予想

地上天気図での3つのポイント

　次に、梅雨期に警戒しなければならない気圧配置を見ていこう。図3は2009年6月22日の天気図である。本州から日本海、さらには中国大陸東部にかけて梅雨前線が延び、梅雨期の典型的な気圧配置となっている。このとき、山陰地方では激しい雨が降り、西日本の山では暴風雨となった。

　梅雨期の気圧配置で注意すべきポイントは3つある。ひとつは梅雨前線上のくびれ

図3. 2009年6月22日9時　地上天気図

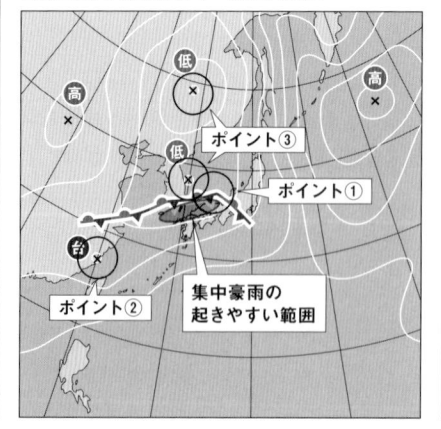

（前線が北へ盛り上がった部分）や低気圧の存在である（**図3**のポイント①）。前線上のくびれや低気圧は、前線の南側にある強い暖気（または湿った空気）が、前線を押し上げるために発生する（**図4a**、**図4b**）。**くびれや低気圧の南側では南から暖かく湿った空気が次々に入り、この空気が上昇して雲が発達するので、大雨が降る**。実際、**図3**と同日の14時20分におけるレーダー・エコー合成図（**図5**）を見ると、くびれの南側で強い雨が降っている。とくに大山では非常に激しい雨が降った。

2つ目のポイントは、前線の南側にある台風や熱帯低気圧の存在だ（**図3**のポイント②）。**図3**のように、**日本の南海上や中国大陸南部、東シナ海や南シナ海に台風や熱帯低気圧があるときは、これらから前線に向かって湿った空気が流れ込むため、大雨が降りやすくなる**。このような気圧配置のときは注意が必要だ。

そして3つ目のポイントが、前線を持たない低気圧である（**図3**のポイント③）。寒冷低気圧と呼ばれるこうした低気圧は、上層に寒気を伴っている。500hPa天気図で、等温線の形状から低気圧の中心付近に寒気がないか確認しよう。**図8**は**図3**と同時刻の500hPa天気図に、地上の梅雨前線を書き込んだものである。寒冷低気圧は、500hPa面と地上の低気圧が同じ位置にあるので、その周辺の等温線を**図8**から読み取っていこう。

500hPa天気図では、等温線は破線で6℃ごとに引いてある。丸印のところに「-18」という文字があるが、これはマイナス18℃の等温線を意味している。等温線が円形に閉じているのは、この部分が周囲の気温より低いということであり、ここが寒気の中心になる。また、寒気の中心には「C」という字が書かれているので、これを探してもよい（**図8**の場合は、低気圧の中心を意味する「L」の字のうしろに隠れてしまっている）。

寒冷低気圧の周辺では大気の状態が不安定となり落雷や突風、短時間の強雨など激しい気象現象が起こりやすくなる。とくにこの低気圧の南東側では警戒が必要である。

図4a. くびれのない状態

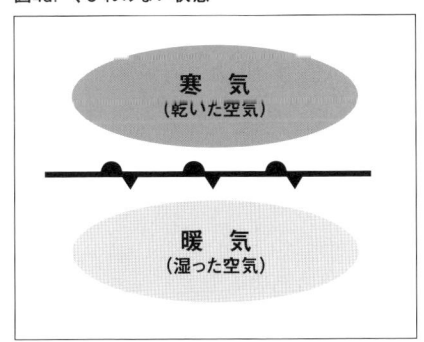

図4b. くびれがある状態

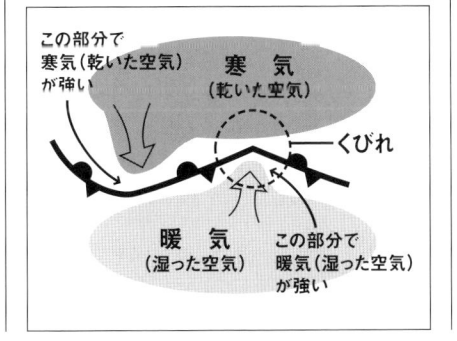

図5. レーダー・エコー合成図（14時20分）Ⓜ

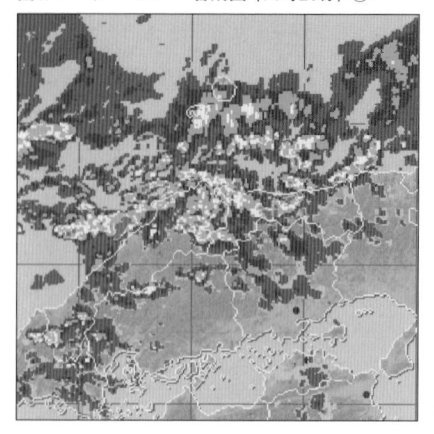

図6. レーダー・エコー合成図（15時20分）Ⓜ

15時20分の強い雨域

14時20分の強い雨域

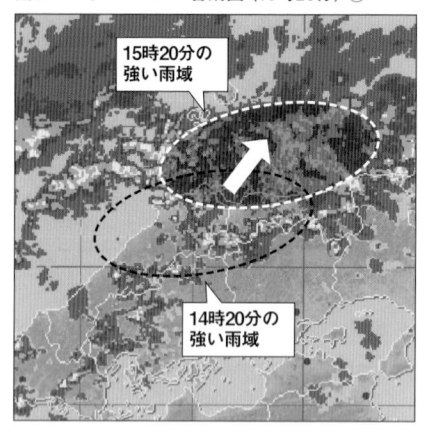

図7. レーダー・エコー合成図（16時20分）Ⓜ

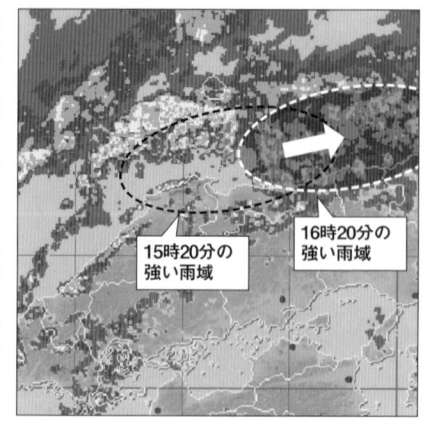

15時20分の強い雨域

16時20分の強い雨域

雨雲の動き

　梅雨前線による雨雲の動きを見るには、レーダー・エコー合成図を利用する。雨雲は上空の風に流されて動く。梅雨前線の南側では、たいてい上空を西や南西の風が吹いているので、雨雲は東や北東方向に進むことが多くなる。**図6**と**図7**は、**図5**の1時間後、2時間後のレーダー・エコー合成図である。これらを見ると、雨雲は時間が経過するにつれて北東から東北東に進んでいくことがわかる。山陰地方の西南西から西の方角に強い雨雲が少ないので、**図7**の時点では強い雨の峠を越えたと判断できる。

　上空を吹いている風向は、ウィンドプロファイラ（42㌻参照）を利用したり、南岸低気圧の項（137㌻）で述べたように500hPa面における等高度線の走行（向き）から推定する。また、1時間前からの雨雲の動きをレーダー・エコー合成図でチェックし、今後、雨雲がどう移動するかを予想するのもよい方法である。さらに、レーダー・エコー合成図を基準として1時間先までの降水を予想する降水ナウキャストを利用したり（24㌻参照）、解析雨量図をもとに6時間先までの降水を予想した降水短時間予報（23㌻参照）を利用するという手もある。これらを積極的に活用して、目的の山における今後の雨の見通しについて予想しておくとよいだろう。

高層天気図（500hPa面）で梅雨前線の動きを予想

　温帯低気圧や移動性高気圧は、基本的に

※上記3点の図は128㌻にカラー図版を掲載

西から東へ移動するので進路を予想しやすい。しかし、梅雨前線は同じような場所に停滞することが多く、西から東へ動くというよりも、南北に動くことが多い。この梅雨前線の動きを予想するには、温帯低気圧の進路を予想するときにも用いた500hPa面の天気図を利用することができる。

前出の**図8**では、中国東北部に低気圧（Lのマーク）があり、そこから南西に気圧の谷が延びている（気圧の谷の見つけ方は94㌻**図7**）。また、気圧の谷の南東方向に地上の梅雨前線があり、そのすぐ北側で等高度線の間隔が狭くなっている。つまり、ここで風が強く吹いているということだ。周囲に比べて強い風が吹いているところを結んだ線を「強風軸」（107㌻参照）という。等高度線の間隔が狭くなっているところを矢印付きの線で引いてみると、500hPa面での強風軸は朝鮮半島から日本海を通ってオホーツク海を囲むように大きく北へ蛇行している。この蛇行によって、気圧の尾根が発達し、前述のオホーツク海高気圧が形成される。

梅雨前線は500hPa面の強風軸に沿って形成されるので、強風軸が今後どのように動くかがわかれば、その動きを予想することができる。**図9**は、**図8**の24時間後の予想図である。同じように等高度線の間隔が狭いところを線で引いてみると、**図9**における強風軸の位置は**図8**よりも南下していることがわかる。今後、梅雨前線は南下し、それに伴って強雨域も南下することが予想される。

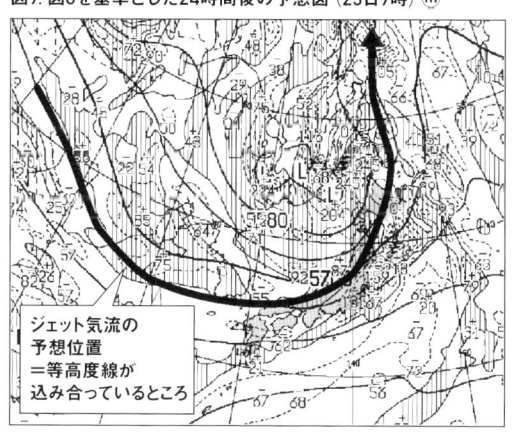

高層天気図（850hPa面）で集中豪雨を予想

相当温位

集中豪雨を予想するのに便利な指標が**相当温位**だ。聞きなれない言葉だと思うが、ひとこと

図8. 2009年6月22日9時　500hPa天気図

- 上層の低気圧と寒気（-18℃の等温線に注目）
- Lは低気圧のこと
- 気圧の谷
- オホーツク海高気圧を形成する気圧の尾根
- Hは高気圧のこと
- 地上の梅雨前線の位置
- 等高度線が込み合ったところが偏西風の強いところ＝強風軸

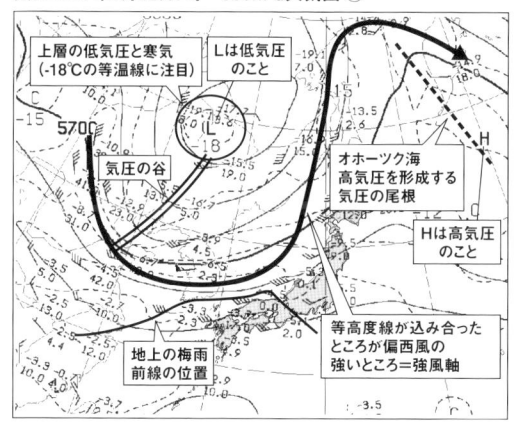

図9. 図8を基準とした24時間後の予想図（23日9時）

- ジェット気流の予想位置＝等高度線が込み合っているところ

でいえば、気温と湿度をあわせ持った指標ということになる。つまり、**相当温位の値が高ければ空気は暖かくて湿っている（高温多湿である）**ことを、低ければ空気は低温で乾燥していることを表している。相当温位は850hPa（高度約1500m）面の天気図で表され、集中豪雨が発生する場所の予想や前線の解析に利用される。

梅雨前線による集中豪雨

梅雨末期になると、日本列島では毎年のように集中豪雨の被害が発生する。そのような被害は、梅雨前線上を低気圧が進んでくるときや、前線上にくびれ（北側に盛り上がった部分）が形成されるときに多く発生し、とくにその南側で風雨が強まり、山は強風を伴って荒れ模様の天気となる。

図10は、2009年7月19日9時の地上天気図である。この日は梅雨前線上の低気圧が北日本を通過し、東北地方や中国地方で大雨となった。秋田県では朝まで非常に激し

図10. 2009年7月19日9時 地上天気図

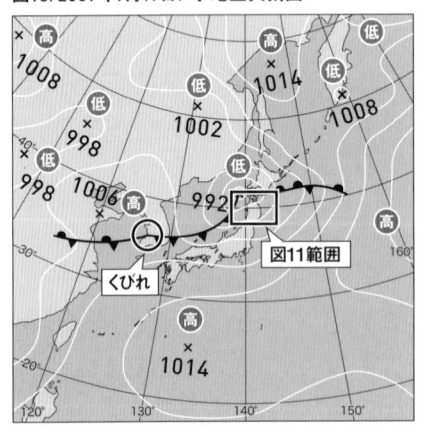

図11. 2009年7月19日4時 レーダー・エコー合成図

※ 304ページにカラー図版を掲載

い雨が降り、東北地方や山陰地方の山では暴風雨に見舞われた。図11は、同日4時のレーダー・エコー合成図である。秋田県では中部を中心に激しい雨が降っていることがわかる。地上天気図（図10）を見ると、この地域が低気圧の南側にあたっていることが読み取れる。このように、**梅雨前線上に低気圧やくびれがあるときは、その南側で集中豪雨が発生しやすい**ことを覚えておこう。

図12. 2009年7月18日21時を基準とした12時間後の（19日9時）の相当温位予想図

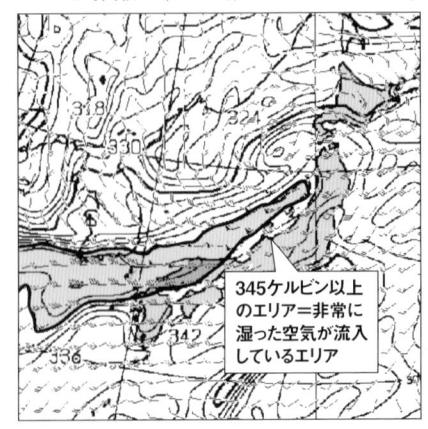

相当温位で集中豪雨を予想

　集中豪雨が発生する状況をさらに理解するために、850hPaの相当温位予想図を使ってみよう。図12は、2009年7月18日21時を基準とした12時間後（19日9時）の相当温位予想図である。慣れないうちは複雑怪奇な図に見えるかもしれないが、この図が示しているのは、相当温位と風の情報の2つだけだ。ここでは相当温位について見ていくことにする。

　実線で示されているのが相当温位である。3ケルビン（気温でいえば「℃」のような単位）ごとに細い実線が、15ケルビンごとに太い実線が引かれている。注意深く見ると図中に「336」や「342」などの数字が書かれている。この数字と15ケルビンごと（330ケルビン、345ケルビンなど）に引いてある太線を目安にして、相当温位が周囲より高いところを探していこう。前述のとおり、相当温位が高いほど高温多湿であることを示しており、相当温位が周囲より高いエリアでは雨雲が発達しやすい。

　梅雨期では、**339ケルビン（とくに345ケルビン）以上を高温多湿な空気の目安とし、くさび状に流入している地域に注目する**。図12では、345ケルビン線が日本海から秋田県の方へくさび状に延びている。つまり、非常に暖かく湿った空気が秋田県方

図13. 2010年7月11日21時　地上天気図

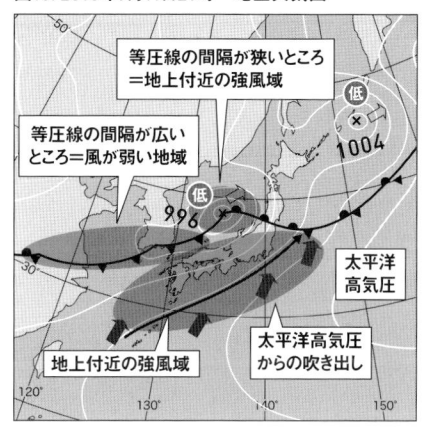

面に流れ込んでいるわけだ。集中豪雨は、くさび状の線が向かっている先端とその内側（図12のアミかけ部分）で発生しやすくなる。

4. 強風域を予想する

地上天気図から予想

　地上付近や標高2000m以下の山における風の強さを見るときには、地上天気図が参考になる。川が傾斜の強い斜面を勢いよく流れるのと同じように、気圧の傾斜（高低差）が大きければ風は強く吹く。高低差が大きいのは、天気図上で等圧線の間隔が狭いところだ。

　図13は、梅雨末期にあたる2010年7月

表1. 山の標高と利用する天気図

目的とする山の標高	利用する実況天気図	利用する予想天気図
2500m以上	700hPa面、地上天気図	500Pa面、地上天気図
2500m未満	850hPa面、地上天気図	地上天気図

11日21時の地上天気図である。梅雨前線が東北地方南部から日本海に延び、前線上には低気圧がある。低気圧の周辺や前線の南側で等圧線の間隔が狭くなっており、平地でも風が強まっていることがわかる。

一般に、梅雨前線付近では等圧線の間隔が広く、平地では風が弱いことが多い。156ページの図3はその典型的な例だ。それに対して、図13の場合は低気圧が発達しているため、梅雨前線付近でも低気圧の中心付近や東側では等圧線の間隔が狭くなっている。しかし、低気圧から西側では等圧線の間隔が広く、風が弱い。梅雨というと風よりも雨のイメージが強いのはそのためだ。しかし、高い山ではそれがあてはまらず、梅雨前線付近でも強風が吹き荒れることがある。強風域を予想するには、山の標高に応じた高層天気図をチェックしなければならない。

高層天気図から予想

標高3000m級の山

一般に、強風軸は高度が下がるにつれて南下する。図14、図15、図16は、それぞれ図13と同時刻の500hPa、700hPa、

図14. 図13と同時刻の500hPa天気図

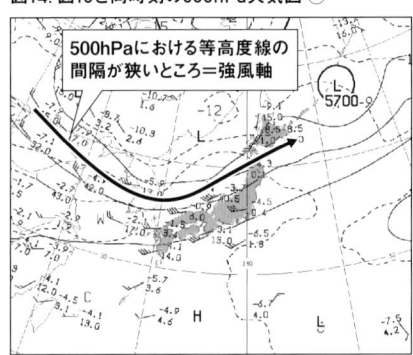

図15. 図13と同時刻の700hPa天気図

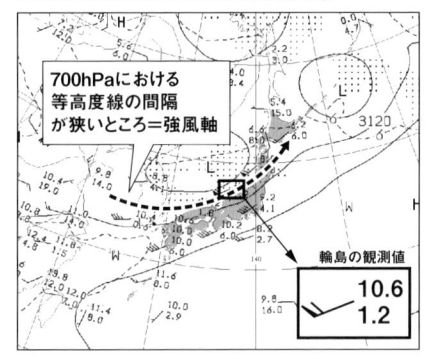

図16. 図13と同時刻の850hPa天気図

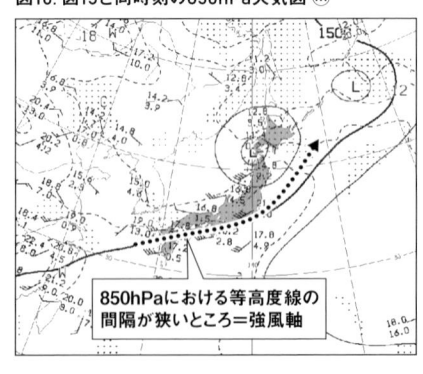

図17. 高度による強風軸の位置の違い

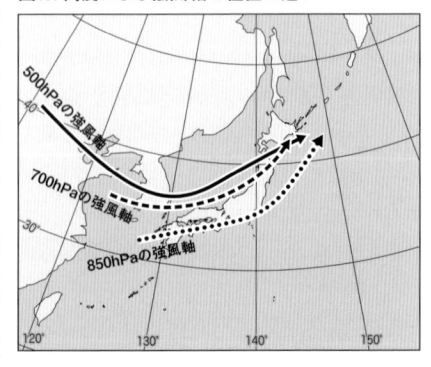

850hPa天気図である。

　標高2500m以上の山における風の強さは700hPa（高度3000m）の天気図を、それ以下の山は、850hPa天気図を参考にする（161㌻表1）。それぞれの天気図には観測地の風向、風速のデータが書かれている。見方は96㌻に掲載してあるので、それを参考にしながら目的とする山の周辺でどれぐらいの風が吹いているのか頭に入れる。

　たとえば、北アルプスの場合は輪島のデータに注目する。図15の700hPa天気図では、輪島で平均風速で60ノットの風が吹いている。1ノット＝約0.5m/sなので、輪島上空3000m付近では約30m/sの猛烈な風が吹いているわけだ。北アルプスは輪島より南に位置し、等高線の間隔は輪島付近よりも多少広くなっているので、輪島より風が弱いものと思われる。それでも北アルプスより南側にある潮岬が45ノット（約23m/s）の風だから、北アルプス周辺では25m/s前後の暴風が吹いていると推測できる。

　さらに42㌻で取り上げたウィンドプロファイラを併せて利用すると効果的だ。表

表2. 高田（新潟県）におけるウィンドプロファイラの観測データ（7月11日）

時刻	1km		2km		3km		4km		5km		6km	
時	風向	風速(m/s)	風向	風速(m/s)	風向	風速(m/s)	風向	風速(m/s)	風向	風速(m/s)	風向	風速(m/s)
1	南西	11	西北西	20	西南西	33	西南西	33	西南西	31	西南西	26
2	南南西	9	西南西	17	西南西	31	西南西	28	西南西	27	西南西	28
3	-	-	西南西	17	西南西	31	西南西	31	西南西	32	西南西	28
4	-	-	南西	17	西南西	27	西南西	29	西南西	28	西南西	25
5	西南西	26	西	24	西	30	西南西	28	南西	21	南西	21
6	南西	13	西	27	西	30	-	-	西南西	24	西南西	21
7	西南西	13	西南西	18	西	24	西	30	西南西	25	西南西	22
8	南	7	-	-	西南西	21	-	-	-	-	西南西	31
9	西北西	2	南西	12	西南西	20	西	15	-	-	-	-
10	西	2	南南西	6	西南西	19	西南西	20	西	26	-	-
11	南西	6	南西	6	西南西	18	西	21	-	-	-	-
12	西	8	南西	7	西南西	19	西南西	21	西南西	27	-	-
13	西北西	5	西南西	11	南西	17	西南西	22	西南西	26	-	-
14	西北西	4	西南西	14	南西	12	西南西	17	西南西	22	-	-
15	西北西	6	西	15	西南西	18	南西	19	西南西	19	-	-
16	北西	8	西	16	西南西	19	西	16	南西	15	-	-
17	-	-	西	15	西南西	20	西南西	16	-	-	-	-
18	西	10	西	17	西南西	16	西南西	17	-	-	-	-
19	西北西	8	西	14	西	15	西南西	14	-	-	-	-
20	西北西	2	西	12	西	14	西南西	16	-	-	-	-
21	西北西	3	西南西	12	西	14	-	-	-	-	-	-
22	西北西	1	西南西	11	西	11	-	-	-	-	-	-
23	南西	3	西	11	西南西	11	西	14	-	-	-	-
24	-	-	西南西	6	西	9	西南西	13	西南西	16	-	-

2は北アルプスの北東にある高田（新潟県）におけるウィンドプロファイラのデータである。これを見ると、高度3kmでは6時ごろまで平均30m/s前後の猛烈な風が吹いていたことがわかる。

図15のような700hPa面の実況天気図は、北海道放送（HBC）専門天気図（91㌻参照）などで手に入るが、700hPa面の予想図は入手が難しい。そこで利用したいのが、梅雨前線の動きを予想する際にも使った500hPa面の予想図である。

500hPa面における強風軸の動きは、その下にある700hPa面にも影響を及ぼす。強風軸が図8から図9のように南下しているときは700hPa面でも南下すると考えよう。図15のように日本海沿岸に強風軸があり、これが時間とともに南下することが500hPa面の予想図から推定できれば、今後、日本海側から太平洋側の山へと強風域が次第に移っていくことが予想できるだろう。

ここで、図14〜図16の天気図における強風軸を見つけてみよう。

強風軸の見つけ方は、①等高度線の間隔が狭くなっているところ、②観測データで風速が強いところ（矢羽根の数が多い地点。97㌻図14参照）を線で結ぶ、の2つである。

この方法を使って推定した強風軸を、それぞれの天気図に記しておいた。図17は、これらの天気図の強風軸のみを取り出したもので、高い高度の天気図ほど強風軸が北に位置している。700hPa面の強風軸は500hPa面より南側に、850hPa面よりは北側に位置していることがわかる。

一般に、500hPa面の強風軸は梅雨前線の上空、あるいはやや北側にあり、700hPa面の強風軸はその少し南側にあることが多い。したがって、3000m級の山では梅雨前線付近とその南側で風が強くなる。この考え方をもとにすれば、地上天気図から3000m級の山における強風域をある程度予想できる（図19）。

図18は、図13の12時間後にあたる7月

図18. 2010年7月12日9時　地上天気図

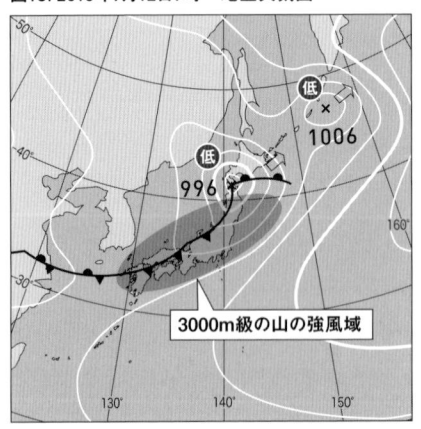

図19. 梅雨前線と上層の強風軸との関係

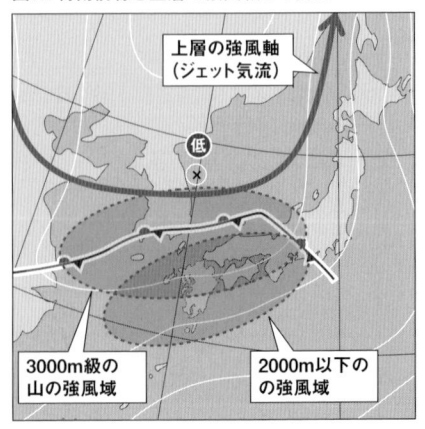

12日9時の地上天気図である。**図13**で日本海にあった梅雨前線は、北陸地方から中国地方に南下している。それに伴い高度3000m付近の強風域も南下し、梅雨前線付近からその南側にあたる日本列島の広い範囲にわたって強風域が広がることが予想できる。このように、**梅雨前線が日本海から本州付近に南下してくるときや、北陸沿岸に停滞するときは、中部山岳や富士山では大荒れの天気となる**。とくに前線上を低気圧が進んでいるようなときは荒れ方がひどくなるので、稜線や山頂付近で行動することは極めて危険である。

標高1000～2000m級の山

集中豪雨を予想するときに使う相当温位の予想図は、風の強さを予想するときにも利用できる。この図には、相当温位だけではなく、風の情報も書かれているからだ。

図20は、**図12**とまったく同じ図であるが、今度は風に注目してみよう。風の強さは矢羽根で示されており、矢羽根の数が多いほど風が強い。また、風が吹いている方向は矢羽根の向きで表される。**図20**の太い線で囲まれた範囲では、50ノット（約25m/s）前後の西風が吹いていることがわかる。850hPa面は高度約1500mなので、このエリアにある標高1500mクラスの山では風速25m/s前後の非常に強い風が吹いていることになる。このようなところでは、後述するように雨も激しく降っているため、暴風雨となることが多い。

こうした下層での強風軸を**下層ジェット**と呼んでおり、この付近での登山は、標高が低い山でも危険である。

また、**図20**を見ると下層ジェットの部分では、相当温位が非常に高くなっている。相当温位が高いところには高温多湿な空気があり、そこで風が強いということは、非常に湿った空気が勢いよく流れ込むことを意味している。つまり、その地域では雨雲が急速に発達しやすくなり、集中豪雨の危険性は増す。**下層ジェットと梅雨前線で挟まれた地域ではとくに集中豪雨が発生しやすいことが知られている**。

5. 北高型と北東気流

北東気流とは

朝起きて窓を開けると、どんよりとした曇り空。おまけに霧雨まで降っている。それを見て山に行くことを諦めてしまうのは、よくある話だ。しかし、そのようなときに思い切って遠出をしてみると、青空の下で

図20. 図12と同じ天気図 Ⓜ

50ノット（風速約25m/s）以上の非常に強い風が吹いている範囲

快適な山行を楽しめることがある。

　ぐずついた天気というのは、どの季節でも全国的に見られるものだが、とりわけ梅雨期や早春、初秋の時期には関東地方で多い。ところが、天気はすっきりしないのに、低気圧が接近するなど天気を崩す要素が天気図上に見あたらないことがある。**図21**は、その代表的な天気図だ。一見、本州付近は高気圧の圏内にあるように思えるが、関東地方や山陰地方だけは曇りや雨のぐずついた天気となった。その犯人が**北東気流**(ほくとうきりゅう)である。

図21. 北高型の気圧配置

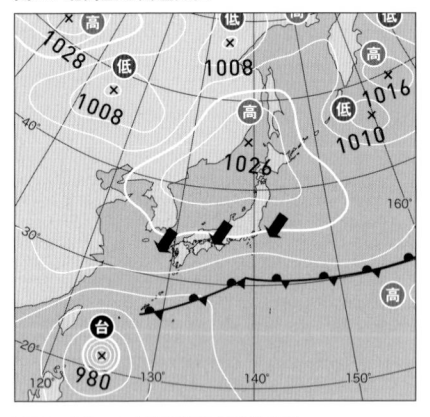

図22. オホーツク海高気圧の張り出し

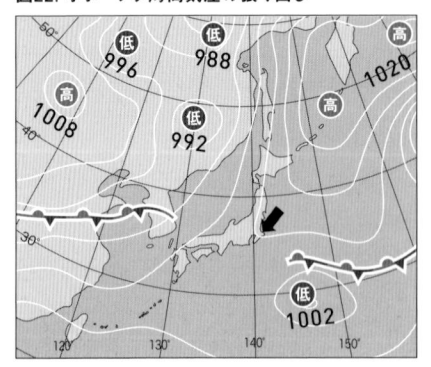

　北東気流とは、その名のとおり北東から吹いてくる冷たく湿った空気のことをいう。海上の空気は、海から蒸発した水蒸気が多く含まれて湿っている。その空気が山にぶつかると、上昇して雲が発生する。北東気流はその典型的な例で、北東側に海がある関東地方や山陰地方の天気を崩すことで有名である。

　図21では、高気圧や気圧の尾根が北日本にあり、関東より西の地方から見ると尾根は北に偏っている。このような気圧配置を**北高型**(ほっこうがた)と呼ぶ。この気圧配置のとき、高気圧や気圧の尾根の南側にある地方では、高気圧から吹き出す北東の風が吹く。また、**図22**のように、オホーツク海高気圧が北から日本列島に張り出しているときも、オホーツク海高気圧から吹き出す北東の風が吹きやすい。この気圧配置は梅雨期によく出現し、関東から北の太平洋側では北東の風が吹き、ぐずついた天気が続く。

北東気流のしくみ

　図21や**図22**のような気圧配置のときに北東気流が発生する。では、どうして北東

ぐずついた梅雨空の尾瀬ヶ原を行く

気流によって天気が崩れるのか、関東地方を例にとって見ていくことにしよう。

図23と**図24**は、北東気流が発生するしくみを、平面的、断面的に説明したものである。関東地方の北東側には太平洋があるので、北東気流のときは太平洋から風が吹く。風は海上を通る際に海面から蒸発した水蒸気をたっぷりと吸収して、湿った状態になっている。また、関東の東海上には三陸沖からの冷たい親潮が流れている。

もし、海水温が北東気流によって入ってくる空気の温度よりも低ければ、空気が冷やされて霧や低い層状の雲（主に層雲や層積雲）が発生する（**写真1**）。逆に、空気のほうが海水より冷たければ、海面に接した空気は暖められて上昇気流が発生し、低い塊状の雲（主に層積雲や積雲）が発生する。これらの霧や雲が北東の風によって関東の陸地に入り、さらに関東山地にぶつかって上昇すると、雲が発達して山沿いで雨が降ることがある。

写真1. 北東気流で霧に覆われた関東の山

図23. 北東気流のしくみ（平面）

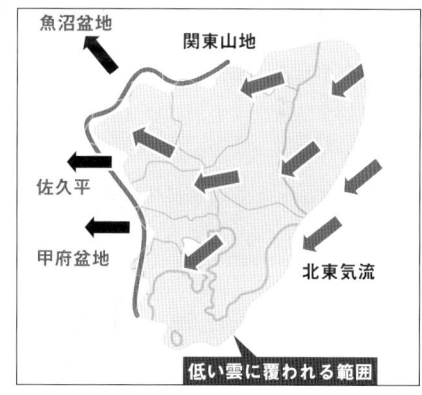

関東地方を中心にした平面図。関東山地の風上側が、北東気流によって流されてきた低い雲に覆われ、曇天や小雨となる

図24. 北東気流のしくみ（断面）

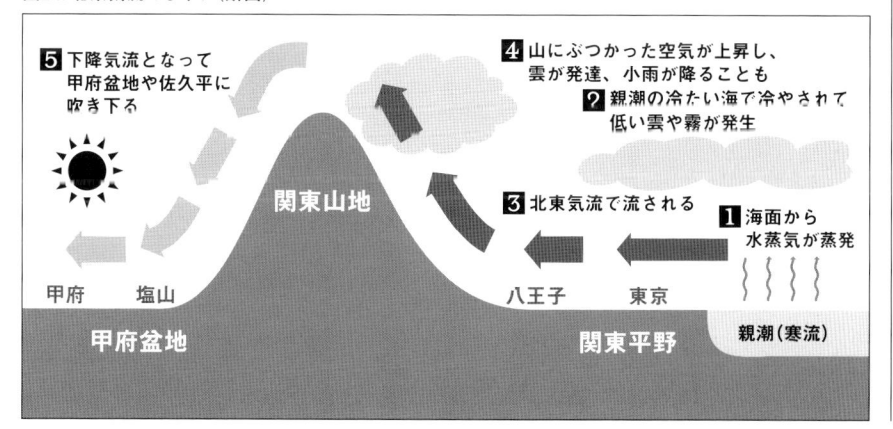

5 下降気流となって甲府盆地や佐久平に吹き下る

4 山にぶつかった空気が上昇し、雲が発達、小雨が降ることも
2 親潮の冷たい海で冷やされて低い雲や霧が発生

3 北東気流で流される

1 海面から水蒸気が蒸発

甲府　塩山　関東山地　八王子　東京　親潮（寒流）
甲府盆地　　　関東平野

Chapter 7 四季の山岳気象　梅雨期

山陰地方の場合は、関東地方と同じように北東側に日本海があるので、日本海の北部に高気圧があるときは北東気流によって雲が発生しやすくなる。ただし、**図22**のようなときには、山陰地方の山は、朝鮮半島にある停滞前線に向かって南風が吹き下ろすので晴れる。また、日本海には暖流が流れているため、海水温より空気のほうが冷たいことが多く、低い塊状の雲（主に層積雲や積雲）が発生しやすい。

　一方、関東山地や中国山地の風下側では、好天に恵まれることが多い。北東気流によって発生する雲は、雲頂高度（雲のてっぺんの高さ）が低く、山を越えることができないからだ。また、山を越えた空気は下降気流となって吹き降ろすので、反対側の平地や山麓では、雲が消えて晴天となる。

　このため、山の反対側にある地域まで足を運べば、爽やかな好天のなかで山登りを楽しむことができる。関東近郊でいえば、笹子トンネルや関越トンネル、あるいは軽井沢から佐久平へ抜けると、劇的に天気が

図25. 天気が悪くなる北東気流の気圧配置

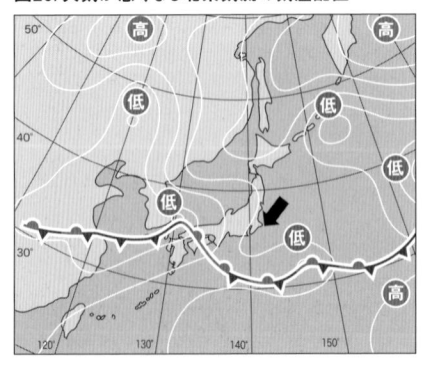

梅雨期の登山は雨がつきもの、とは限らない

変化し、青空が広がることが多い。「トンネルを抜ければ、そこは太陽の国だった」というような感じだ。

　梅雨期に青空を捕えるチャンスはもうひとつある。それは高度を上げることだ。北東気流による悪天は下層だけのもので、中層から上層にかけては高気圧の圏内で下降気流となって晴れている。湿った海上で発生した雲の高度が低いのは、この下降気流に頭を押さえられて、それ以上上昇することができないからだ（注：雲が上昇できないこのほかの理由として、逆転層など空気が安定している層が存在することも挙げられる。詳細は52ページ参照）。

　雲は標高の低い山を覆うが、標高の高い山（およそ標高2000m以上の山）は雲の上となる。実際、このようなとき富士山の山頂は素晴らしい天気となり、山麓に広がるみごとな雲海を楽しむことができる。

　北東気流は関東でよく現れるが、ほかの気圧配置においても山の天気の原理は同じである。海からの湿った空気が山に向けて吹くときは、天気が悪くなる。たとえば大

阪平野や周辺の山では、南西の風が吹くときに天気が最も悪くなる。

ちなみに、北東気流のときでも**図25**のように低気圧や前線が明らかに近づいているときは、風下側の地域でも悪天となるので注意が必要だ。**図21**や**図22**のように、天気を崩す要素がなく、高気圧に一見覆われているように見える気圧配置を見極め、そのようなときに関東地方や山陰地方を脱出するとよいだろう。

6. 梅雨前線のU字型を狙え!

梅雨とはいっても、1ヶ月間毎日雨が降り続くわけではなく、梅雨前線の活動が弱まって全国的に晴れ間が広がることもある。

そのようなときは、霧に覆われていた関東から西の太平洋側にある山でも天気が回復し、貴重な登山日和となる。**図26**は、本州付近の山で広く晴れたときの地上天気図である。梅雨前線が本州の南海上にあるものの、陸地から離れており、U字型(**A**)になっている。

梅雨前線がU字型になっているときは、前線の北側で好天に恵まれることが多い。U字型の北側では乾燥した空気が北から流れ込んでいるためである (157㌻**図4b**)。

図26を見ると、U字型の西には前線上にくびれがあり、西から天気が崩れつつあることが予想できるが、このくびれの西側には次のU字型(**B**)が控えている。このように梅雨前線の形状が波を打っているようなときは、U字型が来るタイミングで降雨が止み、北日本や日本海側ほど晴れやすくなる。予想天気図でU字型が来るタイミングを捕えれば、梅雨の晴れ間に登山を楽しむことができるはずだ。ただし、上層に寒気が入ってくるときは、午後からの雷雨に気をつけたい。

図26. 梅雨の中休み型の気圧配置

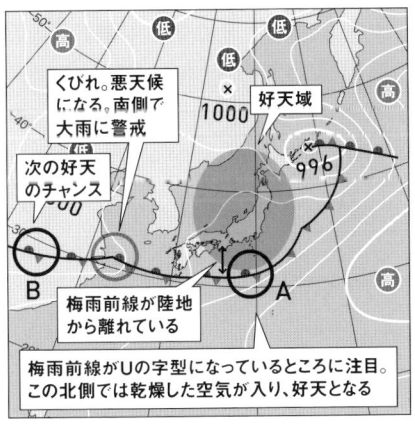

梅雨期の晴れ間にハイキングを楽しむ

夏山（7月下旬～9月中旬）の気象

図1. 2006年8～9月の富士山、室堂（立山）、阿蘇山

1. 夏山の気象の特徴

　7月に入ると、梅雨前線が日本付近に停滞し、各地で大雨による被害が報じられるようになる。梅雨前線が日本海まで北上し、東日本や西日本では真夏の陽気になったかと思うと、オホーツク海高気圧が張り出して梅雨前線が南海上に後退し、「梅雨寒」と呼ばれる肌寒い陽気になることもある。日本海に梅雨前線が北上するときには中部山岳は暴風雨に見舞われ、登山者は計画の変更や中止の判断を迫られることになる。

　そのような状況も、7月下旬には終わりを告げる。梅雨前線が北上したり活動が弱まったりして、主役を太平洋高気圧に譲れば、日本列島は西や南の地方から梅雨明けが発表される。

　ただし、近年は北陸地方や東北地方を中心に梅雨明けが特定できなかったり、梅雨明けが8月にずれ込むなど極端に遅くなる年が増えてきている。梅雨明けが8月になるようなことは、1970年代までははなかった。最近は「梅雨明け10日は天気が安定する」という決まり文句も使えなくなっており、安定した夏空が広がる年とそうでない年との差が極端になってきている。

　一般に、梅雨明けから秋雨前線が南下するまでの時期は、日本の南海上にある太平洋高気圧が日本付近を広く覆い、平地では蒸し暑い陽気が続く。一方、標高2500m以上の山では、日差しは強烈であるが、爽やかな風が吹き抜け、下界の猛暑を忘れさせてくれる。しかし、この気温差が積乱雲の発達を促し、午後からはあちこちでにわか雨が降り、雷を伴うこともある。

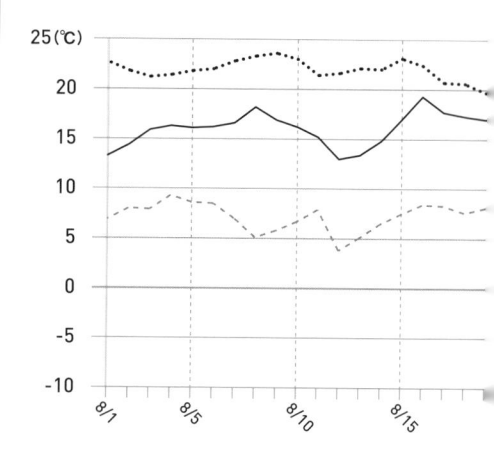

　本州から南の地方が太平洋高気圧に覆われていても、北海道ではたびたび温帯低気圧が通過するため、天気が崩れることがある。とくに温帯低気圧が通過したあとに寒気が入るときは、夏でも低体温症による遭難事故が起きている。また、近年は寒冷前線通過の際、短時間強雨による沢の増水事故も頻発している（244ページ参照）。

　8月中旬から下旬ごろに太平洋高気圧の勢力が一時的に弱まったとき、北陸から北日本にかけては前線の影響を受けやすくなり、中部山岳以北で風雨が強まることもある。また、西日本では太平洋高気圧が弱まった隙に台風が接近・上陸し、ときに大き

※富士山と阿蘇山の観測データはアメダスによる（気象庁提供）。　※室堂（立山）の観測データは、立山カルデラ砂防博物館の提供による。※これらの図における富士山の観測データは標高3775.1m地点、室堂（立山）の観測データは標高2450m地点、阿蘇山の観測データは標高1142.3m地点のものである。

における日平均気温の推移（※）

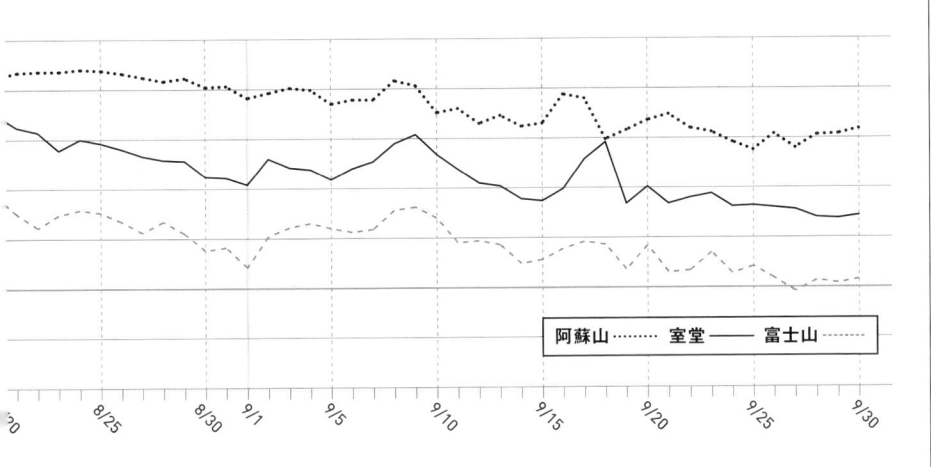

阿蘇山......... 室堂 ——— 富士山

な被害をもたらすことがある。

この章では、夏山での遭難事故の要因となりやすい気象状況——落雷、台風、北日本における温帯低気圧の通過——の3点にテーマを絞り、気象遭難に陥らないための予想技術を解説する。また、2009年に起きたトムラウシ山における遭難事故時の気象状況についても触れておく。

2. 梅雨明けのパターン

梅雨明けには大きく分けて3つのパターンがある。最も多いのは、太平洋高気圧の勢力が強まり、梅雨前線が北上して梅雨明けになるというパターンだ。ただし近年はこの傾向が減少しつつある。次に多いのが、梅雨前線が日本付近で次第に弱まって消えることにより、梅雨明けとなるパターン。

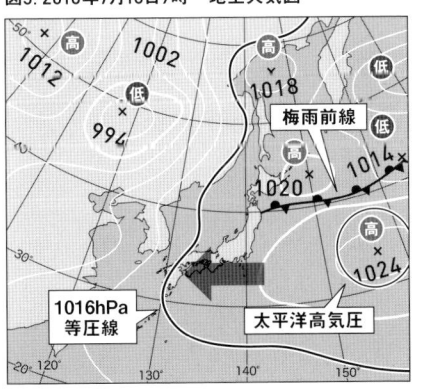

図2. 2010年7月15日9時　地上天気図

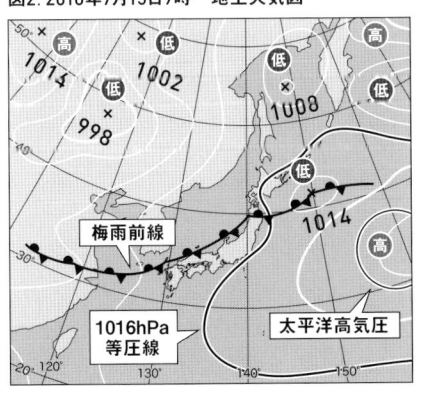

図3. 2010年7月16日9時　地上天気図

Chapter 7　四季の山岳気象　夏山

図4. 2010年7月15日9時　500hPa天気図 (m)

5,700m線
5,760m線
5,820m線
5,880m線
5,940m線
太平洋高気圧
5,880m等高度線

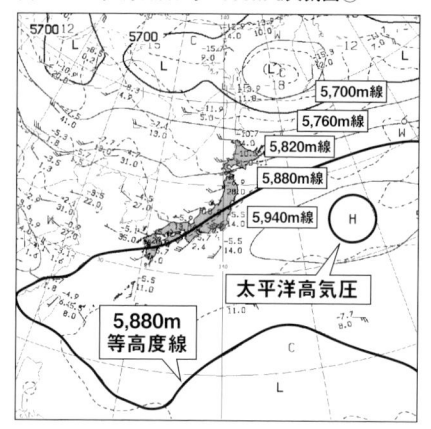

図5. 2010年7月16日9時　500hPa天気図 (m)

5,880m等高度線
太平洋高気圧

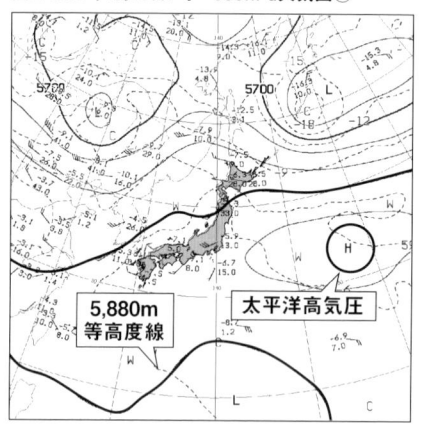

図6. 2006年7月30日9時　地上天気図

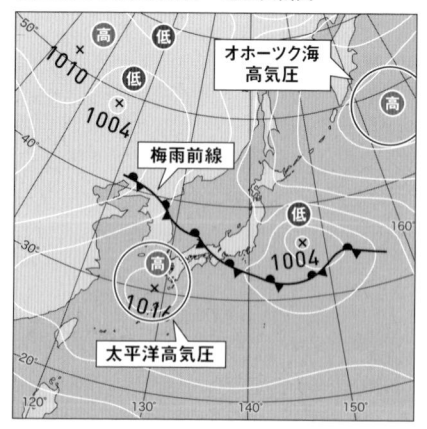

オホーツク海高気圧
梅雨前線
太平洋高気圧

そしてもうひとつが梅雨明けしないパターンである。それぞれの状況を、地上天気図から見ていく。

梅雨明けパターン1

　図2は、2010年7月15日9時の地上天気図である。日本海沿岸に沿って梅雨前線が停滞し、日本の東海上には太平洋高気圧があって日本の南海上に勢力を広げている。いわゆる、典型的な梅雨末期の天気図だ。

　図3は翌日の地上天気図であるが、梅雨前線は東北地方北部に北上し、日本列島付近では消えつつある。この翌日、梅雨前線は消滅して、九州北部から関東地方までの各地で梅雨明けが発表された。それぞれの天気図における1016hPaの等圧線に注目すると、等圧線は西に移動しており、太平洋高気圧の勢力が西に伸張していることがわかる。

　太平洋高気圧の勢力が強まっていることは、500hPa天気図を見ても一目瞭然だ。図4、図5はそれぞれ図2、図3と同時刻の500hPa天気図である。この天気図で、**太平洋高気圧の勢力範囲としてよく使われるのが、5880mの等高度線**だ（500hPa天気図では60mごとに等高度線が引かれているので、5940m線のひとつ外側の線を探す）。図4では、5880m線が本州中部を横切っている。つまり、太平洋側の地方は5880mより高度の高いエリアに入っているので太平洋高気圧の勢力圏内となっているが、日本海側の地方は5880m以下の高度でまだ圏外であることがわかる。これに対し、図

5では5880mの等高度線が東北北部から日本海にまで北上し、本州付近は日本海側も含めて太平洋高気圧の圏内に入っている。

このように、**太平洋高気圧の勢力が強まって、梅雨前線が北に押し上げられたり消滅したりするときは、梅雨明けのあとに天候が安定する**ことが多い。この機会を見計らって長期山行を組めば、天候に恵まれた登山が堪能できるだろう。

梅雨明けパターン2

図6は、2006年7月30日9時の地上天気図である。一見すると、梅雨前線が中国地方から関東地方の南海上に延び、梅雨明けが近いようには思えない。しかし、この日、中国地方から関東・北陸地方にかけて梅雨明けが発表された。図7はその翌日の地上天気図である。これを見ると、梅雨前線は日本付近で消滅しているが、太平洋高気圧とオホーツク海高気圧がそれぞれ東シナ海と千島の東海上にあって、やはり梅雨明けとはあまり思えない。

しかし、オホーツク海高気圧が次第に温まって、太平洋高気圧と性質が似通ってくると、その間にある前線が次第に弱まり、やがてはひとつの高気圧になって日本付近を広く覆う。これがもうひとつの梅雨明けのパターンである。

ただし、このような形で梅雨明けする場合は、太平洋高気圧とオホーツク海高気圧の間で雲が発生しやすく、また大気が不安定になることもあり、太平洋高気圧の近くを除いては好天が続くことは期待できない。

図7. 2006年7月31日9時　地上天気図

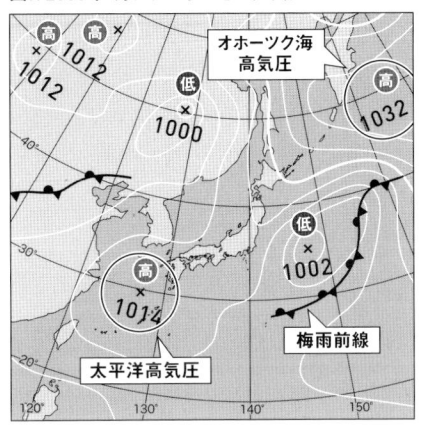

図8. 2009年7月14日9時　地上天気図

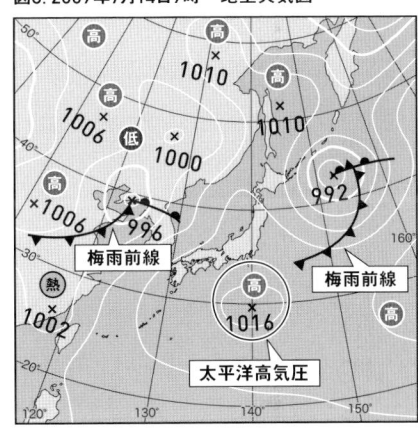

図9. 2009年7月26日9時　地上天気図

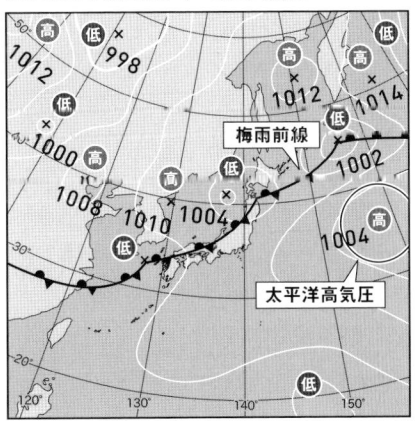

梅雨が明けないパターン

図8は、2009年7月14日9時の地上天気図である。関東の南に太平洋高気圧があり、北へと勢力を張り出している。梅雨前線は日本付近で消滅し、一見、梅雨明けを思わせる。実際、関東甲信地方はこの日、梅雨明けが発表された。

しかし、この後、遼東半島(りゃおとんはんとう)付近にある低気圧が日本海に進み、再び梅雨前線が日本海沿岸に停滞する日が多くなった（図9）。このため、関東甲信地方以外では梅雨明けが大幅に遅れ、北陸地方や東北地方では梅雨明けが特定されなかった。

図10は、同年8月1日9時の500hPa天気図である。太平洋高気圧の勢力範囲の目安となる5880mの等高度線は日本の東海上に後退しており、朝鮮半島付近には気圧の谷があって、日本付近は南西の湿った風が入りやすい気圧配置となっている。

このように、太平洋高気圧の勢力が弱い年は梅雨明けがはっきりしなかったり、大幅に遅れたりする傾向がある。

3. 夏型の気圧配置

梅雨明けが発表された直後は、夏型の気圧配置（以下、夏型）になる。それが昔は1週間から10日続くことがあたり前だったが、最近はそうした年が少なくなっている。夏山登山を楽しみにしている者にとっては残念である。そうしたなかで2010年は珍しく梅雨明け後、夏型が安定した。そこでこの年の事例をもとに、代表的な2つの夏型を見ていく。

日本海側で猛暑となる夏型

図11は、九州北部から関東地方で梅雨明けが発表された日の地上天気図である。関東地方の東海上に太平洋高気圧があり、また、オホーツク海にも高気圧がある。この高気圧はオホーツク海高気圧にも思えるが、オホーツク海高気圧が暖まったもので、太平洋高気圧との間に梅雨前線は見あたらない。

オホーツク海高気圧かどうか迷ったときは500hPa天気図を見るとよい。図12は同日の500hPa天気図である。太平洋高気圧の勢力範囲である5880m線が、北海道を含めて日本列島のほぼ全域を覆っている。つまり、オホーツク海にある高気圧も太平洋高気圧の一部といってよく、日本付近は東海上にある太平洋高気圧に東から広く覆われて典型的な夏型となっている。

ここで等圧線の走行に注目する。

図10. 2009年8月1日9時　500hPa天気図 ⓜ

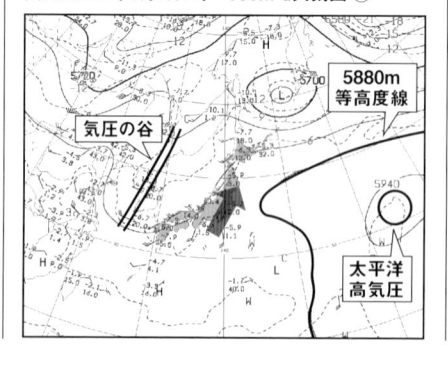

Chapter 2で述べたように、等圧線が走っている方向から地上付近の風向がわかる。風は高圧側を右手に見て、等圧線に平行な方向より少し低圧側に吹くので（29㌻**図12**）、**図**11に書かれている矢印の方向に風が吹く。つまり全国的に南風が吹き、風下側にあたる日本海側ではフェーン現象が発生して猛暑となる。このようなときは、海側から風が吹きつける低山では霧が発生しやすい。相模湾からの南風が吹きつける丹沢、駿河湾からの南風が吹きつける富士山の静岡県側や南アルプス前衛の山では、毎日のように霧が発生する。これに対し、風下側にあたる日本海側の山では、雲ひとつない好天に恵まれることが多い。

太平洋側で猛暑となる夏型

図13は典型的な夏型である。**図**11の10日後にあたるが、2010年はこの間、夏型が続いた。**図**11と異なるのは、等圧線が

図11. 2010年7月17日9時　地上天気図（通常の夏型）

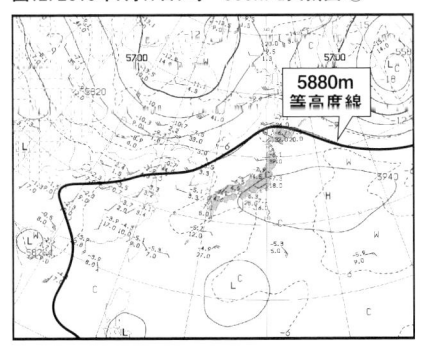

図13. 2010年7月27日9時　地上天気図（鯨の尾型）

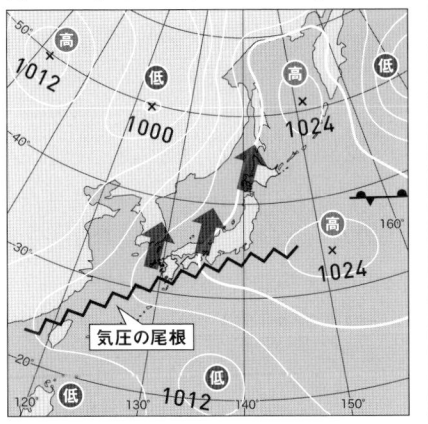

図12. 2010年7月17日9時　500hPa天気図

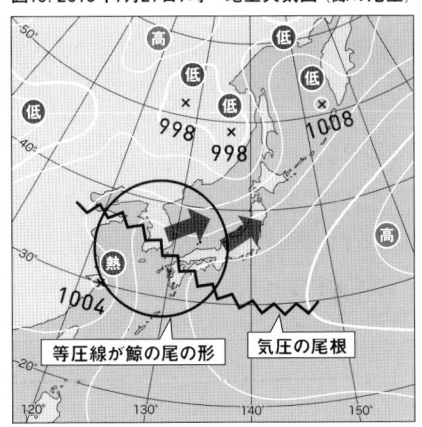

図14. 2010年7月27日9時　500hPa天気図

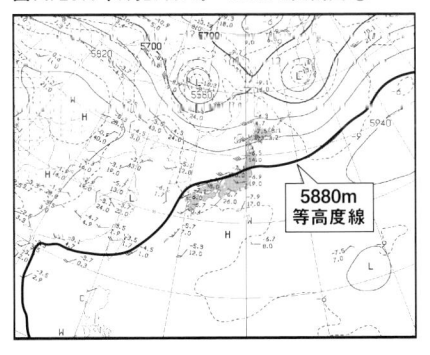

西日本から朝鮮半島にかけて北側に張り出している点、そして気圧の尾根（気圧が高いところを結んだ線）が朝鮮半島から九州地方にあって、等圧線が右肩下がりになっている点である。このようなときは、日本付近は西寄りの風となり、西側に海がある山の風上側では霧が発生しやすい。とくに等圧線が込み合っている北日本では、湿った西風が吹きつける日本海側の山で雲がかかりやすくなる。

一方、西風が山を吹き下りる東日本や北日本の太平洋側ではフェーン現象が生じ、猛暑となる。**図14**は**図13**と同日の500hPa天気図であるが、5880m線は北陸地方沿岸を通っており、東日本や西日本は引き続き太平洋高気圧の圏内にある。しかし、北陸から北日本にかけては圏外となりつつあり、中部山岳北部より北側の山ではこれまでより天候が不安定になりやすい。圏外の地域には湿った空気が流れ込みやすく、とくに等高度線が込み合っている北海道の山では天候の悪化に警戒が必要である。

4. 落雷

雷の種類

夏山で最も怖い気象現象のひとつが落雷だろう。雷は局地的に発生するので、予測が難しい。また、出発時には雲ひとつない快晴であっても、午後になると天候が急変し、あっという間にガスに巻かれて、突如、雷に襲われることも珍しくない。

雷は積乱雲（14㌻参照）と呼ばれる雲の中で発生する。積乱雲は、落雷だけでなく、短時間の強雨や突風などの気象現象をもたらし、さらに冬には大雪の原因ともなる、登山者にとってきわめて厄介な存在だ。

この雲は、「大気が不安定」（50㌻参照）な状態のとき、つまり地面付近の暖かい空気と上層の冷たい空気との間で温度差が大きくなったときに発生する。夏山で雷が発生しやすい代表的な5つの気象条件を**表1**に示した。該当する条件のときには充分な注意が必要だ。

雷の種類は、発生する原因によって4種類に分けられる。**図15a、15b**を見ていた

図15a. 雷の種類1

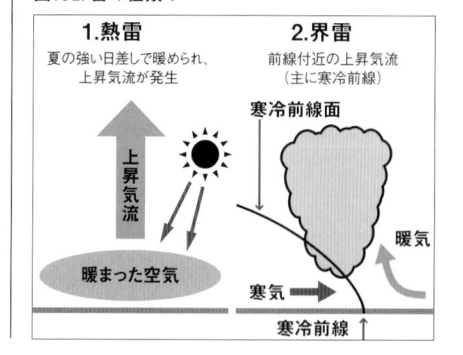

図15b. 雷の種類2

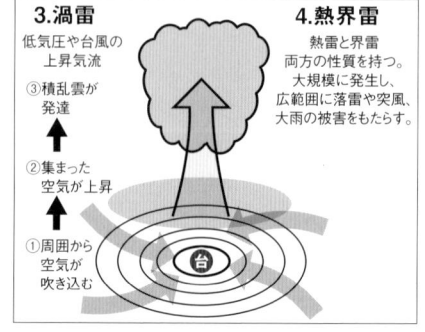

だきたい。ひとつ目は**熱雷**（ねつらい）と呼ばれる雷である。熱雷は、日中、地表面付近が強く暖められ、上空との温度差が大きくなることにより、積乱雲が発達して発生する雷である。日中に気温が著しく上昇する内陸や盆地で発生した積雲が、海風や谷風に運ばれて山にぶつかって上昇すると、積乱雲が発達してこの種の雷が発生する。

熱雷は、発生しやすい場所や発生する時間帯がだいたい決まっている。槍ヶ岳や穂高岳、富士山の山頂など標高の高い山で突然発生することは少なく、**気温が上昇しやすい内陸や盆地の近くにある低山で発生することが多い**（図16）。しかし、低山で発生した雷が風に流されて高い山に移動することもあるので、**山麓で積乱雲が発達しはじめているときは、上空を吹いている風向に注意**したい。

熱雷は日中の昇温によって生じるので、昼前から夜のはじめごろにかけて発生しやすい。

2つ目は**界雷**（かいらい）である。これは寒冷前線などの前線に伴って発生する雷のことである。組織的に発生することが多く、前線に沿って発生するので予想がしやすい。

3つ目は**渦雷**（からい）。これは低気圧や台風による強い上昇気流によって発生するが、発生頻度は低く、落雷による事故事例はほとんどない。

そして4つ目が、熱雷と界雷、両方の性質を持つ**熱界雷**（ねつかいらい）だ。これは、広範囲に長時間発生する恐ろしい雷である。熱雷とは異なり、どの時間帯でも発生する恐れがあり、

表1. 雷の発生を促す気象条件5ヵ条

1	上層に寒気が入るとき（目安としては上空5500mの500hPa面でマイナス6度以下）
2	前線を伴わない低気圧（たいていは上層に寒気を伴っている）が接近したとき
3	日本海を前線が南下しているとき
4	日中、晴れて著しく気温が上がったとき
5	朝から湿度が高いとき

図16. 熱雷が多発する山

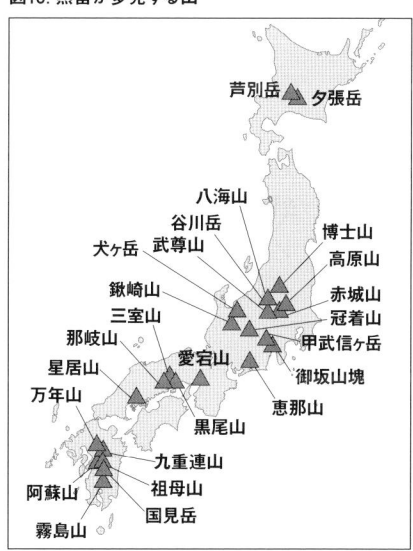

また、北アルプスや富士山など高い山の山頂で発生することもある。山での落雷事故は熱界雷によるものが多く、それだけに非常に危険であるが、天気図などからある程度、事前に予想することができる。

図17は、株式会社フランクリン・ジャパンが調査した月別の落雷指数である。雷といえば夏という印象があるように、6月から9月にかけて指数が非常に高くなっている。

また、**図18**は、全国で落雷が発生した

日数を調べた分布図である。九州地方や北陸地方、関東北部で多くなっている。北陸地方で多いのは、冬の発雷日数が多いためだ。**図19**は全国の落雷密度分布で、九州地方、中国地方東部から近畿地方内陸部、岐阜県南部、関東甲信地方から東北地方南部の内陸部で多くなっていることがわかる。

雷が発生しやすい地域を知っておくことは雷対策に役に立つので、こうした傾向は頭に入れておくとよい。

天気図から雷の発生を予想

界雷や熱界雷は、発生しやすい気圧配置がある程度決まっているので、まずは行動前日に必ず天気図をチェックしてみよう。

図17. 全国月別落雷数

(2005年～2009年：日本列島含む2600km四方)

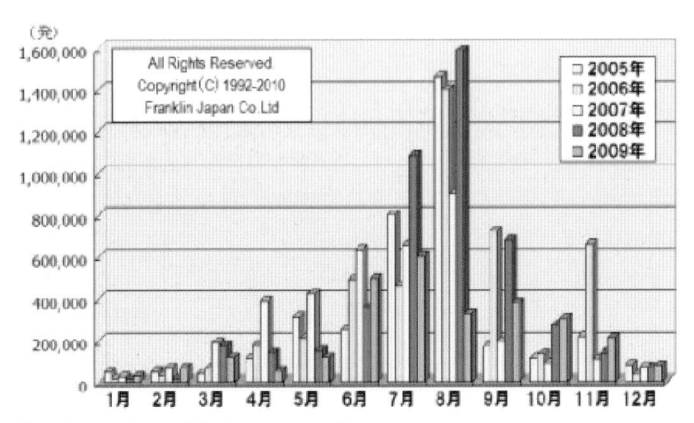

※図17～19は株式会社フランクリン・ジャパンのホームページより転載。303ページにカラー図版を掲載

図18. 全国落雷日数マップ

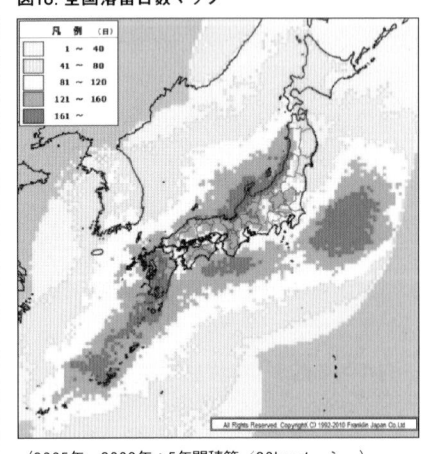

(2005年～2009年：5年間積算／20kmメッシュ)

図19. 落雷密度分布図

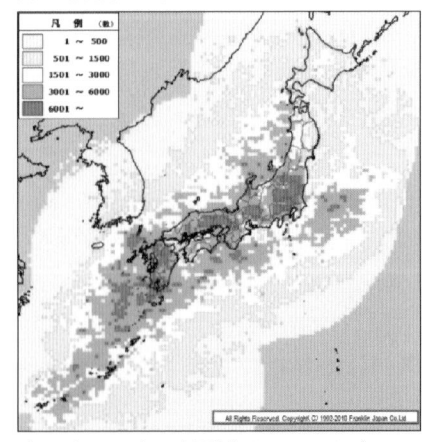

(2005年～2009年：5年間積算／20kmメッシュ)

寒冷低気圧

図20は、東日本の広い範囲で雷雨となったときの地上天気図である。日本列島は3つの高気圧に囲まれているが、東海地方沖に小さな低気圧がある。また、図21は別の日の天気図で、日本海北部に小さな低気圧がある。

写真1、写真2は、それぞれ図20、図21とほぼ同時刻の衛星画像だ。これらを見ると、写真1では東海沖にある低気圧の東側に、写真2では日本海北部にある低気圧の南東側に、白く輝く積乱雲がある（**写真2の@**）。つまり、この雲の下で激しい雷雨となっていることが推測できる。

このように、**前線を伴わない低気圧は、寒冷低気圧であることが多い**。寒冷低気圧とは、上層に寒気を伴っている低気圧のことで（68ｼﾞ参照）、この低気圧の周辺では上層に強い寒気が入ることによって、下層との温度差が大きくなっている。つまり、

写真1. 2007年7月30日10時　赤外画像ⓜ

上層に寒気を伴った低気圧に伴う発達した積乱雲（雷雲）

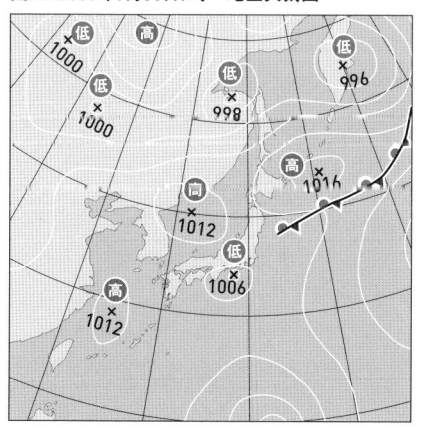

写真2. 2008年7月28日7時30分　赤外画像ⓜ

図20. 2007年7月30日9時　地上天気図

図21. 2008年7月28日9時　地上天気図

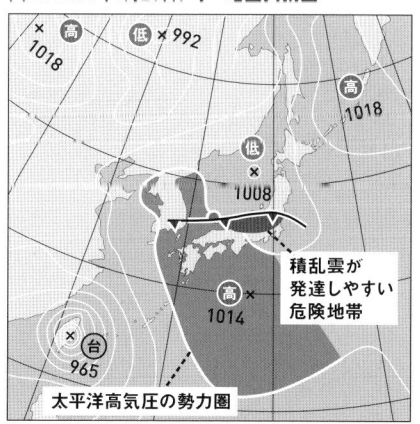

大気が不安定となるため、積乱雲が発生しやすい。とくに**低気圧の周辺や東〜南東側では、下層に暖かく湿った空気が流れ込むため（図22）、積乱雲が発達しやすい**。該当する地域にある山では落雷に充分注意しよう。

　熱雷が午後発生するのに対し、寒冷低気圧による雷は熱界雷であることが多く、時刻を問わず発生する。日本海側の山では早朝から雷が発生することも多い。また、早朝の雷雨がおさまっても、午後に再び雷に見舞われることもあり、このようなときは稜線での行動は控えたい。

　寒冷低気圧はたいてい移動速度が遅く、このような状況が2、3日続くので、しばらくの間は落雷に警戒が必要となる。

日本海から南下する前線
　図23は、2008年8月19日9時の地上天気図である。この日、北アルプスの白馬岳周辺では昼前後を中心に雷を伴った激しい雨が降り、白馬岳の大雪渓上部で土砂が崩落

図22. 寒冷低気圧周辺の危険域

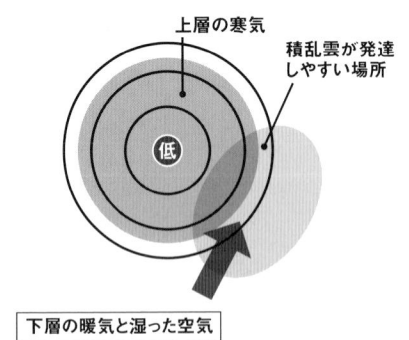

寒冷低気圧の東〜南東側では積乱雲の発達に要警戒

し、それに巻き込まれて2名が亡くなるという痛ましい事故が発生した。天気図を見ると日本海西部に低気圧があり、そこから延びる寒冷前線が日本海を南下していることがわかる。この寒冷前線はこのあとさらに南下し、昼ごろに北アルプスを通過した。
　図21は、同年7月28日9時の天気図で、この日も中部山岳北部や上信越の山では激しい雷雨となった。また、**図24**は、2002年8月2日の天気図で、このときは南アルプス・塩見岳でツアー登山参加者が落雷で亡くなる事故が発生した。

　これらの天気図に共通しているのは、**日本海に前線がある**ことだ。日本海を寒冷前線や停滞前線が南下しているとき、前線の南側にあたる本州付近は太平洋高気圧に覆われ、晴れて暑くなる。また、本州付近が太平洋高気圧の勢力圏の外側、ちょうど高気圧の縁にあたるため、高気圧を回り込んできた、湿った空気が南から本州付近に入り込んでくる。

　このような状態のときに前線が近づいてくると、前線の北側から上空に冷たい空気が流れてきて大気が不安定となり、積乱雲が発達しやすくなる。とくに**寒冷前線の南側300kmの範囲内では警戒が必要だ。写真2、写真3**は、それぞれ**図21、図23**の天気図とほぼ同じ時間帯の衛星画像で、いずれの場合も発達した積乱雲が前線の南側約300km以内に存在している。

　前線が南下してくると、はじめは前線に近い日本海側で積乱雲が発達するが、その後、積乱雲が発達する場所は次第に南下し

て、太平洋側へと移っていく。このようなときには、日本海側の山では早朝から、太平洋側の山では午後から発雷することが多い。

以上、述べてきたように、**積乱雲が発達するキーワード**は、「**上層の寒気**」と「**暖かく湿った空気**」の2つである。雷を回避するには、目的とする山の周辺でこれらの特徴が見られるかどうか、天気図から予想していくことが有効となる。

日本の南にある台風や熱帯低気圧に注意

図21、図23、図24の天気図には、もうひとつ共通点がある。それは、日本の南海上や台湾付近に台風や熱低があることだ。**日本の南海上に台風や熱帯低気圧があるとき**は、これらから暖かく湿った空気が流れ込むため、寒冷前線が活発化し、前線の南側で積乱雲が発達しやすい状況になる。

ただし、図21、図24と図23では大きな違いがある。わかりやすいように、それぞ

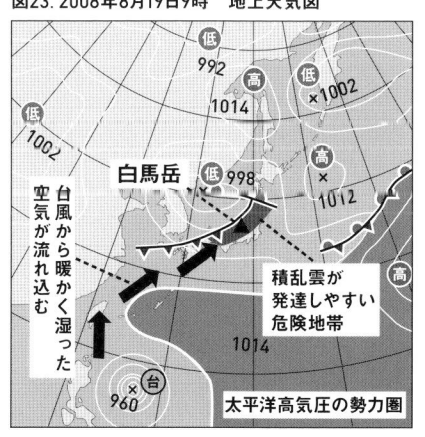

写真3. 2008年8月19日　衛星画像 ⓜ

白馬岳で大雨による土砂崩落をもたらした積乱雲（雷雲）

れの天気図に太平洋高気圧の勢力圏を記載しておいた。図23は、台風からの湿った空気が太平洋高気圧の勢力圏の縁を回るような形になるので、前線に入り込みやすくなっている。これに対し、図21と図24では、梅雨前線と台風の間に太平洋高気圧が入り込んでおり、台風からの湿った空気は直接入り込みにくい。したがって図21や図24よりも図23のほうが前線の活動を刺激する恐れがあり、より積乱雲が発達しやすい

図23. 2008年8月19日9時　地上天気図

白馬岳
台風から暖かく湿った空気が流れ込む
積乱雲が発達しやすい危険地帯
太平洋高気圧の勢力圏

図24. 2002年8月2日9時　地上天気図

積乱雲が発達しやすい危険地帯
太平洋高気圧の勢力圏

Chapter 7　四季の山岳気象　夏山

状況であるといえる。

　雷の危険度を予想するこのほかの方法としては、ラジオ天気図やアメダスなどで富士山頂と御前崎の気温差を計算して判断することも昔から行なわれている（**表2**）。全国で通用するわけではなく、中部山岳や富士山、関東周辺の山に限られるが、ひとつの目安にはなる。

　これまで見てきたような特徴が実況天気図や予想天気図で見られるようなときは、雷が発生しやすい時間帯を予想して出発時間を早めたり、落雷の危険が高い稜線ルートを避けてほかのルートに変更したり、エスケープルートを通って下山したりするなど、臨機応変な対応を心がけたいものである。ただし、沢沿いのルートへの変更は、積乱雲通過時に増水や鉄砲水に襲われる恐れもあるので、慎重に判断したい。

山行時の雷対策

　私は山行中、朝起きると必ずテントの外に出て新鮮な空気を吸い、空を観察することを欠かさず行なっている。そのときに、いつもとは違った感覚を肌で感じることがある。たとえば、いつもより空気がじっとりと肌にまとわりつくような感覚だ。いつもより空気が湿っているからなのだろう。そのようなときに湿った空気が上昇すれば、積乱雲が発達しやすくなり、午後から雷が発生する確率が高い。こうした感覚は登山者にとってとても重要なものなので、大切にしていきたい。

　雲の種類や量をチェックするのも山行時

表2. 富士山と御前崎の気温差による落雷危険度

気温差	落雷危険度
25℃以上	非常に危険
20℃以上25℃未満	やや危険
20℃未満	危険度低い

表3. 稲妻と雷鳴の関係

稲妻…毎秒30万km	この差から雷との距離を知ることができる
雷鳴…毎秒340m	

の慣例になっている。**朝から積雲が見られるときは要注意**である。また、視界の良し悪しも重要な判断材料となる。空気の中に水蒸気が多く含まれていればもやっとした感じがするし、遠くの山が近くに見えるときも、水蒸気がいつもより多い証拠である。

　行動中も、常に空の様子をチェックしよう。夏の晴れた日には、通常9時か10時ごろに積雲が発生しはじめる。それがいつもより早く現れたときや積雲の量が多いとき、いつもとは違うところで発生しているときは、その後の雲の変化に要注意だ。積雲が積乱雲に発達するときは、積雲がもくもくと上方に成長していくが、少しずつ成長するのではなく、発達したり衰弱したりを繰り返しながら、あるとき一気に発達するので見逃さないようにしたい（**写真4～6**）。

　近くに積乱雲が発生したときに標高が高い山の稜線にいるのなら、風向に注意しよう。積乱雲は高さ10km以上に発達することがあり、雲底と雲頂の中間付近の高度で吹いている風に流される傾向がある。できれば高度5、6kmにあたる500hPaの風向をチェックしたいところだが、行動中はそう

いうわけにもいかないので、また、稜線での風向を参考にする。**積乱雲が自分のほうに近づいてくるような風向のときは、ただちに少しでも低いところへ避難しよう。**また、風がないときも発達しながら近づいてくることもあるので、積乱雲の動向には常に注意を払いたい。

ガスや霧などで積乱雲の動向を目視できないときは、携帯ラジオのAM放送をつけっぱなしにしておくとよい。**ジジッとノイズ（雑音）が入ったら雷が発生している証拠**なので、すぐに避難しなければならない。最近は携帯型の雷警報器（ストライクアラート）なども販売されており、これを利用するという手もある。

すでに稲妻や雷鳴が生じているのなら、稲妻と雷鳴との時間差から雷とのおおよその距離を知ることができる。稲妻の光の速度は、毎秒30万kmというとてつもない速さだ（表3）。このスピードは、人間の目には瞬間的な速さとして映る。一方、雷鳴の速さは毎秒340mなので、雷との距離は、稲妻が発生してから雷鳴が轟くまでの時間差が1秒のときは約340m、3秒のときは約1kmとなる。稲妻と雷鳴との時間差が10秒以内の場合、雷との距離は約3.5km以内であり、すぐにでもその場を離れなければならない。

雷に遭遇したら

予防策を講じたにもかかわらず、雷に遭遇してしまったときには、どうすればよいのか。残念ながら「これをすれば絶対安全」

写真4. 穂高連峰に湧き立つ積雲　写真＝坂本龍志

槍・穂高の飛騨側で積雲が発達しはじめるときは要注意

写真5. 富士山に積雲が出現

いつもより早い時間に積雲が発生。今後の変化に注意

写真6. 積雲が雄大積雲に発達

2時間後、雲が上方へ大きく発達。大気が不安定な証拠で、このようなときの登山は危険

という対処法はない。しかし、適切な対応をとれば、少しでも被雷の可能性を減少させることはできる。

そのためには、まず雷の性質を知っておく必要がある。昔から雷は「金属のものに落ちやすい」「濡れたものに落ちやすい」などと言われているが、これは誤りである。電気を通しにくい空気ですら、無理やり引

※写真5、写真6は「絶景くん」http://www.vill.yamanakako.yamanashi.jp/zekkei/より

き裂いて通ってしまうくらいなのだから、「雷はどんなものにでも落ちる可能性はある」と考えたほうがよい。ただし、雷にも好きなものがある。それは「周囲より高いもの」「突起状のもの」である。たとえば山頂や稜線、尖った岩峰、高い木、振り上げたゴルフのクラブやストックなど。避雷針が突起状の形になっているのもそのためだ。

こうした雷の性質から、雷が発生したときに山頂や稜線にいたり、ストックやピッケルを振り上げたりするのは非常に危険である。**尖ったものを自分の体から遠ざけ、少しでも低いところに逃げるのがいちばんの安全策**だ。もし近くに山小屋や避難小屋があるのなら、そこに逃げ込むのがよい。計画段階では雷の発生を想定し、ルート上のどこに身を隠したら比較的安全なのか、事前に調べておくことをおすすめする。

雷を発生させる積乱雲の寿命は、30分から1時間程度と短い。そのなかでも雷を発生させるほど積乱雲が発達している時間は、15分から30分程度である。この間、少しでも安全な場所で待機していれば、積乱雲をやり過ごすことができるだろう。ただし、熱界雷のように次々と同じ場所で積乱雲が発達することもあるので、次の積乱雲が来るまでのわずかなタイミングを見計らって、できるだけ安全な場所へ避難したい。

なお、雷が発生すると、人間は樹林帯のなかに逃げ込みたくなるのが心情のようだが、高い木の近くは極めて危険である。落

図25. 樹木のそばは危険！

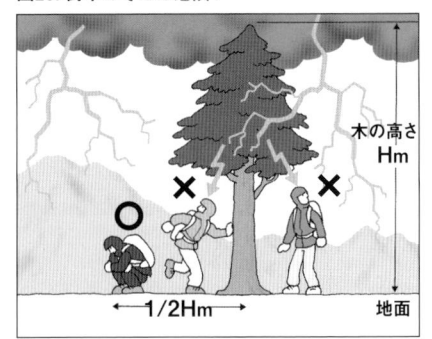

図26. 雷に遭遇したときにとる姿勢

雷の実験では、高い木に落ちた雷の電流が幹から枝先や葉先へと流れていき、そのそばにいた人間にまで伝わることが確かめられている。もし近くに高い木があるときは**木の根元から、木の高さの2分の1以上の距離**（木の高さが6mの場合は3m以上）**をおいて低い姿勢をとっていることが望ましい**（図25）。

避難が間に合わず、髪の毛が逆立ったり、稲妻と雷鳴の時間差が3秒以内になったりするなど、非常に危険な状況に陥ってしまったときは、仲間との間隔を大きくとり、図26のように**両足を閉じて、できる限り低い姿勢をとる**のがよい。

5. 台風

　雷と並んで夏山で遭遇したくないものが台風だ。近年は気象庁が発表する台風の進路予想の精度が向上していることや、メディアが台風の接近を大きく報じることなどから、台風の接近・上陸時における気象遭難は比較的少ない。

　しかし、北海道ではたびたび台風による気象遭難が発生している。これは、「北海道に来るころには衰えているだろう」という警戒心の低さ、台風通過後の天候回復についての認識の誤り、「予想より早く接近してしまった」など予想判断の誤りが原因となっている。

進路予想図

　台風の進路を予想するいちばん手っ取り早い方法は、気象庁が発表する台風進路予想図を利用することである。気象庁発表の進路予想は、以前は3日先までだったが、平成21年4月から5日先までの予報が発表されるようになった（**図27a**、**図27b**）。夏山の長期縦走を計画している登山者にとっては、より利用価値が高まったといえる。

　図27bは、5日先までの進路予想図である。×印が最新の台風の中心位置を表している。そこから円がいくつか書かれているが、これはそれぞれ1日先、2日先……5日先の予報円である。

　図28は3日先までの進路予想図で、予報円のほかに暴風域、強風域、暴風警戒域が記されている。ここで注意したいのは、暴風域や強風域で使われている風速は平均風速ということだ。「風には息がある」といわれるように、風は瞬間的に強くなったり弱くなったりするので、10分間の平均値である平均風速が一般的に使われる。風速の表示はあくまでも平均値であり、瞬間的にははるかに強い風が吹くおそれもある。

　気象庁では3秒間の平均風速を瞬間風速

図27a. 気象庁の台風進路予報図（3日先まで）

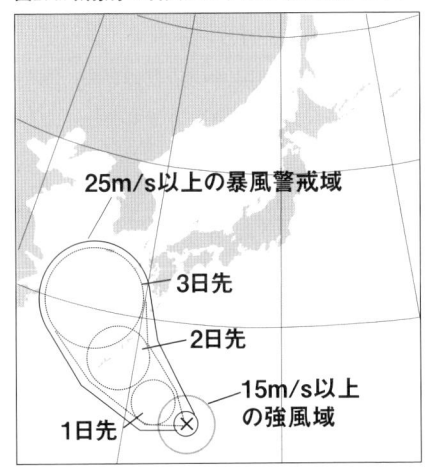

図27b. 5日先までの予想図

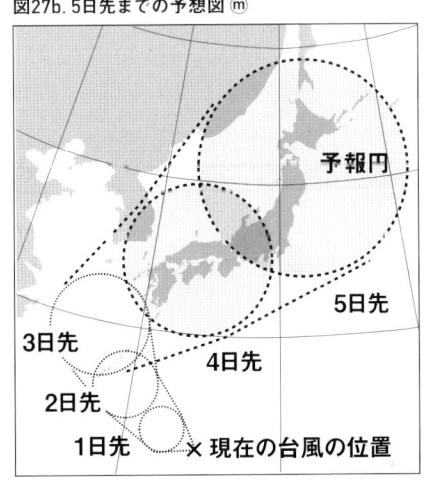

と呼んでおり、この最大値を最大瞬間風速という。**最大瞬間風速は、陸上では平均風速の1.5〜2倍程度大きいのがふつうだ。**山の稜線ではこれより小さくなるが、それでも平均風速の1.5倍程度の強さを覚悟しておいたほうがよい。

　暴風域の平均風速は25m/s以上なので、瞬間的には40m/s以上の風が吹く恐れがある。これは、大木やテントが倒壊したり、人が横倒しになったり飛ばされたりする強さである（40ジ・**表7**）。**暴風域に入っているときに山の稜線にいることは自殺行為であり、絶対に安全なところまで下山しなければならない。**

　また、強風域に入っているとき、沿岸部や島嶼部などの一部を除いて風が強まることは少なく、つい「たいしたことないな」と高をくくってしまうが、山の稜線では急速に風が強まってくる。そのときになって

図28. 台風進路予想図 ⓜ

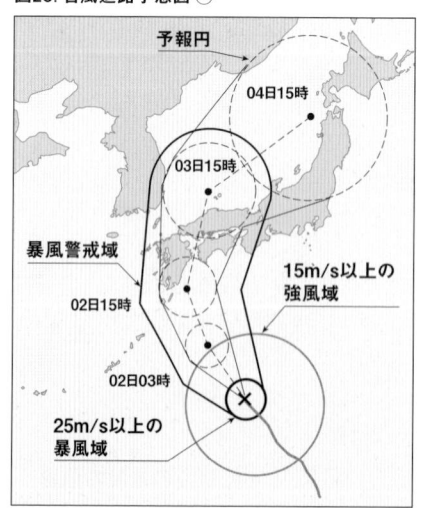

表4. 台風進路予想図で使用される用語

暴風域	平均風速で25m以上の風が吹いていると考えられる範囲。山の稜線では行動不能になるほどの風で、瞬間的にはこの1.5倍程度の風が吹くこともある。
強風域	平均風速で15m以上の風が吹いていると考えられる範囲。山の稜線では行動が困難になる。すぐに下山を開始したい。
予報円	予想時刻に台風の中心が70%の確率で到達すると予測される範囲（図中、点線の円）。
暴風警戒域	台風の中心が予報円内に進んだ場合、暴風域となるおそれのある範囲。

慌てないように、少なくとも強風域に入る前に山頂や稜線を離れ、樹林帯や山小屋などに避難しよう。その後の台風の進路によっては、下山路が安全なようであれば、登山口まで下山することも検討したい。

　なお、日本列島に大きな影響を及ぼしそうな台風が接近しているときは、気象庁から1時間ごとに現在の台風の中心位置が発表され、ウェブサイトでは**図29**のような3時間ごとのより詳細な予想図を見ることができる。

図29. 台風進路予想図（台風上陸・接近時） ⓜ

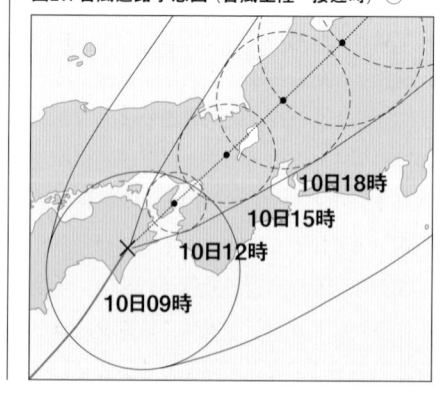

図30. 台風を動かす上層の風と雲の断面図

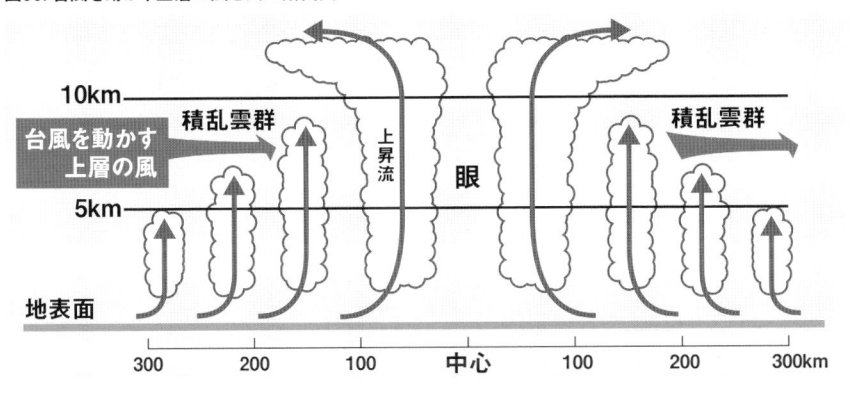

進路予想の決め手
太平洋高気圧と偏西風

　台風は巨大な積乱雲の集合体である。積乱雲は、大気が不安定なときにできる鉛直（垂直）方向に発達した雲で、台風のなかの発達した積乱雲の雲低高度は地表面から数百mのところにあり、雲頂高度は10km以上にもなる。台風は、その中間付近の高度約5、6kmの上層の風によって流される（**図30**）。500hPa面の高度は約5500〜5800mなので、台風の進路を予想するには500hPa面の天気図を利用するのがよい。

　ところで、上層を吹く風は季節によって変化する。このため、**図31**のように台風の進路は季節によって変わってくる。また、**表5**を見ると、8月から9月にかけて日本に接近・上陸する台風が多いことがわかる。

　では、なぜ台風は8月から9月にかけて日本付近に接近しやすいのだろうか。それは、この時期に日本付近に勢力を伸ばす太平洋高気圧と、上層を吹いている偏西風やジェット気流の位置が強く関係している。

表5. 台風の月別平均発生数

月	発生	接近	上陸	月	発生	接近	上陸
1月	0.5			7月	4.1	2.1	0.5
2月	0.1			8月	5.5	3.4	0.9
3月	0.4			9月	5.1	2.6	0.9
4月	0.8	0.1		10月	3.9	1.3	0.1
5月	1	0.5		11月	2.5	0.7	
6月	1.7	0.7	0.2	12月	1.3	0.1	

1971〜2000年の平均値　単位：個

図31. 台風の月別経路図

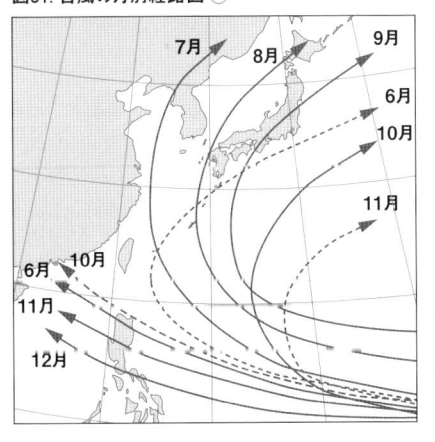

　太平洋高気圧の勢力が強い夏の間は、台風はこれを避けて中国大陸や朝鮮半島へ進むことが多い。しかし、常に太平洋高気圧

の勢力が強いわけではなく、ときには弱まったり東西に分かれたりする。その隙をついて台風が日本付近（主に西日本）に北上することがある。ちなみにこの時期は偏西風が日本列島のはるか北側を流れている（106㌻図30）ので、台風を流す上層の風が弱く、進行速度は遅いのが特徴である。

　9月に入って太平洋高気圧の勢力が次第に後退すると、台風はその縁を回り込むように進み、日本列島に接近しやすくなる。また、台風を発生・発達させるエネルギー源は熱と水蒸気であり、海水温の高い熱帯の海域で生まれて発達した台風は、海水温が熱帯よりも低い日本付近まで北上すると、次第に衰えてくる。しかし、日本付近の海水温が最も高いのは9月。このため秋の台風は勢力を維持しながら接近することが多く、警戒が必要となる。

　また、この時期は偏西風が次第に日本列島付近まで南下することから、日本付近に台風が近付くと、進路を東寄りに変え、急に速度を上げることがある。北日本に接近するころには時速50〜70kmに達することもあり、たとえ台風から離れていても油断はできない。台風の進行速度には充分な注意を払いたい。

地上天気図で見る

　それでは台風の進路を実際の天気図を使って予想してみよう。**図32**は台風が日本列島に接近せず、中国大陸南部に進んだときの地上天気図、**図33**は台風が西日本に上陸したときのものだ。**台風は太平洋高気圧の縁に沿って進む傾向があるため、高気圧の外縁にあたる1008hPaの等圧線に注目する**（高気圧によって注目すべき等圧線は異なり、一般には等圧線の間隔が広いところが高気圧の勢力内と見る）。**図32**ではこの等圧線が中国大陸に大きく張り出しているため、台風は日本列島に接近できなかったが、**図33**では九州付近にまでしか張り出していないため、台風は北上して西日本に上陸した。

高層天気図で見る

　地上天気図では太平洋高気圧の勢力を特定しにくいことが多いので、台風の進路を

図32. 2007年8月6日9時　地上天気図

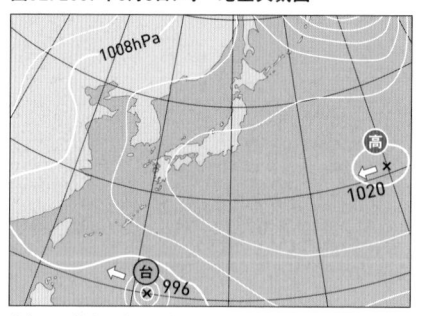

高気圧の勢力が強く、台風は中国大陸に進んだ

図33. 2007年8月1日21時　地上天気図

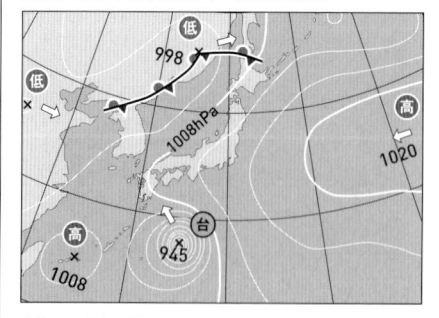

高気圧の勢力が弱いので、台風は西日本に上陸した

予想するには500hPa天気図と併せて利用するとよい。

①太平洋高気圧の勢力が強い場合

　台風といえども、横綱級の太平洋高気圧に勝ち目はない。なぜなら、大型の台風でも強風域の半径は500〜800km程度だが、太平洋高気圧の勢力は数千kmにも及ぶからだ。ボクシングにたとえるなら、ミニマム級がヘビー級に勝負を挑むようなものだ。

　というわけで太平洋高気圧が日本列島を広く覆っているときは、台風は日本付近に接近することができない。そのよい例が**図34**の地上天気図である。南西諸島の南にある台風が、今後どう動くかを予想しよう。

　まずは500hPa天気図（**図35**）から、太平洋高気圧の勢力範囲を読み取ろう。夏型の気圧配置の項で述べてきたように、夏における太平洋高気圧の勢力範囲は5880mの等高度線が目安とされている。高層天気図には、等高度線が60mごとに細い実線で、さらに300mごとに太い実線で引かれている。**図35**を見ると、サハリンの中部付近に太い実線が引かれているが、これは5700mの等高度線だ。北半球では南に行くほど高度が高くなっているので、その3本南側にある線が5880m線になる。最初のうちは色つきのマーカーなどでなぞるとわかりやすい。

　トレースした線の内側は、高度が周囲より高いので、高気圧ということになる。つまり、この線の内側が太平洋高気圧の勢力範囲となる。台風はこの高気圧の南側に位

図34. 2009年8月6日9時　地上天気図

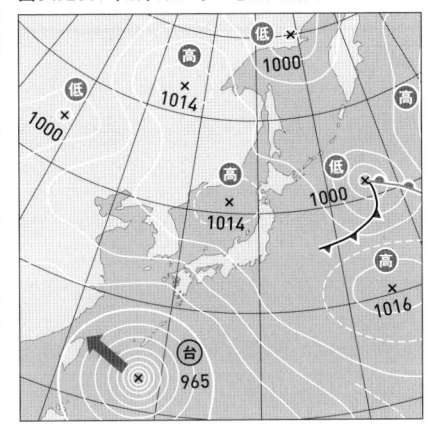

図35. 2009年8月6日9時　500hPa天気図

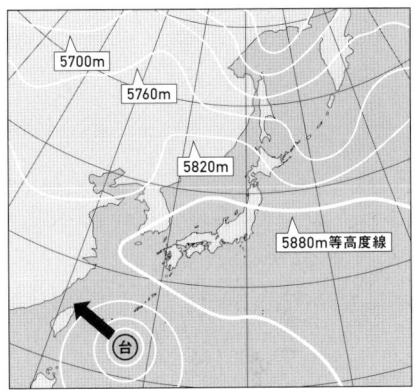

5880m等高度線が太平洋高気圧の勢力範囲

図36. 2009年8月7日9時　地上天気図

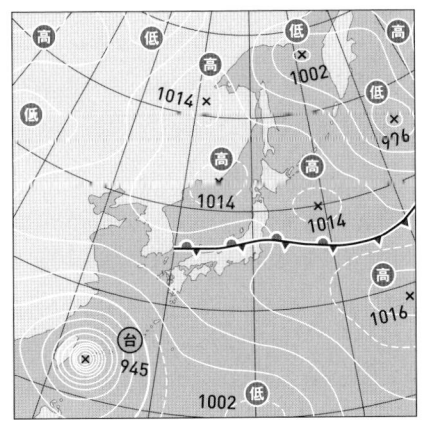

図37. 2007年8月1日9時　地上天気図

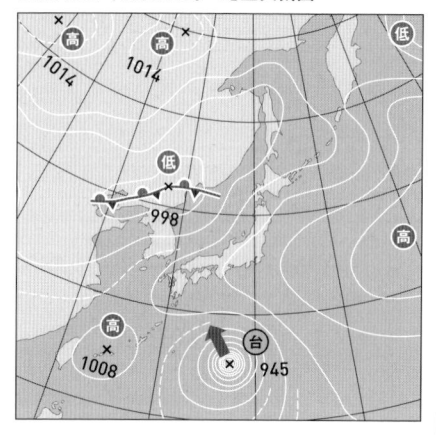

図38. 2007年8月2日9時　地上天気図

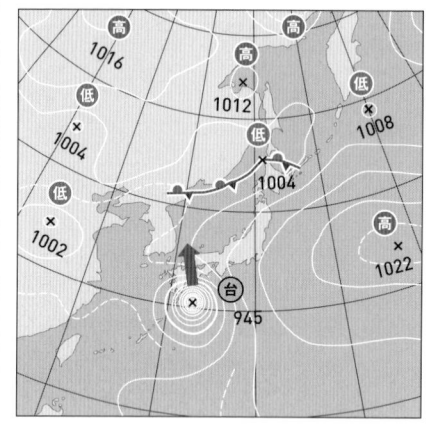

図39. 2007年8月2日9時　500hPa天気図

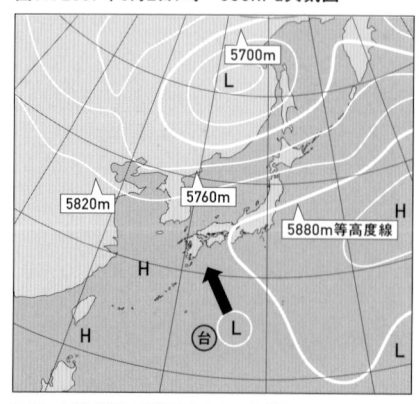

5880m等高度線は紀伊半島あたりを横切る

置し、高気圧は台風の北側に勢力を広げている。ゆえに、台風は高気圧にブロックされて北上することができず、西側へ進路を取るものと予想される。**図36**は**図34**の24時間後の地上天気図だが、実際に台風は西北西へ進み、台湾へと向かっていった。

　このように、太平洋高気圧の勢力が日本付近を覆っている場合は、台風は北上せずに、中国大陸南部やフィリピン方面に進む傾向がある。

②**太平洋高気圧の勢力が弱い場合**

　次に、台風が日本付近に接近する事例を見ていく。**図37**と**図38**の地上天気図は、台風が西日本に上陸したときのものである。**図37**を見ると、日本の南海上に台風があり、一見、台風の北側に太平洋高気圧が勢力を広げているように見える。しかし**図39**の500hPa天気図では、**図35**とは異なり、5880mの等高度線が紀伊半島あたりを横切っている。つまり、太平洋高気圧の勢力は紀伊半島止まりで、九州や四国にまで広がっていないことがわかる。

　前述のとおり、台風は太平洋高気圧の縁を回るように北上することが多い。**図37**のケースでも、台風は北上を続け、九州に上陸したのち、四国との間を通って山口県から日本海へと抜けた（**図38**）。

③**台風の進路は偏西風に左右される**

　日本を含む中・高緯度では、上空を偏西風が吹いている（106ページ参照）。低気圧や高気圧はこの風に乗って西から東へと移動

COLUMN 01　　　　　　　　　　　　　台風の眼ができる理由

　発達した台風には眼が現れる。それはなぜだろうか。
　図41は、台風周辺の雲を表した断面図である。前述のとおり、台風は中心に近づくほど風が強くなる。台風周辺では低気圧と同様に、周辺から中心に向かって風が吹き込んでいる（**図41**左側の図参照）。断面図で見ると、台風の中心に向かって左右から風が吹き込み、その風は中心に近づくほど強くなっていく。

図40. 台風の眼ができるしくみ

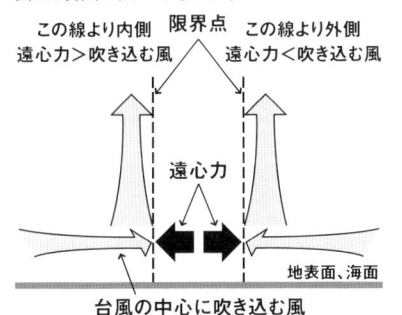

　ところが、この風は直線的に吹いているのではなく、弧を描きながら吹いている。ここで働くのが遠心力だ。自転車に乗ってカーブを曲がると体が外側に振られるように、円運動を行なっている物体には必ず遠心力が働く。それは台風も同じで、台風の中心に向かって吹き込む風に対して、逆方向に遠心力が働くことになる。
　遠心力は風速の2乗に比例するので、中心に吹き込む風が強くなればなるほど、遠心力はますます強くなる。台風が発達すればするほど、中心付近に吹き込む風は強くなるが、遠心力がそれ以上に強く働くため、風は中心に吹き込めなくなってしまう（**図40**）。ある場所より内側では遠心力のほうが大きくなり、風はそのなかへは吹き込めずに上昇していく。この、台風の中心付近の強い上昇気流が、発達した積乱雲群、つまり眼の壁（アイウォール）を構成するのだ。
　このようなしくみで、発達した台風には眼ができる。

図41. 台風の構造（雲の断面図）

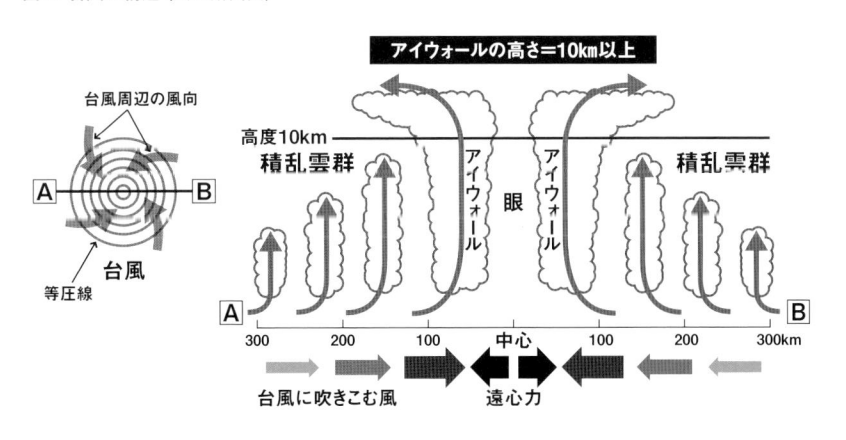

する。台風もまた同じように、この風に流されて移動していく。

ただし、「梅雨期の気象」の項で述べたように、偏西風が吹いている場所は一年中同じではなく、季節によって移動する。梅雨期には日本上空にあるが、盛夏には北海道の北に北上し、秋になると再び日本上空に南下してくるようになる（106㌻**図30**）。このため、**8月ごろは日本付近の偏西風が弱く、台風の速度が遅くなったり、複雑な**動きを見せることがある。逆に梅雨期や秋に台風が日本付近に接近すると、日本上空の偏西風が強いので、その流れに乗ってスピードを上げ、進路を東寄りに変えることが多い。

上空を吹いている偏西風は、地上天気図では読み取ることができない。そこで500hPa天気図から偏西風が強いところを見つける必要があるが、天気図上で等高度線の間隔が狭いところを探す（107㌻参照）。また、観測地点の矢羽根の数が多いほど風は強いので、それも参考にしたい。

図42. 図35と同図　強風軸の位置を見つけようⓜ

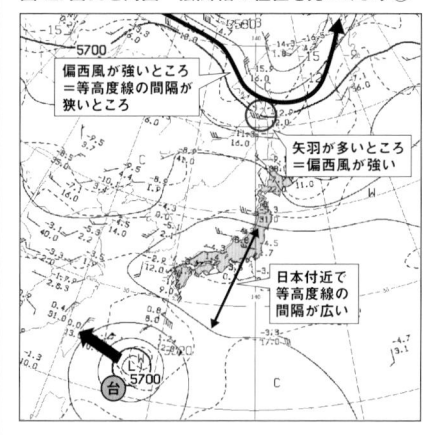

図43. 図39と同図ⓜ

④偏西風が日本の北を通っている場合

図42は、**図35**と同じ図である。これを見ると、北海道より北側の地域で等高度線の間隔が狭くなっている。また、観測地点の風もそのあたりで強い。つまり、図中の太い矢印で記したあたりが、偏西風が最も強く吹いている地域（強風軸）となる。

一方、日本付近では等高度線の間隔が広く、上層の偏西風は弱い。台風を流す風が弱ければ、たとえ台風が北上したとしても、日本付近で速度を上げることはない。

図42では、台風は太平洋高気圧の南側にあり、そこでは、北東貿易風と呼ばれる東風が吹いている。台風は、北側を太平洋高気圧によって進路を塞がれているため北上できず、北東貿易風に流されて西に進むことになる。

⑤偏西風が日本付近を通っている場合

図43は**図39**と同じ図である。これを見

ると、等高度線の間隔が狭い地域が図42より南に位置しており、北日本で上層の偏西風が強く吹いている。また、日本付近における等高度線の間隔は、本州中部以北でやや狭くなっている。この時点で台風は南海上にあり、そこでは台風を流す上層の偏西風は弱い。したがって、台風は太平洋高気圧の縁をゆっくりと北上することになる。

しかし、台風が西日本を北上し、日本海に出ると、偏西風が強い地域に入るため、この風に乗って東へと進路を変え、速度を上げて進むことが予想される。台風の進行方向にあたる北日本では、進路予想図よりも早く台風が接近するおそれがあり、山中にいる登山者は計画を変更して早めに下山するようにしたい。

まとめになるが、500hPa天気図から台風の進路を予想するポイントは以下の4つ。
ⓐ 5880mの等高度線から太平洋高気圧の勢力を調べる
ⓑ 台風は太平洋高気圧の勢力の外側を進む
ⓒ 等高度線の間隔が狭いところで偏西風は強く吹く
ⓓ 偏西風が強いところに台風が来ると、台風は速度を上げて偏西風の風下側へ進む

南海上で台風が発生したときは、進路予想図に加えて上記4点から台風の進路を予想し、慎重な登山計画を立てることだ。

山によって異なる台風の影響

台風の進路が予想できたら、台風が接近・通過したときに目的とする山がどのような気象状況になるのかを考えてみる。

台風による影響は、日本海側の山と太平洋側の山とでは大きく異なる。温帯低気圧

図44. 台風による南東風が吹く状況（図46で山がⒶの位置にあるとき）

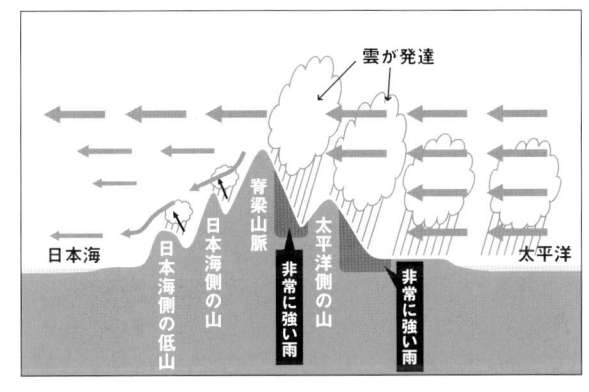

図45. 台風による北西風が吹く状況（図46で山がⒷの位置にあるとき）

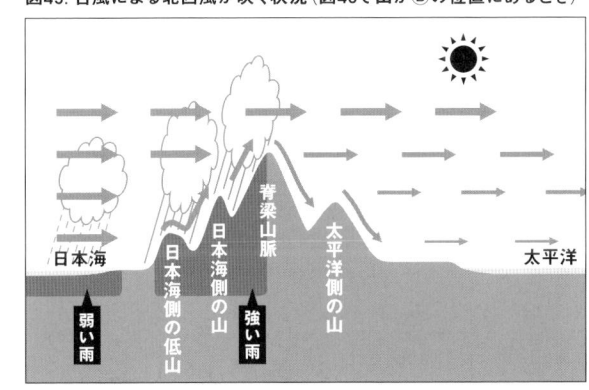

の項でも述べたように、**日本海側の山では、低気圧が通過する前よりも通過後に、より荒天となりやすい。** 台風も同じで、台風の進行前面に位置するときに、日本海側の山では南東の風が吹き、脊梁山脈を越えて下降気流場となるため、雨も弱まる傾向がある（**図44**）。

しかし、台風や低気圧が通過した直後から北西寄りの風に変わり、日本海から直接風が吹きつけるとともに、風上側の上昇気流場になることから風雨が激しくなる（**図45**）。さらに、台風通過後には寒気が入ることが多いので、気温も下降する。

というわけで、日本海側の山では、台風が通過したあとでも決して油断してはならない。事実、1999年の羊蹄山や2002年のトムラウシ山での遭難事故も、台風通過後に発生している。

一方、**太平洋側の山では、台風が接近しているとき、そして台風の進行方向右側に入るときに雨や風が強まる。** これは南東の風が山にぶつかって上昇気流が強められるため、また太平洋から直接風が吹きつけるためである（**図44**）。

さらに、台風は進行右側で風が強められる性質があることも、太平洋側の山で風を強める要因のひとつとなっている（**図46**）。

羊蹄山の遭難事故から

図47は、1999年9月25日9時の天気図である。この日、台風通過後の暴風雨のなか、ツアー登山のグループが羊蹄山登山を強行し、ツアー客が低体温症で亡くなるという痛ましい事故が発生した。天気図を見ると、25日9時の時点で台風は北海道の北に進み、羊蹄山からは遠ざかりつつある。実際、遭難したパーティの添乗員は、25日朝の登山開始時には天候が回復しつつある状況だったと述べている。

羊蹄山山麓にある倶知安の気象観測データ（**図48**）を見る。注目したいのは、台風が最も羊蹄山に接近した6時ごろのデータで、この時間に雨がいったんやんでいることだ。

台風は、上陸すると台風のエネルギー源である水蒸気と熱が得られにくくなり、徐々に衰弱していく。また、北日本に接近するころには、台風の進行後面（多くは西側）に寒気が入ってくることが多い。台風は暖気のみからなる熱帯低気圧であ

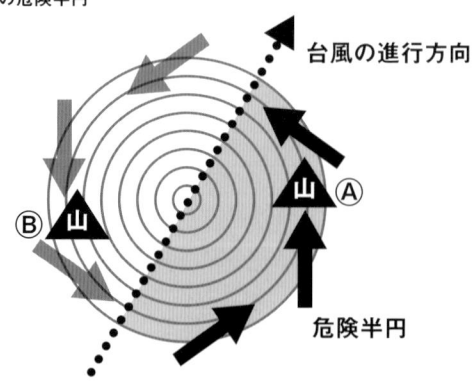

図46. 台風の危険半円

台風は中心に向かって風が吹き込む。このため、進行方向右側では台風に吹き込む風と進行方向が一致するため風が強まり、危険半円と呼ばれる

図47. 1999年9月25日9時　地上天気図

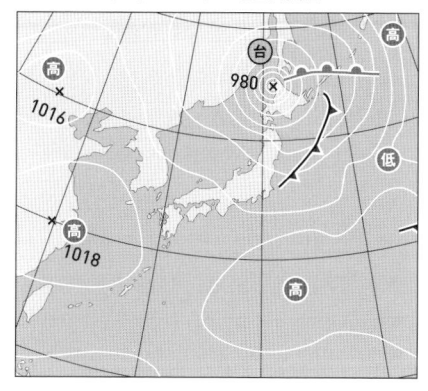

り、寒気が入ることにより台風としての性質を失い、温帯低気圧になる。そうなると台風の南側にある雨雲は急速に弱まってくる。今回のケースでも、台風の南側の雲が弱まったために、台風の中心が羊蹄山を通過するころから雨が弱まっている。

しかし、日本海側の山や脊梁山脈では、このまま天気が回復すると思ってはならない。羊蹄山は日本海側に位置し、台風が通過したのちには日本海から直接、西寄りの風が吹きつけるため、風が非常に強まる。また、この風が山の斜面を上昇するために、雲が発達して雨が再び降り出す。図48の観測データを見ても、いったん弱まった風は7時ごろから強まり、雨も9時ごろから再び降り出していることがわかる。

さらに、台風の通過後、日本海から冷たい空気が入ってきて気温が急激に下がっている。観測データによると、3時に山麓の倶知安で25℃あった気温が、11時以降は17℃前後になっている。羊蹄山山頂では、午後には10℃以下になっていたものと推定される。雨に打たれたうえに暴風と低温が加わり、低体温症になりやすい気象条件になっていたことは想像に難くない。

台風通過後も、日本海側や脊梁山脈の一部では大荒れの天候が続き、気温も下がる。夏山の登山計画を立てる際には、そのことも頭に入れておく必要がある。

図48. 倶知安のアメダス観測データⓜ

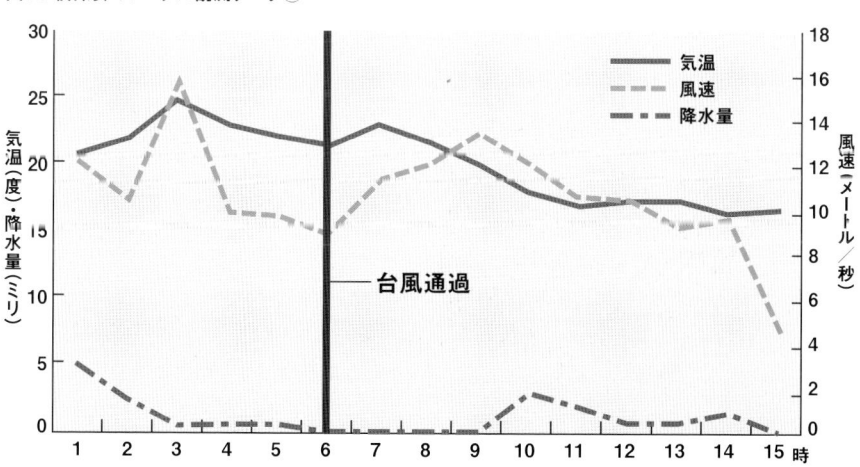

195

6. 夏山での低体温症

170ページの図1からもわかるように、3000m級の山や北日本の2000m級の山では、夏でも平均気温が10℃を下回ることがあり、とくに悪天のときに気温が低下する傾向がある。また、悪天時には風も強まるため、夏山においても低体温症（51ページ参照）になる可能性は充分にある。

実際に、6月から9月にかけて北海道の山では、たびたび低体温症による遭難事故が発生している。こうした事故が発生するときの気圧配置はいつも同じだ。にも関わらず、同じような遭難事故があとを絶たない。

この項では、2002年と2009年に発生した3つの遭難事故を例にとり、天気図のどのような点に着目すればよいのかを解説していく。

低気圧の通過後に遭難が発生する

図50～図52はいずれも大雪山系で遭難事故が発生した前日の天気図で、それぞれの事故で低体温症による死者が出ている。また、それぞれの翌日（事故当日）の天気図が図53～図55だ。

天気図を見ると、すべての事例で低気圧が北海道周辺を通過している。しかし、事故が発生しているのは、低気圧が接近・通過中の日ではなく、通過した翌日である。北日本や日本海側の山では、低気圧通過時よりも通過後に天候が荒れて遭難事故が起こりやすいことは、これまでに述べてきた。とくに北海道の山では、上層の寒気が比較的流れ込みやすい初夏や初秋の時期に、低体温症による事故がたびたび発生している。

中国大陸北部の低気圧に注目

このような事故に遭わないために、まずは登山の前に必ず天気図を確認する習慣をつけたい。地上天気図を見るうえでのひとつ目のポイントは、**沿海州や中国東北部に低気圧があるかどうか**だ。図50～図52のAのように、これらの地域に低気圧があるときは、その後の天候悪化が予想される。さらに、低気圧が寒冷前線を伴っているときは、前線の前面（東側）にある暖気と、後面（西側）にある寒気が強いことを示している。このようなときは低気圧が発達することが多いので、注意が必要である。

低気圧の西側にある高気圧に注目

ふたつ目のポイントは、低気圧の後面（西側）にある高気圧の存在である。図50～図52のBのように**低気圧の西側に高気圧があるときは、その動きと勢力に注目**しよう。高気圧の動きが遅かったり、勢力が強い場合（夏季には1020hPa以上が目安）は、

図49. 低体温症の発症条件

強風（暴風）……特に平均風速15m/s以上
濡れ（降雨・降雪）
低温

⬇

上記全ての条件が重なる場合…
温帯低気圧が発達しながら通過したあと

図50. 2009年7月15日21時　地上天気図

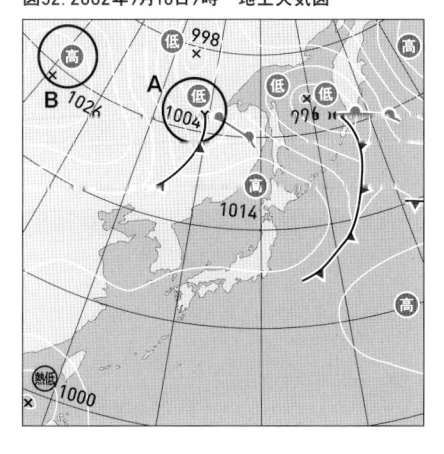

図53. 2009年7月16日9時　地上天気図

図51. 2002年6月8日9時　地上天気図

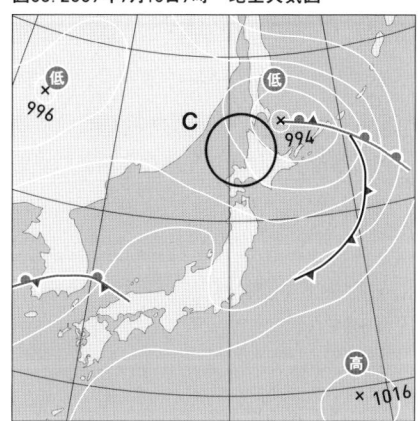

図54. 2002年6月9日9時　地上天気図

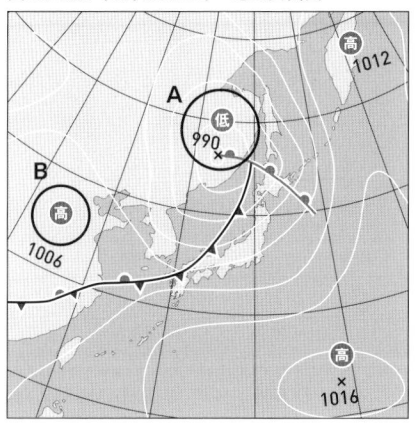

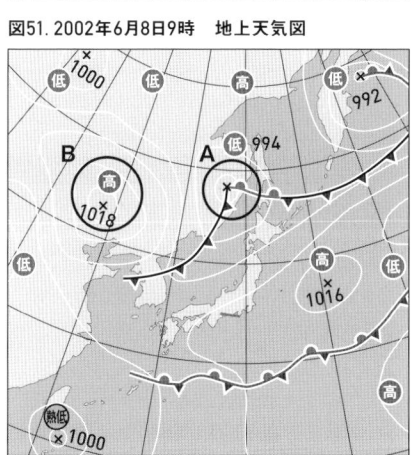

図52. 2002年9月10日9時　地上天気図

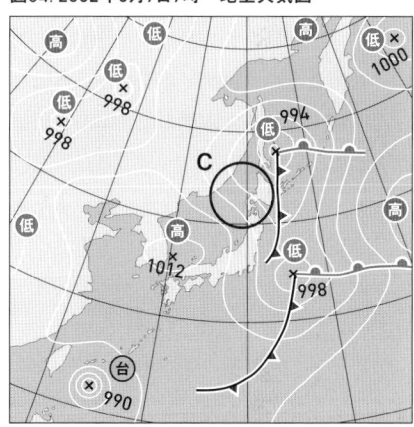

図55. 2002年9月11日9時　地上天気図

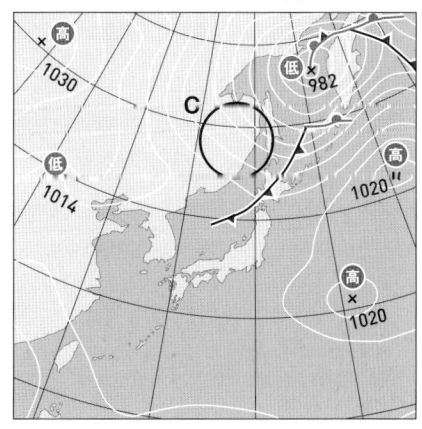

Chapter 7　四季の山岳気象　夏山

197

シベリアから強い寒気が南下することが多いので、低気圧が発達し、通過後には気温の低下と山での天候悪化が予想される。**図51や図52のように高気圧が低気圧のほぼ真西にあるときは、低気圧の通過後に寒気が南下しやすい**ので注意したい。

低気圧の西等圧線に注目

3つ目のポイントは、低気圧の西側で等圧線が込み合っているかどうかである。事故前日および当日の天気図を見ると、低気圧の西側では等圧線が込み合っている。等圧線の間隔が狭いところでは強い風が吹くので、**低気圧の通過後に等圧線が込むときは、脊梁山脈や日本海側の山を中心に天候が荒れる**傾向にある。とくに図53〜図55のCのように**等圧線が南北に走っているときは、北西の風や西風が強く吹いて冷たい空気が流れ込んでくる**。低気圧や寒冷前線の通過後には気温が急激に下がり、低体温症になりやすい気象条件となる。それを予想するためには、**低気圧とその西側にある高気圧の気圧差を見る**とよい。図51や図52のように、気圧差が20hPa以上になっている場合は要注意だ。

一方、図50の場合は、気圧差が20hPa未満である。そのため、低気圧の西側で等圧線が込み合う範囲は狭いが、それが大雪山系にかかり続けたために、荒天が長引いた。例外的にそういうケースもあるので、発達した低気圧においては、高気圧との気圧差が小さくとも、通過後の荒天に警戒が必要であろう。

COLUMN 02

台風は熱帯低気圧の一種である。熱帯低気圧のエネルギーは、熱と水蒸気だ。両者が得られる場所は海水温の高い海なので、台風は低緯度の海上で発生する。台風（熱帯低気圧）は、発生する場所によって「ハリケーン」「サイクロン」などと呼び名を変える（表6）。日本では、中心付近の最大風速が17.2m/s以上のものを「台風」と呼び、17.2m/s未満の場合は単に「熱帯低気圧」と呼んでいる。つまり、熱帯低気圧には広義のものと狭

表6. 海域による熱帯低気圧の分類

海域による分類	海域
台風	東経180度以西の北太平洋・南シナ海
ハリケーン	東経180度以東の太平洋・大西洋
サイクロン	インド洋・ベンガル湾・アラビア海

表7. 台風の強さの階級

階級	中心付近の最大風速
	17.2m/s〜25m/s未満
	25m/s〜33m/s未満
強い	33m/s〜44m/s未満
非常に強い	44m/s〜54m/s未満
猛烈な	54m/s以上

表8. 台風の大きさの階級

階級	風速15m/s以上の半径
	200km未満
	200〜300km未満
	300〜500km未満
大型（大きい）	500〜800km未満
超大型（非常に大きい）	800km以上

台風の分類と構造

　義のものとがあることになる。
　台風の強さは中心付近の最大風速によって（**表7**）、また台風の大きさは強風域の半径（**表8**）によってそれぞれ階級付けがされている。たとえば「大型で強い台風」といえば、強風域の半径が500km以上800km未満で、中心付近の最大風速が33m/s以上44m/s未満ということになる。

　台風は熱帯の海上で発生する積乱雲群が、いくつかの理由で形成された渦を中心にして引き寄せられ、巨大な積乱雲の塊となったものである。発達した台風になると、台風の中心付近に「眼」が現れる（191㌻参照）。台風の眼は弱い下降気流によって雲がない領域となっていて、その下では青空がのぞくこともあり、風も弱い。

　一方、眼を取り巻く領域には、強い上昇気流によって発達した積乱雲の群がある。これを**アイウォール**（眼の壁）と呼ぶ。ここは最も風雨が激しく、山がこの領域に入ったときにはとても行動できる状況ではなく、無理して行動すると生死にかかわることになる。この外側にもいくつかの積乱雲の群が取り巻いており、これを**スパイラルバンド**あるいは**外側降雨帯**と呼ぶ（**図56**）。

　それぞれの雲の下でどれぐらいの雨が降っているのかを示したのが、**図57**のレーダー・エコー合成図だ（304㌻参照）。災害を発生させるほど猛烈な雨（赤色）や非常に強い雨（桃色）が、アイウォール（眼の壁）の部分で降っていることがわかる。また、スパイラルバンドでも線状に強い雨が降っている。

　一方、台風の中心の西側や南側では雨雲が弱まりつつある。台風が日本付近に近づくと、熱帯地方よりも海水温が低くなるので、台風を発達させるエネルギーが得られにくくなる。このため、台風の雨雲も弱まってくるのだが、均一に弱まるのではなく、特定の領域から弱まることが多い。弱まる部分は台風によって異なるので、台風がどちら側に強い雨雲を伴っているのかを知ることが、災害を予防するうえで重要なポイントとなる。

図56. 台風の構造（真上から見た図）

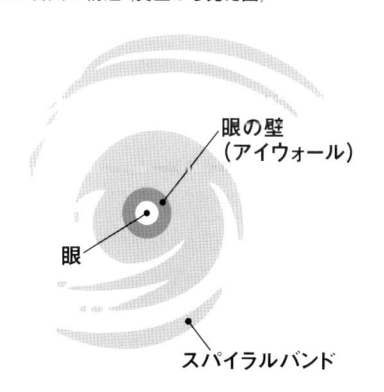

- 眼の壁（アイウォール）
- 眼
- スパイラルバンド

図57. 台風が関東地方に接近中の
　　　レーダー・エコー合成図 ⓜ

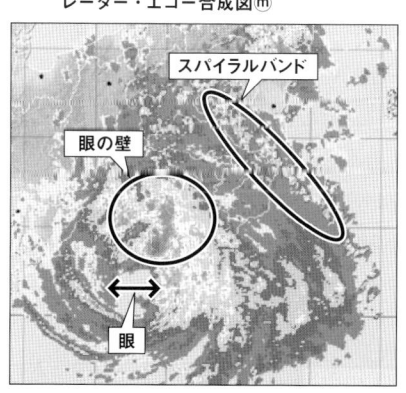

- スパイラルバンド
- 眼の壁
- 眼

※304㌻にカラー図版を掲載

秋山（9月中旬～11月）の気象

1. 秋山の気象の特徴

　8月も下旬になると、太平洋高気圧の勢力が後退し、昼間の時間が短くなることや太陽高度が低くなることから次第に冷え込みが強まって、シベリアに高気圧が形成されるようになる。偏西風が蛇行して北極からの寒気が流れ込むときには高気圧が発達し、中国大陸あたりまで南下してくる。大陸の冷たく乾いた空気を持つ高気圧と、暖かく湿った空気を持つ太平洋高気圧との間に秋雨前線が形成され、北日本や日本海側の地方に影響を与えはじめる。9月になると、秋雨前線は本州付近に南下し、前線の北側にあたる北海道では冷たい高気圧に覆われることが多くなり、朝晩は冷え込みが強まって、大雪山系などでは紅葉が見ごろを迎える。

　一方で、前線が停滞する本州から九州にかけては、天気がぐずつきがちになる。この時期になると偏西風が南下してきて、高い山では風が強まる日が多くなる。さらに、この時期は日本付近に北上してくる台風の数も増え、南西諸島や西日本だけでなく、場合によっては東日本や北日本に接近・上陸することがある。最近は、10月に入っても日本に接近・上陸する台風が現れるようになってきた。そして台風通過後に寒気が流れ込むと、日本海側や北日本の山を中心に大荒れの天気となる。1989年10月の立山連峰や2006年10月の白馬岳での遭難事故は、このようなときに発生している。

　近年は秋雨の季節が10月にずれ込むことも多くなってきたが、10月中旬ごろからは高気圧や低気圧が交互に通過するようになり、春と似たような気圧配置が出現する。ときに低気圧が発達しながら通過し、その後に強い寒気が流れ込むと、標高の高い山は暴風雪となって、一気に冬山へと様変わりする。しかし、10月中はよほど大量の降雪がない限りは根雪（翌年の春まで融けない雪のこと）とはならず、暖かい陽気が3、4日続くと融けてしまう。

　例年10月下旬から11月上旬ごろ（昔は10月上旬から下旬ごろ）は帯状高気圧に覆われて、東日本や西日本を中心に穏やかな好天が続き、絶好の登山日和となる。しかし、北日本ではたびたび発達した低気圧が通過して、高い山から次第に根雪となっ

図1. 2006年10～11月の富士山、室堂（立山）、阿蘇山

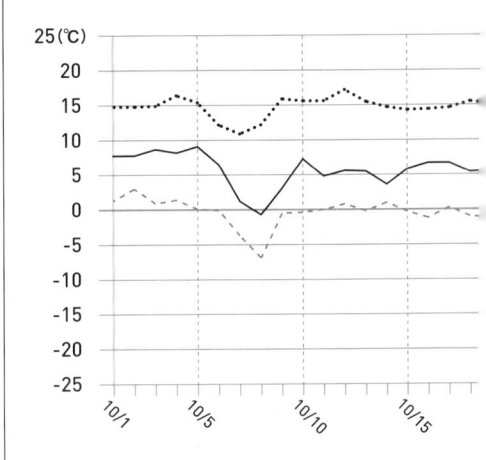

※富士山と阿蘇山の観測データはアメダスによる（気象庁提供）。　※室堂（立山）の観測データは、立山カルデラ砂防博物館の提供による。※これらの図における富士山の観測データは標高3775.1m地点、室堂（立山）の観測データは標高2450m地点、阿蘇山の観測データは標高1142.3m地点のものである。

における日平均気温の推移（※）

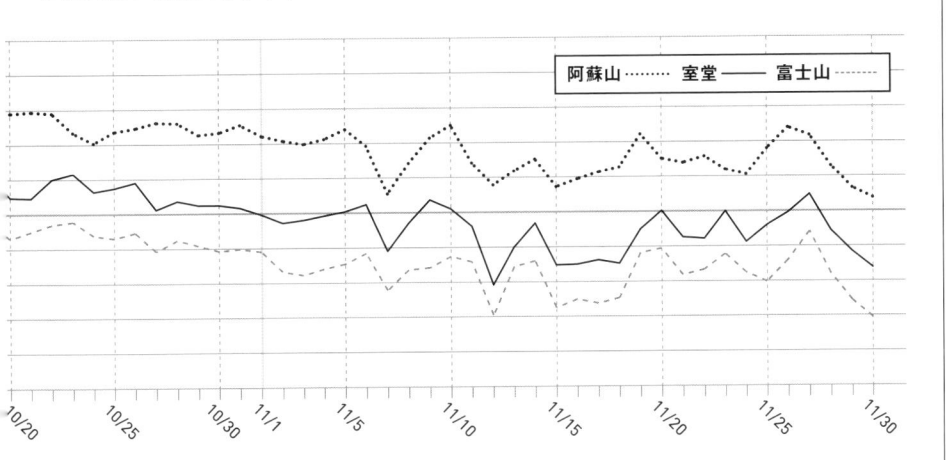

阿蘇山 ……… 室堂 ―― 富士山 ―――

ていく。年によっては11月上旬に真冬並みの寒気が流れ込み、北陸地方の平地でも初雪となる。そのようなとき、中部山岳北部や上信越の山では、一晩に1m以上の降雪となる。

年による差は多いものの、11月中旬以降は低気圧が発達しながら日本列島を通過して、その後、冬型の気圧配置となることが多く、山は次第に冬山へと変わっていく。

2. 秋の気圧配置

秋も春と同様に多様な気圧配置が出現するが、季節の進行とともに出現しやすい気圧配置は異なってくる。その大まかな傾向を書き出してみる。

ⓐ 9月上旬から中旬
　夏型の気圧配置、秋雨前線、台風。北海道はたびたび温帯低気圧が通過

ⓑ 9月中旬から10月上旬
　秋雨前線、台風、移動性高気圧

ⓒ 10月中旬以降
　温帯低気圧、移動性高気圧、帯状高気圧、北高型

このうち、夏型の気圧配置と台風は「夏山の気象」の項で、温帯低気圧と移動性高気圧、帯状高気圧は「春山の気象」の項で、北高型は「梅雨期の気象」の項で解説したので、ここでは秋雨前線について学んでいく。また、この時期に発生する気象遭難の大きな要因となっている温帯低気圧の発達についても触れておく。

3. 秋雨前線

秋雨前線のしくみ

9月に入ると、太平洋高気圧の勢力が次第に後退する一方、大陸では冷え込みが強

まってきて高気圧が発生するようになり、西日本や北日本方面に張り出してくる。大陸の高気圧は冷たく乾いた性質を持っており、太平洋高気圧は暖かく湿った空気を持っていることから、両者の間に前線が形成され、これを秋雨前線と呼ぶ。また、北日本や東日本では、冷たく湿った性質を持つオホーツク海高気圧が発達するときには、梅雨前線と同様、オホーツク海高気圧と太平洋高気圧との間に秋雨前線が形成されることもある。しかし、秋雨前線を形成する主役は、あくまで大陸の高気圧（シベリア高気圧）と太平洋高気圧であり、梅雨前線とはこの点で大きく異なる。

図2と図3は、梅雨前線と秋雨前線における天気分布やそれぞれの特徴を簡単に記した図である。梅雨前線では大陸が低気圧（低圧部）になっているが、秋雨前線では大陸に高気圧がある。この違いから、秋雨前線による降雨は、乾いた空気が入り込みやすい西日本よりも、湿った空気が太平洋高気圧の縁を回って入り込む東日本で多くなる。西日本で雨量が多くなる梅雨前線とは対照的である。

また、梅雨期には上空を西風や南西風が吹いており、西側や南西側に海がある山や、その西・南西斜面で激しい雨が降りやすかったが、秋雨の時期は逆に東風や南東風が吹くことが多く、東側や南東側に海がある山やその東・南東斜面に激しい雨をもたらす。紀伊山地の東側や、東日本から北日本の太平洋側の山では、強い雨が降りやすい。

秋雨前線＋台風

9月に入ると、太平洋高気圧の勢力が次第に後退するので、台風は日本列島に接近しやすくなる。また、日本付近の海水温は9月が最も高くなるため、台風は勢力を維持しながら接近することが多い。

9月から10月にかけて偏西風が日本付近まで南下してくると、日本付近に近づいてきた台風は進路を東寄りに変え、急に速度を上げる傾向がある。このため、台風が離れていても急に接近して風雨が強まったり、気象庁が発表する台風の進路予想よりも早

図2. 梅雨前線における天気分布

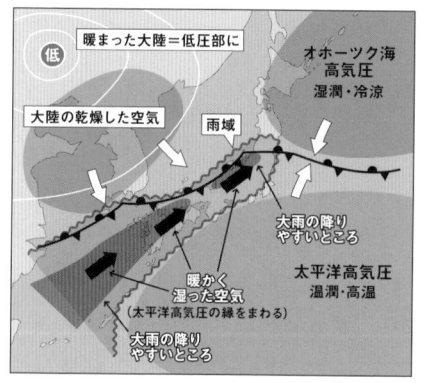

図3. 秋雨前線における天気分布

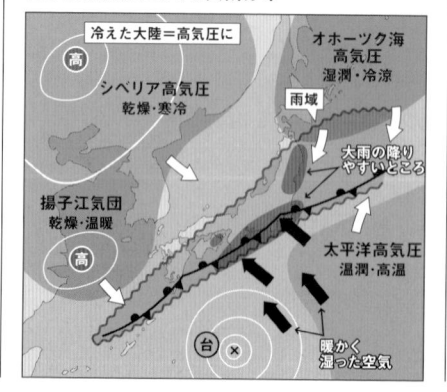

く接近することも珍しくない。そうなったときには、北に行くほど予想と実況との違いが大きくなるので、北海道の山では気象庁の進路予想よりも早めに台風が接近すると思って行動しなければならない。

さらに、秋雨前線が日本付近に停滞している時期に台風が接近する（**図4**）と、台風が前線の活動を活発化させるため、前線付近の山では風雨が強まってくる。さらに、台風が接近する場合は、台風本体の雨雲がかかって風雨の強い状態が長期間続くこともあり、そのようなときは山中に閉じ込められてしまう。秋山において最も警戒しなければならない気圧配置のひとつといえよう。

図4. 秋雨前線と台風が重なるケース

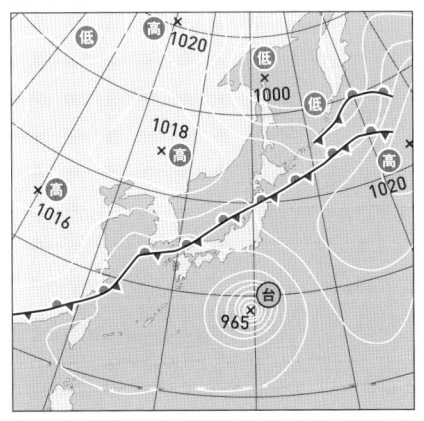

秋雨前線が停滞し、南から台風が接近すると、最悪の天気が予想される

表1. 山域別の初冠雪の時期

北海道の高い山	9月中旬〜下旬
東北の2000m級	10月上旬
上信越	10月上旬〜下旬
北アルプス	9月下旬〜10月中旬
富士山	9月上旬〜下旬
南アルプス	10月上旬〜下旬
大山	10月下旬〜11月上旬

秋山では、いつ降雪があってもおかしくはない

4. 秋山での風雪

初冠雪の時期

初冠雪とは、平地の気象台や測候所から見て、初めて山に積雪があると認められたときのことをいう。このため、必ずしも「初冠雪＝初雪」になるとはかぎらない。また、山に雲がかかっていたり、天候が悪かったりすると、平地からは山が見えないので、山に雪が積もっても初冠雪とは認められない。とはいえ、初冠雪はその山で初めて本格的な降雪があったという指標になる。つまり、初冠雪が観測される時期には、その山がいつ吹雪になってもおかしくはないのである。

10月の中部山岳や富士山などでは、夏とあまり変わらない軽装の登山者を多く見かける。好天のときは問題がなくても、登山中に天候が急変したときに必要な装備を

表2. 主な山における初冠雪の平年日と2006〜2008年の観測日

	大雪山	鳥海山	立山	富士山	甲斐駒	大山	阿蘇
平年日	9月24日	10月9日	10月9日	10月1日	10月26日	10月31日	11月17日
2006年	9月23日	10月9日	10月9日	10月7日	11月7日	11月8日	11月8日
2007年	9月25日	10月13日	10月20日	10月6日	10月13日	11月12日	12月4日
2008年	9月24日	9月28日	9月27日	8月9日	10月27日	11月9日	11月18日

持っていなければ、致命的な事態に陥ってしまう。そうならないように、それぞれの山での初冠雪のタイミングや気圧配置について学び、しっかりとした装備を整えて秋山に臨むことが大切である。

表1は、山域ごとの初冠雪の目安、表2は2006年から2008年の全国の主な山における初冠雪の記録である。9月中旬から下旬にかけて北海道の大雪山や富士山でスタートした初冠雪は、南下しながら標高を下げていき、10月上旬には東北、中部山岳北部、白山などで観測されるようになる。10月中〜下旬にかけては上信越、中部山岳南部まで南下し、11月に入ると西日本の山からも初冠雪の便りが届きはじめる。

図5は、立山、富士山、甲斐駒ケ岳における初冠雪の経年変化、図6は大山（だいせん）における初冠雪の経年変化である。標高3000m級の山では明瞭な傾向は見られないが、大山では初冠雪の時期が近年遅くなる傾向が

図5. 立山、富士山、甲斐駒ケ岳　初冠雪の経年変化（※）

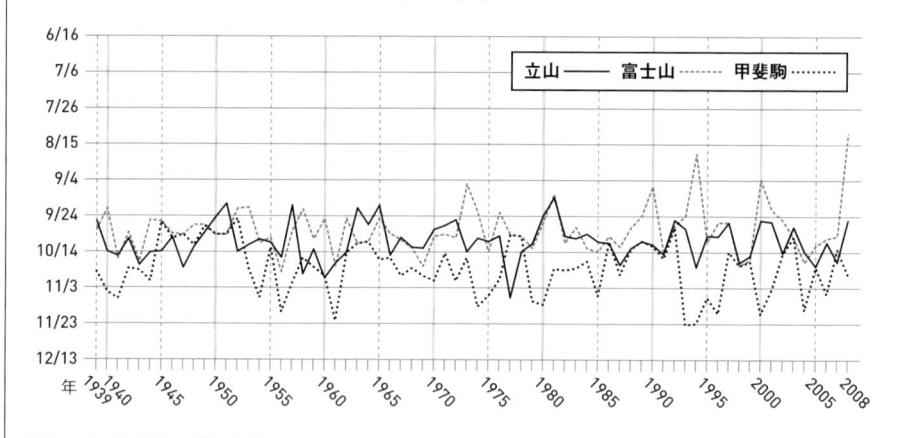

図6. 大山　初冠雪の経年変化

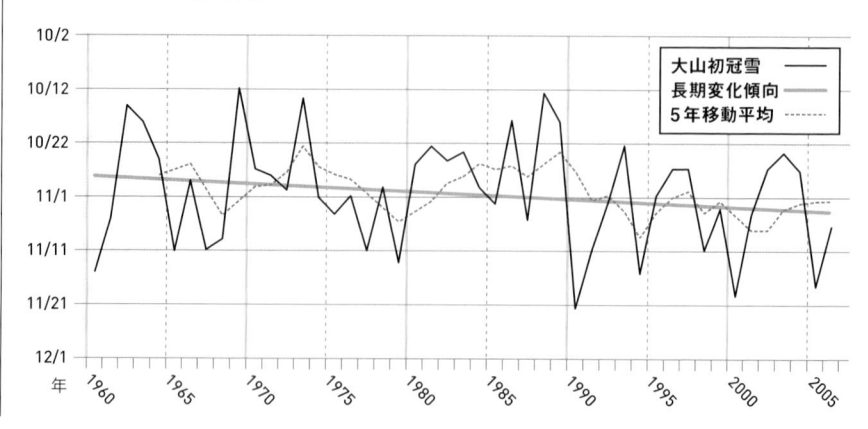

※図5の立山の観測データは富山地方気象台の、富士山と甲斐駒ヶ岳の観測データは甲府地方気象台の、
　図6の大山の観測データは鳥取地方気象台の提供による。

現れている。また、昔は高い山で何度か降雪があったのちに低い山で降雪があり、そこで何度か降雪があって初めて里に雪が来たものだが、最近は高い山で降雪があったあと、一気に低い山にまで降雪が来ることが多くなってきた。これは、地球温暖化などの影響によって寒気が南下する回数は減ってきているが、数少ない寒気が南下するときには強い寒気が襲来するので、低山にまで一気に降雪が来るようになってきていることによる。

温帯低気圧の進路

初冠雪が観測されるときの気圧配置で代表的なものは、温帯低気圧が発達しながら日本付近を通過し、その後に大陸から寒気が流れ込むような場合である。このようなときは、日本海側の山や脊梁山脈で大荒れの天気になるが、いつも大荒れになるとは限らず、温帯低気圧が通過するコースとそ

図7. 山で大荒れになるときの低気圧の進路

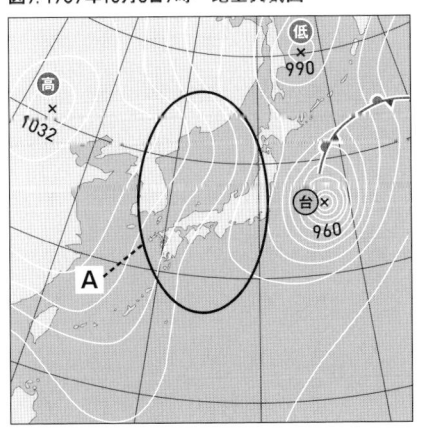

図8. 山で天候が回復するときの低気圧の進路

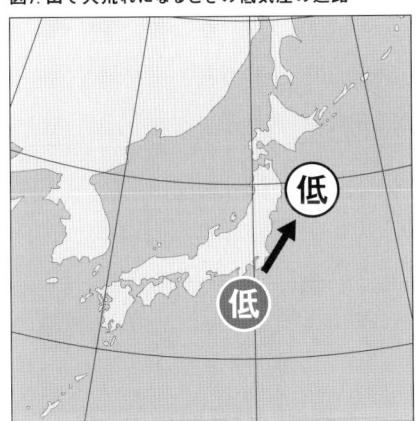

図9. 1989年10月8日9時　地上天気図

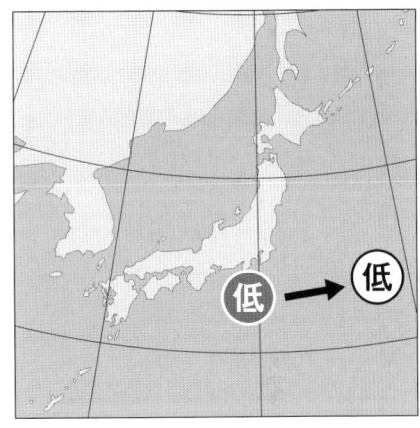

図10. 10月14日9時　地上天気図

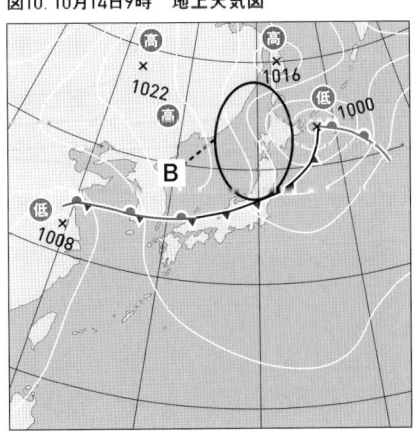

の発達度合いによって山の天候は大きく変わってくる。

まずは温帯低気圧の進路を見ていく。**図7**のように、本州の沿岸に沿うように低気圧が北上するときは、低気圧がなかなか日本付近から離れていかないことや、寒気が直接日本列島に流れ込みやすいため、山では荒れ模様の天気が長く続く。これに対し、**図8**のように低気圧が東寄りに進み、日本付近から離れていくときは、山への天候の影響は少なくてすむ。むしろ、移動性高気圧に覆われて、絶好の登山日和となることが多い。

山行前には、気象庁ホームページなどの予想天気図で、低気圧の進路を必ずチェックしたい。同時に、温帯低気圧の発達度合いもチェックしなければならない。これについては、「春山の気象」の項で詳しく述べたので、そちらを参考にしてほしい。

寒気がどこまで南下するか

温帯低気圧が発達しても、寒気が南下しなければ荒天の度合いは小さくなり、長く続かない。寒気の強さや、それがどこまで南下するかについては、500hPa面における気温を見ることで判断できると、「春山の気象」で説明した。ここでは地上天気図を使って予想してみよう。

図9のように、日本の東に台風、中国大陸には高気圧があって、縦縞模様になった等圧線が日本の南海上にも見られるときは（**A**）、寒気が日本の南まで達している。この日、立山連峰では吹雪となり、登山者8名が低体温症で亡くなるという事故が発生した。こうした気圧配置のときは、日本海側の山や脊梁山脈では吹雪や風雨となるので、冬山の装備を持たない登山者は入山すべきではない。

一方、**図10**のように縦縞模様が北日本以北で見られる場合は（**B**）、寒気の南下は北日本までで、中部山岳ではそれほど天気は荒れずにすむ。ただし東北以北の山は等圧線が縦縞模様となっている域に入るため、吹雪や冷たい風雨、みぞれになる。この方面への登山は控えたほうがよいだろう。

白馬岳での遭難事例より

白馬岳での気象状況

温帯低気圧が発達し、その後に強い寒気が流れ込んだときに発生した2006年10月の白馬岳における遭難事例を見ていく。

図11〜図13は、遭難事故が発生した前日（10月6日9時）、当日（7日9時）、翌日（8日9時）の天気図である。これらを見ると、6日9時（**図11**）に日本の南海上にあった台風16号は、7日（**図12**）には温帯低気圧に変わったが、中心気圧は980hPa（6日9時）から968hPa（8日9時）へと下降した。

1989年10月に起きた立山連峰における遭難事故のとき（**図9**）も、台風が温帯低気圧に変わって日本の東海上で発達し、冬型が強まった状況で発生した事故であった。重要なのは、「台風が温帯低気圧に変わる＝安全」ではないということだ。白馬岳の遭難事故時のように、むしろ温帯低気圧に変わってから再発達することがある。こう

した状況を予想するには、気象庁や民間気象事業者のホームページで発表される予想天気図を見るのが最もよい。現在、温帯低気圧の発達に関する予想精度は非常に高く、予想される中心位置や中心気圧はほぼ実況どおり推移していくことが多い。もちろん、予想図であるから鵜呑みにするのではなく、多少の幅を持たせて判断することが必要である。

実際には、予想天気図から推定していくことになるが、このときの予想天気図は実況に近かったので、ここでは実況天気図（図11〜図13）を用いて解説していこう。

6日から8日にかけて、白馬岳周辺で天候が大きく変化した。これは、等圧線が走行している向きに関係している。6日の等圧線は東から西に走って東西に寝た形になっている。Chapter 2で詳しく述べたように、地上付近の風は高圧側を右手に見て等圧線に平行な方向より少し低圧側に向かって吹く（29㌻・図12）。つまり、図中の矢印のように、地上付近では東寄りの風となる。

このようなとき、風上側となる東側に海がある関東から北の太平洋側や紀伊山地では、海からの湿った空気が入り、それが山にぶつかって上昇するため、雨量が多くなり風も強まる。一方、日本海側の山では、台風や前線の影響を受けて3000m級の稜線では風雨が強まるものの、風下側にあたる中級以下の山では、雨・風ともに小康状態となる。

しかし、7日9時には等圧線が南北方向に立った形になりつつあり、8日9時には

図11. 2006年10月6日9時　地上天気図

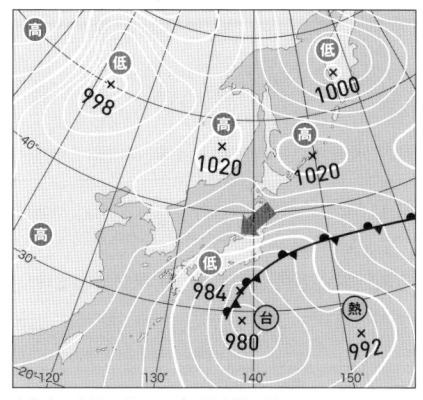

南海上に台風。北アルプスは東系の風

図12. 2006年10月7日9時　地上天気図

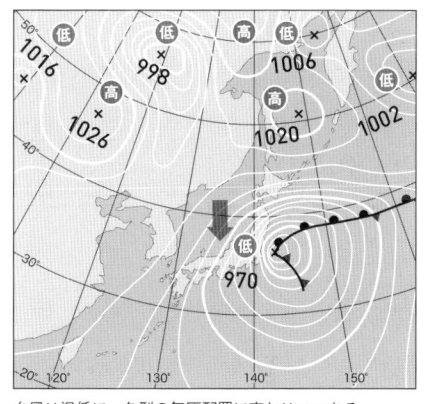

台風は温低に。冬型の気圧配置に変わりつつある

図13. 2006年10月8日9時　地上天気図

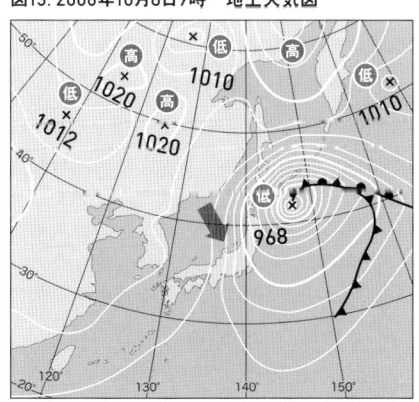

等圧線が南北に走って込み合い、北アルプスは暴風雪に

完全に南北に立った縦縞模様となっている。いわゆる冬型の気圧配置である。また、両日ともに等圧線の間隔は非常に狭く、風が強いことがわかる。等圧線の走向から、7日には北風に、8日には北西の風に変わったことも読み取れる。

このようなとき、風上側（北側や北西側）に海がある日本海側の山や脊梁山脈では、海からの湿った空気が山にぶつかって上昇するため、雨量（降雪量）が多くなり、風も強まる。また、風向が北寄りになることで寒気が南下し、気温も下がっていく。さらに、北アルプス北部では、地上で北西の風が吹くときに降雪量が多くなる傾向があることから、白馬岳では大荒れの天候になることが予測できる。

では、実況はどうだったのか。山小屋関係者や登山者の話をまとめてみると、台風が北上し、前線の影響を受けていた6日午前は、北アルプスでは南部を中心に風雨が強かったが、台風が温帯低気圧に変わり、東海上に抜けつつあった6日午後から7日朝にかけてはいったん雨・風ともに弱まった。しかし、低気圧が日本の東海上に抜けて冬型の気圧配置となった7日昼ごろには雨が雪に変わり、風も急速に強まって7日午後には暴風雪となってしまう。暴風雪は8日にかけても続き、白馬岳付近の稜線では9日朝までに多いところで1mの積雪が見られ、この時期としては珍しいほどの大雪となった。

こうした実況は、予想天気図から想定できる範囲のものであったと思われる。低気圧が東シナ海や中国大陸など日本列島の西側で発生したときは、それが発達するかどうか、通過後に冬型の気圧配置になるかを予想天気図で必ず確認しよう。

また、台風が温帯低気圧に変わる場合、通過するコースや発達の度合いによっては、日本海側の山を中心とした広い範囲で暴風雪（雨）となることがある。台風はもともと暖かい空気に覆われているので、台風から変わった温帯低気圧はすでに強い暖気を持っている。温帯低気圧が発達するかどうかは、低気圧後面に寒気が流入してくるか

図14. 2006年10月4日21時　500hPa面の気温

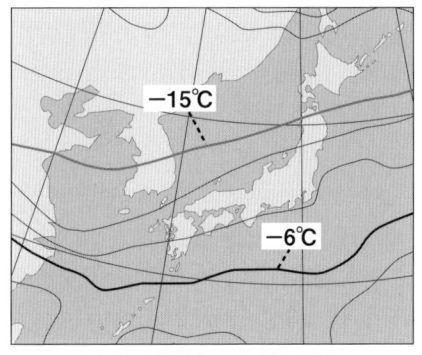

500hPa面天気図から等温線のみを抜粋した図

図15. 2006年10月6日21時　500hPa気温予想図

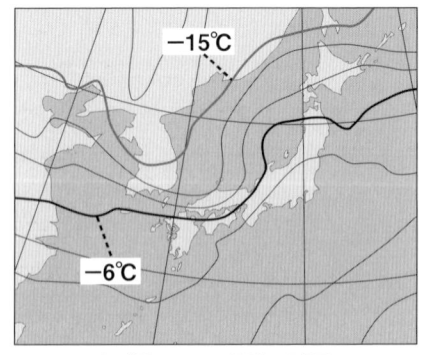

10月4日21時を基準とした48時間後の予想図

どうかが重要なポイントとなる。そのことを、500hPa面の天気図で確認していく。

低気圧の発達は上層の寒気を見る

遭難パーティが登山口の祖母谷温泉を出発したのが7日朝である。高層天気図を山中で手に入れるのは難しいだろうから、パーティが自宅を出発する前の500hPa天気図から温帯低気圧の発達を予想してみよう。もちろん、予想は先になればなるほど精度が低下するので、できるだけ最新の天気図を見ることが望ましい。

図14と図15は、4日21時の500hPa天気図と2日後（6日21時）の予想図から等温線のみを書き出したものである。4日21時の時点では、マイナス15℃の等温線は朝鮮半島にあったが、6日21時には東へ移動しながら、くさび状に寒気が南下するものと予想されている。また、4日21時には東西にほぼ平行に走っていたマイナス6℃線は、6日21時には東日本で大きく北上し、暖気が東日本方面に流れ込んでくるという予想になっている。温帯低気圧が発達するエネルギーは、寒気と暖気のぶつかり合いであることは前に述べた（98ページ）。つまり、4日夜の時点で、6日の夜には温帯低気圧の前面で暖気の流入が、後面では寒気の流入がともに活発化し、低気圧が発達することが予想されていた。

日本海側の山は低気圧の通過後こそ要警戒

これまでにもたびたび述べてきたように、太平洋側の山では、低気圧の接近・通過時に天候が悪化するが、日本海側の山では、低気圧の接近時よりも通過後に天候が悪化することが多い。

低気圧の接近中には一時的に雨が止んだり風が弱くなることがあり、そのときに前進して悲惨な結末を迎えるパーティがあとを絶たない。この一時的な回復は、下山するための最後のチャンスとなるので、決して前進してはならない。

また、森林限界よりも低いところを歩いているときは風の影響が少ないので、低気圧が発達しながら接近していることをなかなか実感できないが、稜線に出たとたんに吹雪かれてようやく厳しい状況を理解するというのもよく聞く話だ。低気圧の通過後は風向が西寄りに変わるため、西側の尾根から入山する場合、引き返すためには風上に向かっていかなければならず、引き返すことが困難になる。猛烈な風雪のなか、風上に向かって歩くのは想像以上に厳しいものである。西側から登るルートの場合は、こうしたことも想定して早めに引き返すタイミングを考える必要がある。

西日本の山での風雪

例年11月になると、西日本の山でも紅葉が見ごろを迎える。霧氷が稜線を彩ることもあり、穏やかな天気に恵まれれば、楽しい山歩きとなるだろう。しかし、この時期は寒波が西日本にまで南下することもあり、事前に気象情報を入手しておかないと、思わぬ風雪に遭い、重大な事故を招くおそれがある。

西日本の初冠雪

　西日本の山で初冠雪の便りが聞かれるのは、例年11月に入ってからになる。大山など山陰地方の高い山から始まり、次第に標高を下げて南下していく。2006年から2008年の大山と阿蘇・高岳の初冠雪日を見ると、大山では11月上旬、阿蘇では11月上旬〜12月上旬となっている（203ページ表2）。山陰地方の高い山では、11月になれば、いつ雪が積もってもおかしくはない。また、季節風の影響を受けやすい石鎚山でも、同じような状況にある。

初冠雪時の地上天気図

　図16と図17は、大山で初冠雪を記録したときの天気図である。図16を見ると、日本海と中国大陸北部にある低気圧が、日本付近に進んできている。また、シベリアには1042hPaの高気圧があるが、このように気圧の谷の背後に1040hPa以上の優勢な高気圧が控えているときは、低気圧が通過したのち、西日本にまで強い寒気が流れ込む可能性があり、注意が必要だ。

　図18は阿蘇の高岳で初冠雪を観測したときの天気図で、こちらにも大陸には

図16. 2006年11月5日9時　地上天気図

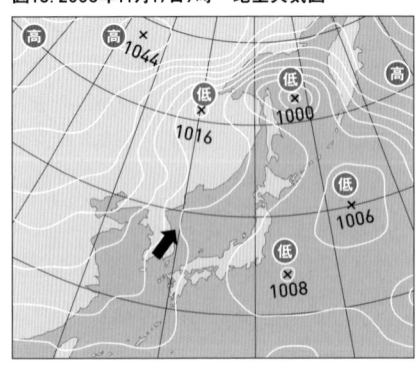

図17. 2006年11月7日9時　地上天気図

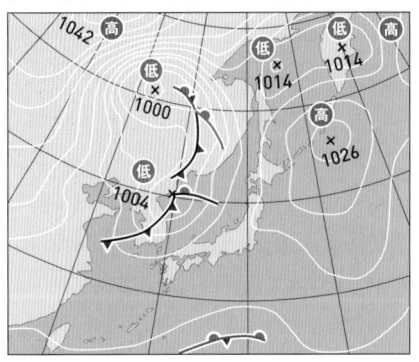

図18. 2008年11月17日9時　地上天気図

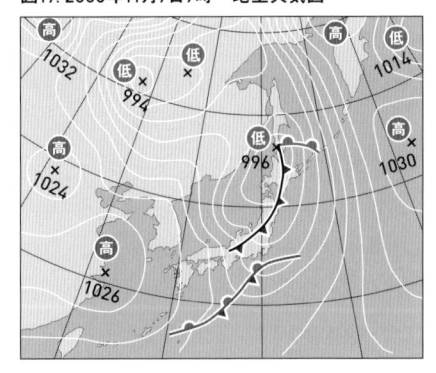

図19. 2008年11月18日9時　地上天気図

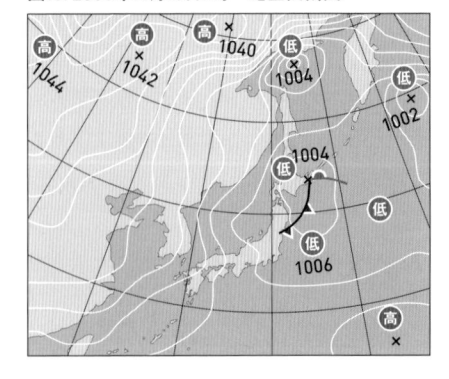

1044hPaの優勢な高気圧がある。しかし、日本の天気に影響を及ぼすような目立った低気圧や前線は見あたらない。一方、翌日の天気図（図19）では、低気圧が北海道の東部に出現している。この低気圧はどこからやって来たのだろうか。

実は17日の時点で、日本海西部に低気圧が隠れている。等圧線が袋状になっている日本海西部（図18の矢印）は周囲よりも気圧が低く（地形図では谷のような部分）、ここに低気圧が潜んでいる。地上の天気図でははっきりしないが、高層天気図には気圧の谷が現れていることが多く、500hPa天気図で確認してみるとよくわかる。

この隠れた低気圧が曲者で、上層に寒気を伴っていることが多く、激しい気象現象を引き起こす。実際、低気圧が通過したのち、西日本には強い寒気が流入して、山では吹雪となった。そして、図18、図19のようにシベリアの高気圧が翌日になっても動かないようなときは、冬型の気圧配置が持続して次々と寒気が流れ込み、西日本の山でも風雪が2、3日続くことがあるので、さらに警戒が必要となる。

府県天気予報の活用法

気象庁が発表している府県天気予報は、天気図を見慣れていない人でも気軽に利用でき、登山に出発する前の貴重な情報源となる。

西日本に強い寒気が入ると、山だけではなく、平地でも日本海側を中心に断続的な降水がある。とくに山陰地方には日本海か

ら発達した雲が入ってきて、雨や雪が降りやすい。図17や図19のように冬型の気圧配置が予想されるときに、島根県東部（松江市）や鳥取県の天気予報が「雨」「雨時々曇り」「曇り時々雨」だったら、日本海側の山ではこれらの天気予報より悪天になると考えたほうがよい。中国地方にある1500m級の山では、本格的な降雪を覚悟したうえで、大雪に対する警戒も必要となろう。

四国の石鎚山の場合は、季節風の影響を受けにくい愛媛県東予地方の予報ではなく、中予地方や南予地方の予報を参考にする。ただし、冬型の気圧配置のときなどは予報と大きく食い違うこともあるので、島根県東部や鳥取県の天気予報を参考にするとよい。これらの地方が雨や曇りのときは、石鎚山では吹雪かれることを覚悟しよう。もっとも、10月から11月にかけては冬型が長く続かないことが多く、運がよければ吹雪いた日の翌朝にすばらしい霧氷が見られるかもしれない。

九州の山では、冬型の気圧配置が予想されるときは福岡県や長崎県北部の天気予報を参考にする。これらの地方の天気予報が「雨」のときはもちろん、「曇り」や「曇り時々晴れ」でも、山では強風を伴った降雪があると思ったほうがよい。また、平地の最高気温が15℃以下になると、標高1500m以上の山は雨ではなく雪になりやすいということも覚えておこう。もちろん、高層天気図が見られる環境であるなら、それをチェックするにこしたことはない。

冬山（12月〜2月）の気象

1. 冬山の気象の特徴

　11月も中旬になると、冬型の気圧配置が出現することが多くなる。北日本の山や中部山岳、上信越の山などではたびたび降雪を見るようになり、翌年の春または初夏まで融けることのない根雪（200㌻参照）となる。11月下旬には北陸地方の平野部でも初雪が観測され、高速道路のチェーン規制や、ラッセル車出動のニュースも耳に入りはじめる。冬山登山者やバックカントリーの愛好者は、シーズンの到来を実感し、ワクワクすることだろう。

　12月に入ると、時折り強い寒気が南下し、日本海側の山は一晩に1m以上のドカ雪に見舞われ、沢筋では雪崩が頻発するようになる。ただし近年は、12月の降雪量は年によって大きな差があり、暖冬少雪の年は年末まで拍子抜けするほど積雪が少ないこともある。とくに標高の低い山で、それは顕著となる。

　雪の少ない年でも、たいていはクリスマスや年末年始には寒波が襲来し、本格的な冬山シーズンを迎える。昔は12月下旬から2月下旬にかけて、冬型の気圧配置（以下、冬型）が強弱を繰り返しながら続くことが多かったが、80年代後半以降、冬型は長続きせずに単発で終わることが多くなった。

　逆に寒気が去ったのち、次の寒気が南下するまでの期間は長くなる傾向にあり、その間、気温は上昇する。その後、次の寒気が南下すると、暖かい空気があったところに寒気が流入してくるため、近年は真冬に温帯低気圧が発達することも多い。

図1. 2006年12月と2006年1〜2月の富士山、室堂（立山）、阿蘇山における日平均気温の推移（※）

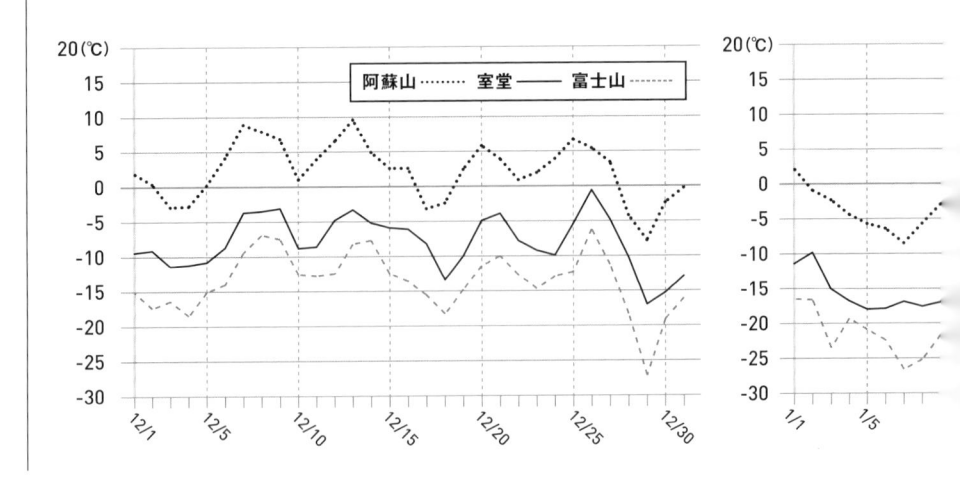

※富士山と阿蘇山の観測データはアメダスによる（気象庁提供）。　※室堂（立山）の観測データは、立山カルデラ砂防博物館の提供による。※これらの図における富士山の観測データは標高3775.1m地点、室堂（立山）の観測データは標高2450m地点、阿蘇山の観測データは標高1142.3m地点のものである。

日本海を低気圧が通過するときなどは、3000m級の山ですら真冬に雨やみぞれが降ることがあり、積雪の状態が不安定となって雪崩の危険性が増大する。冬山登山者やバックカントリー愛好者は、ふだんにも増して慎重に行動しなければならず、数日前からの気象条件と積雪条件の変化を充分に調べてから入山する必要がある。

　また、昔は2月下旬まで冬型による降雪が続き、北陸地方平野部の積雪も2月中旬から下旬にピークを迎えることが多かった。しかし、最近は2月中旬に南高北低型が出現したり、日本海を低気圧が通過して平地で20℃前後まで気温が上昇することも珍しくなくなってきた。その後も数日間は気温が下がらず、異常な高温となったり、太平洋岸に前線が停滞してひと足早い菜種梅雨のような天気になることもある。全層雪崩が沢筋で頻発するのもこのころで、昔より1、2週間ほど早くなっている。このような気圧配置が出現するようになると、いよいよ春山の到来である。

　冬は一年で最も平地と山の気温差・風速差が大きい季節である。3000m級の山や北日本の2000m級の山では、寒波が襲来すると日中でもマイナス20℃を下回るようになる。本州の1500m級の山でも、日本海側ではマイナス10℃を、太平洋側でもマイナス5℃を下回る。移動性高気圧に覆われて、よく晴れた風の弱い朝は、標高1200〜1500mの上高地や奥日光、菅平、八ヶ岳山麓でもマイナス20℃前後まで気温が下がる。逆に日本海を低気圧が通過したり、日本の南海上に停滞前線があるときなどは、3000m級の山で気温が0℃前後まで上昇する（図1）。この気温差が、雪崩を発生させる要因ともなる。

　また、冬は寒帯前線ジェット気流の影響

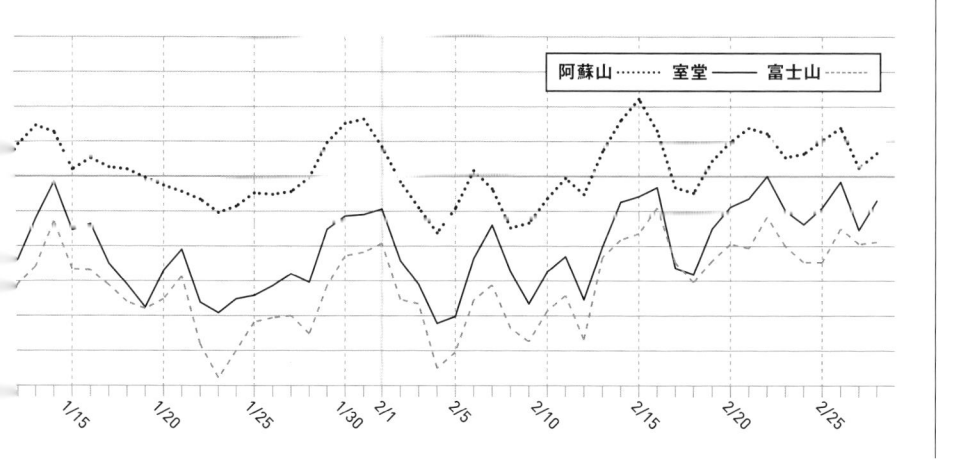

Chapter 7　四季の山岳気象　冬山

で、上空では常に風が強く、とくに冬型が強まったり日本海を低気圧が発達しながら通過するときは、東日本や西日本の2000m以下の山でも風が強まり、3000m級の山や北日本の山では平均風速が30m/sを超える。これは人が吹き飛ばされかねないほどの風で、這って進むことしかできない。風が吹き抜けやすい蔵王連峰や那須などの東北地方の山では、冬型時だけでなく、移動性高気圧が接近しつつあるときに暴風が吹き荒れることがあり、突風による転滑落などの事故が発生している（254ページ参照）。

冬山の気象サイクル

　冬山で警戒すべき気象現象は、大雪、暴風（強風）、低温である。これらは冬型が強まるときや、低気圧が発達しながら日本列島を通過するときに出現する。

　また、冬は天気が変化するパターンが決まっており、天候を予想するのは比較的容易だ。**図2a**〜**図2d**は、冬における代表的な気圧配置の変化を示した天気図で、**冬型→移動性高気圧→温帯低気圧が通過→冬型**というサイクルを繰り返していく。

　このサイクルのなかで、山が好天に恵ま

図2a. 2009年2月16日9時
冬型の気圧配置

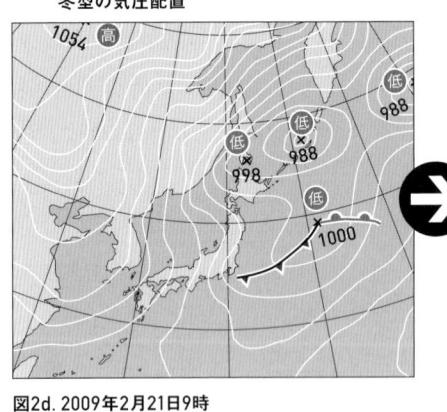

図2b. 2009年2月19日9時
移動性高気圧

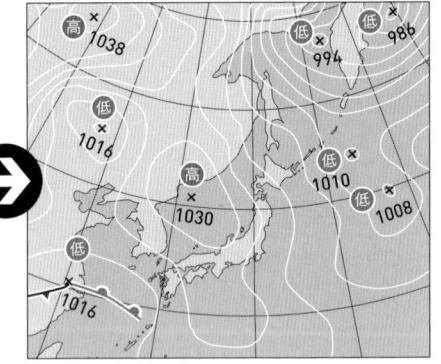

図2d. 2009年2月21日9時
冬型の気圧配置

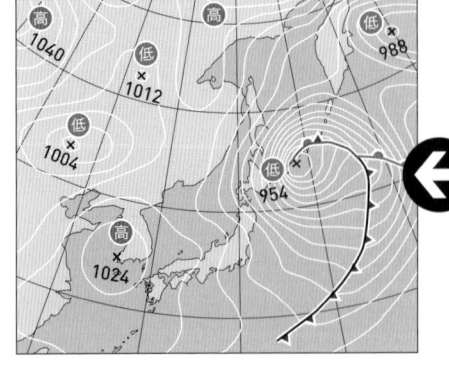

図2c. 2009年2月20日9時
低気圧通過

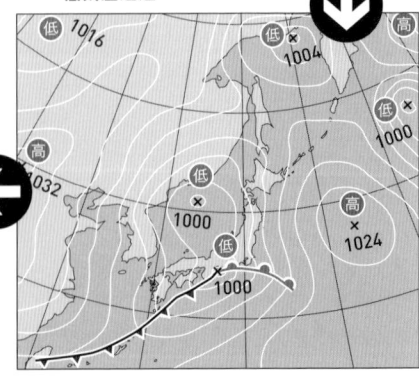

れるのは移動性高気圧に覆われているときである。冬山に登るには、入山予定の1週間ほど前から日々の天気図をチェックし、移動性高気圧が到来するタイミングを捕えることが必要になってくる。

しかし、移動性高気圧に覆われるのは、せいぜい半日から1日程度。年末年始などの長期山行では、どうしても低気圧の通過や冬型に捕まってしまう。そこで、行動不能やテントの埋没など大荒れの天気をもたらすおそれのある気圧配置を予想し、そうなる前に下山するか、雪崩や風雪に対して安全な場所でやり過ごすかの判断が要求される。

冬山でよく現れる気圧配置のうち、移動性高気圧と温帯低気圧についてはすでに「春山の気象」で述べたのでここでは割愛し、冬型を中心に説明する。

2. 冬型

冬型による降雪のしくみ

冬に最もよく現れる気圧配置が、**冬型（西高東低型）**である。冬はユーラシア大陸（以下、大陸）で冷え込みが厳しくなり、シベリアでは北極からの寒気が入りやすく、高原地帯であることなどから、高気圧が発達するようになる。この高気圧をシベリア高気圧と呼ぶ。一方で、千島列島や日本の東海上には発達した低気圧が停滞し、日本付近は西（大陸）で気圧が高く、東（千島近海）で気圧が低い、西高東低の冬型となる（**図2a**）。

冬型になると、日本海側では雨や雪、太平洋側では乾燥した晴天となることがよく知られている。どうしてそのような天気になるのか。

図2aのような気圧配置のとき、日本付近では北西の風が卓越する。つまり、大陸奥地にあるシベリア高気圧から日本海と日本列島を通り、太平洋に向かって風が吹く。シベリア高気圧は、Chapter 4で学んだように、空気中に含まれる水蒸気の量が少ない、寒冷で乾燥した性質を持つ。

一方、大陸と日本列島の間には日本海が存在する。日本海は対馬海流という暖流が流れているので、日本列島に近い側の海域では冬でも海面水温が10℃以上のことが多い。このため、シベリアから到来する冷たくて乾燥した空気は、日本海に到達すると下から暖められる。しかし、上空はシベリアからの冷たい空気に覆われているので、海面付近と上空で温度差が大きくなり、大気が不安定な状態となる。

さらに、日本海から蒸発する水分により、海面近くの空気は湿った空気に変化し、中上層はシベリアからの乾燥した空気のままとなっている。このような大気の状態を、「**対流不安定**」といい、積雲や積乱雲が発生しやすい。こうして日本海で発生した積雲や積乱雲は北西の季節風に流されて日本列島に侵入し、山にぶつかって上昇気流が強められ、積乱雲が発達する。その積乱雲が日本海側の山に強い降雪をもたらす（224㌻**図15a**）。

さて、降雪によって水分が地上に落ちる

と、雲の中の水蒸気量は減少する。また、下降気流によって空気は次第に暖まり、乾燥する（47ﾟｰ参照）。このため、風下側の太平洋側で雲が消えて乾燥した晴天となる。

冬型の強弱

冬型にも、強いときと弱いときがある。

冬型が強まると、日本海側の山や脊梁山脈では暴風雪になる。また、太平洋側や内陸の山でも、八ヶ岳や中央アルプス、南アルプス、石鎚山、鈴鹿山脈、九州山地や東北地方の山など、3000m級の山や、風上側に高い山がない地域、北西の季節風が吹き抜けやすいところでは風雪が強まる。冬型が強いとき、稜線での行動は極めて厳しく、苛酷なものとなる。

一方、冬型が弱まるときは、太平洋側や内陸の山では天候が回復し、日本海側の山や脊梁山脈でも風雪が弱まることが多い。このようなときは、行動を再開するチャンスとなるが、後述するように一時的な好天に過ぎないこともある。その後の天候の変化には充分な注意が必要だ。また、降雪直後は雪崩が起きやすいので、安易に斜面に取り付いてはならない。

冬型が強まるか弱まるかを見極めるには、地上天気図、高層天気図、そして衛星画像の主に3つのデータを活用する。

地上天気図からの予想
①冬型が強いとき

図4と図5は、それぞれ2008年、2009年の1月1日9時の地上天気図である。いずれも冬型が強まっているときの地上天気図である。ポイントは次の2つ。

ⓐ **シベリアやモンゴルなど大陸の奥地に1050hPa以上の優勢な高気圧（シベリア高気圧）が存在する**
ⓑ **等圧線が南北方向に走っており、その間隔が狭い**

これらの特徴が見られるときは、日本海側の山や脊梁山脈は暴風雪に見舞われ、内陸や太平洋側の山でも、季節風が吹き抜けやすいところや3000m級の山では風雪が強まる。また、他の山域でも稜線や山頂付近を中心に強風が吹き荒れる。

②冬型が弱いとき

一方、冬型が弱いときの地上天気図における特徴は、以下のとおり強いときと反対だと思えばよい（**図3**）。

ⓐ **大陸奥地に1050hPa以上の優勢なシベリア高気圧が存在しない**
ⓑ **日本付近での等圧線の間隔が比較的広い**

図3. 2008年1月3日9時　冬型が弱いときの特徴

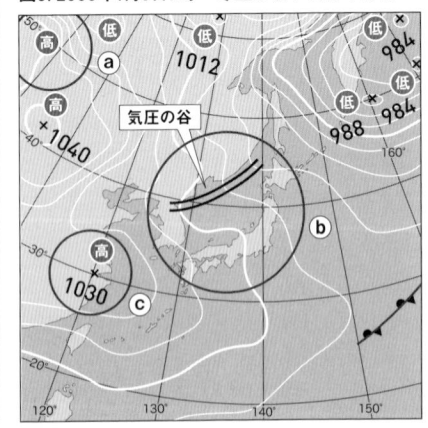

ⓒ**中国大陸南部に高気圧がある**

これらの特徴が見られるときは、風雪は弱まり、内陸の山や、標高の高い山頂と稜線から青空が広がっていくことが多い。とくに大陸奥地に低気圧が存在していたり、気圧が周囲より低くなっているときは、その後しばらくは強い寒気が南下しないことを意味している。したがって山で厳しい寒気や風雪にさらされる可能性は低くなるが、その場合は異常な高温による湿潤雪崩やブロック雪崩、雪庇の崩落、融雪による沢の増水などが起こりやすい状況になるので逆の意味での警戒が必要である。

また、図3のように、中国大陸南部に高気圧が出現するときは、その後、高気圧が移動性となって日本付近に接近することが多い。しかし、そのようなとき大陸奥地に優勢なシベリア高気圧が残れば、移動性高気圧が通過したあとに気圧の谷が発達しながら日本列島を通過し、その後に再び強い

図4. 2008年1月1日9時　地上天気図

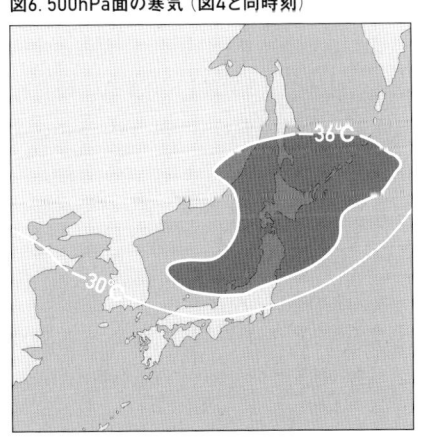

図5. 2009年1月1日9時　地上天気図

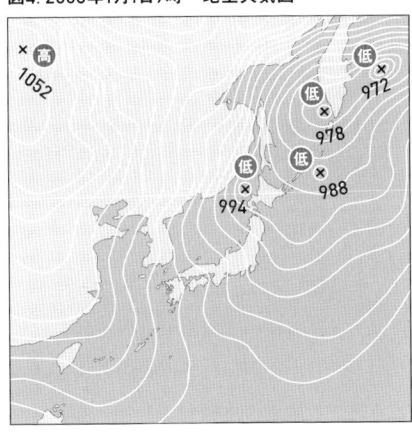

図6. 500hPa面の寒気（図4と同時刻）

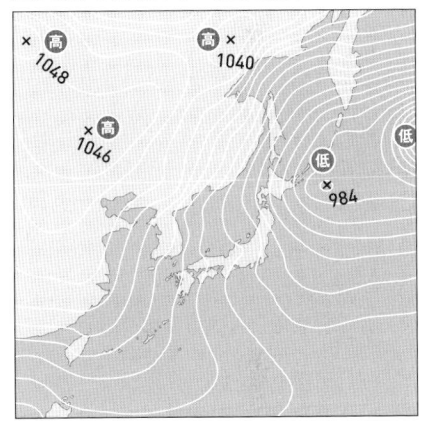

図7. 500hPa面の寒気（図5と同時刻）

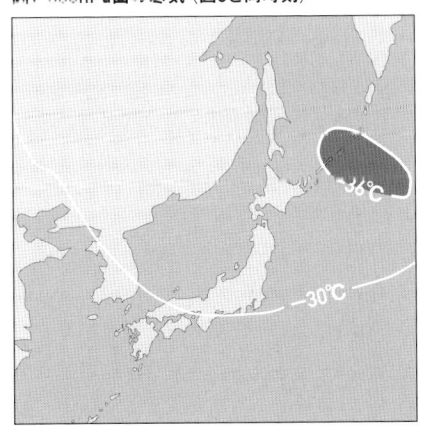

冬型にもどってしまう。移動性高気圧が通過したあとの気圧配置の変化には充分注意したい。

高層天気図からの予想
①降雪量は上層の寒気に比例する

これまで見てきたように、冬型が強いか弱いかは、地上天気図からもある程度、見極めることができる。しかし、地上天気図からは判断がつきかねることも少なくない。

図4と**図5**は、一見、同じような気圧配置で、いずれも冬型が強いときの特徴を示しており、日本海側の山や中部山岳北部では吹雪となった。しかし、これらの山における降雪量は、**図4**と**図5**とでは大きく異なった。07～08年の年末年始（**図4**）はドカ雪に見舞われ、北アルプスの槍平では雪崩事故も発生したが、08～09年（**図5**）は並の降雪であった。

この違いを地上天気図だけで判断するのは非常に難しい。そこで高層天気図を活用する。高層天気図で最も重要なのは、上層の寒気を見ることだ。それは、上層の寒気が強いほど、海面や地表面付近と上空との温度差が大きくなり、大気は不安定になるからである。大気が不安定になればなるほど積乱雲が発達しやすく、降雪量は多くなる。いうまでもなく、降雪量の多い少ないは、冬山での登山者の行動に大きな影響を与える。日本海側の山や脊梁山脈では、**降雪の強さは上層の寒気の強さに比例する**という法則を覚えよう。上層における寒気の強さは、降雪量を予測するときに重要な指標となる。

図6と**図7**は、それぞれ**図4**、**図5**と同日の500hPa面（上空約5500m）の寒気を表したもので、見やすいようにマイナス30℃とマイナス36℃の等温線のみを書き出している。500hPa天気図にはいろいろな情報が書かれているが、慣れないうちは、天気図に書かれているひとつの指標に注目して、それを色つきのペンなどでなぞるとよい。

図6を見ると、マイナス36℃以下の強い寒気が日本海から北陸地方にまで南下している。このとき、北アルプスや上信越の山では、一晩に1mを超えるドカ雪となった。一方、**図7**では本州付近がマイナス30℃以下の寒気に広く覆われているものの、マイナス36℃以下の強い寒気は見あたらない。北アルプスや上信越の山では吹雪となったが、前年ほどの降雪にはならなかった。これは、前年と比べて日本付近の上層の寒気が弱かったためで、まさに**降雪の強さは上層の寒気の強さに比例する**ということを示している。

日本海側の山や脊梁山脈、中部山岳北部では、**マイナス30℃以下の寒気に覆われるときは大雪に対して、マイナス36℃以下の寒気に覆われるときはドカ雪に対して、充分な警戒が必要**である。とくに北陸地方にマイナス36℃以下の寒気が南下するようなときは、北アルプスや白山、伊吹山、飛越国境（ひえつこっきょう）や上越、会越（かいえつ）の山では一晩に1m以上の降雪となり、表層雪崩の危険が非常に高まる。強風を伴っていれば稜線での行

動は不可能な状況になるので、計画の変更や登山の中止を検討すべきだ。ただし、この原則は北海道の山にはあてはまらないことがあるので注意したい。

②**寒気の動向から大雪を予想**

山中でドカ雪に捕まらないようにするために、予想天気図を上手に利用して天候の悪化を予想したい。2007年12月31日深夜、北アルプスの槍平で雪崩事故が発生した。この雪崩は、強い冬型による多量の降雪が引き金となった。ドカ雪を予想するために、500hPa面で寒気の動向を見ていこう。

図8は、槍平での雪崩事故前日（30日9時）から翌々日（2日9時）にかけてのマイナス30℃以下、およびマイナス36℃以下の寒気の動きである（500hPa天気図から特定の等高度線と等温線を抜粋した図）。事故前日の12月30日9時に朝鮮半島北部から沿海州にあった寒気は南東に移動し、31日朝には北陸地方まで南下して、この日の夜まで停滞した。基本的に中国大陸北部にある寒気は東から南東方向に移動するので、沿海州や中国東北部、朝鮮半島などに寒気があると、翌日は日本付近に南下すると思ったほうがよい。とくにこれらの地域で**北緯40度より南側にマイナス36℃線が南下したときは警戒が必要**だ。北アルプスや白山などでは、早ければその日の午後から、遅くとも翌日には激しい雪となる。西日本の山ではさらに半日ほど早く大雪が降り出すことが多い。

この寒気は、1日には北海道まで北上し、北海道の山では雪が強まったが、中部山岳での大雪はピークを超えた。ただし、上信越や羽越地方の山では、降雪のピークが北アルプスよりも半日から一日程度遅れる傾向があるので、1日の夕方まで大雪となった。

このように、冬山登山においては、上層の寒気の様相を500hPa面の気温予想図で確認することが非常に重要となる。ただ、なかには高層天気図が苦手という人もいるだろう。そういう人には、出発前に気象庁が発表する週間天気予報を確認することをおすすめする。新潟や金沢の予報で雪が続くときは、冬型が持続する可能性が高い。また、新潟や金沢の予報が、「曇り時々雪」や「雪時々曇り」ではなく、単に「雪」となっているときは、強い寒気が南下することによって大雪となるおそれがある。そういうときは、予備日を多めに取るか、入山を控えたほうがよいだろう。逆に、新潟や金沢の天気予報が回復傾向だったり、雪ではなく雨の予報が出ているときは、寒気が弱まる傾向にあり、山で行動できる可能性が高くなる。

衛星画像からの予想

冬型が強いか弱いかを判断・予測するもうひとつの方法に、衛星画像を利用するものがある。大陸からの離岸距離を見る方法だ。離岸距離が短いときは冬型が強く、長いときは冬型が弱い。詳細はChapter 6の123～124ページを見ていただきたい。

冬型が続くかどうか

　社会人にとって、年末年始は、冬にまとまった休みを取れるチャンスである。この時期には毎年多くの登山者やスキーヤーが山に入るが、一方でドカ雪や暴風雪により山中で身動きが取れなくなり、進退窮まるケースも頻発する。

　このような気象遭難は、冬型が長く続くときに発生する。近年、地球温暖化の進行などによって、昔のように冬型が長く続くことが少なくなり、単発で終わってしまうことが多い。そのイメージが強いせいか、冬型が長く続くと、山中に閉じ込められるパーティが多い。そうならないためにも、冬型がどの程度続くのか、入山前や登山中に予想できるようにしておこう。

地上天気図からの予想

　冬型が続くかどうかの判断は、基本的には上層の寒気の動きから判断していくが、

図8. 500hPa面の気温と高度
a. 2007年12月30日9時
b. 2007年12月31日9時
c. 2008年1月1日9時
d. 2008年1月2日9時

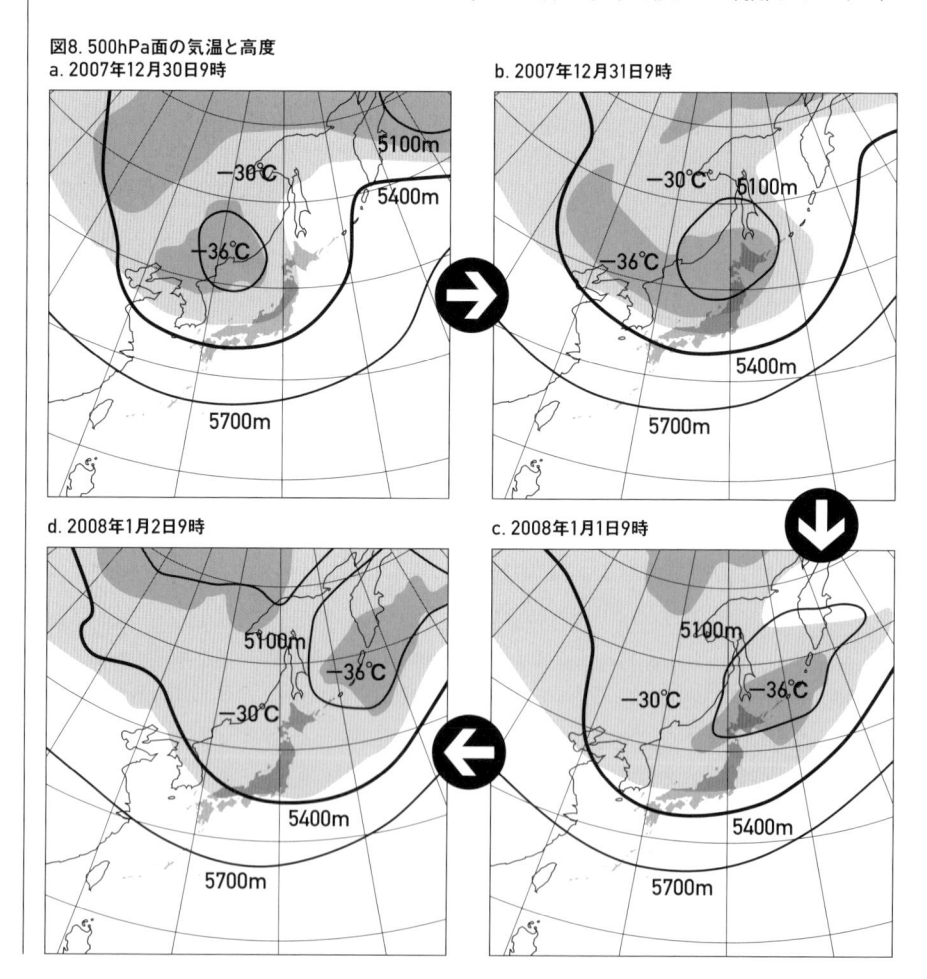

地上天気図から予想できることもある。

たとえば、**図2a**（214ジ）の冬型は3日間続いたが、**図2d**の冬型は1日しか続かなかった。この違いは、**図2a**では天気図の左上、シベリアに優勢な高気圧があるのに対し、**図2d**では朝鮮半島の南に移動性高気圧が進んできていることによる。

冬型の強弱を判断するときにも利用したように、シベリアやモンゴルなど大陸の奥地に1050hPa以上の高気圧があって停滞しているときや、移動速度が遅いとき（ゆっくりと進んでいるとき）には、冬型が続くことが多い。一方、東シナ海や中国大陸南部に高気圧が出現し、東寄りに進んでいるときは、冬型は長続きせず、翌日は高気圧に覆われる可能性が高くなる。

高層天気図からの予想

図9aは、500hPa面の寒気の様子を簡略化した図で、マイナス36℃以下の強い寒気が北陸地方に南下している。このようなときには北アルプスや上信越の山はドカ雪となる可能性が高い。一方、西日本では寒気から抜けつつある。大陸には強い寒気が存在せず、マイナス30℃線が大陸で大きく北上している。冬型が単発で終わり、長くは続かないときの特徴だ。

逆に、**図10a**のように、大陸に次の寒気が控えていて、マイナス30℃線が大陸で北上していないときは、冬型が続く。

衛星画像からの予想

冬型の強弱を判断するには大陸からの離岸距離を見たが、冬型が続くかどうかを見極めるには、黄海や日本海西部にある筋状の雲に注目する。その見方については、124ジを参照していただきたい。

山雪型と里雪型

冬型には山雪型と里雪型の2種類があり、山の天候は大きく異なってくる。また、冬山で警戒しなければならない気象現象のひとつに**擬似好天**（223ジ参照）がある。天気が回復したと思って登山を開始したら、数時間後に暴風雪になってしまったという経験を持っている人もいるだろう。擬似好天は、気圧配置が里雪型から山雪型に変わるときによく出現する。擬似好天を見抜くためにも、山雪型と里雪型の違いをしっかりと理解したい。

図11と**図12**は、いずれも大陸奥地に高気圧が、日本の東海上には低気圧があって冬型となっているが、この2つの天気図には大きな違いがある。**図11**では、日本付近で等圧線が南北に走っており、このような気圧配置を**山雪型**と呼ぶ。平野部よりも山沿いで降雪量が多くなるタイプの冬型である。

一方、**図12**では、等圧線が日本海で袋状になっており、等圧線の向きが本州付近で東西に走り、間隔が広がっている。このような気圧配置を**里雪型**と呼ぶ。日本海に小さな低気圧（閉じた等圧線がひとつか2つしかないもの）がある**図13**のような気圧配置も同じ里雪型で、山や山沿いよりも平野部や海岸部で降雪量が多くなる。

山雪型にしても里雪型にしても、大陸にあるシベリア高気圧から冷たく乾燥した空気が日本海に入ってくることに違いはない。異なるのは、日本列島で吹く風の向きと強さだ。等圧線が南北に走っていて間隔も狭い山雪型の場合は、北西の風が強まる。日本海で発生した積雲や積乱雲は、北西の風に流されて脊梁山脈にぶつかり、上昇気流によってさらに発達し、脊梁山脈とその風上側で強い雪が降る（**図15a**）。脊梁山脈の高度が低くなっているところでは、北西の強風によって雲が太平洋側にまで流れ出し、仙台や広島、濃尾平野や四日市周辺など太平洋側の平地でもまとまった雪が降ることがある。

　これに対し、里雪型の場合は地上付近の風が弱いことや、等圧線が東西に走っているため西寄りの風になることから、日本海で発生した雪雲は山にまで運ばれないことが多い。また、里雪型が強まるときには、

図9. 単発型の特徴　a. 500hPa面の寒気

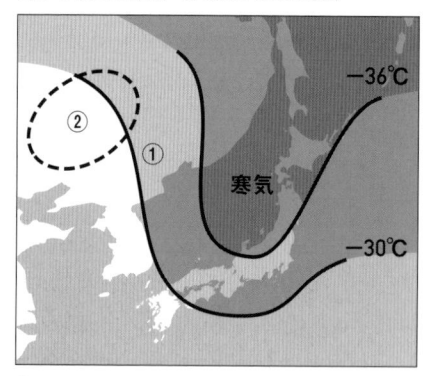

①マイナス30℃線が大陸で大きく北上
②大陸に次の寒気がない

b. 2008年1月2日9時　地上天気図

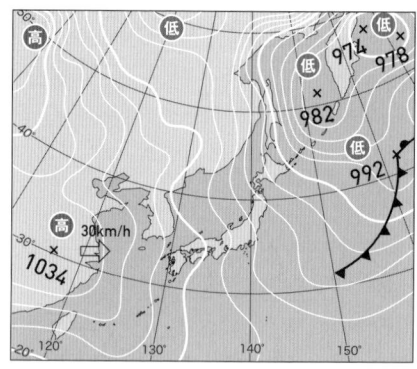

①中国大陸南部や東シナ海に高気圧
②高気圧が東に進んでいる

図10. 持続型の特徴　a. 500hPa面の寒気

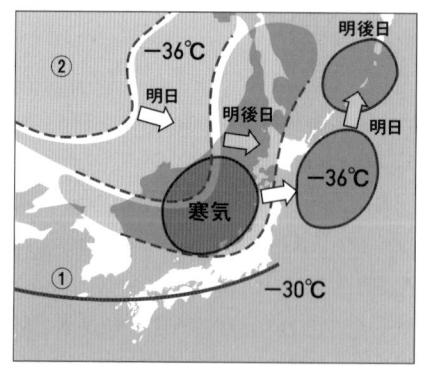

①マイナス30℃線が大陸で北上していない
②次の寒気が大陸に存在する

b. 2009年2月16日9時　地上天気図

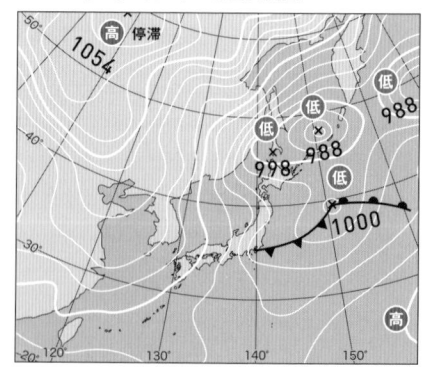

①シベリアに1050hPa以上の高気圧
②シベリア高気圧が停滞

図11. 2009年1月2日9時　山雪型の気圧配置

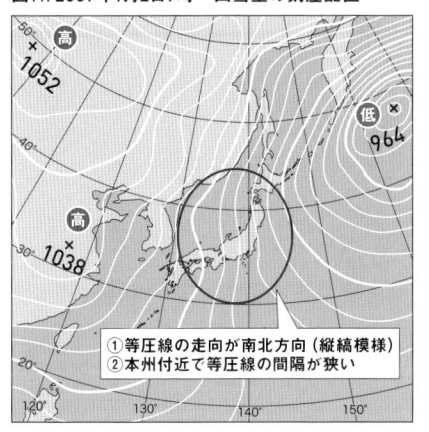

① 等圧線の走向が南北方向（縦縞模様）
② 本州付近で等圧線の間隔が狭い

図12. 2009年1月26日9時　里雪型の気圧配置1

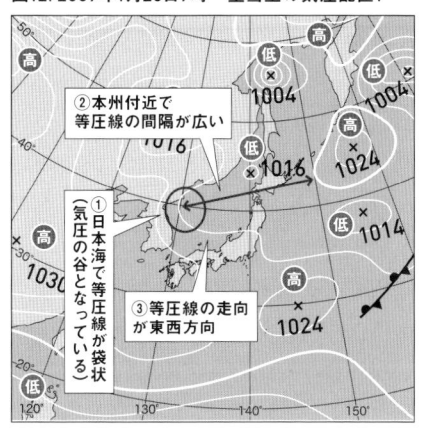

② 本州付近で等圧線の間隔が広い
① 日本海で等圧線が袋状（気圧の谷となっている）
③ 等圧線の走向が東西方向

図13. 2010年2月4日9時　里雪型の気圧配置2

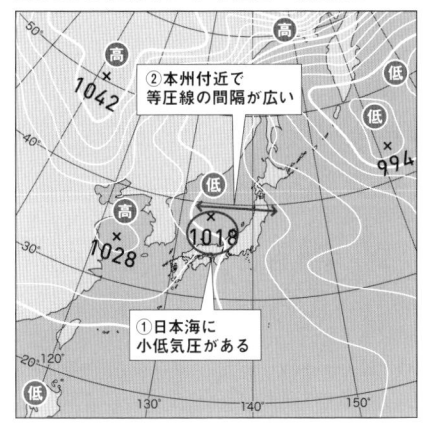

② 本州付近で等圧線の間隔が広い
① 日本海に小低気圧がある

図14. 2010年2月6日9時　地上天気図

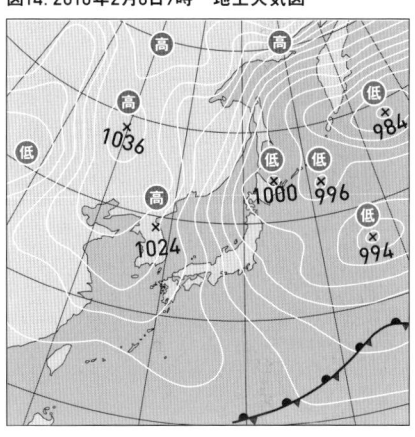

日本海の上空に非常に強い寒気が入るので、大気の状態が不安定となり、日本海沿岸でも充分に積乱雲が発達する。さらに、低気圧の周辺や、地形的な影響によって、風と風がぶつかり合う沿岸部や平野部で上昇気流が強められ、これらの地域で大雪が降る（図15b。風と風がぶつかり合うところで上昇気流ができる理由については48㌻参照）。ただし、日本海に面して南北に走っている山脈では、里雪型のときに吹く西風が強いと雪雲が山にぶつかり、山沿いや山でも大雪になることがある。

擬似好天の予想

①実況（最新）の地上天気図で確認する

冬山で天気が回復したと思ったら、しばらくして暴風雪になることがある。このように、悪天の前に現れる一時的な好天を擬似好天といい、気圧配置が里雪型から山雪型に変わるときや寒冷前線が通過したあと

によく出現する。

　図13は、2010年2月4日9時の天気図、図14は、その2日後にあたる6日9時の天気図である。どちらの天気図も、シベリアやモンゴルに優勢な高気圧（シベリア高気圧）が、千島列島や日本の東海上には発達した低気圧があって、典型的な冬型となっている。また、図13は日本海に低気圧があり、その東側で等圧線の間隔が広いことから、平野部や沿岸部で降雪量が多い里雪型となっている。実際、この日から翌日にかけて、新潟県のなかでもふだんは雪の少ないことで知られる沿岸部の新潟市で80cm前後の降雪があり、26年ぶりの大雪となった。

　一方、図14は日本付近で等圧線が込み合い、縦縞模様となっている。これは、平野部や沿岸部より山沿いで降雪量が多くなる山雪型で、新潟県の魚沼市や湯沢町、福島県只見町など山沿いで大雪となった。

　図13のように、日本海に前線を伴わない小さな低気圧があったり、低気圧がなく

図15a. 山雪型

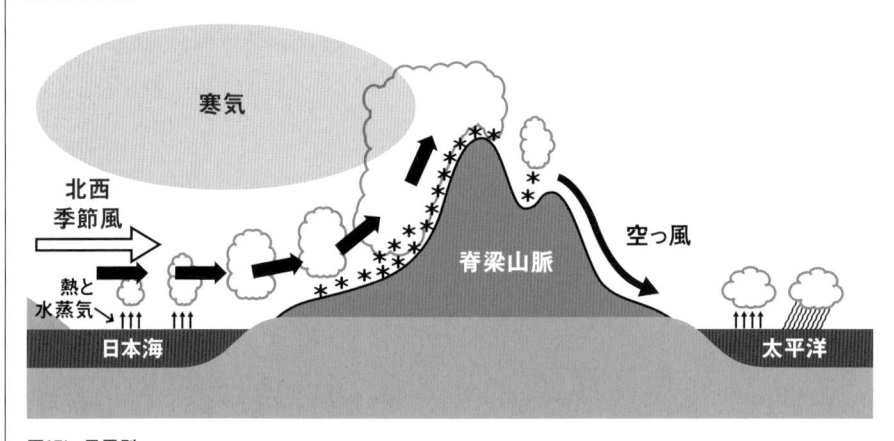

図15b. 里雪型

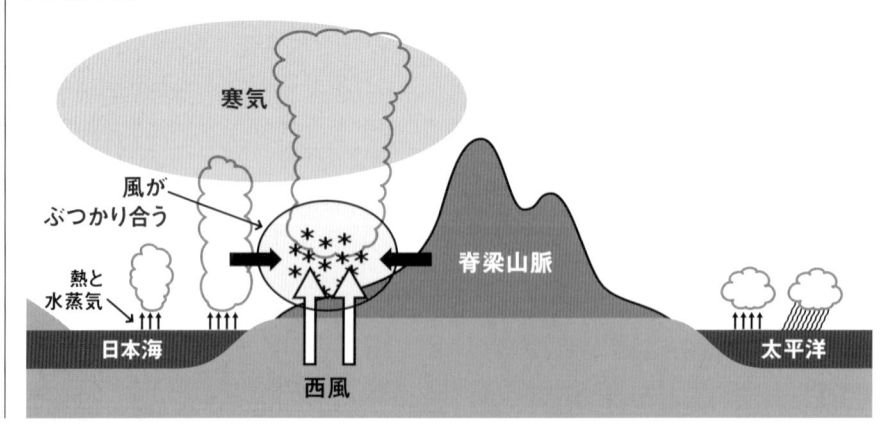

ても袋状にくびれた等圧線があるとき（図12）は、その東側で等圧線の間隔が広がることが多い。等圧線の間隔が広いところでは気圧の差が小さく、風は弱くなる。とくに標高の低い山ほど風が弱まる。また、標高の高い山でも多少は風が弱まり、場合によってはガスの切れ間から青空がのぞくこともある。

このときに「冬型が弱まって移動性高気圧に覆われてきた」と勘違いして、登山継続の判断を下してしまうことがある。しかし、残念ながらこの好天が長く続くことはほとんどない。里雪型から移動性高気圧型に移行して天候が本格的に回復することよりも、山雪型へと移行するケースが圧倒的に多いからだ。そして山雪型に変わった途端に、山では風雪が強まり、大荒れの天気になる。

冬山登山では、里雪型から山雪型に変わる前に現れる一時的な好天を最後のチャンスととらえ、危険地帯からの脱出や安全地帯への移動に活かさなければならない。

②予想天気図で山雪型になる時間を予想

擬似好天を見極めるために、予想天気図で里雪型から山雪型へ変わるタイミングを確認しよう。**図16a**は、**図13**を基準とした24時間後（5日9時）の、**図17**は36時間後（5日21時）の予想図である。**図16**の拡大図（**図16b**）を見てみよう。5日9時の予想では、等圧線が日本海でくびれていて（A）、その東側では等圧線の間隔が比較的広く（B）、里雪型が続く予想となっている。

図16a. 2010年2月5日9時　地上予想図

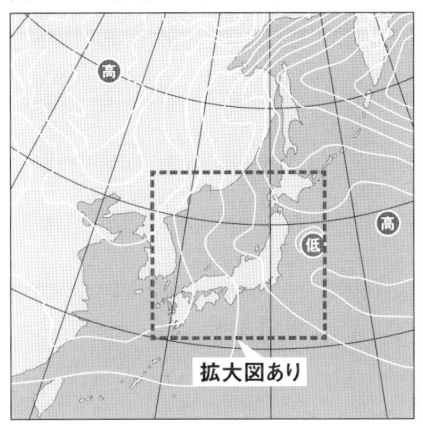

図16b. 上図の拡大図

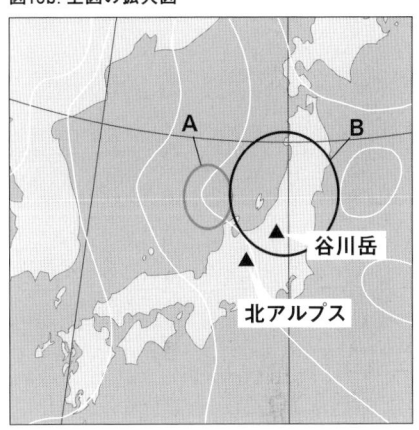

図17. 2010年2月5日21時　地上予想図

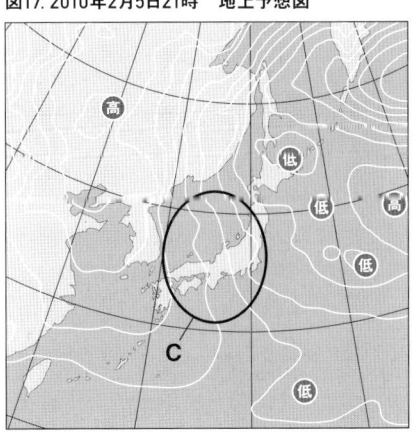

Chapter 7
四季の山岳気象

冬山

225

図18. 2010年12月17日15時　地上天気図

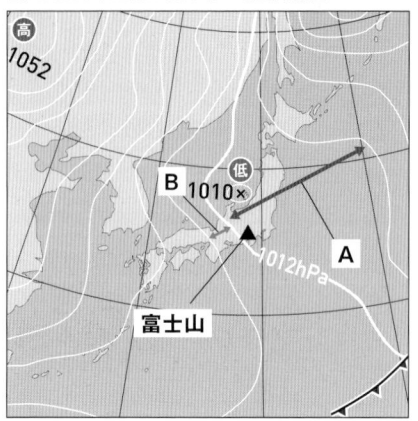

図19. 2010年12月17日21時　地上天気図

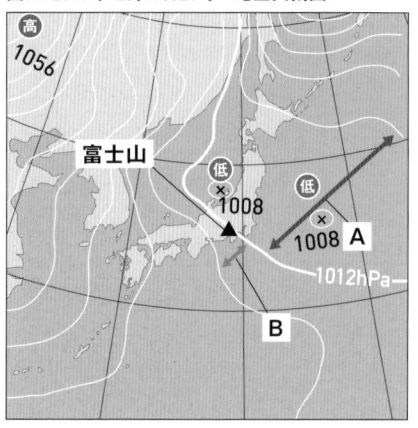

図20. 2010年12月18日9時　地上天気図

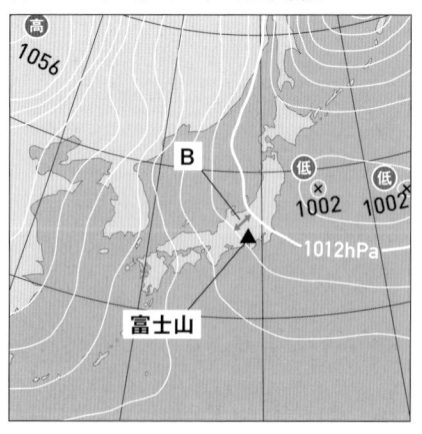

実際、新潟市など沿岸部では大雪が続いたが、北アルプスでは小雪程度で、谷川連峰ではガスの切れ間から青空が広がった。

しかし、**図17**（5日21時）では、日本海にあった等圧線のくびれ（A）がなくなり、縦縞模様に変わって間隔も狭くなっている（C）。つまり、5日9時から21時の間に里雪型から山雪型に変わり、中部山岳や上信越の山では、この間に風雪が強まることが予想される。

もう一度、**図16b**を見てみよう。北アルプス周辺は、このときすでに、等圧線が縦縞模様になったエリアに入りつつある。縦縞模様の等圧線は、このあと東へ移動しながら、**図17**のように次第に間隔が狭くなっていくと考えられるので、北アルプスでは5日9時ごろから山雪型へ移行するものと予想できる。

谷川連峰では、**図16**の時点ではまだ等圧線の間隔が広く、里雪型のエリアに入っている。しかし、谷川連峰は北アルプスより2、3時間遅れて山雪型になることが多いので、5日の昼前後には天候が崩れると思ったほうがよい。もし、山中にいて見通しが効くのであれば、日本海側から接近する積乱雲の雲列に注意しよう。この雲が里雪型から山雪型に変わるサインであり、積乱雲の雲列が到来すると猛吹雪となってしまう。

なお、これらの予想はあくまで予想天気図を元にしたものなので、荒天になるタイミングが実況とずれる可能性がある。その誤差を計算に入れ、予想よりも2、3時間

程度は余裕を見ておきたい。

冬山の遭難事例から学ぶ

　里雪型から山雪型に変わる状況で実際に発生した遭難事故から、天候の急変を予想していこう。

　2010年12月、富士山で暴風によりテントが飛ばされ、標高2600m付近でビバークした2名が低体温症で命を落とすという事故が発生した。**図18**から**図20**は事故が起きた12月17日15時から18日9時にかけての地上天気図である。また、**表1**はこのときに河口湖（山梨県）で観測されたウィンドプロファイラのデータで、遭難したパーティがビバークした高度に近い3kmの観測データを見ると、17日21時ごろから急に風が強まっている。

　それでは、どうして21時ごろから風が急に強まったのだろうか。これらの天気図では、いずれも典型的な西高東低の冬型となっている。ただし、**図10**と**図19**には、佐渡島付近に小さな低気圧がある。つまり、里雪型である。この低気圧があることで、東日本から北日本は等圧線の間隔が広く（**A**）、風が弱くなっている。一方、この低気圧の西側では南北に走っている等圧線の間隔が狭く（**B**）、強い山雪型となっていることが見て取れる。

　ここで、**A**と**B**の境界にある1012hPaの等圧線に注目する。この等圧線を境にして東側では風が弱く、西側では風が強まっている。**図19**によると、この等圧線が富士

表1. 2010年12月17日　河口湖上空の風のデータ (m)

時刻	1km		2km		3km	
時	風向	風速 (m/s)	風向	風速 (m/s)	風向	風速 (m/s)
1	西北西	3	西南西	5	西	17
2	西	4	西	11	西	19
3	西	7	西	10	西	13
4	西南西	4	西北西	8	西	13
5	西	3	西北西	7	西北西	12
6	西	5	西南西	7	西北西	10
7	西	6	西	4	西北西	10
8	西	5	西南西	1	西	5
9	西南西	7	西南西	5	西北西	13
10	西	5	西南西	4	西	12
11			西	3	西南西	13
12	西北西	4	西	7	西北西	14
13			西南西	5	西	13
14			西北西	3	西	14
15	北西	2	西	9	西北西	18
16	北北西	2	北西	5	西	11
17	西北西	4	西	5	西	14
18	西北西	5	西	9	西	12
19	西南西	8	西	10	西北西	12
20	西南西	10	西	6	西北西	15
21			西	10	西	24
22			西		西	25
23	西南西	9	西	5	西	20
24	西南西	8	西	0	西	24

12月18日

1	南西	6	西南西	10	西	23
2	西南西	6	西	7	西	22
3	西南西	6	西	13	西	24
4	南西	7	西北西	14	西	25
5	西南西	6	西北西	19	西北西	26
6			西南西	12	西北西	28
7	西北西	11	西	15	西北西	27
8	西南西	7	西南西	18	西	27

山を通過したのは21時ごろ。急速に風が強まったのは、そのためだ。

日本海に小さな低気圧が現れたとき、山の中腹以下を中心に風が弱まることがある。しかし、この低気圧が通過したとき、つまり等圧線の間隔が狭い領域に入った途端に風は強まる。

前述のとおり、近年は里雪型が長く続かないことが多く、日本海にある低気圧がいつ通過するかを見極めることが重要になってくる。里雪型による一時的な好天は、登山継続ではなく、安全地帯への下山に利用したい。

気圧配置による降雪の違い

同じ山雪型であっても、たとえば双六岳ではまとまった雪が降ったのに、槍ヶ岳ではほとんど降らなかったというように、至近距離でも雪の降り方が大きく異なることがある。また山雪型でも山沿いの全域で大雪になるわけではなく、降雪量の少ないところもある。それは里雪型においても同様だ。

これは、冬型による降雪が積乱雲によってもたらされることによる。積乱雲は上空の風に流されて次々に山に侵入してくるのだが、その大きさは水平方向に10km程度しかないため、ある地域では大雪となる一

図21. 風と風がぶつかり合うところ1

シベリア高気圧からの季節風
北朝鮮の山岳地帯
風と風がぶつかり合うところ
＝雪雲が発達するところ

図22. 風と風がぶつかり合うところ2

風と風がぶつかり合うところ
＝雪雲が発達するところ

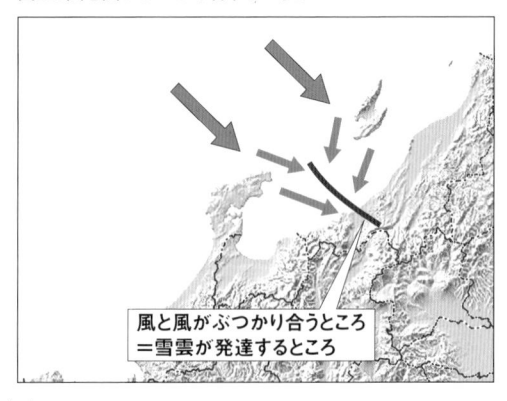

図23. 風向による雪雲の発達の違い（北アルプス）

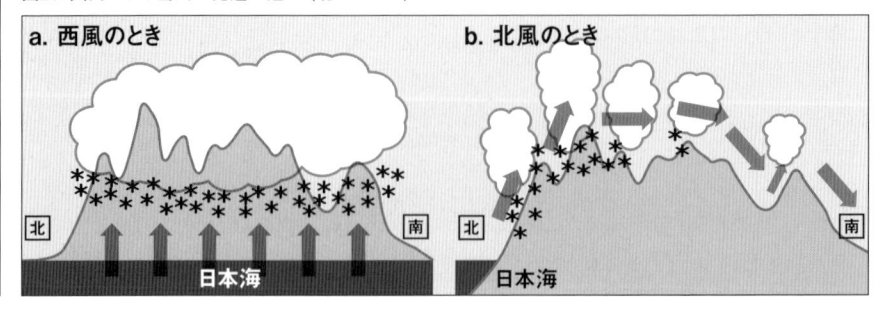

a. 西風のとき

北　南
日本海

b. 北風のとき

北　南
日本海

方、そのすぐそばの地点は積乱雲の外側となって晴れ間がのぞくということが起きるのだ。

また、風向によって降雪が強まりやすい地域が異なる。これは山脈が走向している向きに左右される。

こうした気圧配置や山による降雪の違いを予想するのは、一般の登山者には困難とされているが、筆者の経験から、地上天気図を用いてある程度予想できることがわかってきた。以下、その方法を紹介していく。

風と風がぶつかり合う場所

シベリア高気圧から吹き出す北西の季節風は、ケーマ高原など北朝鮮の山岳地帯にぶつかって南北に分かれ、日本海で再び合流する（**図21**）。合流地点では風がぶつかり合って上昇気流が強まり、積乱雲が発達する。この発達した雪雲が、北西の季節風によって流入してくるのが、若狭湾から伊吹山方面である。伊吹山で10mを超える積雪記録があるのも、雪雲が発達しやすい場所にあるからだ。

また、若干規模は小さいが、能登半島を避けるよう吹く西寄りの風と、佐渡島を避けるように吹く北寄りの風がぶつかった

図24. 冬に最も天気が悪くなる風向（長野県の山）

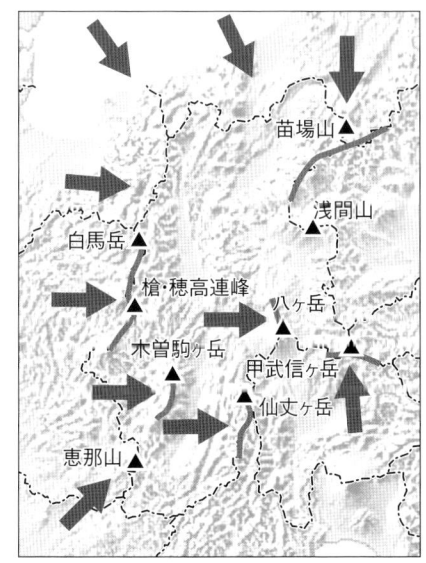

山脈が走行している方向に直角な方向から風が吹くときに上昇気流が強まる。同じ冬型でも雪の降り方がまったく異なる

図25. 北アルプスで大雪が降ったときの天気図
a. 2010年11月1日18時　地上天気図

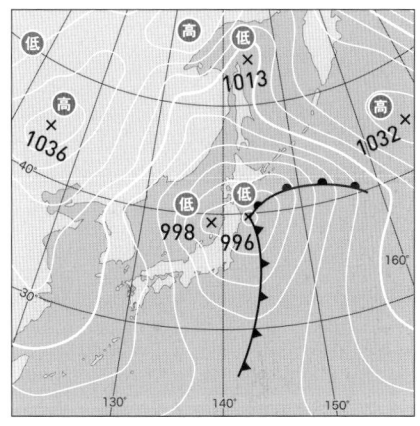

b. 2009年12月18日9時　地上天気図

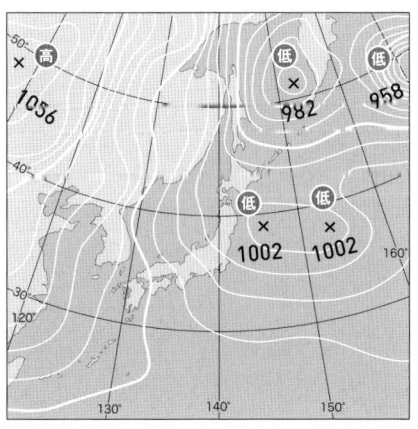

図26. 11月1日21時5分　レーダー・エコー合成図⑩

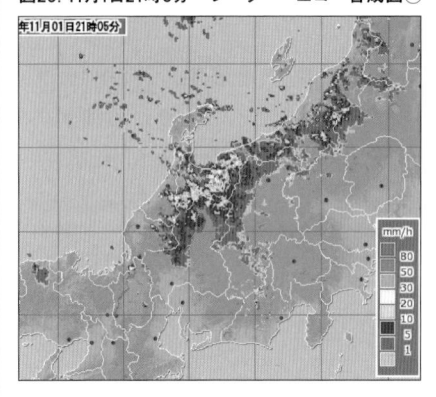

図27. 2009年12月4日6時
上信越国境で大雪になるときの天気図

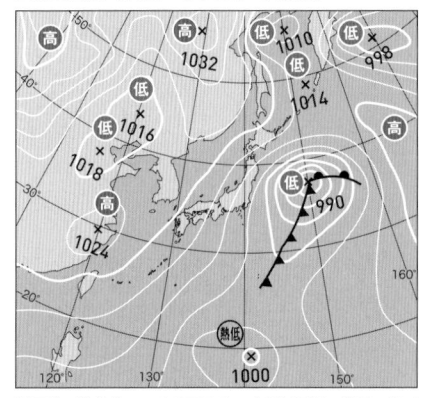

等圧線が北北東から南南西方向。上信越国境で降雪が多くなるパターン。北寄りの風＝東西で連なる山脈で降雪

図28. 12月4日7時30分　レーダー・エコー合成図⑩

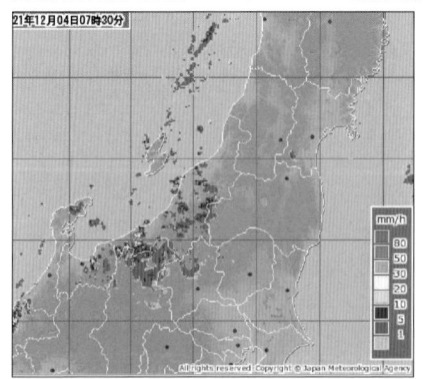

表2. 大雪になるときの等圧線の向き

北アルプス	北西から南東
谷川岳	北から南
上信越の山	北東から南西

ころでも雪雲が発達する（図22）。新潟県の上・中越地方が平野部としては世界一の豪雪地帯となっているのは、このためである。発達した雪雲は、開田山脈や谷川連峰、越後山脈などにぶつかってさらに発達する。これらの山は、標高がそれほど高くないにも関わらず、名だたる豪雪地帯となっている。

これらの地域ではいずれも山雪型が強まるときに雪雲が発達しやすい。

風向による雪の降り方の違い

日本海から流れてくる雪雲は山にぶつかって発達するので、日本海に面した山の風上側では大雪が降りやすい。つまり、風向が雪の降り方に大きな影響を及ぼすことになる。たとえば、北アルプスのように南北に連なった山脈では、西風が吹くと日本海から湿った空気が全域にわたって山にぶつかり、上昇気流が強化されて雪雲が発達する（図23a）。しかし、北風が吹くときは、山脈の北側の山では上昇気流が強まって雪雲が発達するものの、南に行くにしたがって上昇流が弱まり、雪雲は衰弱していく（図23b）。

谷川連峰など東西に延びた山脈では、西風のときには、西側に北アルプスや頸城山

塊などの高い山があるため雪雲は発達しにくく、山麓を中心に青空が広がることもある。

これらのことを知っておけば、風向を予想することで、目的とする山で雪が強まるかどうかを見極めることができる。風向は、Chapter 2で学んだように、地上天気図や地上予想図における等圧線の向きで判断できる。(29ページ参照)

図25は、北アルプスで大雪が降ったときの天気図である。どちらも等圧線が北西から南東方向に走っており、西から西北西の風が吹いていることが推測される。北アルプスは南北に連なった山脈なので、西寄りの風のときに大雪になりやすい。実際、図25aと同じ日のレーダー・エコー合成図を見ると、強い雪雲が北アルプス全域にかかっていることがわかる（図26）。越後三山や飯豊連峰、朝日連峰なども南北に連なっているので、同じような傾向にあるといえる（これらの山域では、もう少し等圧線が東西方向に寝ているときのほうが大雪になりやすい）。

一方、図27と図28は、上信越の山で大雪が降ったときの天気図とレーダー・エコー合成図である。等圧線は北東から南西方向に走っており、地形の影響を考えなければ、北風が吹いているものと思われる。つまり、東西に連なった山脈で大雪になりやすいというわけだ。

また、冬型で最も多く出現する形は等圧線が南北に連なったものだが、この場合は北西の風が卓越するため、東西に連なった

図29. 日本山岳会の冬山天気予報
（2009年12月29日発表のもの）

★12月30日★
0-6時　霧のち時々晴れ
風/強い
気温/-

6-12時　曇りのち霧
風/やや強い
気温/-

12-18時　霧のち風雪
風/並
気温/-9℃（最高）

18-24時　風雪
風/やや強い
気温/-13℃（最低）

★12月31日★
0-24時　風雪のち大雪
風/非常に強い
気温/-23℃（最低・夜）/-14℃（最高・未明）

概況
30日午後から元日にかけて低気圧が発達しながら通過し、冬型が強まるため、大荒れの天気となりそうです。今後の気象情報にご注意ください。

30日：日本海を発達しながら低気圧が進むため、午後からは大荒れの天気となる。越中側の中腹以下では昼頃まで晴れ間が出るので、これに騙されないように。後立山連峰信州側から天気が崩れ、午後には剣・立山連峰も含めて稜線では暴風雪となる。稜線では朝から15m/s前後で、昼前からは平均20m/sを超え、夕方には最大23m/sに達する。降雪量は31日朝までに最大40cm。

31日：強い冬型となり、午後から-39℃以下の寒気がかかる。このため、終日風雪が強く、ドカ雪となる。1日朝までの降雪量は最大120cmで吹き溜まりではこの2倍程度積もるところもある。表層雪崩に厳重な警戒が必要。風は稜線で午前中、20m/s前後、のち13m/s。

（担当予報士：猪熊）

Chapter 7
四季の山岳気象
冬山

山脈でも南北に連なった山脈でも、上空の寒気が強ければ大雪となる。とくに東西方向から南北方向に山脈が屈曲する谷川岳周辺や、南西から北東方向に連なった山脈では、ドカ雪になりやすい。

3. 2009〜2010年年末年始の遭難事故から

　日本山岳会では、年末年始とゴールデンウィークに北アルプス北部と南部、それに八ヶ岳の3つの山域で、それぞれ冬山と春山の天気予報を発表している。この予報は筆者が発表しているもので、登山者の視点に立った情報を発信しているのが特徴だ。

　たとえば、2009〜2010年の年末年始は冬型が強まり、北アルプスや南アルプスなどで遭難事故が相次いだ。北アルプスでは、黒部五郎岳を目指したガイド登山の一行がドカ雪に閉じこめられ、7名がヘリコプターで救出された。また、涸沢岳西尾根では、ひとりが死亡し2名が行方不明になるという事故も発生している。

　2009年12月29日に発表した日本山岳会の冬山天気予報（図29）では、大雪や暴風雪に対して最大限の警戒を呼びかけていた。この情報により、多くの登山者が年内に途中下山したようで、利用者からは以下のようなメールが寄せられた。

　「年末は剱岳に入っておりました。29日にアタックをして30日のうちに早々に下山しました。日本山岳会の冬山天気予報を大いに参考にしたことは言うまでもありません。昔はラジオの高層気象を参考にしましたが、作成が大変でした。これからも期待しております」

　このような天気予報はどこでも使えるわけではないので、頼りっきりになることはおすすめできないが、これまで学んできたことを実践したうえで補助的に利用すれば、安全登山につなげることができると思う。以下、2009〜2010年における北アルプスの天候を例にとって、そのことを解説していこう。

　図30は、北アルプスや上信越の山で穏やかな晴天となっていた30日9時の地上天気図である。この時点で日本海には低気圧があり、中部山岳の好天はあと数時間持つかどうかというところであった。同時刻の500hPa天気図（図31）では、低気圧の後面にマイナス36℃以下の強い寒気が控えており、低気圧が発達する特徴が見られる。このような寒気が大陸に控えているときは、その後の寒気の動きに注意しなければならない。

　図32は、図30の12時間後にあたる30日21時の予想図であるが、低気圧は発達しながら日本海を北東に進んでいる。日本付近では、等圧線が南北に走って間隔が狭くなっており、西日本から冬型が強まってきていることがわかる。北アルプスは等圧線が込み合っている部分に入りつつあり、その等圧線が北西から南東方向に走っているため、雪雲が発達しやすいことが予想される。このときの500hPa面の気温を予想図（図36）で見ると、マイナス36℃の等温線

が図31よりも南下してきているが、まだ北アルプスにはマイナス30℃線がかかっておらず、降雪のピークは先であることが読み取れる。

だが、31日9時の500hPa気温予想図（図37）では、ドカ雪の目安となるマイナス36℃の等温線が北陸地方にまで南下している。また、同時刻の地上予想図（図33）では、日本付近で等圧線が込み合っているため、風が強まることが予想できる。

これらの予想図から、北アルプスでは30日午後から次第に天気が崩れ、夜には降雪が強まって、31日は朝から大雪になると予想される。また、30日日中の南寄りの風が夜には北西の風に変わり、31日にはいっそう強まることが予想される。

地上天気図では、その後1日9時にかけて冬型が持続する予想となっているが（図34、図35）、500hPa面の気温予想図では、31日21時（図38）にマイナス36℃線が北アルプスから抜けはじめる一方で、上信越の山にかかり、さらに1日9時（図39）には東北地方に北上している。降雪のピークは北アルプスで31日、上信越の山では31日午後から1日午前にかけてということが予想大気図から読み取れる。

ちなみに1日9時の地上予想図（図35）では、中国大陸東岸に移動性高気圧が出現しており、冬型は2日以降緩んでいくことが予想できる。

このように天気図を利用しながらドカ雪をやり過ごし、好天が到来したときにできる限り長く行動する――その体力とスピードがなければ、冬山縦走登山や冬期登攀の成功は難しい。また、冬山では数日間吹雪くのがあたり前だと考え、充分な予備日を設けるとともに、余裕のある食糧と装備を準備して挑んでいただきたい。

図30. 2009年12月30日9時　地上天気図

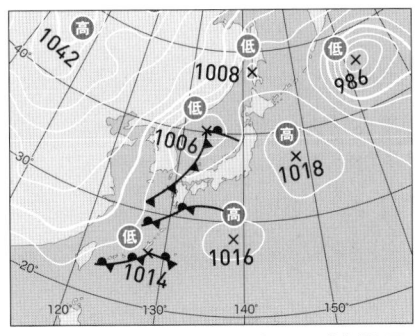

北アルプスで天気が悪化する前の天気図。日本海低気圧が発達しながら通過

図31. 図30と同時刻の500hPa天気図

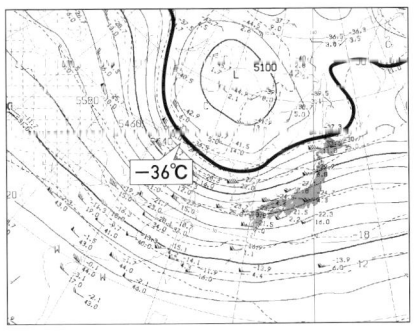

北アルプスで天気が悪化する前の高層天気図。ドカ雪の目安マイナス36℃が大陸で南下しはじめる

図32. 図30の12時間後（30日21時）の予想図

日本海の低気圧が発達しながら北海道西方へ。日本付近は西から冬型の気圧配置が強まる

図33. 図30の24時間後（31日9時）の予想図

等圧線の間隔が狭く、縦縞模様。東日本でも冬型が強まる

図36. 図31の12時間後（30日21時）の500hPa気温予想図

ドカ雪の目安マイナス36℃線が北緯40度より南下

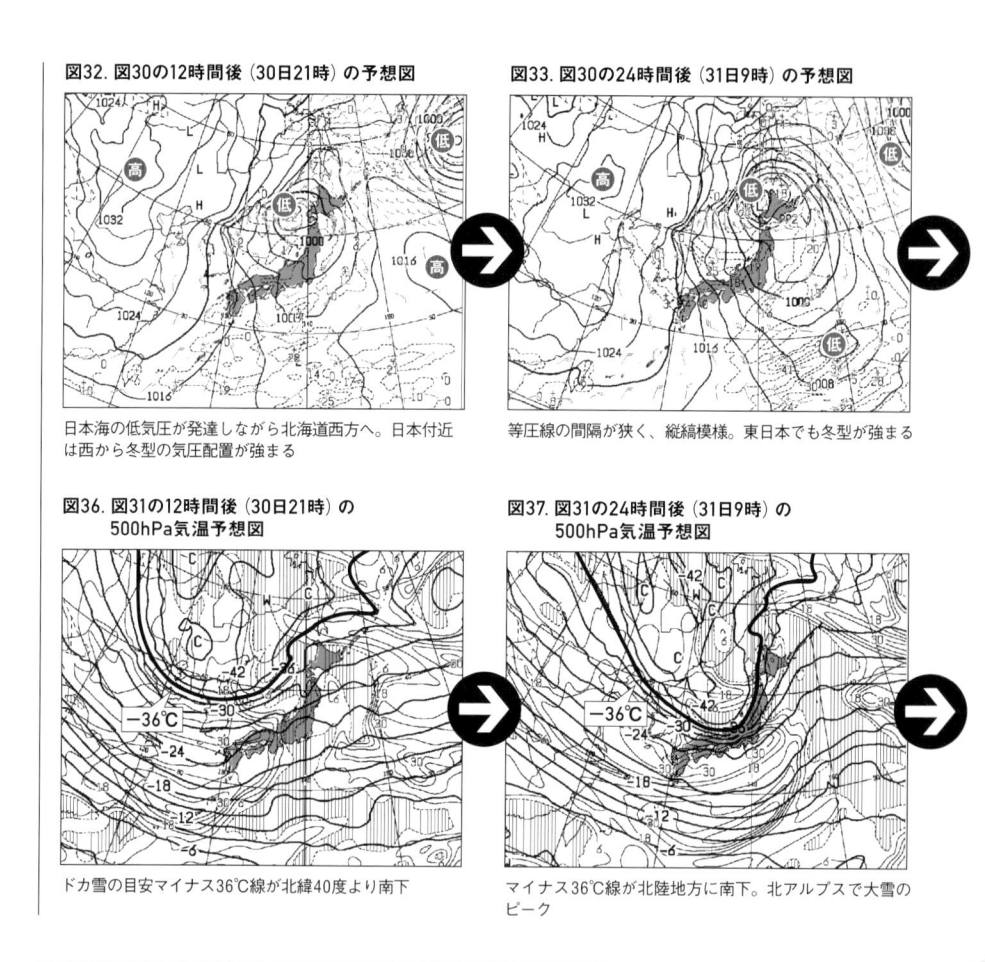

図37. 図31の24時間後（31日9時）の500hPa気温予想図

マイナス36℃線が北陸地方に南下。北アルプスで大雪のピーク

4. 雪崩と気象

　冬山登山者やバックカントリー愛好者にとって、天候の急変と並んで脅威となるのが雪崩である。ここでは、雪崩が発生しやすい気圧配置や気象条件について大まかに解説する。実際にフィールドに出る前には、雪崩に関する専門書をひもとき、降雪や積雪、雪崩発生のメカニズム、行動判断、安全対策、雪崩遭遇時のセルフレスキューなどについてしっかり学習していただきたい。大切なのは、雪崩を防ぐ知識を身につけるとともに、雪山に何度も入ることによって、経験者の指導のもと、現場での判断能力を向上させていくことである。

雪崩の種類

　雪崩は、**滑り面**（雪崩が発生したときに、崩落せずに残った積雪表面のこと）の位置によって2つの種類に分けられる。ひとつ

図34. 図30の36時間後（31日21時）の予想図

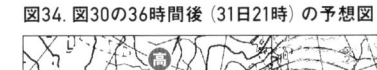

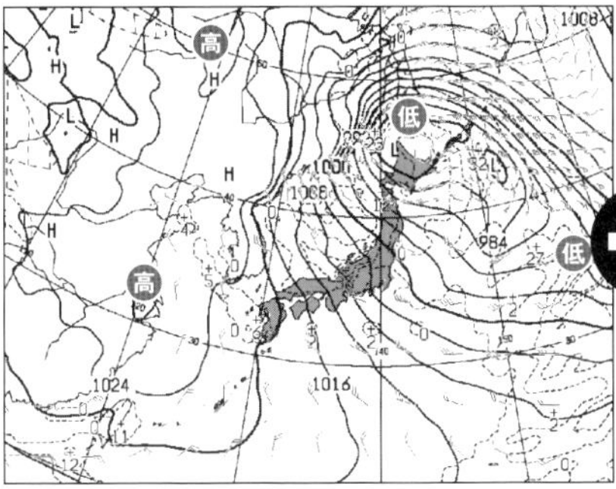

全国的に冬型の気圧配置が強い

図35. 図30の48時間後（1月1日9時）の予想図

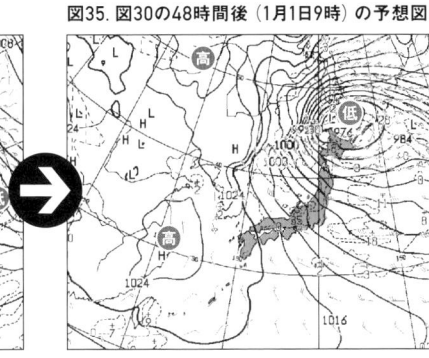

東日本では強い冬型が続くが、九州では冬型が弱まってくる

図38. 図31の36時間後（31日21時）の500hPa気温予想図

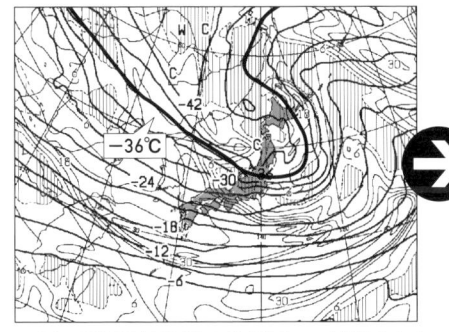

マイナス36℃線が上信越から東北地方へ。上信越の山で大雪のピーク

図39. 図31の48時間後（1月1日9時）の500hPa気温予想図

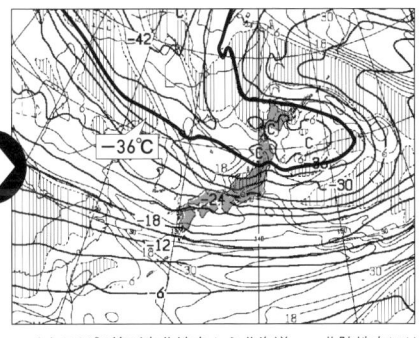

マイナス36℃線が東北地方から北海道へ。北陸地方にはマイナス30℃がかかり続ける

は**全層雪崩**（**図40a**）で、もうひとつが**表層雪崩**（**図40b**）である。

　全層雪崩は、気温の上昇や降雨などで積雪が融けることによって、地面と積雪の最下層との間に水が溜まり、積雪の融け方や強度、傾斜の違いなどから積雪面に亀裂が生じて、地面までの積雪全層が滑り落ちる雪崩のことをいう。積雪に亀裂が生じるなど、前兆が現れることが多いので、この種の雪崩による山岳遭難事故は少ない。

　一方、表層雪崩は、積雪の表面や内部に弱層（通常、積雪は異なった性質の積雪層から構成されており、そのなかで強度の弱い積雪層のこと）が形成されるなどして積雪が不安定化した状態のときに、弱層より上の積雪層や降り積もった不安定な新雪層が滑り落ちるものである。全層雪崩のような前兆は現れにくいので、雪崩の知識がない者は予想するのが難しい。

　このほか、雪崩が発生する形状から**点発**

生雪崩と面発生雪崩に分けることもある。点発生雪崩は、ひとつの点で発生し、斜面を流れ落ちながら多くの雪を取り込んで広がっていく雪崩のこと。面発生雪崩は、積雪内にある弱層が破壊されることにより、それが広い範囲に伝播し、ある程度幅を持った範囲がいっせいに崩れ落ちる雪崩のことをいう。さらに、点発生雪崩と面発生雪崩は（**図41**）、それぞれ**乾雪雪崩**と**湿雪雪崩**に分けられる（**表3**）。

　面発生の乾雪雪崩は、降雪などで積雪の荷重が増加し、弱層が破壊されることによって発生することが多い。また、点発生の乾雪雪崩は、他の雪との結束性が弱い雪が多量に積もることにより、積雪が不安定となって発生する。いずれも気温が低く、風の影響を受けにくい斜面で発生しやすい。

　これに対し、降雨や日射、気温の急激な上昇などによって積雪が水分を多く含むようになり、積雪の荷重が増加したり積雪強度が減少したりすることで発生するのが湿雪雪崩だ。加速度的な融雪や多量の降雨によって発生する**スラッシュ雪崩**は湿雪雪崩の一種で、富士山で発生することが知られている。雪や氷や水だけでなく、土砂や岩が混ざって流れ落ちてくるため、非常に破壊的な威力を持った危険な雪崩である。

　このほかに、氷河を持つ海外の山には、氷河のセラックなどが崩落することによって発生する氷雪崩がある。

雪崩の発生条件

　雪山登山者やバックカントリー愛好者にとって、最も恐ろしい雪崩が面発生乾雪雪崩である。この雪崩は、前述のとおり弱層

図40a. 全層雪崩

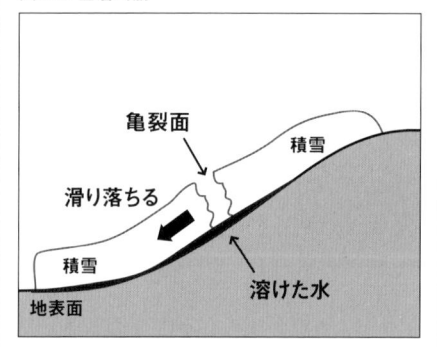

図40b. 表層雪崩

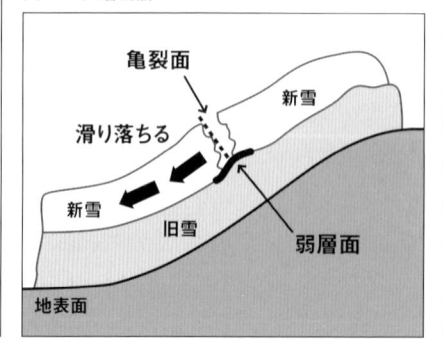

図41. 点発生雪崩と面発生雪崩

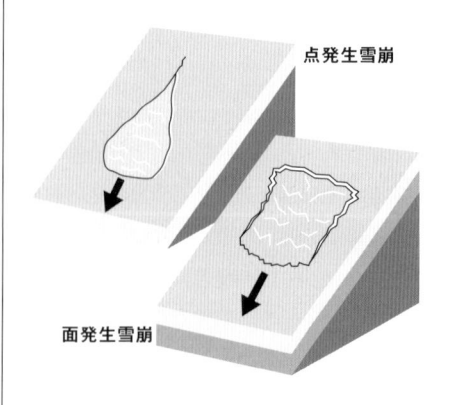

表3. 雪崩の種類（日本雪氷学会による分類）

		雪崩発生の形			
		点発生		面発生	
雪崩発生 （始動積雪）の乾湿	乾雪	点発生 乾雪表層雪崩	点発生 乾雪全層雪崩	面発生 乾雪表層雪崩	面発生 乾雪全層雪崩
	湿雪	点発生 湿雪表層雪崩	点発生 湿雪全層雪崩	面発生 湿雪表層雪崩	面発生 湿雪全層雪崩
		表層（積雪の内部）	全層（地面）	表層（積雪の内部）	全層（地面）
		雪崩層（始動積雪）のすべり面の位置			

『決定版雪崩学』（北海道雪崩事故防止委員会編　山と溪谷社）より

が積雪面の荷重などによって破壊されることで発生する。面発生乾雪雪崩に関しては、弱層が形成される要因やそれが破壊される要因を理解することで、その地域全体において雪崩が発生しやすい気象状況かどうかをある程度、推測することができる。

たとえば、広い範囲で弱層が形成されている可能性があり、しかも今後まとまった降雪が予想されるなど、弱層が破壊されやすい気象条件が重なるときは、雪崩発生の危険性が高いことを示している。このようなときは、雪崩が発生するおそれのある斜面に踏み込むのはやめるべきである。

ただし、斜面の向きや形状、植生などによって雪質や弱層の有無は大きく異なることから、これから入ろうとする斜面に単純に応用することはできない。また、その斜面に踏み込んだ登山者やスキーヤーの行動が、弱層を破壊する引き金となることも多い。よってここで述べることは、その地域全体として雪崩が発生しやすい状況なのかどうかを、気象条件のみから予測しているに過ぎない。図42に雪崩が発生しやすい条件を書き出しておく。

図42. 雪崩の発生条件

弱層を形成する雪の結晶
ⓐ しもざらめ雪
ⓑ 表面霜
ⓒ 雲粒なしの降雪
ⓓ 大粒のあられ
ⓔ 濡れざらめ雪

弱層を破壊しやすい気象条件
ⓐ 多量の降雪（積雪への荷重増加）
ⓑ 強い風雪
　（風上側から飛ばされた雪の堆積による）
ⓒ 降雨（積雪への荷重増加）
ⓓ 気温上昇（積雪層の強度低下）
ⓔ 強い日射（積雪層の強度低下）

積雪の不安定性が維持されやすい気象条件
ⓐ 低温
ⓑ 弱風

弱層が形成されやすい気圧配置

雪崩は局地的な現象であり、発生要因も多様なため、気圧配置のみからその発生を予想することはできない。しかし、気圧配置を見ることで、どのような種類の雪崩が発生しやすい状況なのかを知ることは可能だ。図43には、弱層となる可能性がある5つの雪質について、それぞれが形成されや

すい主な気圧配置を記した。

　最も弱層になりやすい雪の結晶は**しもざらめ雪**（こしもざらめ雪）や**表面霜**である。これらが形成される条件は、日中の日射と気温の上昇、そして夜間の放射冷却だ。つまり、高気圧に覆われるなど風が比較的弱い晴れた日、風の影響を受けにくい斜面などで形成されやすい。また、晴れる日の少ない日本海側の山よりも、冷え込みが強く、晴天率の高い内陸の山——八ヶ岳や南アルプスなど——で発生しやすく、少量の降雪で面発生乾雪雪崩が発生することも珍しくない。

　雲粒の少ない雪の結晶は、発達した積乱雲や乱層雲ではなく、層積雲や高層雲などの薄い雲から降雪があるときに見られる。冬型のときに日本海側から運ばれてきた雲が弱まりながらかかる大雪山系など内陸の山や、弱い冬型の気圧配置時における日本海側の山や脊稜山脈で形成されやすく、南岸低気圧が南海上を離れて通るとき、あるいは弱い気圧の谷が通過するときなどは太平洋側の山でも形成されることがある。

　大粒のあられが降りやすいのは、上層に強い寒気を伴った低気圧が接近するときや寒冷前線が通過するとき、冬型の気圧配置が強まって積乱雲が発達するところなど。

　濡れざらめ雪は、山で気温が上昇するとき、たとえば日本海低気圧や南岸低気圧、あるいは二つ玉低気圧が日本列島付近を通過するとき、さらに南高北低型や日本の南岸に前線が停滞するときなどに形成されることが多い。

図43. 弱層が形成されやすい気象条件と気圧配置

1. しもざらめ雪…寒冷地、標高の高い山
 ⓐ わずかな降雪
 ⓑ 日射による積雪表面の温度上昇
 ⓒ よく晴れた夜（放射冷却）
 気圧配置：弱い低気圧の通過後、弱い冬型のあとに移動性高気圧に覆われるとき

2. 表面霜…地面に霜が降りるときの条件
 ⓐ よく晴れた夜（放射冷却）
 ⓑ 地表面付近の湿度が高い
 ⓒ 適度な風（弱風）
 気圧配置：降雪後に移動性高気圧に覆われるとき

3. 雲粒なしの降雪
 ⓐ 弱風
 ⓑ 薄い雲からの降雪
 ⓒ 樹枝状、星状結晶の降雪
 気圧配置：冬型時における内陸の山や北高型

4. 大粒のあられ…発達した積乱雲
 ⓐ 寒冷前線の通過
 ⓑ 上層の強い寒気
 気圧配置：寒冷前線の通過、寒冷低気圧、里雪型

5. 濡れざらめ雪…積雪が融解
 ⓐ 強い日射
 ⓑ 降雨
 ⓒ 急激な昇温
 気圧配置：日本海低気圧、南岸低気圧、
 　　　　　二つ玉低気圧、南高北低型

　一般に、内陸にある山と日本海側の山とでは、雪崩の発生要因はしばしば大きく異なる。内陸にある山では、前述の理由により、しもざらめ雪や表面霜などの弱層が形成されやすく、面発生の乾雪雪崩が多発する。これに対し日本海側の山では、標高の低いところほど湿雪雪崩が発生しやすくなる。このように、山域によっても弱層が形

成されやすい気象条件は違ってくるので、**図43**は参考程度と思っていただきたい。

弱層が破壊されやすい気圧配置
冬型の気圧配置
　冬型が強まると（**図44**）、日本海側の山や脊梁山脈の稜線では猛吹雪となり、稜線の風上側にあたる西（北西）側斜面から風下側の東（南東）側斜面に降雪が飛ばされて雪が吹き溜まる（**図47**）。風下側の斜面や沢のなかでは、降雪に加えて風上側から飛ばされてきた雪が積もるため、積雪が急激に増大する。このような状況のときに、面発生乾雪雪崩や点発生乾雪雪崩が極めて発生しやすくなる。

南岸低気圧型
　南岸低気圧が日本の南海上や南岸沿いを通過するときは（**図45**）、関東から西の太平洋側の山でもまとまった降雪となることが多く、雪崩に対する警戒が必要となる。南岸低気圧による降雪には、上空に暖かい空気が流れ込むことや、低気圧や前線から湿った空気が流入することにより、水分が多く含まれている。この水分が積雪に染み込むため、積雪層の強度が弱くなって不安定化し湿雪雪崩が発生しやすくなる。湿雪雪崩は表層雪崩だけでなく、全層雪崩を引き起こす可能性もある。

　また、冬の中部山岳の稜線では西風が卓越するので、通常は風下側にあたる東側の斜面で雪崩が起きやすくなっている。しかし、南岸低気圧が発達しながら本州にかな

図44. 2009年12月19日9時　冬型が強いとき

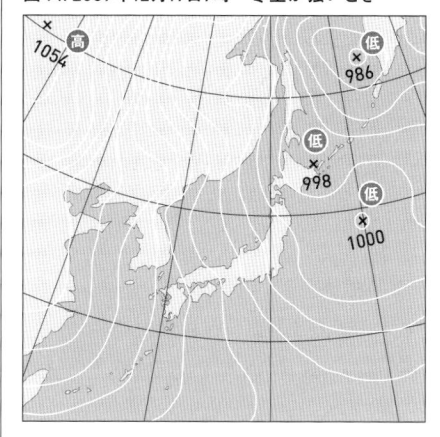

図45. 2011年2月28日9時　南岸低気圧

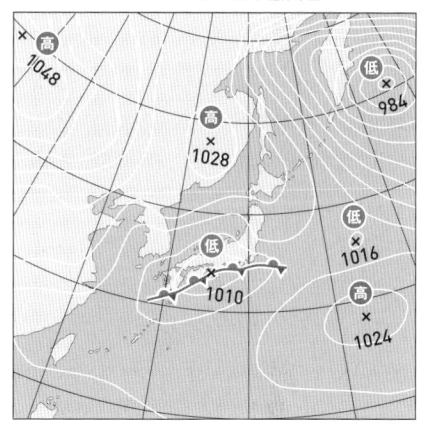

図46. 2003年1月27日9時　日本海低気圧

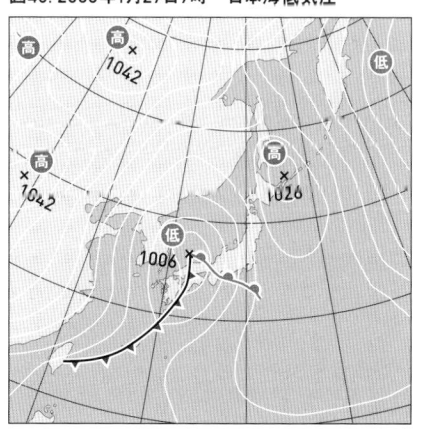

Chapter 7　四季の山岳気象　冬山

239

り接近して通過するときには、東や南東の風が強くなり、風下側にあたる西や北西斜面に雪が吹き溜まる。これにより、通常とは異なる稜線の西側斜面で雪崩が発生したり、雪庇が形成されたりすることがあるので、充分に注意しなければならない。

日本海低気圧型

2月から5月にかけてたびたび日本付近を通過するのが日本海低気圧だ。この低気圧が接近するときは（**図46**）、全国的に南から南西の風が強く吹き、気温が上昇する。湿った空気が流入しやすい山（南西側に海がある山）ではまとまった降水となり、標高の高い山の稜線でも雨になることが多い。

日本海低気圧による湿った降雪や降雨により、積雪層の中に水が溜まって雪の強度が落ちていくため、南岸低気圧の降雪以上に面発生や点発生の湿雪雪崩が発生しやすくなる。全層雪崩が発生したり、雪庇が崩落したり、大規模なブロック雪崩が起きたりするのも、こうした気圧配置のときだ。日本海低気圧の通過が予想されるときは、雪庇が発達した稜線に突き上げる沢や、積

図47. 風による雪の堆積と飛散

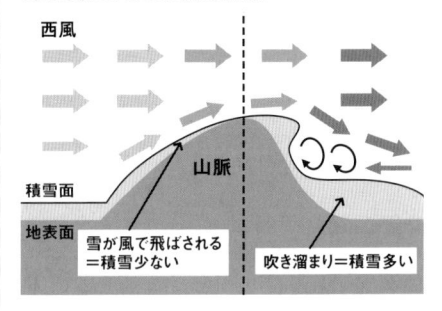

雪面に亀裂が生じている斜面など、雪崩が発生するおそれがある場所には決して踏み込んではならない。

日本海低気圧が通過したあとは冬型の気圧配置となり、一転して強い寒気が入ってくる。風向も南寄りから西や北西の風に変わり、日本海側の山や脊梁山脈では風がいっそう強まる。それまでの降雨や湿った雪から、気温の低い比較的乾いた雪へと雪質が変化するので、両者の間に弱層が形成されやすくなる。つまり、面発生乾雪雪崩が起こりやすい状態へと変わるわけだ。このような状況のときは、むやみに新雪のバーンに踏み込んだりしないよう、よりいっそうの警戒が必要である。

表4. 雪崩の種類による発生条件と気象状況の目安

雪崩の種類	傾斜	発生条件	気象状況
点発生乾雪	30〜60度	多量の降雪	強い寒気、冬型の気圧配置
点発生湿雪	25〜30度	湿雪の降雪、日射 急激な昇温、降雨	南岸低気圧、二つ玉低気圧、日本海低気圧、南高北低型
面発生乾雪	20〜55度	弱層形成後の降雪	移動性高気圧通過後に冬型や南岸低気圧などによる降雪
面発生湿雪	20〜55度	降雨、急激な昇温、日射	二つ玉低気圧、日本海低気圧、南高北低型

Chapter 8
山域別の気象

天気の予想において、気象の知識や天気予報の技術と同じくらい重要なものが経験と感性（五感）である。これらは、登山中の天候判断を積み重ねていくことによってしか身につかない。しかし、山域別に現れやすい天気の特性があらかじめわかっていれば、経験を補ってくれることもあるはずだ。この章では、最低限知っておきたい山域別の気象特性について解説する。

北海道の山

1. 遭難事故が発生するときの気圧配置

　図1は北海道の山における20年間（1990～2009）の死亡事故を原因別に集計したグラフ、図2は同じく気圧配置別に集計したグラフである。これらの集計は、『山で死んではいけない』（山と溪谷社）と『登山死亡遭難事故事例集』（山森欣一著）より、気象が原因と思われる遭難事故のみを抜粋した件数である（以下、他の山域も同じ）。

原因を見ると、低体温症と雪崩による死亡事故が際立っており、そのほとんどは温帯低気圧が発達しながら通過したときや、台風が通過したあとの寒気移流時、あるいは冬型の気圧配置時（以下、冬型時）におけるものである。

　2010年夏には沢の増水による死亡事故が相次いだが、これは温帯低気圧が北海道の北を通過したときに、その南側で暖かく湿った空気が流入して山にぶつかり、上昇気流が強められたことによる、短時間に集中した局地的な大雨が原因となっている。

2. 山域別の気象特性

日高山脈、大雪山系

　南北に長く連なった日高山脈や大雪山系の稜線は、西風や東風の影響を受けやすい。西風のときは西側の山腹と稜線で、東風のときは東側の山腹と稜線で天気が崩れる。南西から北東に連なる十勝連峰は、低気圧通過後の北西風や低気圧が接近しているときに吹く南東風の影響を受けやすく、気圧配置から風向を予想することが重要となる。

　日高山脈は、温帯低気圧が通過するまでは太平洋からの湿った東風の影響を直接受けるため、東

図1. 北海道の山における原因別の遭難件数

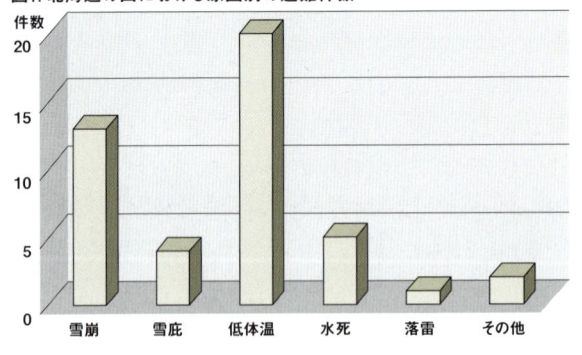

図2. 北海道の山における気圧配置別の遭難件数

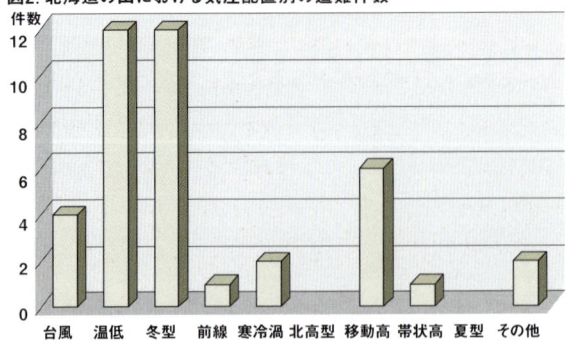

※グラフ中の「温低」は温帯低気圧、「前線」は停滞前線、「寒冷渦」は「寒冷低気圧」、「移動高」は移動性高気圧、「帯状高」は帯状高気圧を、それぞれ表している（以降、各山域のグラフも同じ）。

図3. 北海道の山岳気象

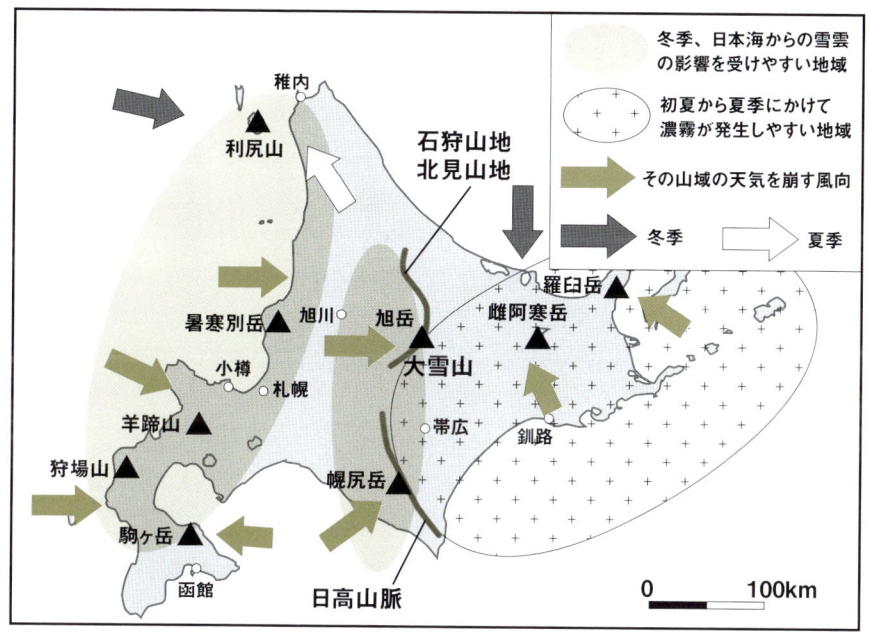

面や稜線では南部ほど多量の降雪（雨）を見る。近年、真冬に温帯低気圧が三陸沖を通過することがしばしばあり、帯広や広尾などの平地でも大雪に見舞われる。また、低気圧が通過したあとは西風が非常に強まって気温が低下し、天候の回復が遅れる。一方、オホーツク海高気圧が張り出して東風が吹き出すときは、東側山麓や平地では濃霧に覆われるが、山頂や稜線では晴れることが多く、みごとな雲海が見られる。

夏には局地的に発生する大雨に気をつけよう。寒冷前線の通過時や停滞前線の活動が活発になるとき、とくに沢沿いの登山道が多い日高山脈では、沢の増水に充分な警戒が必要となる。増水が予想される気圧配置のときには、沢沿いの歩行や沢の近くでの幕営は極力避けたい。

冬は著しく気温が下がり、連日西風や北西風が強く、登山に適した日は少ない。天候は移動性高気圧が通過した直後に最も安定するので、そのチャンスを確実につかもう。ただし、移動性高気圧が接近しているときにも、低体温症による事故はしばしば発生している。これは、移動性高気圧が寒冷な空気を持ち込むので冷え込みが厳しくなったり、移動性高気圧の前面で風が強まることが多いからである（148ぺージ参照）。

また、冬は強い西風が卓越するため、東面には巨大な雪庇が張り出し、雪崩が頻繁に発生する。日高山脈では風下側に大きな雪庇が形成され、その踏み抜きや崩落による事故も発生している。

日本海側の山

日本海に近い暑寒別岳、羊蹄山、狩場山などでは、日本海の影響を非常に強く受ける。温帯低気圧が通過したあとや、移動性高気圧が接近しているときなどは西風が強まり、霧に覆われることが多い。また、温帯低気圧や台風の通過時には、通過前よりも通過後に天候が悪化し、風雨が強まる。

オホーツク海高気圧が張り出す6月から7月にかけては、天候が安定することが多いが、近年、オホーツク海高気圧があまり発達しない年が多くなってきている。このため、これらの山域における6～7月の晴天率は減少傾向にある。夏は太平洋高気圧やオホーツク海高気圧に覆われると晴れるが、高気圧の縁にあたるときは、湿った南西風

COLUMN 01

図4a、図4bは、日高山脈・ヌカビラ岳でツアー登山のグループが沢の増水や疲労などにより救助要請を求めてきたときの地上天気図である。図4aを見ると、北海道の北にある低気圧から延びる寒冷前線が接近しており、北海道では等圧線も込み合っている。このため、寒冷前線の東側(暖気側)にあたる日高山脈には、日本の東海上にある太平洋高気圧の縁を回って暖かく湿った空気が入り込んできている。

このようなとき、寒冷前線が通過するまで南西の湿った空気が入るため、断続的な降雨となり、とくに日高山脈の西側で雨量が多くなる。雨は突然激しく降り出すので、沢沿いのルートでは充分な警戒が必要になる。

また、図5a、図5bは、日高山脈・ペテガリ岳東面の中ノ川で東京理科大生が鉄砲水に流されて遭難したときの地上天気図である。図5aを見ると、日本海北部に低気圧があって、そこから延びる温暖前線が東北地方北部に達している。低気圧は東へ進みながら弱まったが、図5bを見ると、前線上にあるくびれが、16日の朝に根室市付近に達し、事故が発生した前日夜に日高山脈を通過したと思われる。温暖前線の接近に伴う降雨は、南東からの湿った風が入るため、日高山脈の東面で雨量が多くなる。また、くびれが通過する際には、雨が強まる。前日の天気図から低気圧が通過するタイミングを予測し、雨量が多くなる危険性について認識していればと、悔やまれる事故であった。

沢沿いのコースでは悪天候による増水に要注意

が入りやすく、天気がぐずついて風も強まる。

冬はほとんど晴天に恵まれることはなく、強い西風が連日吹き荒れる。移動性高気圧が通過したあと、一時的に天気は回復するが、その後すぐに気圧の谷が接近して再び天気は崩れる。

道東の山

雌阿寒岳、羅臼岳、斜里岳などは、オホーツク海や太平洋の影響を強く受ける。とくに5月下旬から8月上旬にかけてはオホーツク海高気圧や東海上の高気圧から湿った空気が流れ込むため、標高1300m以下では連日霧に覆われることが多い。ただし、このようなときに発生する雲は雲頂高度が

2010年夏の北海道における遭難事故から

図4a. 2010年8月1日9時 ヌカビラ岳遭難事故当日の地上天気図

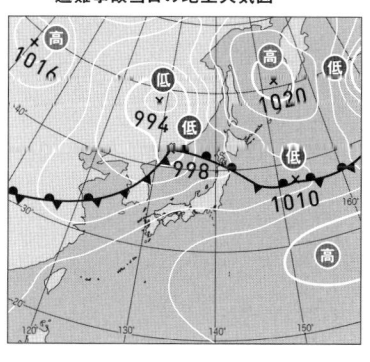

図4b. 8月2日9時 事故翌日の天気図

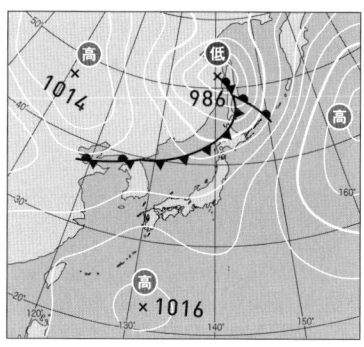

図5a. 2010年8月15日9時 東京理科大生遭難事故当日の地上天気図

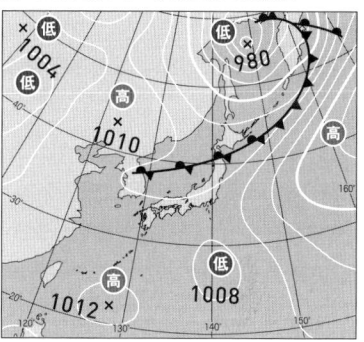

図5b. 8月16日9時 事故翌日の地上天気図

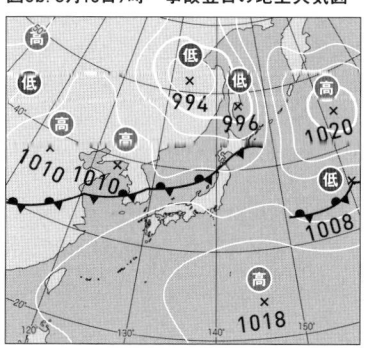

低いので、山頂や上部は雲の上となって青空が広がっている。

　また、四季を問わず、三陸沖を通過する低気圧の影響を強く受け、低気圧が通過するまでは暴風雨（雪）に見舞われる。低気圧の通過後に北東から北寄りの風が吹くときは、オホーツク海側や稜線で天候の回復が遅れ、風雨（雪）が続く。

　冬、低気圧がサハリン周辺など北海道の北にあるときは、風は強いもののたいてい晴れるが、千島列島付近に低気圧が停滞するときは、知床の山を中心に風雪が続くことになる。

利尻山

　海上にそびえる独立峰なので、日本海の影響を非常に強く受け、独特な気象特性を持つ。周囲を海に囲まれているため、上空（主に下層）に寒気が入り込むと、年間を通して層積雲などの下層雲が発生しやすく、濃霧に覆われる。ただし、上層の気温が高く、大気が安定していれば、山頂付近では青空が広がることもある。

　逆に上層に強い寒気が入れば、山麓では晴れていても、上部に雲がかかって風も強まる。そのようなときは、山麓から見ると、山頂にべったりとした雲が張り付いているのですぐにわかる。

　四季を問わず、頻繁に温帯低気圧が北海道の北を通過するため、低気圧の通過時には荒れ模様の天気となる。通過後は西風が強まり、寒気の影響で気温が下がるが、大雪山系や日高山脈、日本海側の山ほどの降雨（雪）はない。むしろ、この山における登山を危険なものにしているのは強風である。また、低気圧が北側を通過するときの、南西風による降雨にも注意が必要だ。寒冷前線の通過の際や、下層に暖かく湿った空気が流れ込むときなども、激しい気象現象を引き起こすおそれがある。

　冬の登山は極めて厳しい。常に西風が強く、霧に覆われ、気温は日中でもマイナス15℃以下が続く。沿海州から高気圧や気圧の尾根が接近・通過するとき以外に登頂するチャンスはほとんどない。

登山者に人気の高い利尻山
写真＝アルパインツアーサービス株式会社

東北地方の山

1. 遭難事故が発生する ときの気圧配置

図6は、東北地方の山における20年間（1990〜2009年）の死亡事故を原因別に集計したグラフ、図7は同じく気圧配置別に集計したグラフである。事故原因のなかで最も多いのは低体温症による死亡事故で、冬型時や温帯低気圧の通過後に多発している。

また、「その他」では熱中症が多い。これは、東北の山は標高が低く、太平洋高気圧に覆われると、中部山岳や北海道の山に比べて気温が上昇すること、飯豊連峰や朝日連峰など稜線に出るまで急登が長く続く山が多いことなどが影響しているものと思われる。熱中症による事故は、太平洋高気圧が北日本までを広く覆い、下層の気温が上昇したときに起きやすいので、しっかりと対策を立てておきたい。

冬から春にかけては雪崩による事故も多い。これも冬型時に多く発生している。増水による事故は、梅雨前線が東北地方に停滞しているときや、湿った空気が太平洋高気圧の縁を回って流れ込み、山にぶつかって局地的な大雨をもたらすときに発生している。

2. 山域別の気象特性

八甲田山、白神山地、八幡平、岩手山

東北北部の日本海側に位置するこれらの山は、日本海の影響を強く受ける。とくに白神山地は日本海に近いため、西風が吹くと霧に覆われることが多い。白神岳周辺や八幡平は西風が、八甲田山や白神山地東部は北西の風や北風が吹き抜けやすいため、

図6. 東北の山における原因別の遭難件数

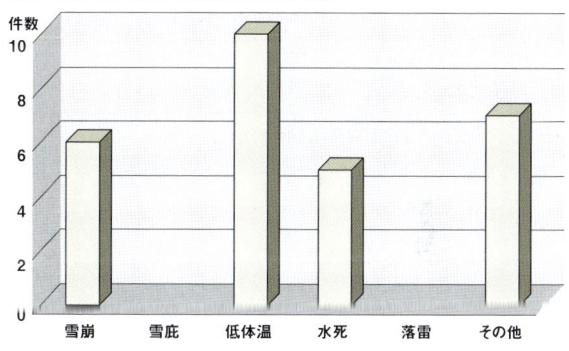

図7. 東北の山における気圧配置別の遭難件数

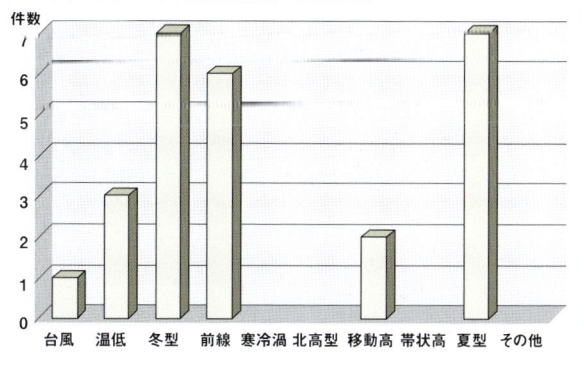

温帯低気圧が通過したあとには非常に強い風が吹き、後面の寒気が強いほど天候の回復は遅れる。低体温症には充分な注意が必要だ。

冬は西風や北西の風が非常に強くなり、山雪型になったときには猛吹雪で歩行が困難になる。風下側を中心に、面発生乾雪雪崩の危険も高まってくる。

早池峰山、北上山地

太平洋に近いこれらの山は、太平洋の影響を強く受ける。高気圧が東北地方の東海上にあるときや、オホーツク海高気圧が張り出すときは、北東または東寄りの冷たい風が吹きつけ、濃霧に覆われる。このため高気圧の中心がこの山域を通過したあとの風向には注意したい。低気圧が三陸沖を発達しながら通過するときは、通過コースが陸地に近いほど大荒れの天気となる。

冬季は冬型が強まり、上層に強い寒気が入ると早池峰を中心に風雪となるが、冬型が弱まれば好天に恵まれる。西風が強まったときには山岳波（18㌻）が発生し、ロール雲や吊るし雲が見られるだろう。

鳥海山、月山、飯豊連峰、朝日連峰

日本海に近いこれらの山は、日本海の影響を非常に強く受ける。西風が強く吹くときは濃霧に覆われ、等圧線が東西に寝て込み合っているときや、梅雨前線が日本海から東北地方に延びているときは、決まって風雨が強まる。梅雨末期には、こうした気

図8. 東北地方の山岳気象

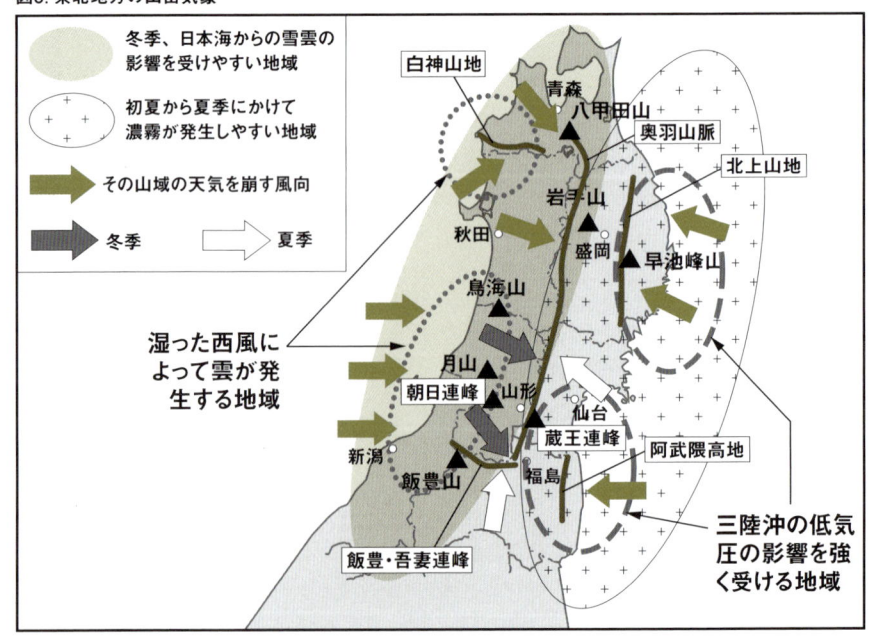

圧配置によってしばしば集中豪雨が発生する。飯豊連峰や朝日連峰には、大きなゴルジュを擁した長大な沢が多く、逃げ場が少ないので充分な注意が必要だ。

温帯低気圧が接近しているときは、思ったほど天候は崩れないが、通過後に天候が激変し、大荒れになることが多い。天候の急変による気象遭難が発生しやすい山域といってもよいだろう。冬の豪雪と強い西風はよく知られており、冬型が緩んでも天候はなかなか回復せず、冬の晴天率は極めて低い。

蔵王連峰、栗駒山、吾妻連峰、安達太良山

内陸に位置するこれらの山は、日本海と太平洋、両方の影響を受ける。ただし、いずれも、強く影響を受けることはないため、ほかの山域に比べると比較的天候は安定している。オホーツク海高気圧による北東の冷たい風は、この山域の東側に濃霧を発生させるが、雲頂高度が低いため、蔵王連峰や吾妻連峰の最上部では青空が広がることもある。一方で、太平洋側を通過する低気圧の影響を受けやすく、三陸沖で低気圧が発達すれば大荒れとなる。

冬はとくに蔵王連峰や栗駒山、安達太良山で風が強まる。栗駒山は北西風が、そのほかの山域は西風が吹き抜けやすく、いずれも冬型が強まるときや、移動性高気圧が接近しつつあるときに暴風となる。

上信越、北関東の山

1. 遭難事故が発生するときの気圧配置

図9は、上信越や北関東の山における20年間（1990〜2009年）の死亡事故を原因別に集計したグラフ、図10は同じく気圧配置別に集計したグラフである。冬型時や温帯低気圧の通過後に、低体温症による死亡事故が多く発生している。冬から春にかけては、冬型時や移動性高気圧の到来時における雪崩事故も目立つ。

これは、天気図で移動性高気圧が来るタイミングを見て登山や山スキーに出かける者が多いこと、シベリアの冷たい空気を伴ってくる移動性高気圧に覆われると気温が下がること、高気圧の中心が通過するまで強い西風や北西の風が吹くこと、移動性高気圧が接近するまでは冬型となっていて前日までに多量の降雪がある（つまり積雪が安定していない）こと、などが要因として考えられる。

また、夏型のときに落雷による事故が多いのも特徴だ。事故が多いのは、湿った空気や上層の寒気が流れ込んでくるときで、この地域は発雷の多発地帯となっている。

2. 山域別の気象特性

谷川連峰

谷川連峰の気象条件は、太平洋側と日本

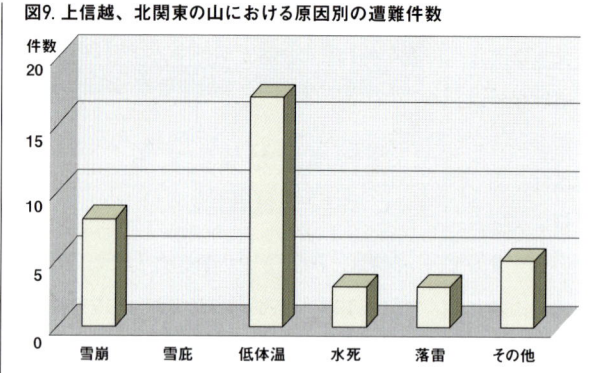

図9. 上信越、北関東の山における原因別の遭難件数

図10. 上信越、北関東の山における気圧配置別の遭難件数

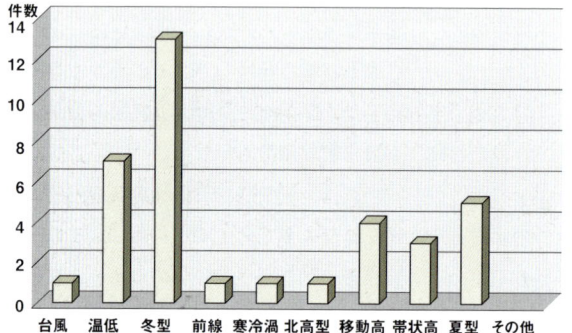

図11. 上信越、北関東の山岳気象

海側との分水嶺にあたることから、非常に複雑である。日本海側と太平洋側の両方から湿った空気が入ってくることにより天候が崩れやすく、夏は山麓を中心に連日のように発雷がある。

また、春から夏にかけてしばしば現れる東高西低型（東海上に強い勢力を持つ高気圧がある気圧配置）のときには、湿った南風が太平洋側から入ってくるため、朝から霧に覆われる。

さらに、冬は多量の降雪があることで知られる。

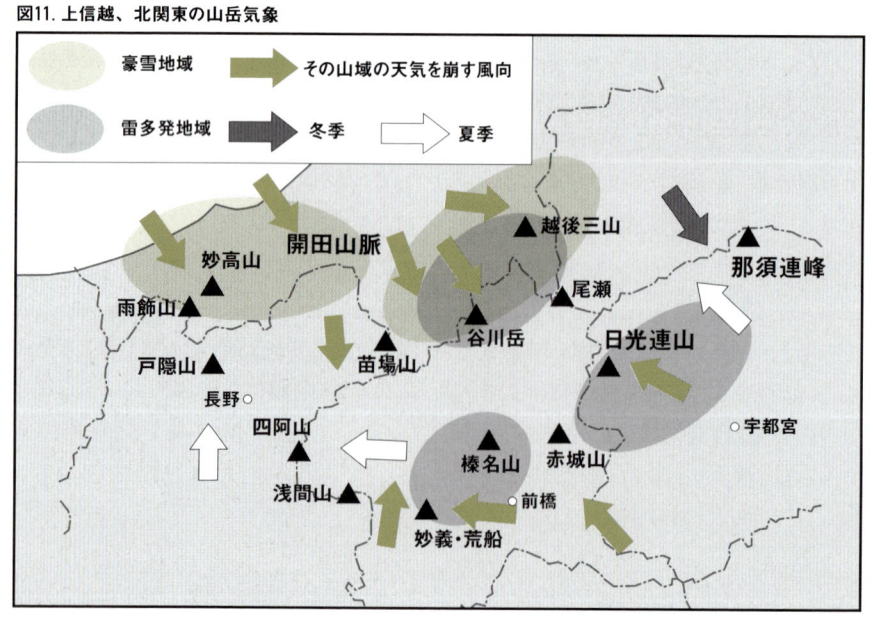

冬型になると、越後側から吹きつける北西風が山にぶつかり、激しい降雪になることが多い。また、低気圧が発達しながら通過するときや、冬型が強まるときに、稜線では平均風速20m/s以上の暴風となる。

同じ冬型においても、気圧配置によって降雪量は左右され、**図12**のように等圧線が南北に走向しているようなときは、まともに北西風がぶつかるので降雪が多くなる（**図13**）。一方、等圧線が東西に走向しているときや、**図14**のように日本海に低気圧が発生したときは、北アルプスや信州側の山で雪雲がせき止められるので、降雪が少なく、晴れることもある（**図15**）。

越後三山、守門岳、浅草岳

気象の特徴は前述の谷川連峰と似ているが、日本海の影響を強く受け、太平洋からの湿った空気の影響は受けにくい。冬は里雪型の気圧配置や西寄りの風が卓越すると

図12. 2009年12月19日3時　地上天気図

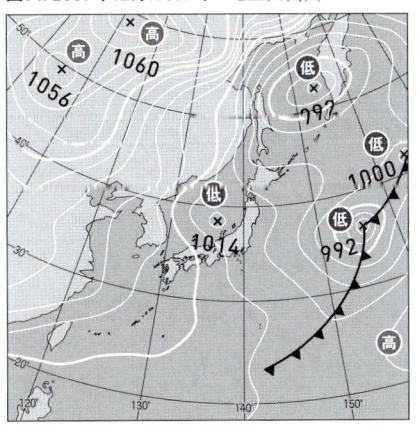

図13. 12月19日9時00分　レーダー・エコー合成図

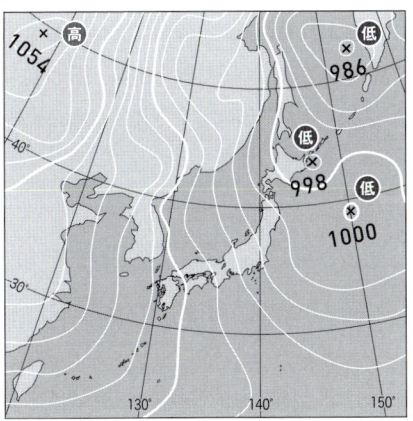

図14. 2009年12月17日9時　地上天気図

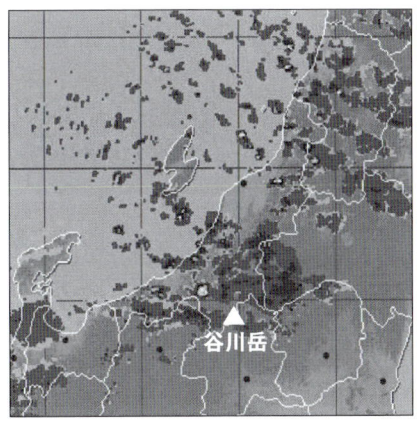

図15. 12月17日7時15分　レーダー・エコー合成図

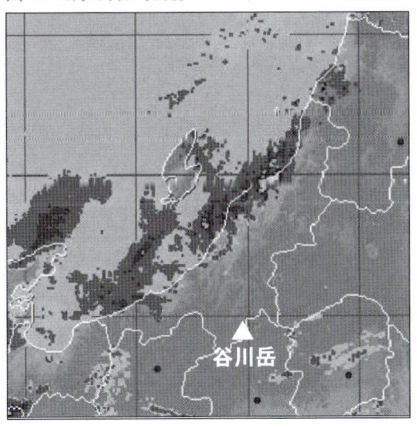

※図13、図15は304ページにカラー図版を掲載

きにも降雪があり、守門岳などでは里雪型のときに大雪となることがある。この点が谷川連峰とは大きく異なる。

また、夏は魚沼盆地が日射で暖まるため、熱雷が発生しやすく、発雷の多発地帯となっている。谷川連峰で天候が崩れる東高西低型のときは、谷川連峰や尾瀬周辺の山が湿った空気の流入を食い止めてくれるので、好天に恵まれることが多い。

尾瀬周辺（燧ヶ岳、至仏山、帝釈山）

谷川連峰や越後三山などに比べると降雪量は減少するが、それでも多雪地帯であることには違いない。しかし、近年は山麓で積雪量が少なくなる傾向にある。

夏の発雷は、周辺にある谷川連峰や日光連山など顕著な発雷の多発地帯と比較すると少ない。これは、雷を発生させる積乱雲が周囲の山によって阻まれるためだと思われる。ただし、帝釈山や田代山など東部の山域では発雷の頻度が高く、過去にも落雷事故が発生している。これらの山頂に湿原を持つ山や尾瀬ヶ原では、地形が平坦なので避難する場所がほとんどない。雷のリスクが高くなりそうなときには早めに対処したい。

太平洋側と日本海側の境界上にある帝釈山や田代山などでは、北東気流（165ページ）によって関東地方に低い雲が広がり、小雨が降るような天気のとき、太平洋側からの湿った空気により、霧が押し寄せてきたかと思うと、日本海側の乾燥した空気が入ってきて晴れるということを繰り返す。気象の勉強をするのによい山である。

東高西低型のときは南風が卓越するため、南側に奥日光の高い山がある尾瀬ではその影響を受けにくく、好天となる。しかし、東側の帝釈山や田代山では南側に高い山がないので、その影響を受けて霧に覆われることが多い。

奥日光、那須連峰

上信越・北関東の山のなかでも、内陸の気候特性を強く持つ山域である。太平洋との間に高い山がなく、湿った空気が直接流れ込むために、太平洋側の気候特性に準じ

COLUMN 02　　　　山小屋の主に聞く谷川岳の天気
　　　　　　　　　　　　谷川岳肩ノ小屋・馬場保男氏

①天気が非常に変わりやすい
②最近は昔より天候が悪くなってきている
③新潟県（越後側）から風が吹くことが多い
④山麓では発雷頻度が高いが、山頂付近の落雷はあまり多くなく、夏の間に2、3回程度
⑤山頂での雷は西から接近することが多い
⑥営業期間中（5月初旬〜11月初旬）は、行動不能の荒天になることは少ない

る。

　この山域の最大の特徴は、夏における発雷の多さだ。とくに日光連山と那須連峰の間に位置する高原山周辺は、東日本で最も発雷が多いエリアとして知られている。なぜ雷が多いのかというと、夏、関東地方北部の平地では日中の気温が著しく上がり、暖められた空気が上昇して雲が発生する。それが鬼怒川や思川を吹く谷風によって山に運ばれ、山の斜面に沿って上昇していって積乱雲が発達するからである。

　また、初夏から夏にかけては日中、太平洋から湿った風が流れ込むため、南面や東面を中心に霧が発生しやすい。男体山の南面や東面にあたるいろは坂や中禅寺湖東岸でも霧が多発するが、そのようなときでも男体山の西側にあたる戦場ヶ原や中禅寺湖西岸では青空が広がっていることがある。

志賀高原、苗場山

　谷川連峰とよく似た特徴で、日本海側の気候に属するが、内陸性の気候をあわせ持つ。冬型が強まり、等圧線が南北に立って走向するようなときには大雪となる。しかし、等圧線が東西に寝てくると降雪は減少し、完全に寝てしまえば青空が広がることもある。夏は、日本海からの風と太平洋からの風がぶつかる野反湖周辺で雷が発生しやすい。

頸城山塊、雨飾山、開田山脈

　越後山脈と並ぶ、名だたる豪雪地帯である。日本海の影響を非常に強く受ける。南東風のときは、低気圧が発達しながら近くを通過する場合などを除けば、天候が大きく崩れることは少ない。逆に北西風や北風のときは雲に覆われやすく、冬にこの風向になるとドカ雪となる。

赤城山、榛名山

　基本的には太平洋側の気候に属し、内陸性の気候特性をあわせ持つ。関東平野に面しているため、初夏から夏にかけては発雷が多い。また、梅雨期などは赤城山麓で濃い霧が多発する。山雪型が強まったときは、日本海から南下してきた雪雲が赤城山で上昇させられて雪雲となり、吹雪となる。また、風が強いときは山岳波によって山頂付近のみ雲がかかることもある。

　榛名山は雪雲の通り道から外れているため、赤城山に比べて天気がよい。上層の寒気が非常に強いときにのみ降雪となる。

浅間山、四阿山

　内陸性の気候特性を持つ。太平洋と日本海双方の影響を受けにくく、年間を通じて晴天率が高い。夏は山腹や山麓で発雷が多発する。また、冬は晴れることが多いが、気温が低いうえに風が強く、凍傷には充分な注意が必要である。頻度は少ないものの、低気圧が太平洋側の沿岸部を発達しながら通過すると、暴風雪（雨）となる。

COLUMN 03　　　　　　　　　　　　　　那須連峰の強風

　那須連峰は冬に風が強いことでよく知られており、たびたび強風による転滑落事故が発生している。那須で風が強まりやすい気圧配置は、冬型が強まったとき、または移動性高気圧が近づいてくるときである。

　これらの気圧配置のときには、日本海からの北西風が飯豊連峰と越後山脈の間の阿賀野川に沿って収束し（風が集まって強まり）、それが那須連峰にまともに吹きつけてくる（**図16**）。

　図17は、那須で強風による遭難事故が発生したときの気圧配置である。**図17a**が遭難事故前日の、**図17b**が当日の地上天気図だ。冬型が弱まって移動性高気圧が進んでくるので、絶好の登山日和になるように思える。実際、風の吹き抜けやすい山を除けば、とくに問題のない気圧配置といってよい。しかし、那須連峰は高気圧の東側にあり、等圧線の間隔もやや狭い域に入っている（**図17b**）。このようなときは、思わぬ強風に見舞われることが多い。

　移動性高気圧が接近しているときは、等圧線が完全に広がった域に入ってから、あるいは高気圧の中心が通過したあとに風が弱まるので、それまでは強風に対する注意を怠ってはならない。

図17. 移動性高気圧が接近しているときの遭難事故
a. 1999年3月22日9時

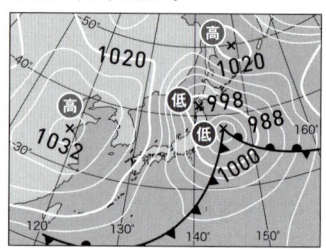

b. 3月23日9時

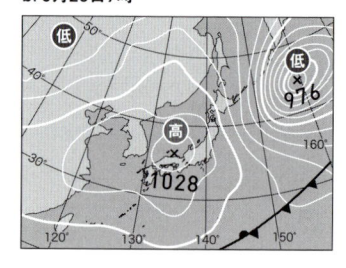

図16. 那須連峰で風が強い理由

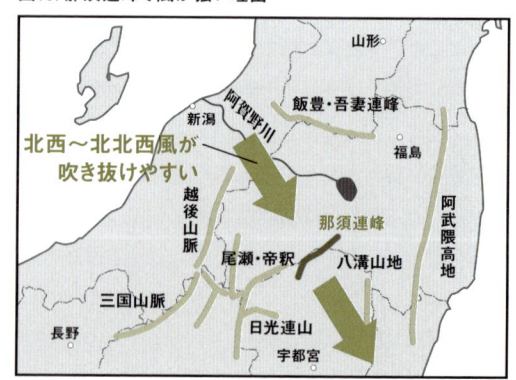

奥秩父、奥多摩、丹沢、奥武蔵の山

1. 遭難事故が発生するときの気圧配置

図18は、奥秩父、奥多摩、丹沢、奥武蔵の山における20年間（1990〜2009年）の死亡事故を原因別に集計したグラフ、図19は同じく気圧配置別に集計したグラフである。

これらの山域でも、他のエリア同様、低体温症による死亡事故が最も多く、主に冬型や温帯低気圧の通過後、移動性高気圧に覆われているときに発生している。また、落雷による事故が多いのは、夏型のときに、湿った空気や上層の寒気が流れ込んで落雷が発生しやすくなるからであろう。

2. 山域別の気象特性

奥秩父、奥多摩

いずれも太平洋の影響を受けるが、奥多摩のほうがその影響を強く受け、奥秩父はより内陸の気候特性を持つ。関東平野の気象特性と似ており、東寄りの風が吹くときは天候が崩れ、西寄りの風が吹くときは天候はよくなる。

北高型やオホーツク海高気圧の張り出しによって太平洋から湿った北東気流が入ると、奥多摩と奥秩父の武州（東京都、埼玉県）側は濃霧に覆われる。層雲や層積雲などの低い雲が発生するため、標高の高い山は雲の上になり、奥多摩では雲取山の山頂付近で、奥秩父では主稜線上で晴れていることが多い。また、奥多摩の山に雲がせき止められるため、御岳あたりでは曇天であっても、奥多摩湖以西では青空がのぞくこともある。

図18. 奥秩父、奥多摩、丹沢、奥武蔵の山における原因別の遭難件数

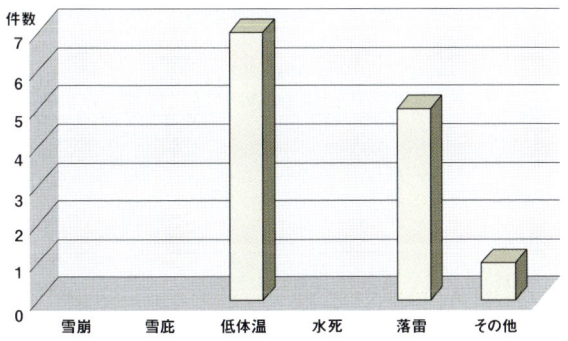

図19. 奥秩父、奥多摩、丹沢、奥武蔵の山における気圧配置別の遭難件数

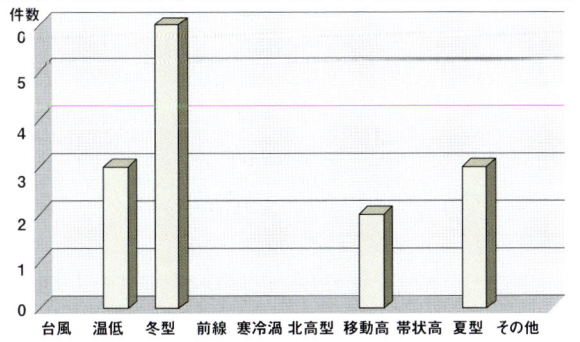

図20. 奥秩父、奥多摩、丹沢、奥武蔵の山岳気象

凡例:
- 湿った南東風または東風によって大雨になる地域
- 北東気流によって天候が崩れる地域
- その山域の天気を崩す風向

秋に台風が南海上を北上し、南東の湿った空気が入ってくるときは、大雨となる。たとえ天候が回復しても、沢は驚くほど増水しているはずだ。一方で、温帯低気圧が通過したあとの天候の回復は早い。ただし、等圧線が込み合っているときは、稜線上の強風と気温低下に注意しよう。

冬は晴天率が高く、澄み切った青空が広がることが多い。ただし、奥秩父の主稜線上や奥多摩の標高1500m以上の稜線では気温が低く、風も強いので凍傷には注意が必要だ。冬型が強まり、上空に非常に強い寒気が南下すると、奥秩父では一時的に吹雪くことがある。また、南岸低気圧が発達しながら通過するときは風雪が強まるので、最も警戒しなければならない。東寄りの風

図21. 箱根・伊豆周辺で収束帯ができる理由

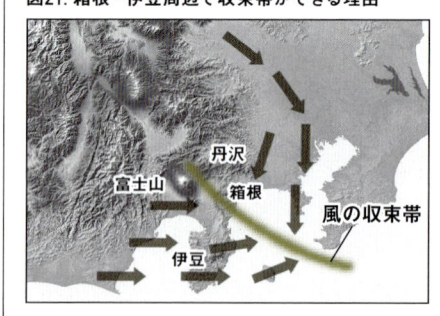

が強まるため、稜線の西側や北西側で雪が吹き溜まり、奥秩父の北面では1m前後の新雪となることも珍しくない。

丹沢、箱根、伊豆

いずれも太平洋の影響を非常に強く受ける山域である。初夏から初秋にかけては、

日が高くなってくると、相模湾からの湿った海風が連日、霧をもたらして山を覆う。また、低気圧が接近するときに南東や東寄りの風が強まると、激しい雨が降る。とくに伊豆の天城山周辺は土砂降りの雨となる。西丹沢や箱根、天城山周辺は、南西の風が強まって湿った空気が入り込んだときにも、非常に激しい雨に見舞われる。このようなとき、関東平野では雨が降っていないことが多いので、注意が必要である。河原でのキャンプは極力避けたい。

秋は秋雨前線が関東南岸に停滞すると、長雨が続く。台風が南海上にあるときは、大雨や強風が続いて下山できなくなり、山に閉じ込められてしまうことがある。

秋も深まり、大陸からの乾いた空気が移動性高気圧によってもたらされると、気持ちのよい晴天となることが多くなる。これらの山域では、冬の晴天率も高い。ただし、冬型が強まり、関東平野を吹き降ろす北風と、駿河湾から吹きぬける西風がぶつかったときには、この地域で風の収束帯が発生する（図21）。ここで上昇気流が起こり、雲が発生して天気が崩れる。思わぬ降雪に見舞われるのはそんなときだ。

南岸低気圧が発達しながら関東の南海上を通過するときは、風雪（雨）が強まる。850hPa面で0℃以下になると、雨ではなく雪になることが多いので、予想図で事前に確認しよう。

富士山とその周辺

1. 遭難事故が発生する
　 ときの気圧配置

　図22は、富士山とその周辺の山における20年間（1990〜2009年）の死亡事故を原因別に集計したグラフ、図23は同じく気圧配置別に集計したグラフである。富士山での遭難事故要因は、他の山域とは異なり、突風による転滑落が最も多い。これは、富士山の気象特性を如実に現している。また、夏型のときに多発しているのが落雷事故だ。これらのデータからも、富士山では突風や強風、落雷に細心の注意を払わなければならない。

2. 富士山の気象特性

　太平洋の影響を強く受けるが、日本最高峰であり、かつ独立峰でもあるので、ほかの山域にはない独特の気象特性を持つ。また、静岡県側と山梨県側で、あるいは東側と西側で、さらには中腹以下と山頂付近とで天候が異なるのも、富士山の特徴である。

　東京と山頂との気温差は、冬は平均25℃、夏は20℃に達する（53㌻図14）。上層に寒気が入るときは、これよりもさらに気温差が大きくなる。また、最低気温と最高気温の差（日較差）は、夏より冬のほうが大きい（図25）。これは、朝晩の気温差が冬のほうが大きいということではなく（冬は夏

図22. 富士山とその周辺の山における原因別の遭難件数

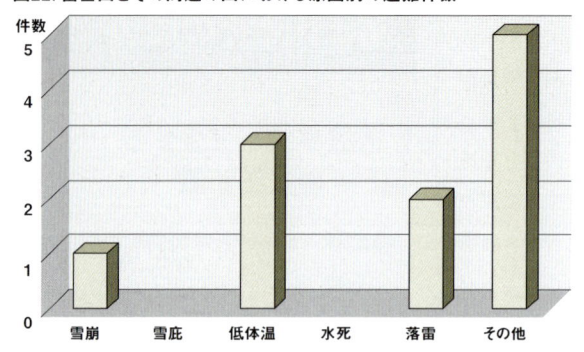

（縦軸：件数）
雪崩 1、雪庇 0、低体温 3、水死 0、落雷 2、その他 5

図23. 富士山とその周辺の山における気圧配置別の遭難件数

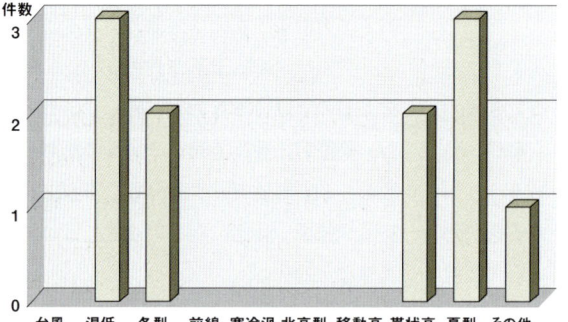

（縦軸：件数）
台風 0、温低 3、冬型 2、前線 0、寒冷渦 0、北高型 0、移動高 0、帯状高 2、夏型 3、その他 1

図24. 富士山の山岳気象

凡例：
- 雷多発地域
- 北東気流によって天候が崩れる地域
- その山域の天気を崩す風向

地名：南アルプス、天子山塊、三ツ峠山、大菩薩嶺、道志山塊、丹沢山、富士山、愛鷹山

よりも風が強いので、日較差は小さくなる傾向にある）、富士山の山頂は上空の寒気の影響を強く受けること、冬は寒気が南下・北上するときに一日の気温差が大きくなることが要因であると思われる。

風は、夏より冬のほうが強い（57ページ**図20**）。冬は寒帯前線ジェット気流が南下して富士山上空に位置することが多くなるからだ（56ページ**図19**）。また雪日数（**図27a**）の平年値を見ると、真冬より

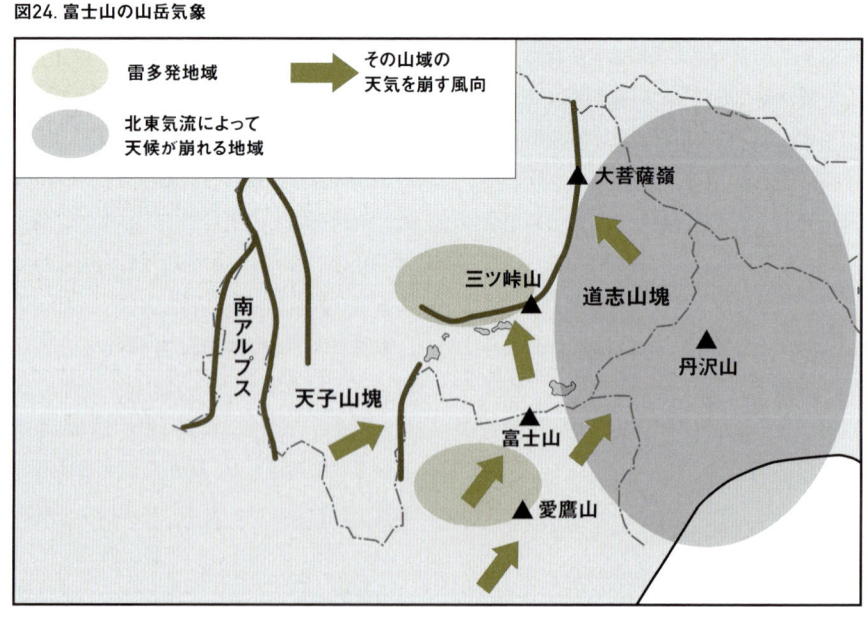

春先に雪の日が多く、また、7月や9月でも月に2〜5日程度、降雪がある。8月に降雪を観測する年もあり、他の山と同じ物差しでは計れないことがわかる。

3. 季節による気象特性

初夏から初秋にかけては、駿河湾からの湿った空気が入るため、静岡県側では連日のように日中、霧がかかる。山梨県側の中腹でも、日中に暖まった空気が上昇するため、日が高くなると雲が発生しやすくなる。北高型やオホーツク海高気圧からの北東気流がある場合は、山中湖や御殿場周辺、御坂山塊など東側山腹が濃霧に覆われ、河口湖以西や富士宮周辺などの西側山腹や中腹以上では晴れる。

梅雨前線が本州付近に停滞しているときや、温帯低気圧が通過するときなど、亜熱帯ジェット気流が上空にあるときには、富士山の上部で風が非常に強まる。平均20m/s以上の風速は珍しいことではなく、風に飛ばされた石や砂が顔にあたって痛いことがある。

夏、太平洋高気圧に覆われると、上部は連日、好天に恵まれるが、9時ごろから積雲が湧き立ち、山腹では夕方にかけて雲に覆われやすくなる。ただし夕方には天候は回復し、夜間は晴れることが多い。

静岡県側では、駿河湾からの暖かく湿った空気が入ったときに大気が不安定になり、雷が発生しやすい状態となる。上層に寒気が流れ込んだときや、日本海から前線が南下してくるときも、積乱雲が発達して発雷の危険性が高まる。図27bからも明らかなように、富士山での発雷日数は、宇都宮な

図25. 富士山の日最低／日最高気温の平年値

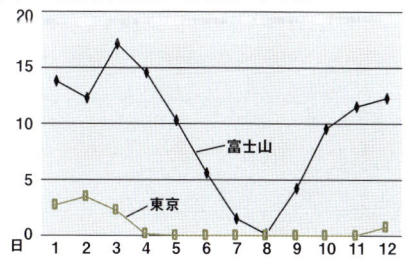

図26. 3地点における月別月最深積雪の平年値

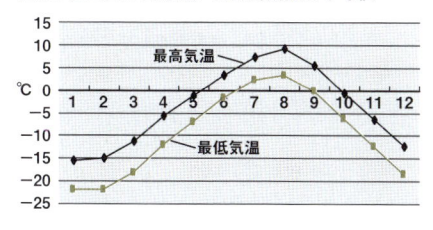

図27a. 富士山と東京の雪日数の平年値

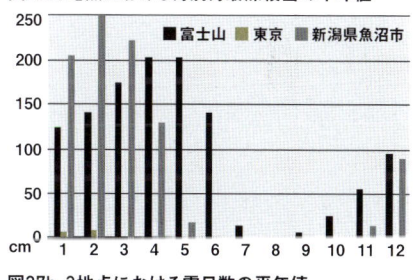

図27b. 3地点における雷日数の平年値

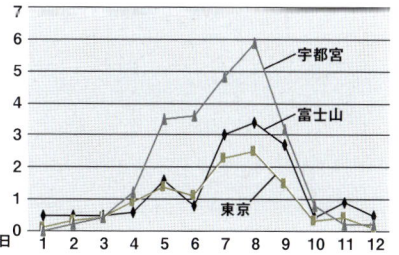

どの雷多発地帯に比べると少ない。しかし、吉田口や須走口下部をのぞき、ほとんどの登山道には森林被覆がないため逃げ場がなく、発雷したときの危険性はほかの山よりも高い。

冬は晴天率が高いが、上部では連日強風が吹き荒れる。とくに冬型が強まるときは平均風速30m/sを超え、40m/sに達することも珍しくない。

冬型が多く出現する冬季の降雪量は少ないが、春先から温帯低気圧や気圧の谷の通過が多くなるに伴い、降雪量も多くなる。例年、積雪の最大値を記録するのは、5月上旬ごろである（**図26**）。山開き直後の残雪量は、梅雨期の雨量や気温に大きく影響を受ける。

COLUMN 04　　　　富士山の突風や旋風に要注意

富士山は独立峰で、周囲よりも際立って標高が高い。このため、ほかの山より風の影響が大きく、また沢や尾根などの地形的な影響を受けて非常に複雑な風が吹く。とくに、つむじ風を大きくしたような旋風と呼ばれる突風は、人間が簡単に巻き上げられるほどの強さで、冬富士で最も怖い現象のひとつだ。

写真1は、山中湖側から見た富士山である。山頂から左側（東側）へ山腹にへばりつくように雲が連なっている。このような雲は、**図28**のように、強い西風が富士山にぶつかって北側と南側に分かれ、再び富士山の東側（御殿場口周辺）でぶつかり合うことで発生する。また、山麓や谷から吹き上げる風が、山頂から吹き降ろす風とぶつかり合い、渦を巻くことでも生じる。この雲が発生したときは、旋風や突風が起きやすく、極めて危険な状態にあるといえる。

このような雲が発生しているときには、富士山の5合目以上へ足を踏み入れることは非常に危険である。

写真1. 富士山の東側に現れる暴風時の雲

図28. 富士山の旋風のしくみ

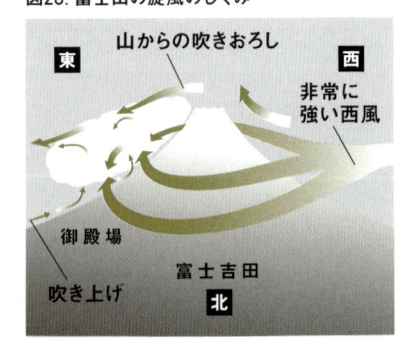

中部山岳北部
（北アルプス、白山）

1. 遭難事故が発生するときの気圧配置

図29は、北アルプス北部における20年間（1990〜2009年）の死亡事故を原因別に集計したグラフ、図30は同じく気圧配置別に集計したグラフである。

北アルプス北部や白山では、日本海の影響を受ける他の山域と同じ特徴が見られ、気象遭難による死亡事故原因の多くを低体温症と雪崩が占めている。こうした事故は、冬型時や温帯低気圧の通過後、あるいは移動性高気圧の到来時に多く発生している。移動性高気圧の到来時に低体温症や雪崩による遭難件数が多いのは、前述のとおりである。

また、夏型の気圧配置下で、寒冷前線や停滞前線が日本海から南下しくいるときに、落雷や大雨による土砂崩落、雪渓崩壊、落石などによる事故が多発している。そのほか寒冷前線が通過しているときにも事故が起きており、これらの気圧配置が出現したときには警戒が必要である。

図32は、北アルプス南部における20年間（1990〜2009年）の死亡事故を原因別に集計したグラフ、図33は同じく気圧配置別に集計したグラフである。

北アルプス南部では、死亡事故の発生件数は非常に多いが、気象が原因と思われる事故は少ない。他の山域に比べると山容が険しく、岩稜や岩場での転滑落による事故が圧倒的に多いのがその要因であろう。

気象遭難のなかでは、低体温症と雪崩が目立っており、冬型時や移動性高気圧に覆われているときに多発している。また、停滞前線があるときの事故は、他の山域より

図29. 北アルプス北部、白山における原因別の遭難件数

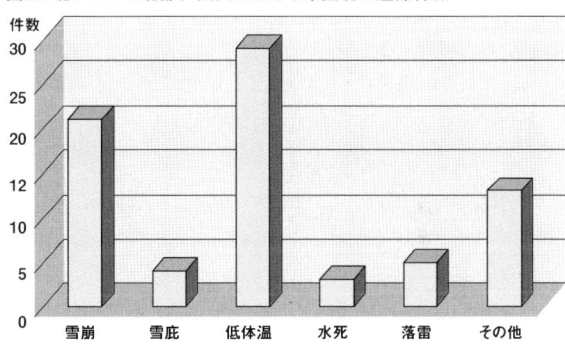

図30. 北アルプス北部、白山における気圧配置別の遭難件数

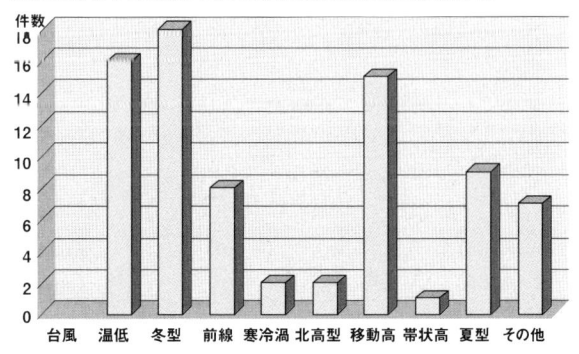

261

図31. 中部山岳北部の山岳気象

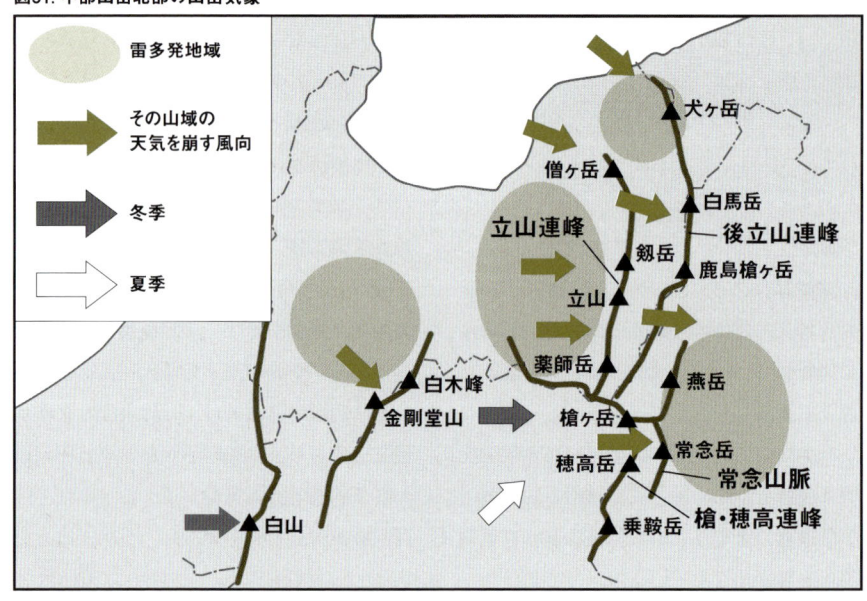

凡例:
- 雷多発地域
- その山域の天気を崩す風向
- 冬季
- 夏季

主な山: 犬ヶ岳、僧ヶ岳、白馬岳、立山連峰、後立山連峰、劔岳、鹿島槍ヶ岳、立山、薬師岳、燕岳、白木峰、金剛堂山、槍ヶ岳、常念岳、常念山脈、穂高岳、槍・穂高連峰、乗鞍岳、白山

図32. 北アルプス南部における原因別の遭難件数
(雪崩、雪庇、低体温、水死、落雷、その他)

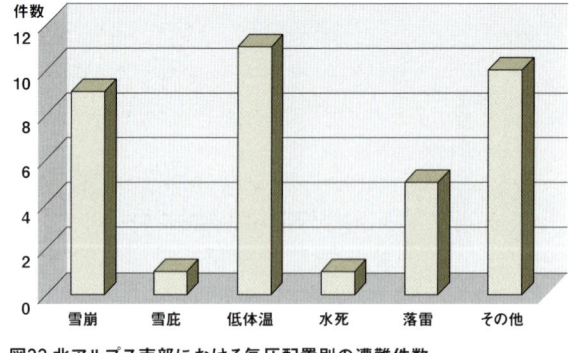

図33 北アルプス南部における気圧配置別の遭難件数
(台風、温低、冬型、前線、寒冷渦、北高型、移動高、帯状高、夏型、その他)

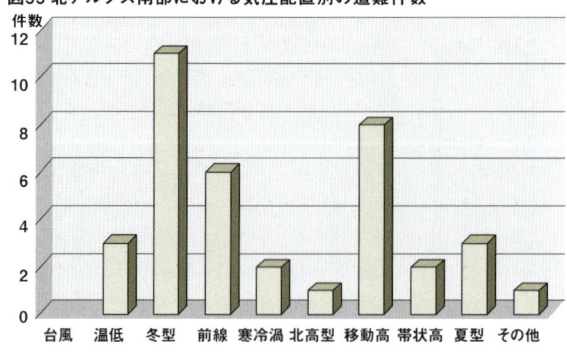

も多い。これは、日本海に前線が停滞しているときや南下しつつあるときに、大規模な積乱雲が発生し、落雷事故が起きているためである。

2. 山域別の気象特性

毛勝山、僧ヶ岳、朝日岳、犬ヶ岳

　日本海の影響を非常に強く受け、風向が北西から北寄りのときには雲に覆われることが多い。また、初夏から夏にかけて、

陽が高くなると日本海からの海風によって湿った空気が山にぶつかって上昇するため、西側山腹を中心に霧が発生しやすい。夏は発雷が多く、熱雷の場合は北アルプスの主稜線に比べると発雷の時間帯が遅くなる傾向にある。

南岸低気圧の影響は小さく、むしろ低気圧が東海上で発達したのちに天候が大きく崩れる。これは日本海低気圧の場合も同様で、低気圧が通過するときまでは天気の崩れは小さいが、通過後には急変して荒れ模様の天気となる。

冬は晴天率が低く、冬型が強まるとドカ雪が降る。また、山雪型でも里雪型でも大雪となる可能性があり、里雪型であっても油断はできない。

剱岳、立山、薬師岳

日本海の影響を強く受ける。ただし「毛勝山、僧ヶ岳、朝日岳、犬ヶ岳」の山域とは異なり、温帯低気圧が接近しているときにも稜線では南風が強まる。風は低気圧が通過する際にいったん弱まり、通過後に西寄りの風が非常に強くなるのが特徴である。

これらの山は標高が高いため、地上の気圧の谷はもちろん、上層の気圧の谷の影響を受けやすい。また、寒冷前線が日本海から南下するときは、落雷や短時間の強雨（雪）など激しい気象現象をもたらす。梅雨末期など日本海沿岸に前線が停滞するときには、大雨に見舞われ、稜線では風も非常に強まる。

夏の発雷はそれほど多くないが、越中側で積乱雲が発達しているときは注意が必要だ。

冬の豪雪はいうまでもない。冬型が強まるときは、稜線での行動は非常に厳しいものとなる。また、冬はアプローチが長くな

COLUMN 05

山小屋の主に聞く剱岳の天気
剱沢小屋・佐伯友邦氏

①硫黄の匂いがすると、雨になる
②鍬崎山に雲がかかると、天気が崩れる
③日本海から真っ黒な雲の塊が接近すると、天気が荒れる

いずれも立派な根拠がある。①は、地獄谷から硫黄の匂いが風に流されて、剱沢周辺に入るときの状況。地獄谷は剱沢の南西にあるので、南西風が強まるとこの匂いがする。上空で南西の風が強まるときは、上層の気圧の谷が接近している証拠で、天気が下り坂になる。

②は、標高2000m前後と剱岳より低い鍬崎山に雲がかかるということは、下層に湿った空気が流れ込んでいる証拠。また、剱岳に雲がかからず鍬崎山にかかるときは、日本海からの湿った空気が流れ込んでいることになる。よって天気は下り坂に向かう。

③は、寒冷前線に伴う積乱雲の雲列が接近しているときで、筆者も剱尾根登攀時にこの雲に捕まり、激しい雷雨と急激な気温の下降で痛い目に遭ったことがある。

るため、ドカ雪に閉じ込められると簡単に下山することはできない。この時期の山行計画は、冬型が続くかどうかを見極めることが重要となってくる。

冬型が弱まると、山頂や稜線から青空が広がってくる。越中側の山腹や山麓では天気の回復が遅れるので、そのようなときはみごとな雲海が広がるだろう。

後立山連峰
（白馬岳、鹿島槍ヶ岳など）

日本海の影響を強く受けるが、地上付近の東風が強いときにも山腹では雲が発生することが多いという点で、「剱岳、立山、薬師岳」の山域とは異なっている。

年間を通じ、山麓と山頂付近で最も天候がよく、中腹では雲がかかりやすい。このようなとき、山麓からは、山の上部はいつも雲に覆われているように見える。

風は上部ほど強まる傾向にある。とくに白馬岳山頂付近では、夏の早朝、高気圧に覆われているときに風が強くなる。

日本海から前線が南下するときや、北陸沿岸に前線が停滞するときには、集中豪雨に見舞われることが多く、大雪渓の通過は極めて危険である。また、稜線では風も非常に強まる。

冬の豪雪はよく知られている。風下側にあたる信州側の各尾根は、越中側から飛ばされた雪が吹き溜まる効果もあって積雪が多く、ラッセルに苦労させられる。

槍ヶ岳、穂高連峰

日本海の影響を受けるが、内陸の気候もあわせ持つ。温帯低気圧が接近する際には稜線上で非常に強い南西の風が吹き、北アルプス北部や常念山脈より早く雲がかかって降雨（雪）が始まる。日本海低気圧が通過する際には、安曇野など平地が晴れていても、稜線には雲がへばりついていることが多い。

また、南岸低気圧が本州の近くを発達しながら通過するときは暴風雪となるが、低気圧の発達状況や通過するコースによって天候は大きく変わる。

北陸地方や日本海沿岸に梅雨前線が停滞するときは暴風雨となり、雨量も多くなる。梅雨末期や夏の終わりなどにこの気圧配置が現われたら、登山を中止したほうが懸命である。

冬は、稜線上で強風が吹き荒れていることが多く、とくに大キレットや白出のコルなどでは風が収束するため、猛烈な風となる。同じ方向からの強風に長時間さらされるときは、風上側の部位の凍傷に充分な注意を払う必要がある。

地形的な影響により、冬型に伴う降雪は双六岳付近までは多いが、槍ヶ岳や穂高連峰になると弱まる傾向にある。しかし、下層の風向が西寄りで、上層に強い寒気が入るときには、これらの山でも大雪となる。また、風下側（東面）には多量の雪が吹き溜まり、南岳周辺などの稜線には大規模な雪庇が発達し、沢筋では雪崩が非常に起こりやすくなる。

常念岳、蝶ヶ岳

　西側に槍・穂高連峰などの高峰があるので、日本海からの西風の影響はやや弱まる。冬型の気圧配置が強まるときや、上層に寒気が入るときは、安曇野では晴れていても、稜線は雲に覆われ、吹雪になる。ただし、降雪量は北アルプス北部に比べれば少ない。

　夏の発雷の頻度は、槍・穂高連峰よりも多い。これは、盆地の安曇野において、日中の昇温により暖められた空気が上昇して積雲が発達し、それが谷風に運ばれて常念山脈にぶつかり、積乱雲が発達しやすくなるからである。有明山など前衛の山ではとくに発雷が多い。

白山

　地理的に日本海の影響を非常に強く受ける。西風により、山腹では年間を通じて霧が発生しやすい。日本海でしばしば発生する寒冷低気圧の影響を直接受けるため、夏を除けば天候が変わりやすい。夏は、夏型が安定すると好天が続く。発雷の頻度もそれほど多くはない。

　冬は豪雪に見舞われる。降雪量は、日本海の水温が高い12月から1月上旬にかけて多くなる。稜線では西風が吹き荒れ、登頂には非常に厳しい季節となる。

COLUMN 06　山小屋の主に聞く槍ヶ岳の天気
槍ヶ岳山荘・穂苅康治氏

①笠ヶ岳に浮かぶ雲は、1時間後に槍・穂高連峰にかかり、気温が下がる
②白山や浅間山など遠くの山が裾野まで見えるときは、荒天となる
③秋、イワヒバリがエサをあさりだすと降雪が近い
④飛騨側から風が吹けば好天、信州側から吹けば天気は下り坂
⑤焼岳の臭気が漂うと、雨が近い
⑥乗鞍岳に雲がかかると、天気が崩れることが多い

COLUMN 07　山小屋の主に聞く穂高岳の天気
涸沢ヒュッテ・山口孝氏

①飛騨側からガスが入ってくると、天気が崩れやすい
②日中、飛騨側からの風が吹き出すと、天気が崩れやすい
③朝方に横尾谷から風が吹き上がると、天候が不安定
④西陽が前穂高岳のⅢ峰フェースにあたると、翌日の午前中は晴れる

中部山岳中・南部
（八ヶ岳、中央アルプス、南アルプス、御嶽山、恵那山）

1. 遭難事故が発生するときの気圧配置

図34は、中部山岳南部における20年間（1990～2009年）の死亡事故を原因別に集計したグラフ、図35は同じく気圧配置別に集計したグラフである。

この山域で目立つのは雪崩の多さである。雪崩が発生しているエリアは中央アルプス・千畳敷周辺と南八ヶ岳に偏っている。千畳敷については、冬季もロープウェーが運行されていて誰でも手軽に入山できるという環境と、強い西風によって運ばれてきた雪が吹き溜まりやすいという地形的な特性により、雪崩事故が非常に起こりやすい。八ヶ岳も、アプローチが短く冬山初心者が入山しやすいことに加え、内陸性の気候により弱層が形成・持続しやすく、少量の降雪でも雪崩が発生しやすい気象条件のため、雪崩事故が多発しているものと考えられる。

2. 山域別の気象特性

八ヶ岳

内陸の気候特性を持つ。日本海や太平洋からの湿った空気が入りにくいため、年間を通じて晴天率は高い。

低気圧が近づくと天気が崩れ、高気圧が接近すると天気が回復するという、比較的予想しやすい天気変化をする。日本海と日本の南海上を同時に温帯低気圧が通過し、それらがあまり発達しない場合には、2つの低気圧に挟まれた高圧帯となって天気の崩れはほとんどない。また、日本海低気圧が通過しても、寒冷前線が接近するまでは

図34. 中部山岳中・南部における原因別の遭難件数

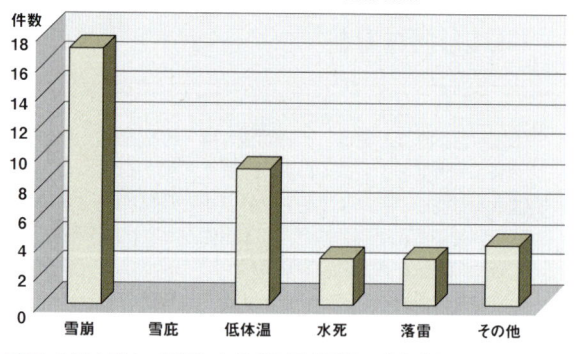

図35. 中部山岳中・南部における気圧配置別の遭難件数

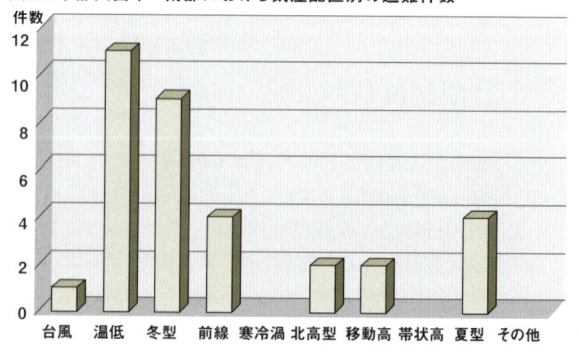

天候の崩れは小さい。ただし、等圧線が込み合い、湿った南西風が強いときは、稜線は雲に覆われる。

夏の発雷も、主稜線ではそれほど多くはない。最南端の編笠山（あみがさ）や最北端の蓼科山（たてしな）の周辺でやや多い程度である。

冬季は、冬型が強まると、稜線を中心に西風が強く吹き、赤岳や硫黄岳周辺では歩行が困難なほどの風になる。また、山雪型のときに上層の寒気が強まると、稜線は激しい吹雪となる。日本海側の山と異なり、少量の降雪でも雪崩が発生しやすいので、降雪直後に沢筋や雪崩の危険がある斜面に踏み込むことは、厳に慎みたい。

中央アルプス、御嶽山、恵那山

内陸の気候特性を持つ。南北に連なる中央アルプスでは、北アルプスや日高山脈などと同様、西風が強まるときに雲が発生しやすいが、日本海・太平洋双方から距離があるので、湿った空気は直接流れ込みにくい。このため、天気の崩れ方はほかの山に比べて小さい。

ただし、日本海低気圧の通過時や南高北低型のときなど、下層で南西風が吹くときは、伊勢湾からの湿った空気が入るため、中部山岳のなかでも最も早く天気が崩れる。伊那盆地で晴れていても、稜線には雲がかかり、断続的な降雨となることが多い。

冬は常時西風が強く、冬型が強まるときは吹雪となる。とくに御嶽山（おんたけ）は独立峰なの

図36. 中部山岳中・南部の山岳気象

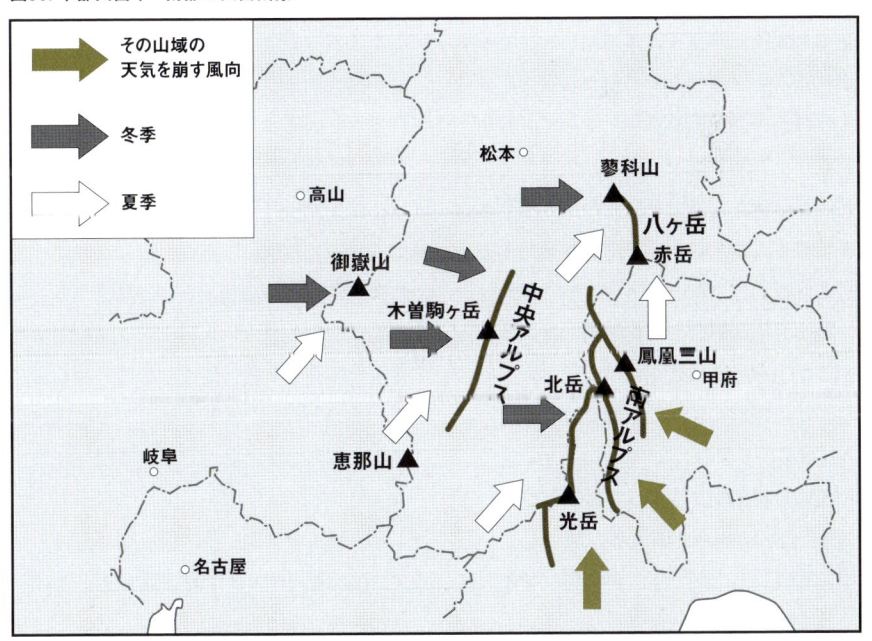

で、風が強まりやすい。また、上層に強い寒気が入ると、まとまった降雪となる。冬でも容易に入山できる千畳敷周辺では、強い西風によって稜線の西側から飛ばされてきた雪が吹き溜まるので、積雪が多くなり、雪崩が発生しやすい。降雪直後の安易な入山は極めて危険である。

南アルプス北部
(北岳、塩見岳、仙丈岳、甲斐駒ヶ岳など)

　内陸の気候特性を持つ。谷を挟んで対岸にある八ヶ岳や中央アルプスと似ているが、これらの山に比べると、南岸低気圧の影響を受けやすく、これが発達しながら通過するときは、天候の荒れ方も大きくなる。

　また、初夏から初秋にかけて、夜叉神峠や櫛形山など前衛の山や鳳凰三山の山腹では霧に覆われることが多い。また、主稜線上では太平洋高気圧に覆われると、朝晩は晴れることが多いが、昼前から夕方にかけては霧がかかる日が多い。そして、日中、気温が上昇する甲府盆地で発生した積乱雲が流れ込み、たびたび前衛の山を中心として発雷するが、主稜線で熱雷が発生することは比較的少ない。

　秋に、東海地方や関東地方に台風が接近するようなときは大荒れの天候となる。また、秋雨前線によって長雨が続くことがある。

　冬は常時西風が強く、冬型が強まるときは平均風速30m/sを超える。風は冬型初日よりも2日目以降に強まる傾向がある。地上天気図で冬型が弱まりはじめるときは、上部ではむしろ風が強まるので注意しなければならない。また、晩秋から冬の晴天率は高いが、冬型が強まり、上層の寒気が南下すると、激しい吹雪となる。このようなとき、東面のカールでは雪崩が非常に起こりやすい。

南アルプス南部
(赤石岳、聖岳、光岳、大無間山)

　南アルプス北部より太平洋の影響を強く受ける。大無間山など主稜線より南側の山腹では、初夏から初秋にかけては、駿河湾からの湿った気流の影響で霧に覆われる日が多い。気温が上がると主稜線上にも霧が上がってきて、山麓で積乱雲が発達することもある。ただし、主稜線上における熱雷の発生はそれほど多くない。

　南海上を北上する台風や、太平洋側を通過する南岸低気圧の影響を強く受け、これらが接近するときには大荒れの天気となる。

　また、太平洋から湿った空気が流れ込むときは、南側斜面を中心に断続的に雨が降り、雷を伴って強く降ることがある。南海上に発生した強い雨雲は、山にぶつかって上昇気流が強められ、さらに発達する。衛星画像やレーダー・エコー合成図で雨雲の発生を確認したら、警戒しなければならない。沢のなかにいるときは、すぐに沢から離れなければ命に関わる事態に陥ってしまう。

　冬の晴天率は高いが、稜線では連日、非常に強い風が吹く。冬型が強まるときは、平均風速が30m/sを超えることも稀ではな

い。上層の寒気が強いときは降雪を伴い、吹雪となる。ただ、大無間山など前衛の山では、上層の寒気が非常に強く、かつ山雪型の冬型になるときのみ降雪を伴うが、それ以外の冬型のときは基本的に晴れる。

ただし、南岸低気圧が発達しながら本州に接近・通過するときは暴風雪となり、1日に50cm以上の大雪となる。

東海地方、紀伊半島の山

1. 遭難事故が発生するときの気圧配置

図37は、東海地方と紀伊半島における20年間（1990〜2009年）の死亡事故を原因別に集計したグラフ、図38は同じく気圧配置別に集計したグラフである。この山域での事故件数は少ないが、他の山域同様、低体温症による事故が目立ち、次いで増水による水死も多い。

気圧配置別のグラフを見ると、前線が停滞しているときに事故が多発しているのがわかる。これは、梅雨前線の停滞時に大雨による沢の増水で流される死亡事故が多いからだ。

また、北高型のときの低体温症による事故も多い。この気圧配置のときは、たしかに気温は低めで天候もぐずつきがちになるのだが、風はそれほど強くならないので、防寒対策等の装備が不充分だったことなども考えられる。

2. 山域別の気象特性

伊吹山

若狭湾と伊勢湾の間、日本海と太平洋の距離が短い地域に位置しており、これらの間に高い山がないため、太平洋・日本海双方の影響を受ける。北高型やオホーツク海高気圧による北東気流のときなどは、下層で東または北東の陸側からの風になり、湿った空気が入りにくく、よい天候が続くことが多い。そこが、関東南部や紀伊半島の山とは大きく異なる特徴である。

夏は、濃尾平野に面している南東面で雷雲が発達しやすい。

また、冬には北西の季節風の影響を強く受け、若狭湾から発達した雪雲が入ってドカ雪となることがある。新幹線で関ヶ原付近を通るときに雪が降っているのは、この若狭湾から侵入する雪雲のためである。低い標高にも関わらず高山植物の群落が見られるのは、土壌のほかに多量の降雪が要因のひとつとなっている。

図37. 東海地方、紀伊半島の山における原因別の遭難件数

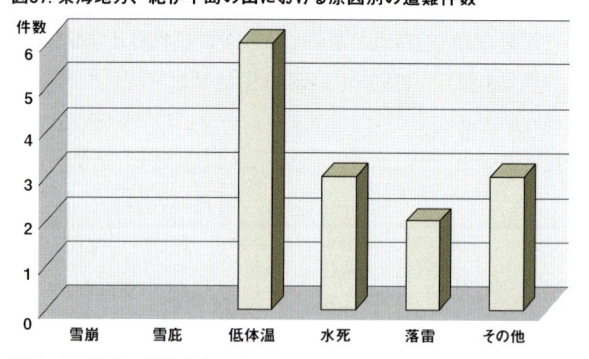

図38. 東海地方、紀伊半島の山における気圧配置別の遭難件数

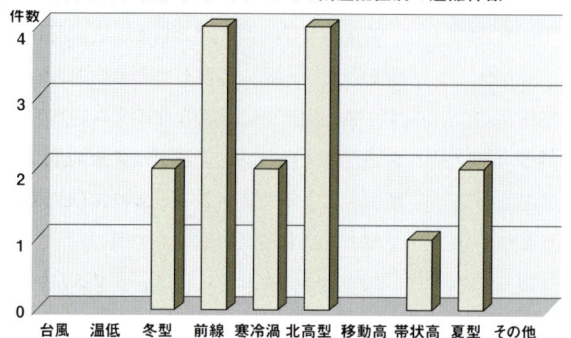

図39. 東海地方、紀伊半島の山岳気象

鈴鹿山脈

　太平洋の影響を主に受けるが、冬には日本海の影響を受けることもある。

　南東の風が吹きつけるような気圧配置のときに、最も天気が崩れる。低気圧が発達しながら太平洋岸を通過するときや、西日本に台風が接近・上陸するときは、大荒れの天気となる。

　夏に風が収束しやすいことから、近年、集中豪雨がしばしば発生しており、大きな被害をもたらしている。上層に寒気が

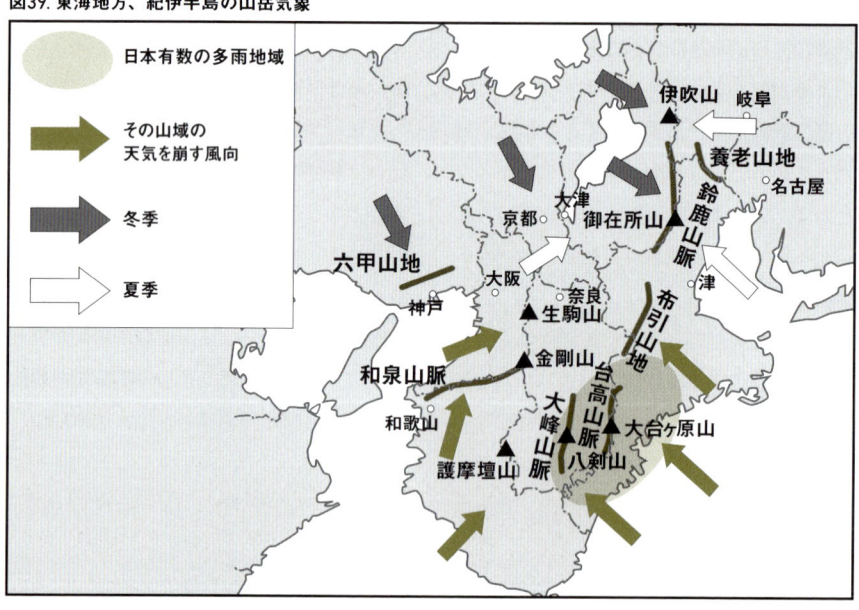

入ってきたときや、南海上にある熱帯低気圧や台風から湿った空気が流れ込むとき、太平洋高気圧の勢力が後退して東高西低型の気圧配置となるとき、さらに等圧線が込み合って南から湿った空気が勢いよく流れ込むときは、要注意だ。

冬季は、冬型が強まると、風向によっては大雪となる。等圧線が完全に南北に走向し、若狭湾から鈴鹿山脈に向かって北西の風が吹くような気圧配置のときはとくに警戒したい（**図40**）。

台高山脈（だいこうさんみゃく）

屋久島と並んで、日本で最も降水量の多い山域のひとつである。移動性高気圧の前面（東側）に入るときは晴天となるが、高気圧の中心が通過して東風が入ると、すぐに太平洋からの湿った空気が流れ込み、霧に覆われる。そして低気圧や前線が接近する前から雨が降り出し、南海上や本州上を温帯低気圧が通過するときは、激しい雨と

図40. 1995年12月25日9時
鈴鹿山脈で大雪となったときの地上天気図

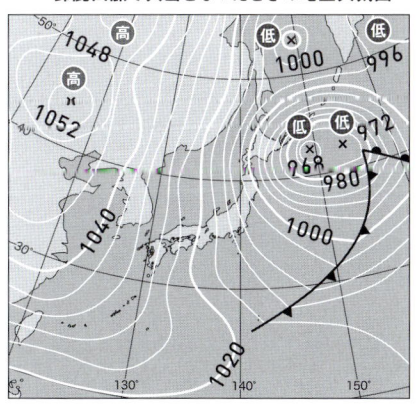

なる。雨の降り方は半端でないので、防水対策を充分に行なわないと痛い目を見る。

夏に太平洋高気圧に覆われるときも、日中は湿った海風が入るため、霧が発生することが多いが、鯨の尾型の気圧配置になって北西の風や西風が卓越するときには、霧の発生が抑えられる。湿った空気が入りやすく、大気が不安定になると積乱雲が発達し、昼ごろからは北部を中心に落雷の危険性が増す。

台風が西日本に上陸するときや、南海上を接近しながら通過するときは大荒れの天候となり、稜線上は暴風雨に見舞われて行動不能に陥る。山麓でも沢の増水や土砂崩落などが起こり、アプローチが寸断されてしまうことも珍しくない。

冬は乾燥した晴天となることが多いが、強い冬型で上層の寒気が強いと雪雲が稜線上で発生し、吹雪く。西日本に強い寒気が流れ込む予想のときは要注意である。

大峰山（おおみねさん）（八経ヶ岳（はちきょうがたけ）、釈迦ヶ岳（しゃかがたけ））

紀伊半島では最も高い山塊で、半島の中央部に位置しているため、太平洋の影響を強く受ける。本州の南岸沿いを低気圧や台風が通過するときは暴風雨となるが、低気圧や台風の進行方向前面に位置するとき、つまり、南東風が卓越するときは台高山脈で多量の雨を落とすため、雨量は台高山脈よりもやや少なくなる。

日本海低気圧が通過するなど南西風が吹くときは、風下側にあたる台高山脈よりも湿った空気の影響を受けやすく、霧に覆わ

Chapter 8 山域別の気象

れて断続的な降雨となる。とくに寒冷前線や停滞前線が南下するときは、暖かく湿った空気が流れ込むので激しい雨が降る。

　夏は、太平洋高気圧の勢力が強いと晴れるが、高気圧の勢力が後退し、その縁にあたるようになると、湿った空気が入って連日霧に覆われ、午後は雨や雷雨となる日が多くなる。初夏から夏にかけては、山域南部では日が高くなると連日のように霧が発生する。

　冬季は、冬型が強まると、稜線では吹雪かれる。西日本に強い寒気が流れ込むときには、まとまった降雪となることがあるので、しっかりした冬山装備で臨みたい。

沢登りも盛んな大峰山脈。気象判断は重要だ
（芦廼瀬川本流にて）　写真＝吉岡　章

金剛山、葛城山（かつらぎ）

　標高が低いため、天候は大阪平野や奈良盆地と大きく変わらない。南側と東側に高い山があることや、標高が低いことなどから、天気が荒れることは少ない。移動性高気圧や帯状高気圧に覆われるときはもちろん、北高型や南高北低型のときでも晴れることが多い。

　ただし、夏に太平洋高気圧の勢力が後退し、南西の湿った空気が入りやすくなると、金剛山では日中、霧に覆われやすくなる。また、梅雨末期に梅雨前線が日本海から南下してくるときには、西風が強まって平地よりも荒れた天候となる。

　冬は、大阪平野より気温が5〜7℃低くなるので、防寒対策はしっかりと。冬型が強まると大阪湾からの西風が強まり、非常に寒く感じる。上層の寒気が強ければ降雪を見ることもある。

六甲山地

　天候は平地と大きく変わらない。大阪湾に面しているが外洋からは遠いため、極端に荒れることはあまりない。ただし、六甲山の山頂付近の気温は麓の神戸市よりも冬で6〜7℃、夏では5℃前後低くなる。

　東西に延びた山地なので、北風や南風の影響を受けやすい。春から秋にかけては、日本海低気圧が発達するとき、あるいは九州や四国・中国地方を台風が通過するときなどは、強い南風が吹く。また、山陰地方や日本海沿岸に停滞前線があるときも要注意だ。

　冬季は、冬型が強まると北風が強まり、吹雪く。六甲山地の北側に広がる高原地帯に、北からの冷たい空気が溜まり、限界を越えると山地を越えて南側に溢れ出す。これが、よくいわれる「六甲おろし」である。

中国山地・四国山地

1. 遭難事故が発生するときの気圧配置

図41は、中国地方と四国地方における20年間（1990年〜2009年）の死亡事故を原因別に集計したグラフ、図42は同じく気圧配置別に集計したグラフである。

この山域での死亡事故は少ないが、そのなかで目立っているのが雪崩事故だ。これは多量の降雪がある大山を抱えているためで、冬型や温帯低気圧が通過するときに発生している。

2. 山域別の気象特性

氷ノ山、扇ノ山

日本海の影響を強く受ける。北側に日本海があるため、北西〜北東の風が強く吹くときは霧に覆われる。日本海の北部に移動性高気圧があると、高気圧から冷たい北東の風が吹きつけるので、東面や北面を中心に霧に覆われ、小雨が降る。

一方、日本海低気圧が接近するときは、南西の風が山を越えて吹き降ろし、気温が著しく上昇する。風は強くなるが、天候の崩れは小さい。しかし、寒冷前線が近づくと急速に天候が悪化し、雷を伴った激しい雨や雪が降る。その後は気温が急激に下がり、風雨（雪）が強まる。

冬は多量の降雪を見る。冬型が強まると、一晩に1m以上積もるドカ雪となることも珍しくない。このようなときは、風も強くなって吹雪となり、見通しが効かなくなる。また、この時期は、天候が非常に変わりやすい。午前中晴れていても、午後からは猛吹雪ということがよくある。

図41. 中国地方、四国地方の山における原因別の遭難件数

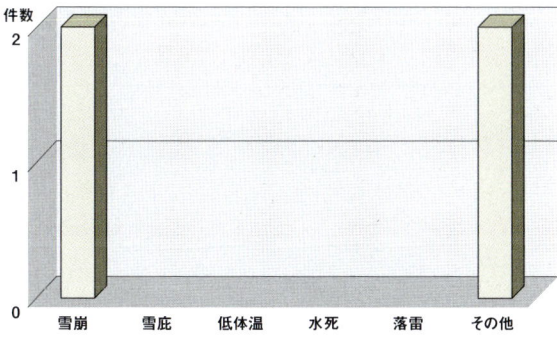

（雪崩、雪庇、低体温、水死、落雷、その他）

図42. 中国地方、四国地方の山における気圧配置別の遭難件数

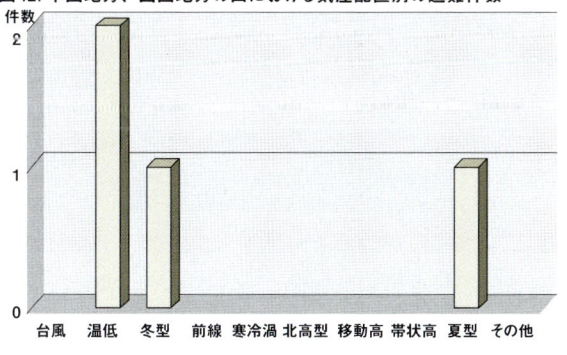

（台風、温低、冬型、前線、寒冷渦、北高型、移動高、帯状高、夏型、その他）

大山、蒜山
(だいせん、ひるぜん)

　中国山地が最も日本海に近づくところにあるので、日本海の影響を非常に強く受ける。氷ノ山や扇ノ山と同じように、北西から北東の風が吹くときは雲がかかりやすい。冬には多量の降雪があり、冬型が強まると標高2000m未満の山とは思えないほどの暴風雪となる。風下側は、雪が吹き溜まって雪崩の巣となる。西日本の山には珍しく雪庇も発達する。

　また海に近いこともあり、初夏から初秋にかけては連日のように霧に覆われる。これは、日本海からの湿った風が海風によって運ばれ、山に沿って上昇するためである。

　日本海低気圧が接近するときの崩れは小さいが、南西の風が強まる。寒冷前線が通過すると天候が急変し、通過後は風雨（雪）が強まることが多い。温帯低気圧が通過したあとに天候が荒れるという特徴がある。

石鎚山
(いしづちさん)

　瀬戸内海と太平洋、双方の影響を受けるが、四国山地の主脈上からやや北に外れた位置にあるので、太平洋からの湿った空気の影響はやや少なくなる。

　南岸低気圧が発達しながら通過するときや、台風が西日本に接近・上陸するときには大荒れの天気となる。また、東高西低型など南海上から湿った空気が流入するときは、天気が崩れる。断続的な強雨と沢の増水には充分注意しなければならない。

　初夏から夏にかけては、霧が発生しやす

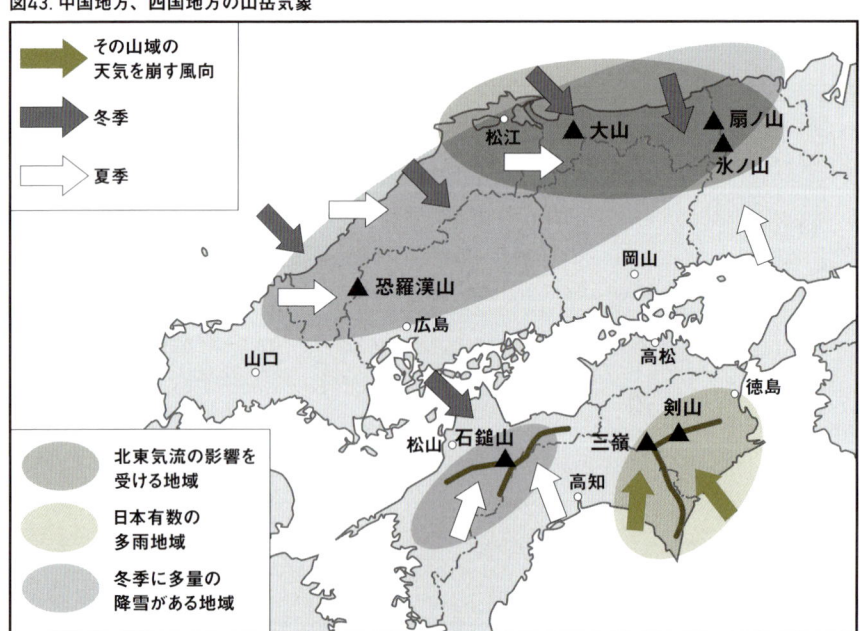

図43. 中国地方、四国地方の山岳気象

い。すっきりした青空がもどってくるのは、移動性高気圧が大陸から乾燥した空気を運んでくれるようになる秋以降である。

秋から春にかけて、温帯低気圧が発達しながら通過し、その後に寒気が流れ込むと、稜線では天気の回復が遅れる。また、冬型が強まると風雪が強まり、上層に強い寒気が入るときには、50cm前後のまとまった降雪になることもある。

剣山、三嶺(みうね)(さんれい)

標高1500m以上の山が連なる、四国の屋根ともいえる山域である。太平洋の影響を強く受けるため、年間の降水量は台高山脈などと並び、日本でもトップクラスだ。移動性高気圧の中心が通過すると、すぐに湿った東風の影響で雲に覆われ、平地より早く雨が降り出す。南岸沿いや本州上を低気圧が発達しながら通過したり、台風が西日本に接近・上陸するときは、南東の暖かく湿った空気が山にぶつかって積乱雲が発達するため、暴風雨となる。とくに低気圧や台風が山の西側にあるときは降水量が多くなる。

石鎚山同様、東高西低型で南から湿った風が吹きつけるときは、断続的な強雨に注意が必要である。さらに、三嶺や石立山などの主稜線とその南西側斜面では、日本海低気圧が通過するなど南西の風が強く吹くときにも、湿った空気が流れ込んで雲が発達しやすい。このとき、平地では晴れていることも多いので、注意が必要である。

冬の季節風の影響は、石鎚山など四国の西部よりは小さくなる。冬型の気圧配置が強まったときも、一時的には吹雪くが長くは続かず、降雪量もそれほど多くはならない。ただし、南岸低気圧が発達しながら通過するときは、まとまった雪となり、北面では気温が低いため、長い間、積雪が残る。

九州の山

1. 遭難事故が発生するときの気圧配置

図44は、九州地方の山における20年間（1990〜2009年）の死亡事故を原因別に集計したグラフ、図45は同じく気圧配置別に集計したグラフである。

この山域における事故件数は少ないが、要因別では低体温症による事故が目立っている。気圧配置別で見ると、北高型が多い。これは、北高型のときは西日本の南海上に前線が停滞し、山頂や稜線が雲に覆われて、日中の気温が上がらないことが原因であると思われる。

2. 山域別の気象特性

九重連山(くじゅうれんざん)、阿蘇山、祖母山(そぼ)

九州山地の中央部に位置するこれらの山

は、太平洋と東シナ海、双方の影響を受ける。阿蘇山は東シナ海の影響が強く、祖母山は太平洋の影響が強い。九重連山や阿蘇山はこれらに加えて、日本海の影響を受けることもある。

いずれの山でも、降水量は梅雨期が最も多い。とくに梅雨前線の南側に入り、東シナ海からの暖かく湿った空気が入り込んでくると大雨になり、稜線では風も強まる。平地では河川の氾濫や低地への浸水、土砂災害などが発生し、アプローチに支障が出る可能性もある。また、祖母山では、南東からの湿った風が入るときにも大雨になりやすい。

夏は太平洋高気圧に覆われると晴れるが、関東地方北部の山と並んで発雷の非常に多い地域であり、落雷に対する備えは常に必要である。とくに晴れた暑い日の午後は要注意だ。太平洋高気圧の勢力が後退し、湿った空気が入ってくるときも積乱雲が発達しやすい。

春や秋は、低気圧が通過するときに天気が崩れるが、通過後は回復する。大陸から高気圧が接近したときは、すっきりと晴れる。ただし、高気圧の中心が通過したあとは、湿った東風が入りやすい

九重連山、祖母山から雲がかかりはじめ、天気は早くも下り坂に向かう。

冬は強い冬型となって等圧線が込み合い、上空（主に下層）に強い寒気が入ると雪雲が発達し、東シナ海から北西の風に乗って侵入してくる。とくに850hPa面でマイナス9℃以下の寒気が入るときは注意が必要だ。このため思わぬ大雪や風雪となることがあり、九州の山だからといって甘く見てはならない。

英彦山、脊振山地

冬を中心に日本海の影響を受ける。九州のほかの山と同様、降水量は梅雨期が

図44. 九州、屋久島の山における原因別の遭難件数

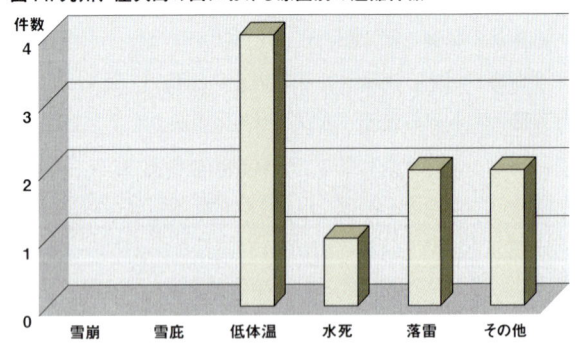

図45. 九州、屋久島の山における気圧配置別の遭難件数

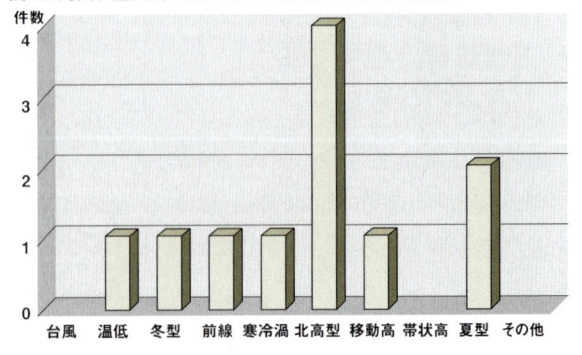

最も多く、梅雨前線が玄界灘から南下してくるときには激しい風雨となるので、登山は中止したほうが賢明だ。

夏は、太平洋高気圧に覆われると安定した好天に恵まれるが、午後からの発雷には注意が必要である。とくに英彦山周辺では、日中、日田盆地の気温が上昇するために積乱雲が発達しやすい。

春や秋は平地と基本的に大きな違いはないが、低気圧が通過したのち、上空(主に下層)に寒気が入るようなときは天気の回復が遅れることがある。

また、冬季に冬型が強まると、北西の季節風が強まって吹雪となる。上空(主に下層)の寒気が強ければ、一晩に50cm程度の大雪になることもある。九州では最も降雪量が多い山域であり、冬の間は根雪(気象庁では「長期積雪」と呼んでおり、積雪が30日以上継続した状態のことをいう。一般的には冬の期間中、融けない積雪のこと)が消えない。登山には冬山装備が必携だ。

九州中央山地(国見岳、三方山)、霧島

九州の脊梁山脈なので、東シナ海、太平洋双方の影響を受ける。つまり、西風でも東風でも湿った空気の影響を受けやすく、台高山脈、宮之浦岳、四国の剣山と並ぶ多雨地帯である。山麓では、東面と西面とで天気が異なる。高気圧が通過して東寄りの湿った風が入ると、山頂付近や東面では雲がかかり、濃い霧に覆われるが、西面では

図46. 九州地方の山岳気象

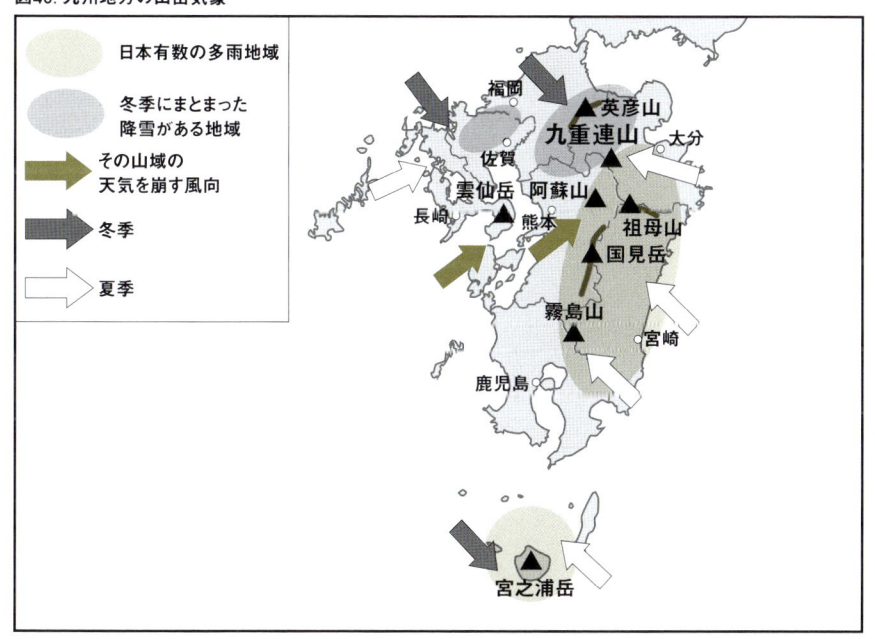

上層の薄雲が広がる程度で、本格的な崩れは低気圧や前線が接近してからになる。

梅雨期は、九州北部に前線が停滞するときに風雨が激しくなる。この場合は西風が吹くので、西面や稜線で大雨となり、風の影響も大きく受ける。

夏は、どちらの側も日中を中心に霧が発生することが多く、発雷も頻繁に起こる。午後からの登山は落雷に注意しなければならない。

夏から秋にかけて、台風が接近することがしばしばあり、勢力が強い状態で接近・上陸することもあるので、台風の動向には注意が必要だ。台風が接近するときは暴風雨となり、とくに東面で降水量が多くなる。

秋になって乾いた高気圧が大陸からやってくると、天候が安定するようになる。冬は晴天率が高いが冬型が強まり、強い寒気（850hPa面でマイナス9℃以下）が西日本に入ると、稜線では激しく吹雪かれる。ただし、1日から長くても2日程度で晴れることがほとんどだ。降雪後に晴天となると雪景色がみごとだが、気温が低いので防寒対策は万全にしたい。

宮之浦岳の気象特性

海に囲まれ、近くを黒潮（暖流）が流れていることから、常に湿った空気が入りやすく、日本で最も雨の多い山として知られている。晴れること自体が珍しいが、大陸から乾いた高気圧が南海上にまで張り出す晩秋が、最も晴天率が高い季節である。風向が北西または西で、乾燥した空気を持つ高気圧が接近するときは、すっきりとした好天に恵まれることが多い。ただし、上空に強い寒気が入ると、稜線はすぐ霧に覆われる。

北高型などで高気圧が北に偏って張り出すと東面や稜線は霧に覆われ、湿った空気が入ると雨が降り出す。また、南岸低気圧が通過するときは大荒れの天気となるし、高気圧の縁にあたるときにも風が強まる。

冬季は、冬型が強まると上部で吹雪かれる。上空の寒気（850hPa面でマイナス6℃以下）が強ければ大雪になる。昔は積雪が2mに達することもあったが、最近は西日本に強い寒気が南下することが少なくなっているので、積雪量は減少傾向にある。とはいえ、冬の宮之浦岳登山や主稜線の縦走には、完全な冬山装備が必要となる。

日本で最も雨の多い屋久島の最高峰・宮之浦岳　写真＝大沢成二

Chapter 9
世界の山岳気象

海外登山や海外トレッキングを志す人のために、主な山域でのそれぞれの気象の特徴を大まかに解説する。日本の天気は、偏西風によって西から東へ変化していくことが多いので、風上側にあたる中国大陸やチベット高原、ヒマラヤ山脈の存在が、日本の気象に大きく影響している。これらの山岳気象について学ぶことは、日本の気象についての知識を深めることにもなるだろう。

図1.世界の主な山岳エリアと山

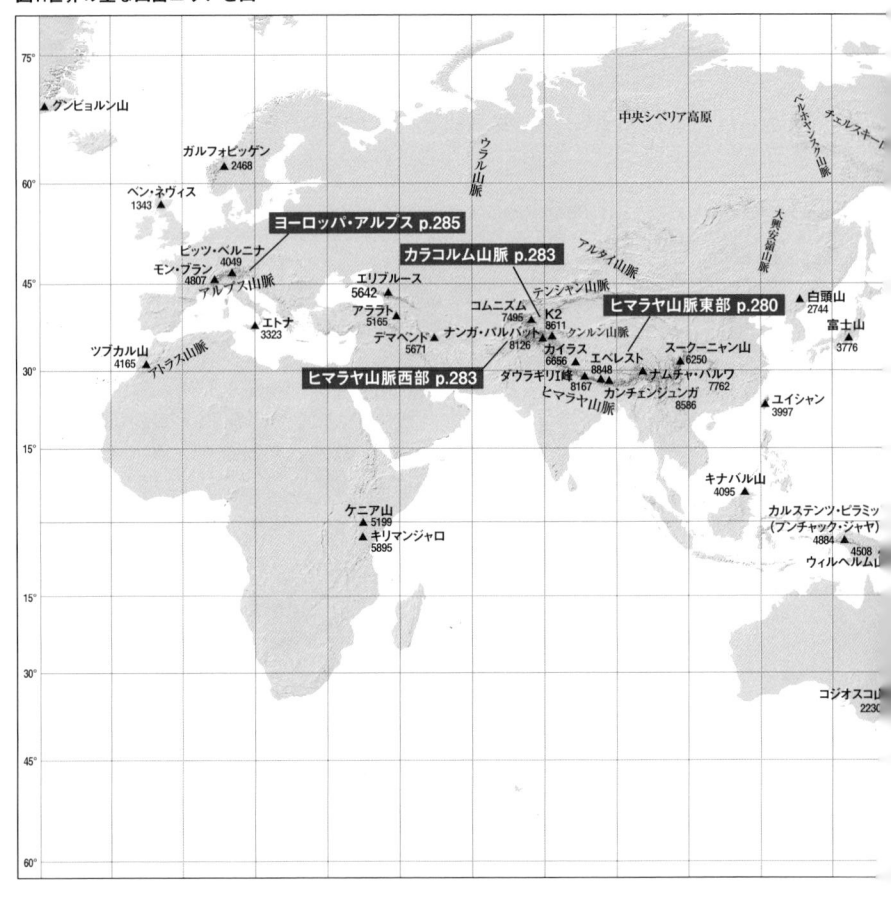

ヒマラヤ山脈東部
(ネパール、シッキム、ブータン、チベット)

1. 気象の特徴

　エベレストやカンチェンジュンガ、ローツェ、マカルーなど世界の高峰が集中する山域である（**写真1**）。緯度が27〜30度と、比較的低緯度にあるため、夏を除いて亜熱帯ジェット気流の影響を受ける。秋から冬にかけてはジェット気流が強まるので、8000m級の稜線では平均風速が20m/sを下回ることは珍しく、40m/sを超えることも多い。

　この山域は、夏にモンスーンの影響を受けることでもよく知られている。モンスーンとは、広義には季節風（季節ごとに吹く特有の風）を、狭義には雨季を意味している。

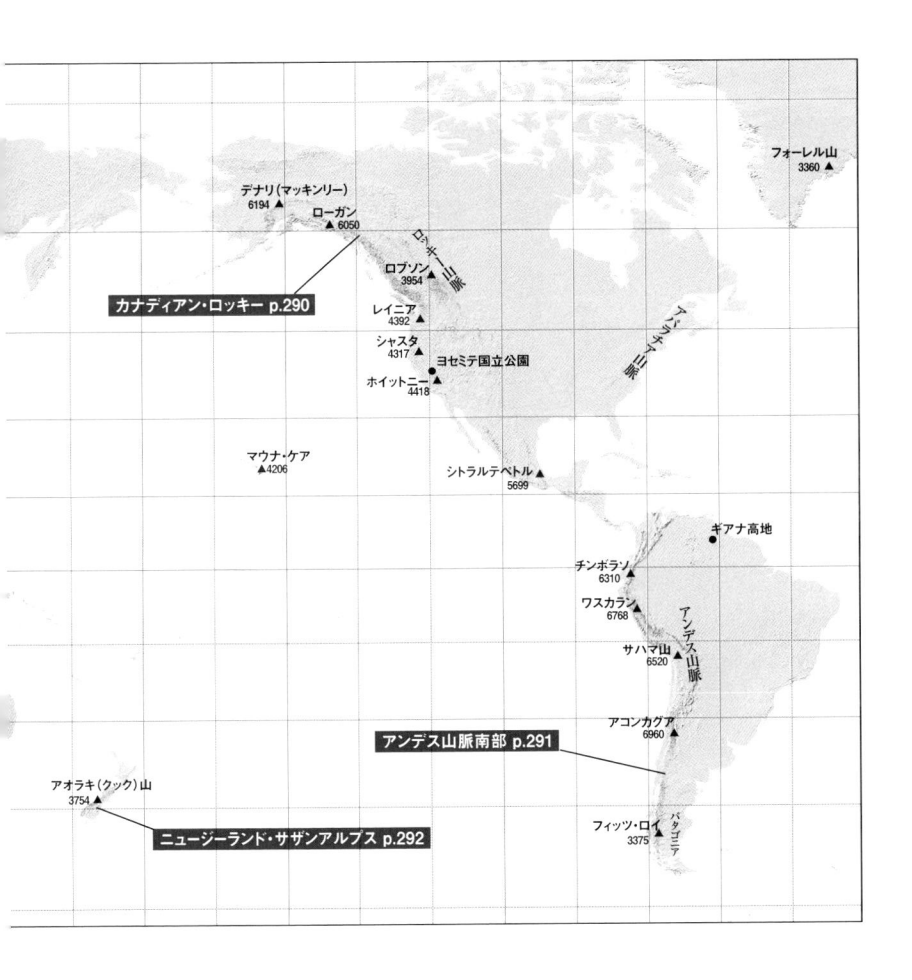

毎年6月になると、北半球では太陽からの入射量が増えるため、ユーラシア大陸内部では気温が上昇する。陸は海よりも暖まりやすいので、夏は沿岸部より内陸部のほうが気温は上昇する。大陸の奥地では暖まった空気が上昇し、低気圧が発生する。風は気圧が高いほうから低いほうへ吹く性質があるので、6月から9月にかけて、この低気圧に向かってインド洋から暖かく湿った南西の風が吹き続ける。そしてこの南西風は、インド洋から暖かく湿った空気をヒマラヤ山脈に運び、山にぶつかって上昇気流が強められ、積乱雲が発達するので、多量の雨をヒマラヤ山脈とその南側の地域にもたらすのである。

　近年は、モンスーン入り、モンスーン明けがともに遅れる傾向があり、6月初旬でも好天に恵まれることが多くなる一方で、9月中旬を過ぎても大雪に見舞われることが少なくない。モンスーンの時期は、日本

の梅雨と同じで毎日、雨や雪が降るわけではない。3、4日晴天が続くこともあり、このようなときは、雪崩の危険性を除けば風が弱く気温も高いので、一年で最も登頂に適した時期となる。一日中、悪天の日もあるが、朝のうちは比較的晴れていて、陽が高くなって積乱雲が発達し、午後から夜にかけて雪の降ることが多い。

春（3〜5月）と秋（10〜11月）は、それぞれプレ・モンスーン期、ポスト・モンスーン期と呼ばれ、晴天率が高く、登頂に適した時期として古くから知られている。プレ・モンスーン期はポスト・モンスーン期よりも気温が高いので、無酸素で8000m級の高峰に挑むのに、ふさわしい季節である。無酸素の登頂には、低温と強風が大敵になるからだ。

ただし、安定した好天が続くポスト・モンスーン期に対し、プレ・モンスーン期は気圧の谷や尾根が交互に通過することが多いため、天気が変わりやすい。基本的に南西からの湿った空気が入ると天候は崩れ、雪が降ったあとに風が急速に強まり、ブリザードになる。悪天はだいたい3、4日続く。また、プレ・モンスーン期にはサイクロンが襲来することがあるので注意が必要だ。

ポスト・モンスーン期は、気温が下がり、大陸では沿岸部に比べて冷え込みが強まるので、大陸の奥地で次第にシベリア高気圧が発達するようになる。この高気圧から吹き出す乾いた空気がヒマラヤ山脈の北西部から流れ込んでくるため、空気が乾燥し、プレ・モンスーン期に比べると澄んだ青空が広がることが多い。もし山の撮影が目的でこの地を訪れるのなら、山が美しく鮮明に見えるポスト・モンスーン期をおすすめしたい。また、ポスト・モンスーン期は連日晴天が続くが、近年はモンスーン明けと同時にジェット気流がヒマラヤ山脈に南下し、強風が吹き荒れることが多い。

冬はシベリア高気圧から乾燥した空気が流れ込むため、晴れの日が多くなる。ただし冷え込みは厳しく、亜熱帯ジェット気流の強まりと寒帯前線ジェット気流の南下により、8000m級の稜線では平均風速が50m/sを超えることもたびたびある。

2. 山域による違い

プレ・モンスーン期からモンスーン期中ごろにおける降水は、ネパールの中西部（アンナプルナ山群より西）で多くなり、モンスーン期後半からポスト・モンスーン期には、ネパールの東部（ランタン山群より東）からシッキム・ブータン方面で多くなる傾向にある。その間に位置するマナスル山群は、どちらのシーズンにおいても降水は多い。また、ベンガル湾からの湿った空気が直接入り込むアッサム地方（インド）は、世界で最も降水量の多い地域であり、モンスーン期には連日、大雨（雪）に見舞われる。

このような違いが生まれるのは、ポスト・モンスーン期には、大陸から乾いた高気圧がインド北部やネパール北西部に次第に張り出してくるので、この勢力下に入る

ネパールの中西部では湿った空気の影響を受けにくくなり、逆に亜熱帯高気圧の縁にあたる東部には湿った空気が入りやすくなるからである。

チベット側の山域では、インド洋から流れ込む雨雲がヒマラヤ山脈にせき止められるので、モンスーン期の降水量はネパール側に比べて少ないが、強い日射と日中の昇温によって午後からにわか雨(雪)が降ることが多い。

インドから続く平原に直接面したダウラギリやアンナプルナは、プレ・モンスーン期やモンスーン期に南西からの湿った空気が直接入ってくるため、気圧の谷の接近や上層への強い寒気の流入によって大雪に見舞われることがある。

また、エベレストやローツェ、チョ・オユーなどは、インドから続く平原との間にアマダブラムやタムセルクなど6000m級の山々が連なっており、湿った空気がこれらの山に雪を落として水蒸気の量が減少するので、降雪量はそれほど多くはならない。

写真1. エベレスト(左)とローツェ　写真=久保田賢次

カラコルム山脈、ヒマラヤ山脈西部
(インド、パンジャブ)

1. 気象の特徴

ヒマラヤ山脈東部に比べると、緯度にして5〜10度、高緯度側にあるため、日本やヨーロッパなどと同様、偏西風の影響を強く受ける。つまり、偏西風が蛇行することによって気圧の谷や尾根が発生し、気圧の谷の進行前面(多くは東側)に入ったときに天気が崩れ、気圧の尾根の進行前面に入ったときには回復する。

日本と緯度がほぼ同じなので、春や秋は天気が周期的に変化し、夏は亜熱帯高気圧(温暖高気圧の一種。温暖高気圧については67ページ表1参照)に覆われて安定した好天となることが多い。ただし、後述するように夏の気象は年によって大きく異なる。冬はヒマラヤ山脈東部よりも気温がかなり低く、強い寒気が南下すると、カラコルム山脈を中心にまとまった降雪を見ることがあり、登頂は非常に厳しくなる。

2. 山域による違い

この山域における登山やトレッキングのベストシーズンは、カラコルム山脈とヒマラヤ山脈西部で大きく異なってくる。

ヒマラヤ山脈西部は、東部と同様、インド洋からの湿った南西風が入るため、モンスーンの影響を強く受ける。夏は天候が悪

い日が多く、雪崩の危険性も高いので登山には適さない。ただし、雨に降られることを覚悟していけば、トレッキング中にみごとな高山植物が見られる季節でもある。また、雨季とはいっても、ヒマラヤ山脈東部よりは晴れる日も多い。

　カラコルム山脈の登頂適期は、7月から8月といわれている。これは、カラコルム山脈と平行して連なるパンジャブ・ヒマラヤが湿った南風の侵入を防いでくれるため、モンスーンの影響が少なくてすむからだ。ナンガパルバットなどのパンジャブ・ヒマラヤは、パンジャブ平原に面しているので、直接、湿った南西風（モンスーン）の影響を受ける。このため、夏でもK2（**写真2**）やガッシャーブルム（**写真3**）などのカラコルム主脈より天候が悪いことが多い。

　夏のカラコルムは登頂に適した季節ではあるが、年による変動が非常に大きい。安定した好天が続く年もあれば、悪天続きで登頂者がほとんど出ない年もある。

　一般的に、カラコルム山脈の西側で寒冷低気圧（69㌻**表2**）が停滞する年は、悪天が続く。亜熱帯ジェット気流の位置が例年より南に位置し、偏西風の蛇行が大きい年は、寒冷低気圧がこの地域に発生しやすい。逆に、亜熱帯ジェット気流が例年より北上すると、カラコルム山脈は亜熱帯高気圧に覆われて安定した好天が続き、ベースキャンプなどの下部では中国側からの弱い東風が吹く。カラコルム山脈では東風が吹くと天候がよくなることが多いので、覚えておくとよいだろう。

　年にもよるが、8月後半になって大陸が冷えてくるにつれ、亜熱帯ジェット気流はカラコルム山脈付近まで南下するようになる。8000ｍ級の山では平均風速が30m/sを超える暴風が吹き、登頂は厳しくなる。しかし、この暴風がずっと続くことは少なく、一週間程度で落ち着くこともあり、チャンスが皆無というわけではない。ただし、8月中旬以降は気圧の谷や尾根が周期的に通過するので、天気は周期的に変わる。3〜4日のアタック期間中、ずっと好天になることは少なくなる。9月に入ると、緯度が高いことから気温が急激に下がり、その意味でも登頂は厳しくなってくる。

写真2. K2　　　　　　　　　　　写真＝内田良平

写真3. ガッシャーブルムⅠ峰　　写真＝内田良平

ヨーロッパ・アルプス

1. 気象の特徴

　北緯46度から47度に位置するアルプス山脈は、日本付近でいえば稚内よりも北に位置しており、標高4000mを超える山々が連なっている。このため日本には存在しない大きな氷河（万年雪が上層の積雪の圧力によって氷塊となり、低地に向かって流れ下るもののこと）を持ち、標高3000m以上では夏でも降雪を見る。しかし、大西洋を流れる暖流、メキシコ湾流（北大西洋海流）の影響により、緯度のわりには温暖で、西ヨーロッパにおける冬の平均気温は、緯度的に南に位置する北海道や東北地方よりも高い。

　登山や登攀は、一年を通じて行なわれている。冬は寒気が厳しいが、緯度が高いために、強風をもたらす寒帯前線ジェット気流がアルプス山脈よりもずっと南に南下し、冷え込みは厳しいものの風が弱まることが多い。ただし、アルプス山脈の西側に寒冷低気圧が停滞したときには、まとまった降雪が続くので注意が必要だ。

　春や秋は日本同様、温帯低気圧や移動性高気圧が頻繁に通過し、周期的に天候が変わる。低気圧や前線が接近すると天気が崩れ、高気圧が近づいてくると回復するのは日本と同じだ。

　日本の場合、東に太平洋があることから、エネルギーとなる水蒸気が得られやすく、低気圧が日本列島を通過する際や通過したあとに急速に発達することが多い。このため、山では急激に天候が変化することも珍しくなく、天候の予想が難しいという側面がある。これに対し、西側に海があり東側が大陸になっている西ヨーロッパの場合は、温帯低気圧が大西洋で発達しても、水蒸気を得られにくい大陸に上陸すれば、それ以上発達することなく通過することが多い。そういう意味では、天候の予想は比較的立てやすい。

　観光局などに張り出されている気象情報や、新聞やテレビの天気図など、気象情報を入手できるツールも多いので、積極的に活用するとよいだろう。

　また、アルプス山脈では観天望気も有効だ。天気が崩れるときの兆候でよく見られるのが、アルプス山脈の北側にある谷を吹き下りる強い南風と、山頂にまとわりつく雲の存在である。これは、日本の山やアコンカグアなどにも共通する現象なので、覚えておくとよい。このような現象が見られるときは、天気が悪化し、やがて暴風雪となるので、すぐに下山しなければならない。

　夏の天気は年による変動が大きい。従来は日本の春や秋と同様、天気が周期的に変わるのが特徴だったが、最近は地球温暖化の影響などにより亜熱帯高気圧の勢力が異常に強まり、アルプス山脈を覆う年が現れるようになってきた。そのような年は安定した好天が続き、気温も上昇する。氷河での氷雪崩やセラック崩落、落石、沢の増水

などが発生し、実際に大きな事故も起きているので注意したい。

このほか、日本と同様に最近は寒冷低気圧の出現も増えている。この低気圧がアルプス山脈の西側に停滞すると、不安定な天気が続き、発雷も多くなる。落雷による事故も多発しているので、寒冷低気圧が西にあるときや上層の寒気が南下してくるとき、あるいは寒冷前線が近づいてくるときは、登山は控えたほうが賢明である。

2. 山域による違い

東西に長く連なるアルプス山脈は、一本の山脈のみで成り立っているのではなく、部分的に複数の山脈が南北に平行して走っている。そのため、いちばん北側の山脈と南側の山脈では、また西側と東側でも、気象の特性が異なる。

モンブラン山群やヴァリス山群、ベルナー・オーバーラント山群など、アルプス山脈の西側や北西側では、一般に大西洋からの湿った空気の影響を受けやすい。これらの山は大西洋に近いので、低気圧がまだ比較的強い勢力のときに接近する。そのため天候の崩れ方が大きく、降雪量も多くなる。一方、アルプス山脈東部にあたるベルニナ山群からチロル・アルプス、オーストリア・アルプスでは、大西洋から離れていることや、西側にアルプス山脈の高峰があることにより、湿った西風の影響を受けにくく、天候の崩れ方は西部よりも小さい。ただし、地中海とは距離が近く、地中海からの湿った南風が入ると大きく天気が崩れることがある。

南北の違いでいうと、ベルナー・オーバーラント山群などアルプス山脈の北側の山では、低気圧通過後、北西の冷たい風が山にぶつかって上昇することによって天気が崩れる。このため、低気圧通過後も風雪が続くことがある。また、寒冷前線が北から南下するときに、前線の影響を直接受けるのもこの山群である。

一方、南側のヴァリス山群では、北側にベルナー・オーバーラント山群があるため、低気圧通過後も雪雲が侵入せず、天候は回復することが多い。また、偏西風の影響が強いアルプス山脈では西風が卓越していることから、気圧の谷が通過するときも、西風の風上側にあたるモンブラン山群やベルナー・オーバーラント山群で天候が悪くなり、南側にあるヴァリス山群やベルニナ山群では天候がよくなる傾向にある。これは同じ山群でもあてはまり、モンブラン山群では北面のシャモニ側で天気が崩れても、南面のクールマイユール側では天気の崩れが小さいことが多い。

チロルからオーストリア・アルプスの主脈では、北側と南側に高い山がないため、南風・北風ともに影響を受けやすい。ただ、東側に位置するぶん、西風の影響は受けにくく、アルプス山脈西部よりは天候がよいことが多い。天気が崩れるときは、西部より半日から1日程度遅れることになる。

COLUMN 01

徹底検証！
なぜ日本アルプスには大きな氷河がないのか？

ヨーロッパ・アルプスと日本アルプスの最大の違いは、大きな氷河があるかないかである。（**写真4**、**写真5**）ヨーロッパ・アルプス（以下、アルプス山脈）にある大氷河が、なぜ日本アルプスにはないのか。その理由を気象の面から探ってみよう。

日本とヨーロッパ、どちらが北？

まず、ヨーロッパと日本の位置を比べてみよう。**図2**を見ると、ヨーロッパと日本の緯度の違いが明らかだ。ロンドンの緯度はサハリン島北部と同じで、ストックホルムやヘルシンキなど北欧の首都はシベリアと同緯度になる。また、東京の緯度はヨーロッパの南端、スペインのジブラルタルやシチリアのさらに南にあるマルタ島とほぼ同じだ。つまり、ヨーロッパは日本よりもかなり北に位置しているわけで、それが大氷河の有無の大きな理由のひとつになっている。

山の高さによる気温の違い

アルプス山脈は西に行くほど高度を上げ、西部には4000mの山が連なっている。かたや日本アルプスは標高3000m級。最も高い北岳でも3192mと、アルプス山脈の最高峰モンブラン（4807m）よりも1500m以上も低い（**図3**）。

一般に高度が1km上がると気温は約6℃下がるので、単純に計算すると北岳とモンブランの山頂では気温が約10℃違うことになる。これが氷河の有無に影響を与えているのだが、アルプス山脈東部の3000m級の山にも日本にはない大きな氷河がある。なぜだろうか。

大西洋が生んだヨーロッパの気候

アルプス山脈の西には大西洋が存在する。大西洋にはメキシコ湾流（北大西洋海流）と

図2. ヨーロッパと日本の緯度の違い

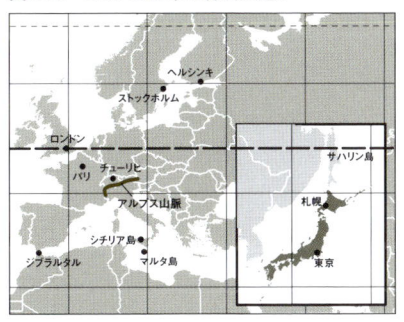

図3. ヨーロッパ・アルプス概念図

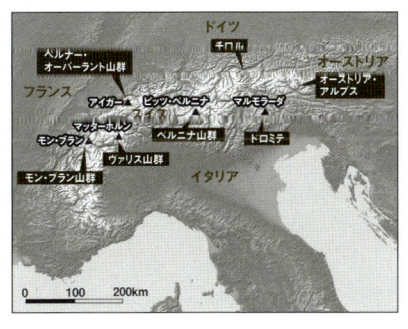

写真4. 夏でも降雪がある ヨーロッパ・アルプス　　　写真＝萩原浩司

Chapter 9　世界の山岳気象

呼ばれる暖流が流れている（**図4**）。ここから暖かく湿った空気が流れ込むことにより、アルプス山脈では西に行くほど温暖で湿潤な気候となっている。このため、アルプス山麓にあるスイスの首都ベルンは、稚内よりも北にあって標高も約500m高いにも関わらず、冬の気候は稚内に比べるとずっと温和だ。

しかし、夏は海よりも大陸のほうが暖まりやすく、大西洋は大陸よりも温度が低いので、海からの涼しい西風の影響を受けて陸地の気温はあまり上がらない。ロンドンの8月の平均気温は16.8℃、チューリッヒ（スイス）は17.7℃と、東京の27.1℃や松本（長野県）の24.3℃に比べて、かなり低い。

緯度による夏の暑さの違い

夏になると、日本の上層を吹いている偏西風がはるか北にまで北上し、日本付近は太平洋に中心を持つ亜熱帯の高気圧（太平洋高気圧）に覆われる（**図5**）。日本の南海上で育ったこの高気圧は暖かく湿った性質を持つので、日本の夏は蒸し暑くなる。太平洋高気圧に覆われている間は気温が上がり、日本アルプスの3000m級の山頂でも日中は15℃を超える日が続く。天気が崩れれば10℃前後にまで気温は下がるが、雪にはならず雨になる。日本アルプスの場合、雪の降らない期間は約4ヶ月間もある。

これに対し、日本アルプスより高緯度にあるアルプス山脈は、夏でも偏西風が上空を流れており、この流れによって低気圧や高気圧が頻繁に通過する（**図6**）。このため周期的に天候が変化し、低気圧が通過したあとは冷たい空気が入ってくるので、標高の高いところでは夏でも雪が降る。実際、筆者も8月に標高3100mのゴルナーグラート（ヴァリス山群）で吹雪に遭遇したことがある。山麓の街でも驚くほど気温が下がり、上着が必要なほどだ。緯度の高いアルプス山脈では、日本の春や秋と同じような気候が夏にも現れる。

もっとも、近年は地球温暖化の影響などにより、例年アフリカ大陸から地中海のあたりにある亜熱帯高気圧が北上し、アルプス山脈にまで張り出すようになってきた。これにより西ヨーロッパはたびたび記録的な猛暑となり、アルプス山脈の生態系にも大きな影響が出てきている。

冬季の降雪量は日本アルプスに軍配！

大きな氷河こそないものの、日本アルプスには雪渓が存在する。とくに北アルプスには、あと一歩で氷河になり損ねた大きな雪渓がいくつか存在し（※）、それが北アルプス独特の美しい景観をつくっている（**写真6**）。

なぜこのように大きな雪渓が残るのかというと、冬に多量の降雪があるからだ。日本列島は、冬になると頻繁に冬型の気圧配置が出現し、北西の季節風が日本アルプスに多量の降雪をもたらす。さらに、山頂や稜線の風下側や谷筋は、風上側の積雪が吹き飛ばされて雪が吹き溜まるうえ、雪崩によって雪が堆積していき、積雪量が非常に多くなる。このため、夏でも消えない大きな雪渓として残る。

一方、アルプス山脈における冬の降雪量は日本よりかなり少ないが、夏でも降雪があり、気温も0℃を上回らない日が多い。それが氷河を存在させている大きな要因となっている（**写真7**）。もし夏に雪が降らなければ、氷河は融けてなくなってしまうだろう。

しかし、地球温暖化の進行で夏の降雪量が激減し、気温が上昇している昨今、標高の低い地域から氷河は急速に後退しつつある。

徹底検証！
なぜ日本アルプスには大きな氷河がないのか？

図4. 大西洋の海流とヨーロッパへの影響

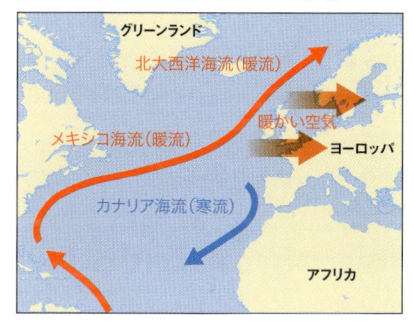

写真5. 夏に雪のない日本アルプス　写真＝坂本龍志

図5. 日本の夏季における気圧配置

写真6. 劔岳平蔵谷雪渓　写真＝萩原浩司

図6. ヨーロッパ・アルプスの夏季における気圧配置

写真7. アレッチ大氷河（中央部）　写真＝渡邊怜

※日本には氷河がないとされていたが、立山カルデラ砂防博物館の調査により、「北アルプス・立山の雄山東側斜面の御前沢雪渓に氷河がある可能性が高い」と発表された。氷河と雪渓の最大の違いは、万年雪が下流に向かって動いているかどうか、である。

Chapter 9　世界の山岳気象

カナディアン・ロッキー

1. 気象の特徴

　ひとことでロッキー山脈といっても、その長さは日本列島よりはるかに長い約4500kmの規模を有している。そのなかで、日本人トレッカーやハイカーに最も人気が高いカナディアン・ロッキー（**写真8**）の気象特性について触れることにする。

　カナディアン・ロッキーは、ヨーロッパ・アルプスよりやや高緯度に位置し、ヨーロッパ・アルプスと同様に、年間を通じて偏西風の影響を強く受ける。このため一年中西寄りの風が吹いており、太平洋からの湿った空気が西風によってロッキー山脈に運ばれ、斜面に沿って上昇することで雲が発達し、山脈の西側に雨や雪を降らせる。ロッキー山脈を越えた空気は乾燥した下降気流となり、平原地帯へと移動する。これによりロッキー山脈の西側では湿潤な気候に、東側では乾燥した気候になっている。

　気温は、ロッキー山脈の西側では暖かい太平洋からの風が入ってくるため比較的温和だが、東側は内陸性の気候となっていることや、ロッキー山脈を迂回して北極から寒気が流れ込んでくることから、冬は非常に厳しい冷え込みとなる。

2. 山域による違い

　春から秋にかけては、温帯低気圧や移動性高気圧が交互に通過する。ヨーロッパ・アルプスと同様、西側に広大な海があり、東側が大陸となっているため、発達した温帯低気圧がその勢力を維持しながら接近すると、荒れ模様の天気となる。ただし、上陸後は勢力を弱めることが多く、バンフ国立公園やジャスパー国立公園など東側の山域ほど、天候の荒れ方は小さくなる。

　冬は、冷え込みが強まるカナダの中部や東部で高気圧が発達する。ロッキー山脈の東側にあたるバンフ国立公園やジャスパー国立公園には、この高気圧から冷たく乾燥した空気が入ってくるため、晴れる日が多いものの冷え込みが厳しい。

　また、アラスカの南やアリューシャン列島近海には発達した低気圧が停滞しやすく、ロッキー山脈西部のウェルズ・グレイ州立公園やボーロン・レイク州立公園、グレーシャー国立公園などがこの低気圧の南側に入ると、南西の湿った空気が吹き付けて、雲に覆われる日が続き、降雪量も多くなる。とくにロッキー山脈の西側にある海岸山脈では、太平洋からの湿った風が直接入るので、年間を通じて雨や雪が非常に多い。

写真8. カナディアン・ロッキー　　写真=芹澤健一

アンデス山脈南部

1. 気象の特徴

アンデス山脈は南北7500km、幅750kmにも及ぶ世界最大の山脈である。ロッキー山脈と同様、南北に連なっているので、山脈の東西や南北で気候が大きく異なる。

アンデス山脈の中部から北部にかけては、夏を中心に積乱雲が発達する「熱帯収束帯」という地域に入る。ここでは偏東風と呼ばれる東風が卓越するため、山脈の東側では世界的に見ても降水量の多い地域となっている。これに対し、西側では山越えの乾いた気流となることや、南極から流れる寒流「ペルー（フンボルト）海流」の影響を受けることなどから、降水量は少なく、砂漠地帯を形成している。

アンデス山脈の南部は冬を中心に偏西風の影響を強く受け、とくに最南部では通年、西風が卓越している。山脈の西側には太平洋からの湿った空気が流れ込み、それが山にぶつかって上昇させられるため、雲が発達しやすく降水量も多い。一方、東側は下降気流となり、乾燥した気候となっている。

2. 山域による違い

アコンカグア山やメルセダリオ山は、南緯32度から33度に位置している。この緯度は、赤道を挟んで日本の宮崎県付近にあたり、平地では温暖な気候となっている。南半球は陸地が少なく、大半が海のため、年間を通じての寒暖の差は日本よりはるかに小さい。さらに、夏に亜熱帯高気圧が発達するので、安定した好天が続く。

ただし、ラニーニャ現象のときなどは、亜熱帯高気圧がアンデス山脈の西側で発達する傾向があるため、偏西風が蛇行し、南極からの寒気が流れ込みやすくなる。このため、天気が変わりやすくなる。このようなときに「Viento Blanco（白い風）」と呼ばれる風がアコンカグアの天候を崩すことは、つとに有名だ。

アコンカグアの登山シーズンは12月から1月にかけてだが、この季節によく現れる天候の特徴を以下に書き出しておく。
- 亜熱帯高気圧に覆われると、天候が安定。
- 東面の山腹では、湿った気流の影響で午後に雲が発生することが多い。
- 気圧の谷が通過するときは、天候が不安定となる。
- 天気が崩れるときでも、終日、雪が降ることはほとんどない。
- 天気が崩れるのは、昼前から夕方にかけてで、とくに14時から16時ごろに最も雪が降りやすい。
- 亜熱帯ジェット気流が南下したり、気圧の谷が接近するときに風が強まる。
- 北西や西から雲が流れてくるときは悪天の兆し、南西や南から雲が流れてくるときは好天の兆し。

夏以外は、亜熱帯ジェット気流や寒帯前線ジェット気流の影響を受けやすく、上部では風が強い。また、気圧の谷が数日おき

に通過し、周期的な天候変化をする。10月下旬から4月中旬には山脈の東面で雲が発生しやすいが、5月から10月上旬にかけては、偏西風の影響を受けて、西面に湿った空気が入り、天候が崩れることが多い。

一方、フィッツロイやパイネなどの名峰を擁するパタゴニアは、南緯50度付近と、南極に近い高緯度に位置するため、厳しい気象条件となっている。年間を通じて偏西風の影響を強く受け、上空にはジェット気流が位置している。発達した低気圧が通過することも多く、その際には風が非常に強まり、大荒れの天気となる。山脈の頂稜や西側では湿った西風の影響で降雪量も多くなり、好天の日は少ない。また、山脈の東側では下降気流となり、雪は弱まるものの、風が吹き抜けるところでは真っ直ぐ歩けないくらいの猛烈な風が山から吹き降ろす。冬はジェット気流がいっそう強まり、吹雪の日が多い。

ニュージーランド・サザンアルプス

1. 気象の特徴

「トレッキング天国」「ハイキング天国」と呼ばれるニュージーランドで、とくに人気が高いのが南島のサザンアルプスだ。

その最高峰、マウント・クックの標高は日本アルプスとほとんど変わらないが、日本にはない大規模な氷河が見られる。それは、緯度が北海道とほぼ同じで日本アルプスより高緯度にあること、ヨーロッパ・アルプスと同様、夏でも偏西風の影響を受けること、さらにタスマン海からの湿った西風が多量の降雪をもたらすことなどによる。

2. 山域による違い

ニュージーランドは、年間を通じて偏西風が卓越しているため、低気圧や高気圧が頻繁に通過し、天候が変わりやすい。また、南北にサザンアルプスが連なる南島では、山脈の西側と東側とで大きく気候が異なるのが特徴だ。

西側ではタスマン海から流れ込む、湿った西風の影響で非常に雨が多く、ミルフォードサウンドでは年間平均降水量が6000mmを超える。また、冬は温和だが、寒気が入ると平地でも降雪を見ることがあり、高い山では真夏でも降雪がある。

一方でサザン・アルプスの東側は、山脈で多量の雨を落としたあとの乾いた空気が吹き下りるため、天気がよいことが多い。低気圧や前線が接近するときは、東側でも雨が降るが、雨量は西側よりかなり少ない。このため、南島を山脈の西側から東側へとドライブすると、植生の違いに驚かされる。西側では鬱蒼とした樹林帯になっているのに対し、東側では森林がまばらな乾燥した大地が広がっている。

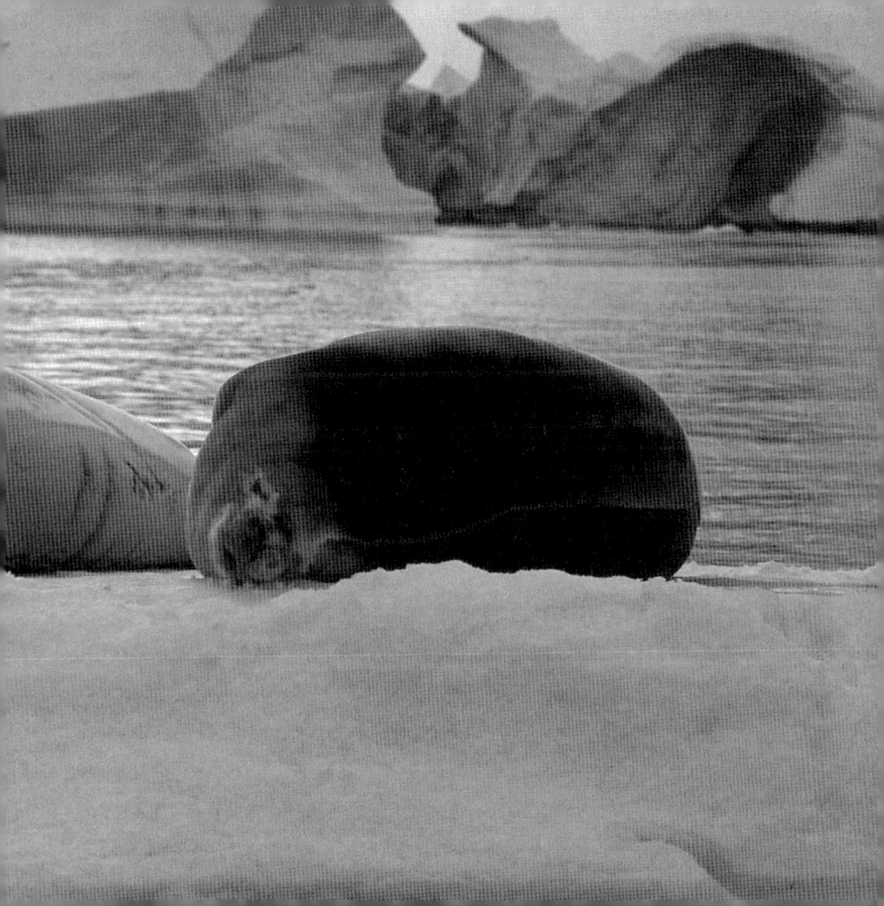

地球温暖化とは

人間の活動により、人為的に排出される温室効果ガスの量が急激に増加することによって、対流圏内（**図1**）における地球の平均気温が上昇する現象を**地球温暖化**と呼んでいる。温室効果ガスというのは、水蒸気、二酸化炭素、オゾン、メタンガスなど、地表面から逃げていく熱を吸収することによって、大気を暖める効果のあるガス（気体）のことだ。これらのうち、近年急激に増加している二酸化炭素やメタンガスが温暖化を促進させるガスとして、その排出規制の重要性が叫ばれている。

地球の平均気温は約15℃であるが、温室効果ガスがなければ約マイナス18℃の酷寒の星になるはずである。太陽から届く日射は、地球の大気をほとんど素通りして地表面を暖める。そのままだと地球の温度は年々上昇してしまうので、地球自身も地表面や海水面から宇宙空間に熱を逃がしている。太陽からの日射と地表面から逃げていく熱の量は均衡しており、そこから導き出される気温がマイナス18℃という数値である。

一方で、大気には水蒸気やオゾン、二酸化炭素といった温室効果ガスが含まれてい

図1. 地球大気の鉛直構造

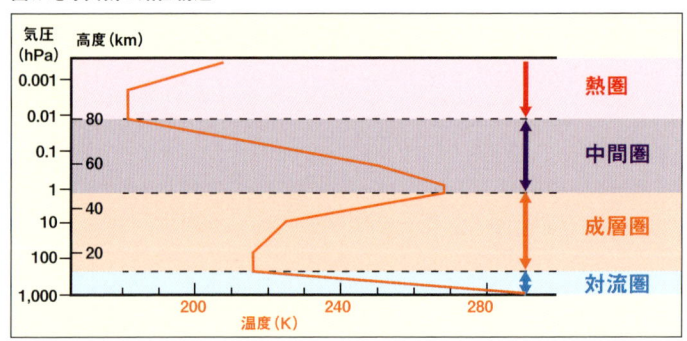

大気は地表面から約500kmが上限とされている。地表面に近い方から対流圏（高度約11kmまで）、成層圏（高度約11km～50km）、中間圏（高度約50km～80km）、熱圏（高度約80km以上）に分類されており、天気変化のほとんどが対流圏で起きている

図2. 地球温暖化のしくみ

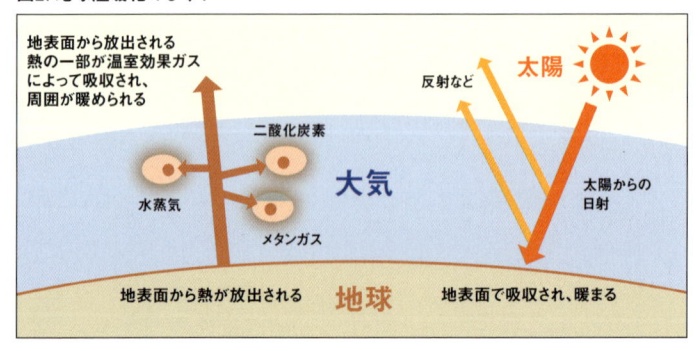

地表面から放出される熱の一部が温室効果ガスによって吸収され、周囲が暖められる

る。これらのガスは地表面から逃げていく熱を吸収して周囲の大気を暖める効果がある（**図2**）。つまり、温室効果ガスは、地球から宇宙空間へ放出される熱の一部を逃がさないようにする布団の役割をしているのだ。これにより、地球の平均気温は、温室効果がない場合のマイナス18℃よりもずっと高く、約15℃に保たれているのである。

　温室効果ガスのうち、圧倒的に量が多く、温室効果も大きいのが水蒸気だ。しかし、水蒸気の量に急激な変化はなく、地球温暖化の直接的な原因とはなっていない。これに対し、二酸化炭素やメタンガスは人間の活動によって近年、急激に増加しており、これらが地球温暖化の原因とされている。メタンガスは二酸化炭素の約21倍の温室効果があるが、大気中の含有量は二酸化炭素に比べてごくわずかなので、現在は二酸化炭素が温暖化の原因物質として最も注目されている（**図3**）。

　二酸化炭素の増加量を表したのが**図4**である。これを1万年単位で見ると（それでも地球の歴史から見ると、ごくわずかな時間だが）、最終氷期（最後の氷河期）以降、二酸化炭素は増加傾向にあったが、産業革命以降はこれまでにない急激な増加量となっていることがわかる（**図4**）。それは、従来使ってきた薪などの燃料から、石油や石炭などの化石燃料に変わったためである。化石燃料の大量消費により二酸化炭素は劇的に増加し、産業革命前には280ppmだったのが、最近では370ppmにまで増大している。

図3. 温室効果ガスの地球温暖化への寄与度

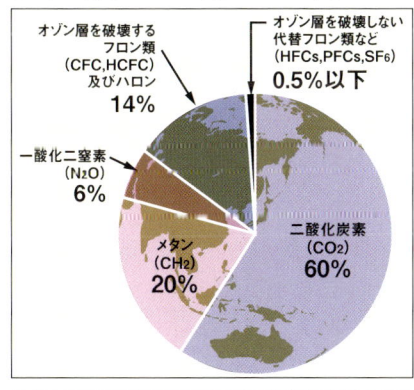

出典：IPCC第3次評価報告書第1作業部資料より作成（2001）

図4. 二酸化炭素濃度の変化

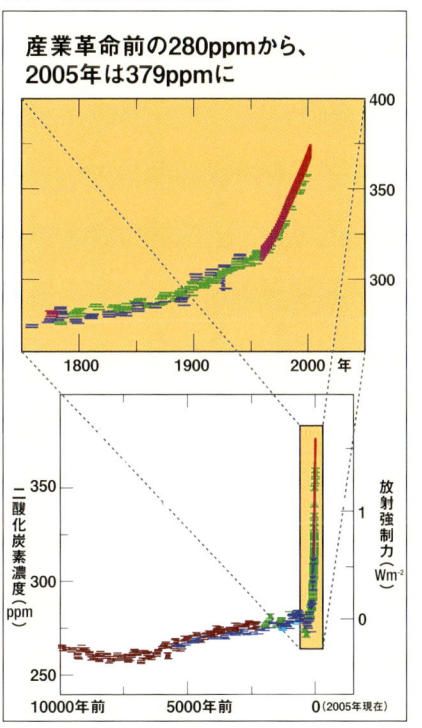

出典：IPCC第4次評価報告書

地球温暖化による気温の上昇

二酸化炭素の増加により、地球の気温はどれくらい上昇したのだろうか。**図5**は、700年から2100年までの地球の平均気温の変化と、今後の予測を表したグラフである。1000年前後に上昇した気温は、1600年から1700年ごろにかけてやや下降している。しかし、産業革命以降は、それまでの変動から劇的な変化を遂げる。

図5. 700年から2100年までの気温変動（観測と予測）

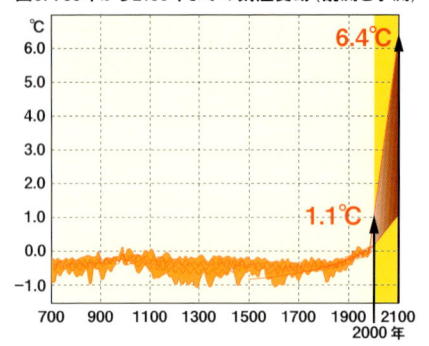

出典：IPCC第4次評価報告書／全国地球温暖化防止活動推進センターのウェブサイトより

図6. 地球の平均気温の変化（過去140年）

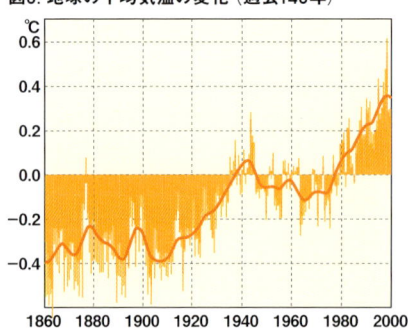

＊気温は1961〜1990年の平均からの気温の偏差を表す　出典：IPCC第3次評価報告書／全国地球温暖化防止活動推進センターのウェブサイトより

図7. 日本における年平均気温の経年変化（1898〜2009年）

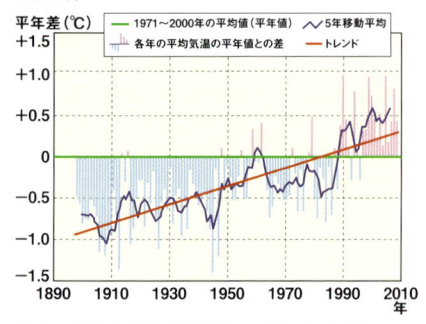

出典：気象庁「気候変動監視レポート2009」

図8. ドームふじ基地（南極）の氷床コアより得られた過去34万年にわたる気温の変化

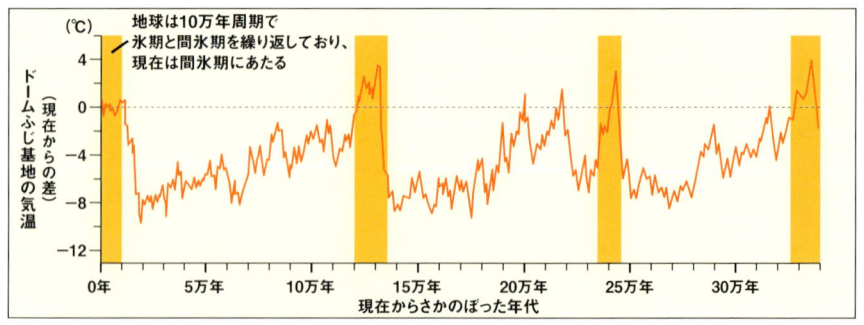

地球は10万年周期で氷期と間氷期を繰り返しており、現在は間氷期にあたる

出典：環境省「STOP THE 温暖化 2008」（国立極地研究所「Kawamura, K. et al., 2007: Northern Hemisphere forcing of climatic cycles in Antarctica over the past 360,000 years, Nature, 448, 912-916.」より作成）

過去140年にわたる地球の平均気温の変化を表したグラフ（**図6**）を見ると気温は上昇を続け、とくに1980年以降、顕著になっていることがわかる。この100年間での上昇は0.74℃。「たった0.74℃か」と思うかもしれない。しかし、日本でいえば、猛暑と呼ばれる年における夏の平均気温は、平年より1℃程度高いだけだ。長く冬型が続いた2011年1月の平均気温も、東京では平年より0.7℃低いだけだった。限られた期間におけるたった1℃程度の気温の上昇でも、人間や生物に大きな影響を与えているのである。

　しかも、0.74℃という数字は、世界の年平均気温だ。単純にいえば、一年中365日、世界中のすべての地域で、100年前より0.74℃気温が上昇しているということになる。日本に限れば、世界の平均値よりも高い約1.1℃の上昇が見られる（**図7**）。

　この急激な気温上昇は、地球が営んできた気候変動のリズムとも大きく異なってきている。**図8**は過去34万年にわたる気温変化である。地球は氷河期と呼ばれる寒冷な時代と、間氷期と呼ばれる温暖な時代を交互に繰り返してきた。つまり、これまでにも温暖な時代があったわけだ。しかし、過去における気温変化は、5000年間で4〜7℃程度であった。この程度の変化であれば、生物によっては気候変動に対応していけるものもある。だが、地球温暖化による気温の変化は、100年に数℃という、これまで地球が経験してきたなかでは極めて稀で深刻な数字となっているのである。

地球温暖化がもたらす現実と未来

　この急激な気温上昇と、大気の大規模な循環が変化していることによる乾燥化は、すでに世界各地に気候変動をもたらしている。たとえばキリマンジャロでは、雪氷面積の減少が著しい（**写真1**）。その原因を乾燥化に帰させる学者もいるが、オハイオ州立大学のロニー・トンプソン教授は、キリマンジャロに残る氷河を調査して、その分析から「降水量や雲量などの乾燥化よりも温暖化の影響が大きい」と結論づけている。焼畑農業や大規模な伐採による森林面積の減少などによる影響はもちろんあるが、乾燥化そのものも、地球温暖化による大気の大規模な循環の変化や、世界的な雪氷面積の減少が影響している可能性があるのだ。

　キリマンジャロだけではない。北極や南極、グリーンランド、ヒマラヤ、ヨーロッパ・アルプス、ロッキー山脈など、世界的に見ても氷河の後退は進行している（**写真2**）。ヒマラヤでは氷河の融解によって氷河湖が形成され、それが決壊するなどして下流域の村落に大きな脅威をもたらしている。そのほかにも、砂漠化や洪水、巨大な熱帯低気圧の上陸など、世界的な気候変動によって各地で大きな被害が報告されている。もちろん、これらがすべて地球温暖化の影響だと断言することはできないが、地球温暖化が世界的な大気運動の変化に関わっている可能性は高い。

写真1. キリマンジャロにおける雪氷面積の変化
1993年2月17日

2000年2月21日

©NASA

　気候変動に関する政府間パネル（IPCC）は、2100年までの気温上昇は、温暖化対策などを強力に推進して排出量を最も抑えた場合で平均1.8℃（幅1.1〜2.9℃）、経済成長を優先して温暖化対策を講じなければ平均4℃（幅2.4〜6.4℃）になると発表している（**図5**）。

　また、気象庁が発表した「地球温暖化予測情報第6巻」によると、日本列島でも冬を中心に気温が大幅に上昇し、2100年ごろには今よりも2〜3℃（北海道の一部では4℃）高くなるとされている。これは、日本列島が400km南に移動したのと同じことになり（**図9**）、たとえば今の島根県は100年後には鹿児島県の気候になると予想されている。

写真2. 後退する南米パタゴニアのペリト・モレノ氷河

写真＝久保田賢次

急激な気温の上昇は、森林の生育にも大きな影響を与えることが予想されている。新緑や黄葉が美しく、保水能力に優れ、「森のダム」とも呼ばれるブナは、地球温暖化によって生育に適さない気候に変わるため、現在の多くの分布域で深刻な影響を受けることが心配されている（**図10**）。また、温暖化による積雪の減少などにより、シカが標高の高い地域に進出して高山植物に大きな被害を与えているが、これが加速するだけでなく、気温の変化そのものによって高山植物が絶滅する可能性さえある。そのほかの植物も大きな影響を受け、生態系そのものが危機に瀕しているといっても過言ではない。

さらに、大雨や干ばつなどの極端な気象現象が増加し、洪水や飢饉が世界のあちこちで起こり、我々の食生活や健康にも悪影響を及ぼすようになることが懸念されている。地球温暖化は他人事ではなく、我々の身に直接及んでくる問題なのである。

待ったなしの事態に陥りつつある地球。そこでは、ひとりひとりの意識変革と実行力が、政府による「温暖化対策」以上に重要になってくる。それこそが、地球を救う唯一の手段のように思えてならない。

図9. 日本の100年後の気候

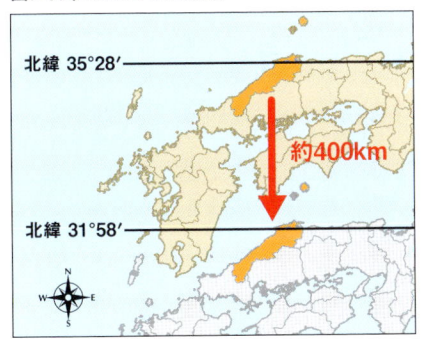

図10. 温暖化によるブナの分布域の変化

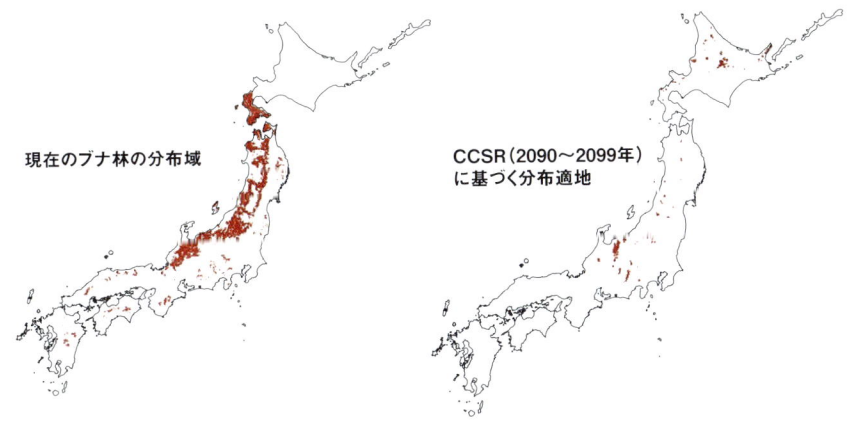

現在のブナ林の分布域

CCSR（2090〜2099年）に基づく分布適地

出典：森林総合研究所　平成13年度研究成果情報「地球温暖化がブナ林とスギ人工林に与える影響の評価」より

COLUMN 01

　現在、気象庁や民間気象事業者が発表する天気予報は「数値予報」を利用している。数値予報とは、物理学の方程式により、風や気温など気象要素の時間変化をコンピュータで計算し、将来の大気の状態を予測する方法だ。気象庁は1959年に大型コンピュータを導入し、数値予報業務を開始した。

　その後、数値予報モデルの進歩とコンピュータの技術革新によって、数値予報は今日の予報業務の根幹となっている。

　数値予報を行なう手順としては、「まずコンピュータで取り扱いやすいようにするために、規則正しく並んだ格子で大気を細かく覆い（**図11**）、そのひとつひとつの格子点（格子が交わるところ）の気圧、気温、風などの値を、世界中から送られてくる観測データを使って求める。これをもとに未来の気象状況の推移をコンピュータで計算し」（気象庁のホームページより抜粋）、その結果を天気予報に使いやすいように加工・翻訳して利用する（**図12**）。つまり、簡単にいってしまえば、「コンピュータが将来の気象状況を予想してくれる」ということになる。

　現在は、格子点の水平間隔が20km四方の「全球モデル」と、5km四方の「メソモデル」の2つが運用されている。短期予報や週間予報では主に全球モデルを、短時間予報や局地的な予報にはメソモデルを利用することが多い。これらの数値予報を運用していく「入れ物」を**数値予報モデル**という。

　気象庁も民間気象事業者も、基本的には同じ数値予報モデルを利用している。それなのに各社の天気予報が異なるのは、数値予報は完全ではなく長所と短所があり、その結果をそのまま天気予報に利用できないことがあるからだ。

　そこで気象庁の予報官や民間気象事業者の気象予報士は、数値予報モデルで予想された結果（予想値）を修正して天気予報を発表する。その予想値を修正する方法が各社で異なるため、予報に違いが出てくるのである。

　数値予報が得意とするところは、温帯低気圧や移動性高気圧、前線など、数千km単位の大きさの気象現象で、それに伴う降水域や降水の強さの予想精度は高い。また、温帯低気圧の発達度合いや進路の精度も高く、24時間後、48時間後の予想天気図が実際と大きく異なることは少ない。

　逆に、雷雨や冬季の日本海側で

図11. 数値予報で使われる格子点 ⓜ

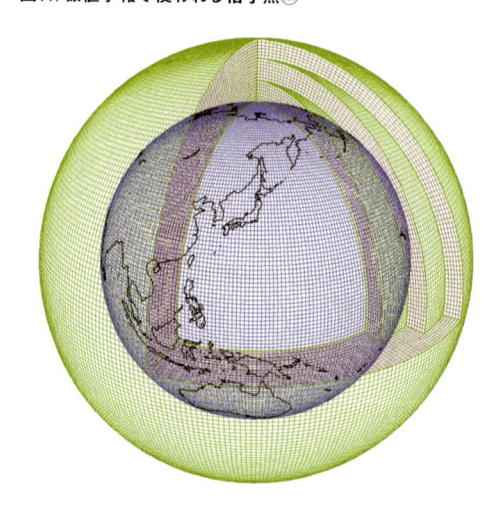

このように大気を格子で細かく覆い、格子が交わる格子点の観測データをもとに、コンピュータで気象状況を予想する

最新予報技術

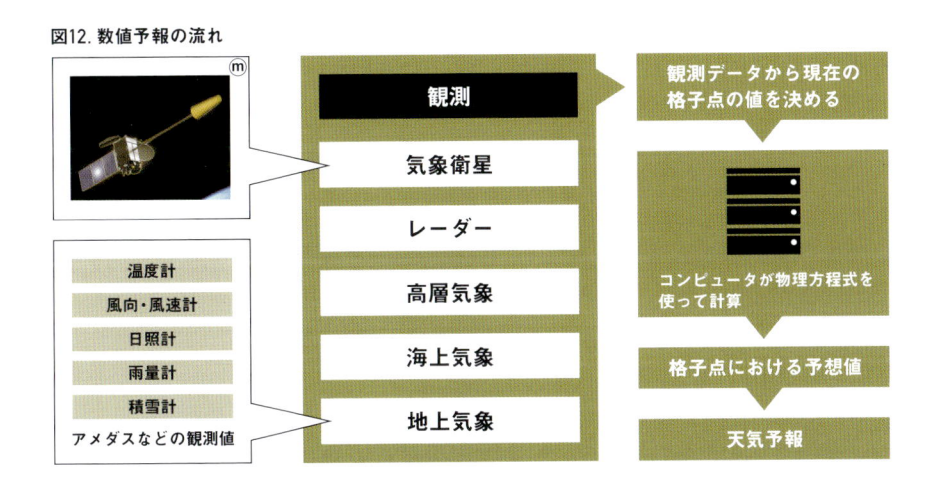

図12. 数値予報の流れ

図13. 数値予報モデルで計算された風速、風向の予想値（株式会社メテオテック・ラボ提供）

最新予報技術

の降雪など、積乱雲がもたらす局地的な降水に関する予想精度は低い。また、数値予報モデルで使われている地形モデルも実際の地形とは大きく異なっている。たとえば、全球モデルの格子間隔は20km四方なので、格子点の高度はその周辺20km四方における高度の平均値となってしまう。つまり、ある格子間隔内の高度はどの地点でも同じとなってしまい、実際の地形とは大きく異なってくるわけだ。このため、北アルプスや中央アルプス、八ヶ岳、南アルプスなどの中部山岳は、全球モデルの地形モデルでは区分されておらず、ひとつのまとまった実際より低い山になってしまう。当然、それらの間にある盆地も表現されていない (**図14**)。

数値予報モデルで使用されている地形が実際のものと大きく異なれば、数値予報が予想するデータ——雲が発生する範囲や場所、雨の強さ、風速や風向、気温など——にも誤差が生じてくる。そこで予報官や気象予報士が、数値予報で算出された予想値を実際の地形に即し、必要に応じて修正していかなければならないのである。とくに山の場合は誤差が大きくなるので、そのぶん修正が必要となり、予報が難しいものとなっている。

それゆえ山の天気を予想するうえで大切なのは、山の地形を徹底的に頭に叩き込むことである。そこから山の気象状況を頭の中でイメージしていくわけだ。

このイメージづくりの際に私が心がけているのは、雲や風の気持ちになることだ。たとえば「自分が雲だったら、どこまで上がっていくだろうか」「自分が雲だったら成長するだろうか、それとも消滅してしまうだろうか」といったように、想像を膨らませるのである。雲を上昇させる力（風など）があるかどうか、雲を発達させるのに必要な栄養素（湿った空気など）が供給されるのかどうか。そうしたことを科学的なデータや過去の登山経験、実際の地形などから考えていくことは、コンピュータにはできない作業であり、気象予報士の能力が試される場面だと私は思っている。

図14. 全球モデルで使われている地形モデル ⓜ

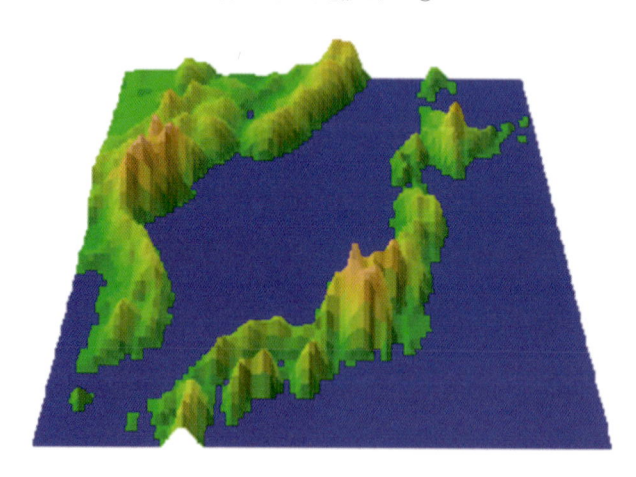

カラー図版
資料2

ここでは、ページ構成の関係で1色または2色で掲載せざるをえなかった本文中の写真・図版類を、本来のカラーで再掲する。本文と照合しながらご覧いただきたい。

Chapter7　夏山　P178　図17. 全国月別落雷数
株式会社フランクリン・ジャパンのホームページより転載

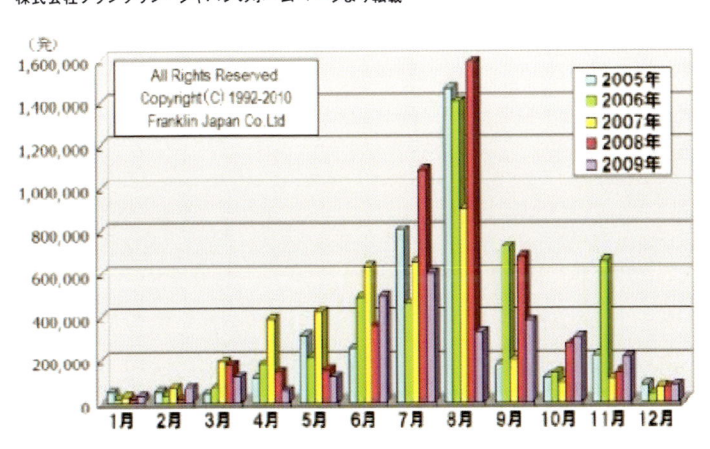

Chapter7　夏山　P178　図18. 全国落雷日数マップ
株式会社フランクリン・ジャパンのホームページより転載

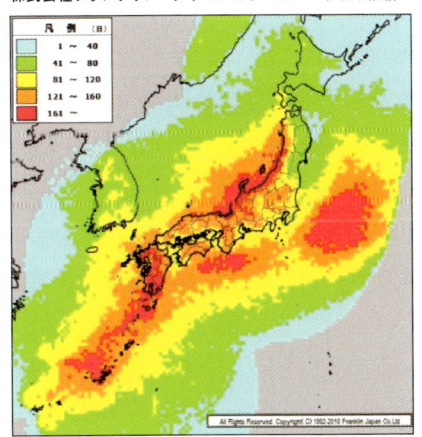

Chapter7　夏山　P178　図19. 落雷密度分布図
株式会社フランクリン・ジャパンのホームページより転載

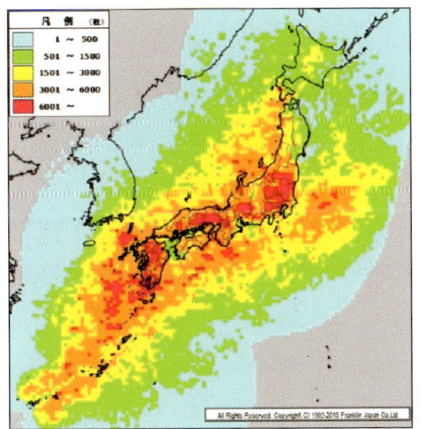

Chapter7　夏山　P199
図57. 台風が関東地方に接近中のレーダー・エコー合成図 ⓜ

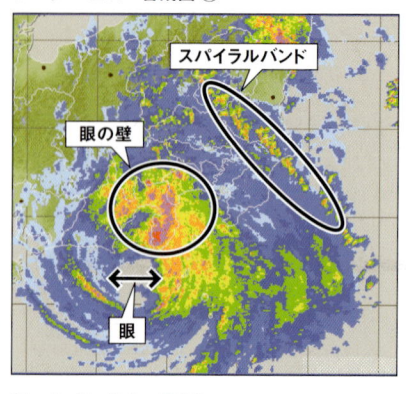

スパイラルバンド
眼の壁
眼

Chapter7　梅雨期　P160
図11. 2009年7月19日4時 レーダー・エコー合成図 ⓜ

非常に強い雨が降っている地域

Chapter7　冬山　P230
図26. 11月1日21時5分 レーダー・エコー合成図 ⓜ

Chapter7　冬山　P230
図28. 12月4日7時30分 レーダー・エコー合成図 ⓜ

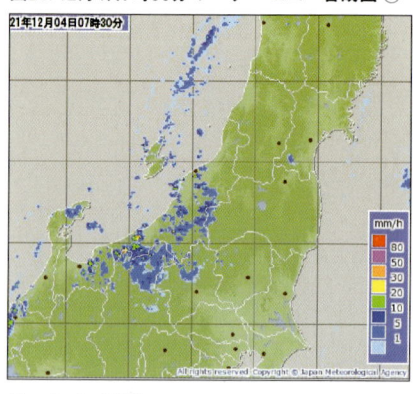

Chapter8　P251
図13. 12月19日9時00分 レーダー・エコー合成図 ⓜ

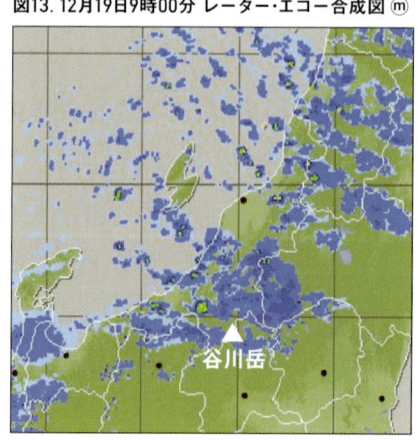

谷川岳

Chapter8　P251
図15. 12月17日7時15分 レーダー・エコー合成図 ⓜ

谷川岳

付録
気象遭難防止チャート

誰でも登山前には登山当日の天気が気になるものだ。本書で学んできたことを活かしてオリジナルな天気予報を作成する作業は、登山者にとってとても大切なことである。

しかし、机上で得た知識や技術だけを用いていたのでは、気象予想能力を向上させていくのにも限界がある。天気を予想するうえで、言い換えれば登山中の危険を回避するうえで重要なのは、五感と経験だ。知識と技術については本書をひもといて

いただくとして、五感に関しては「服で見る」「肌で感じる」ことが大切である。山では、感覚を研ぎ澄ませて全身で"なにか"を感じ取ることが、天候変化の予測に必要不可欠となる。と同時に、登山の経験を積み重ねていくことも重要になってくる。経験を積むには、とにかく積極的に山に登るしかない。経験が少ないうちは、山小屋のスタッフやパトロール中の救助隊員など、その山域の気象に精通している人たちの意見に耳を傾けるといい。つまり、彼らの経

験を利用させてもらうわけである。

このように、「技術」「五感」「経験」の3つをすべて動員することが、天気予報の精度向上につながり、ひいては安全登山への遠回りなようでいちばんの近道となるのである。

最後に、本書で学んできたことの総括として、天気を予想していく手順と天候の変化への対処法をチャートにしてまとめてみた。実際の登山に役立ててもらえれば幸いである。

1. 登山開始前

CHECK 1　低気圧や気圧の谷、台風が南海上にあるかどうか

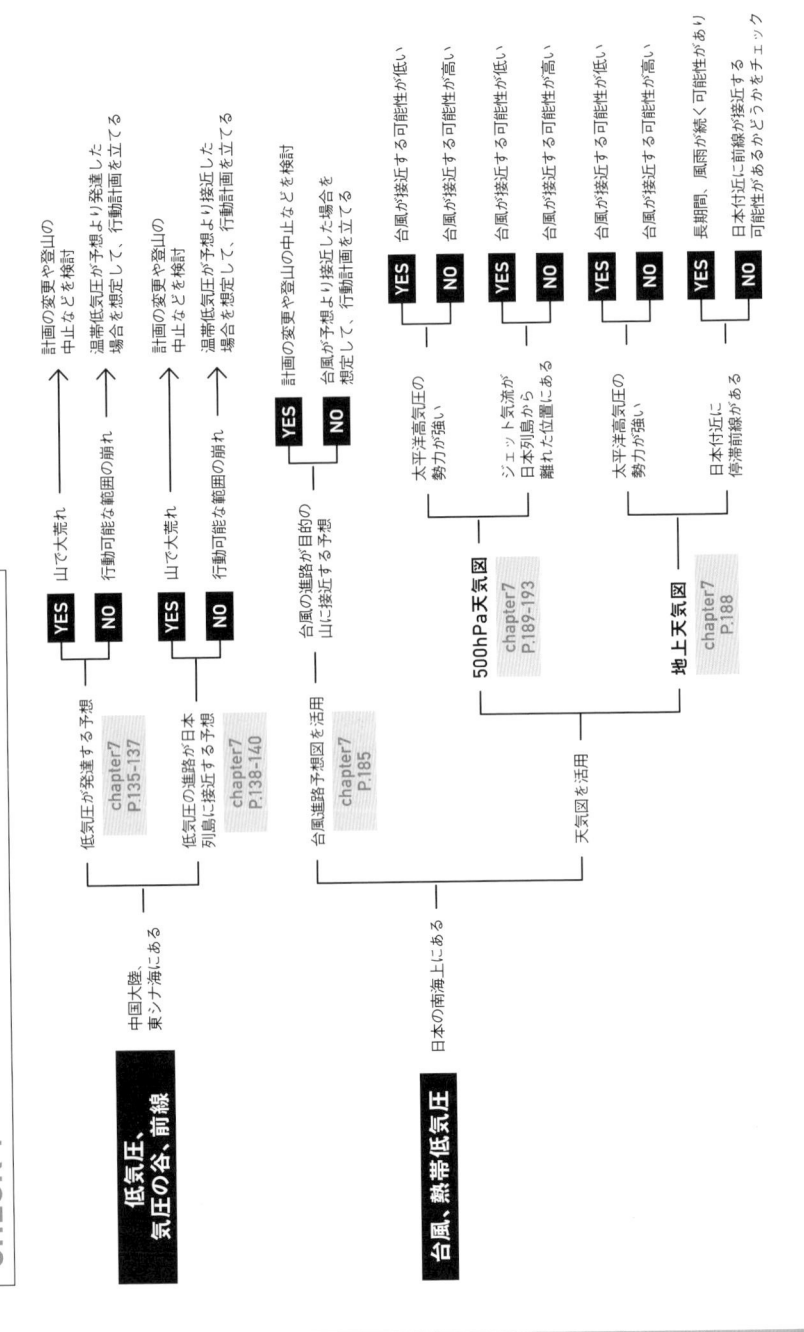

低気圧、気圧の谷、前線

中国大陸、
東シナ海にある

- 低気圧が発達する予想　chapter7 P.135-137
  - YES → 山で大荒れ
  - NO → 行動可能な範囲の崩れ
  - 温帯低気圧が予想より発達した場合は登山の中止などを検討
  - 計画の変更や登山の中止などを検討

- 低気圧の進路が日本列島に接近する予想　chapter7 P.138-140
  - YES → 山で大荒れ
  - NO → 行動可能な範囲の崩れ
  - 温帯低気圧が予想より接近した場合は登山の中止などを検討
  - 計画の変更や登山の中止などを検討

台風、熱帯低気圧

日本の南海上にある

- 台風進路予想図を活用
  - 台風の進路が目的の山に接近する予想　chapter7 P.185
    - YES → 計画の変更や登山の中止などを検討
    - NO → 台風が予想より接近した場合を想定して、行動計画を立てる

- 天気図を活用
  - 500hPa天気図　chapter7 P.189-193
    - 太平洋高気圧の勢力が強い
      - YES　台風が接近する可能性が低い
      - NO　台風が接近する可能性が高い
    - ジェット気流が日本列島から離れた位置にある
      - YES　台風が接近する可能性が低い
      - NO　台風が接近する可能性が高い
  - 地上天気図　chapter7 P.188
    - 太平洋高気圧の勢力が強い
      - YES　台風が接近する可能性が低い
      - NO　台風が接近する可能性が高い
    - 日本付近に停滞前線がある
      - YES　長期間、風雨が続く可能性があり日本付近に前線が接近する可能性があるかをチェック
      - NO

CHECK 2　停滞前線が日本付近にあるかどうか

停滞前線が
- 日本付近にあるか、西から接近
- 日本海から南下

停滞前線

前線の位置
- 目的の山が前線の南側に位置する
  - 中級山岳や低い山でも強い風雨や大雨に警戒 → 計画の変更や登山の中止などを検討
  - 中部山岳など標高の高い山で強い風雨に警戒、それ以外の山でも大雨に警戒 → 計画の変更や登山の中止などを検討
- 目的の山が前線付近に位置する
- 目的の山が前線の北側に位置する
  - 大荒れにはならないことが多い → 前線の今後の動きに警戒

chapter7 P.161-165

前線上に低気圧やくぼみがあるかどうか
chapter7 P.156-158
- **YES** 低気圧やくぼみの南側で集中豪雨や暴風雨に警戒
- **NO** 今後、低気圧やくぼみが発生するかどうか予想天気図で確認

暖かく湿った空気が入るかどうか
- 暖湿流が目的の山に入り込む
- 850hPa面の相当温位予想図を利用
chapter7 P.160-161
  - **YES** 暖湿流が入る場所の変化に注意
  - **NO**

前線の南側300km以内で落雷や大雨に警戒

CHECK 3　上層の寒気が南下するかどうか

500hPa天気図（実況）
500hPa気温予想図

冬型
- マイナス36℃以下の寒気 ─ ドカ雪の可能性（ひと晩に1m以上の降雪）─ 計画の変更や登山の中止などを検討
- マイナス30℃以下の寒気 ─ 大雪の可能性（ひと晩に30cm以上の降雪）─ 予想より降雪が多い場合を想定した計画を立てる

温帯低気圧の発達
chapter7 P.153

夏型
- マイナス9℃以下の寒気 ─ 広範囲で大雷雨の恐れ ─ 計画の変更や登山の中止などを検討
- マイナス6℃以下の寒気 ─ 山麓を中心に雷雨の恐れ ─ 行動時間やルートの変更など雷雨に遭遇したときの想定をする

CHECK 4　衛星画像を活用

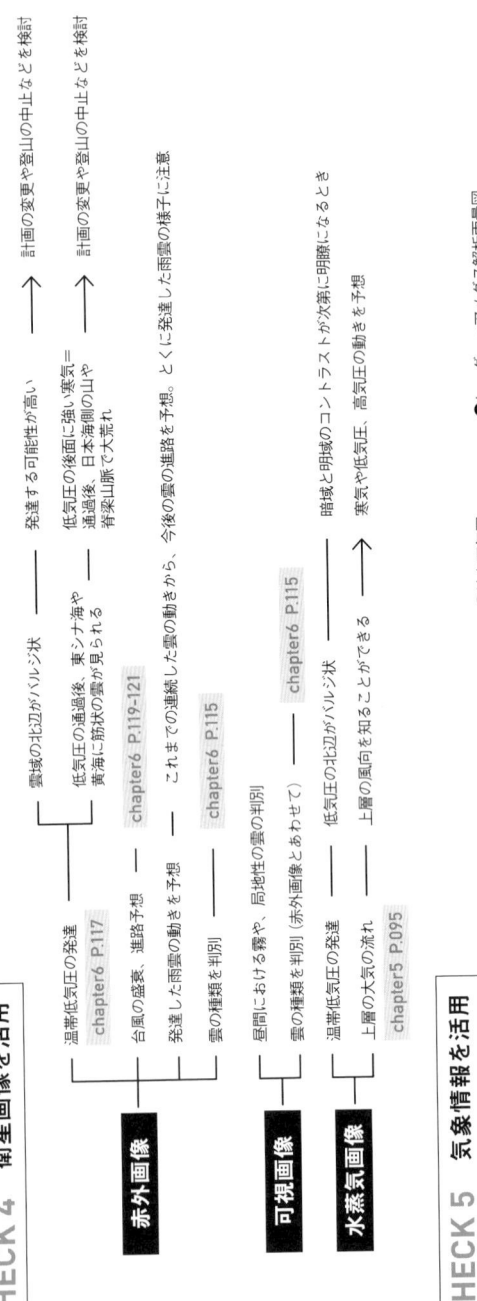

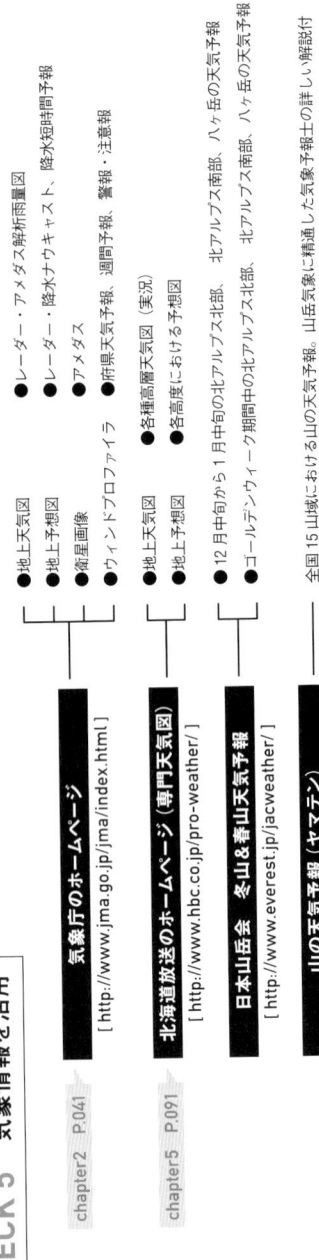

赤外画像
- 温帯低気圧の発達 ── 雲域の北辺がバルジ状 ── 発達する可能性が高い → 計画の変更や登山の中止などを検討
- 台風の盛衰・進路予想　chapter6 P.117
- 発達した雲の動きを予想 ── 低気圧の通過後、東シナ海や黄海に筋状の雲が見られる ── 低気圧の通過後、日本海側の山や脊梁山脈で大荒れ → 計画の変更や登山の中止などを検討
- 雲の種類を判別　chapter6 P.119-121

可視画像
- 昼間における稀や、高地性の雲の判別
- 雲の種類を判別（赤外画像とあわせて）── これまでの連続した雲の動きから、今後の雲の進路を予想。とくに発達した雨雲の様子に注意　chapter6 P.115

水蒸気画像
- 温帯低気圧の発達 ── 低気圧の北辺がバルジ状　chapter6 P.115
- 上層の大気の流れ　chapter5 P.095 ── 上層の風向を知ることができる ── 暗域と明域のコントラストが次第に明瞭になるとき → 雲や低気圧、高気圧の動きを予想

CHECK 5　気象情報を活用

chapter2 P.041

気象庁のホームページ
[http://www.jma.go.jp/jma/index.html]
- 地上天気図
- 地上予想図
- 衛星画像
- ウィンドプロファイラ
- レーダー・アメダス解析雨量図
- レーダー・降水ナウキャスト、降水短時間予報
- アメダス
- 府県天気予報、週間予報、警報・注意報

chapter5 P.091

北海道放送のホームページ（専門天気図）
[http://www.hbc.co.jp/pro-weather/]
- 各種高層天気図（実況）
- 各高度における予想図

日本山岳会　冬山&春山天気予報
[http://www.everest.jp/jacweather/]
- 12月中旬から1月中旬の北アルプス北部
- ゴールデンウィーク期間中の北アルプス北部、北アルプス南部、八ヶ岳南部、八ヶ岳の天気予報

山の天気予報（ヤマテン）
[http://i.yamaten.info/]
全国15山域における各山の天気予報。山岳気象に精通した気象予報士の詳しい解説付

登山天気（日本気象協会）
[http://tenki.jp/mountain/]
日本百名山の高度別の数値予報結果が見られる（天気予報ではない）

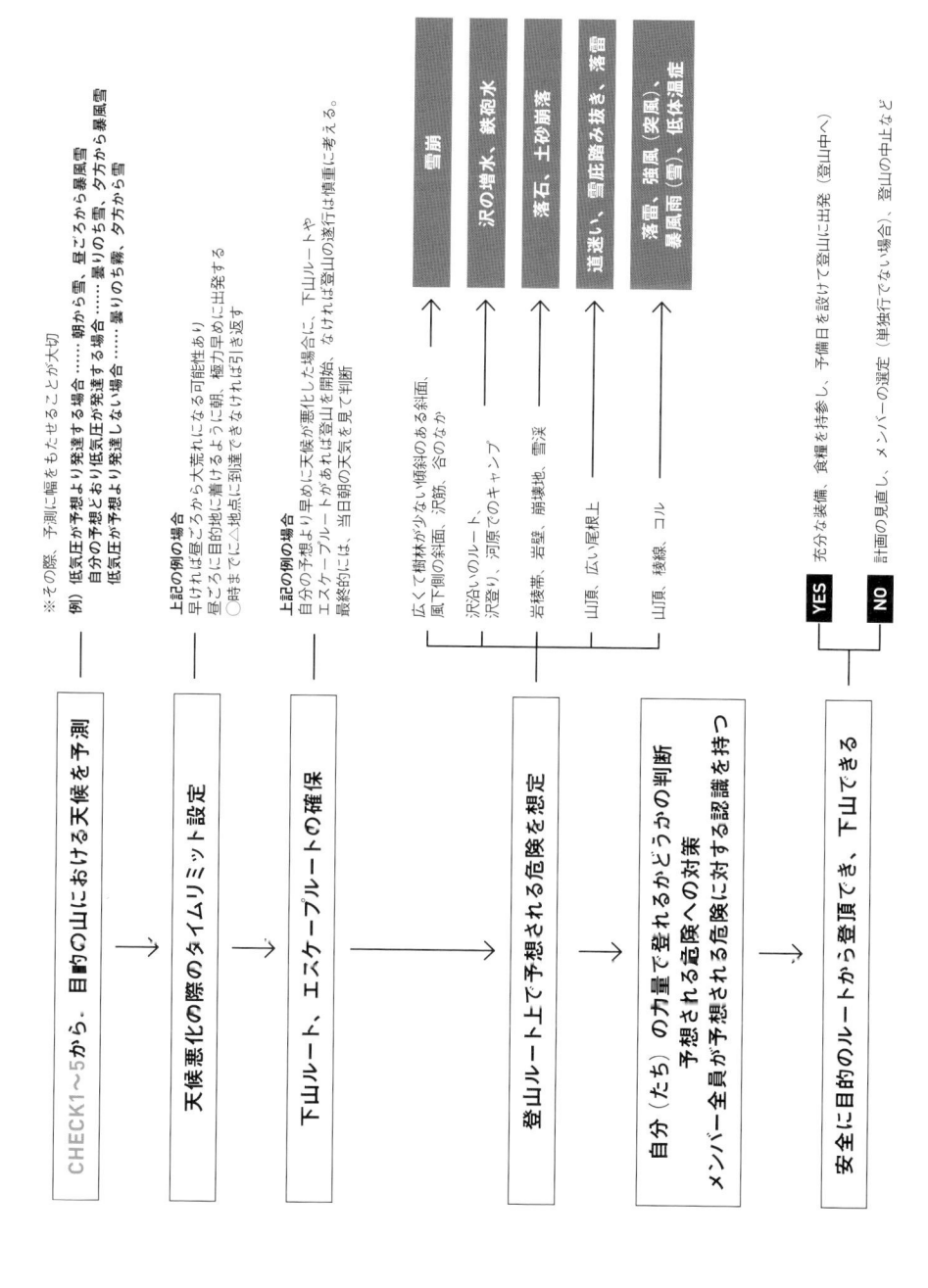

※その際、予測に幅をもたせることが大切

例）低気圧が予想より発達する場合……朝から雪、昼ごろから暴風雪
自分の予想より低気圧が発達する場合……曇りのち雪、夕方から暴風雪
低気圧が予想より発達しない場合……曇りのち霧、夕方から雪

CHECK1〜5から。目的の山における天候を予測

↓

天候悪化の際のタイムリミット設定

上記の例の場合
早ければ昼ごろから大荒れになる可能性あり
昼ごろに着けるように朝、極力早めに出発する
◯時までに目的地に到達できなければ引き返す

↓

下山ルート、エスケープルートの確保

上記の例の場合
自分の予想より早めに天候が悪化した場合に、エスケープルートがあれば登山を開始。なければ登山の遂行は慎重に考える。最終的には、当日朝の天気を見て判断

↓

登山ルート上で予想される危険を想定

広くて樹林が少ない傾斜のある斜面、風下側の斜面、沢筋、谷のなか → 雪崩

沢沿いのルート、
沢沿い、河原でのキャンプ → 沢の増水、鉄砲水

岩稜帯、岩場、崩壊地、雪渓 → 落石、土砂崩落

山頂、広い尾根上 → 道迷い、雪庇踏み抜き、落雷

山頂、稜線、コル → 落雷、強風（突風）、暴風雨（雪）、低体温症

↓

自分（たち）の力量で登れるかどうかの判断
予想される危険への対策
メンバー全員が予想される危険に対する認識を持つ

↓

YES 充分な装備、食糧を持参し、予備日を設けて登山に出発

安全に目的のルートから登頂でき、下山できる

NO 計画の見直し、メンバーの選定（単独行でない場合）、登山の中止など（登山中へ）

2. 出発前

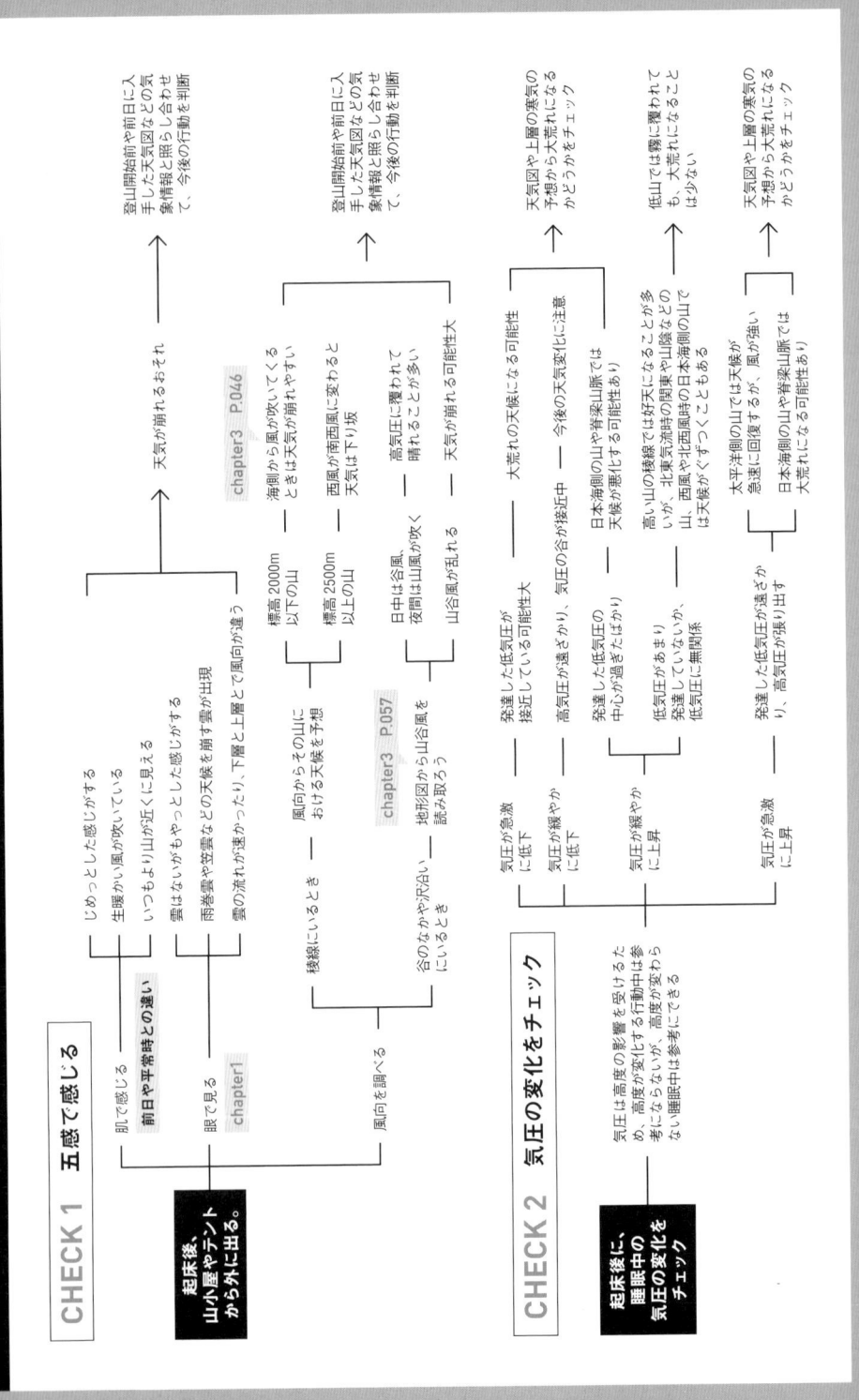

CHECK 1 五感で感じる

起床後、山小屋やテントからられに出る。

肌で感じる — 前日や平常時との違い
- じめっとした感じがする
- 生暖かい風が吹いている
- いつもより山が近くに見える

→ 天気が崩れるおそれ

眼で見る chapter1
- 雲はないがもやっとした感じがする
- 雨層雲や笠雲などの天候を崩す雲が出現
- 雲の流れが速かったり、下層と上層とで風向が違う

→ 天気が崩れるおそれ chapter3 P.046

→ 登山開始や前日に入手した天気図などの気象情報と照らし合わせて、今後の行動を判断

風向を調べる — 風向からその山における天候を予想
- 稜線にいるとき
  - 海側から風が吹いてくるときは天気が崩れやすい
  - 西風が南西風に変わると天気は下り坂
- 谷のなかや沢沿いにいるとき
  - 標高2000m以下の山 — 日中は谷風、夜間は山風が吹く
  - 標高2500m以上の山 — 山谷風が乱れる
  - 高気圧に覆われて晴れることが多い
  - 天気が崩れる可能性大

→ 登山開始や前日に入手した天気図などの気象情報と照らし合わせて、今後の行動を判断

地形図から山谷風を読み取ろう chapter3 P.057

CHECK 2 気圧の変化をチェック

起床後に、睡眠中の気圧の変化をチェック

気圧は高度の影響を受けるため、高度が変化する行動中は参考にならないが、高度が変わらない睡眠中は参考にできる

- **気圧が急激に低下** — 発達した低気圧が接近している可能性大 — 大荒れの天候になる可能性
- **気圧が緩やかに低下** — 高気圧が遠ざかり、気圧の谷が接近中 — 今後の天気変化に注意
  - 日本海側の山や脊梁山脈では天候が悪化する可能性
  - 高い山の稜線では好天になることが多いが、北寒気流時の関東など山陰の山、西風や北西風時の日本海側の山では天候がぐずつくこともある

  → 天気図や上層の寒気の予想から大荒れになるかどうかをチェック

- **気圧が緩やかに上昇** — 発達した低気圧の中心が過ぎたばかり
  - 低気圧があまり発達していないと、山は低気圧に無関係
  - 低山では稜線に覆われても、大荒れになることはない

  → 天気図や上層の寒気の予想から大荒れになるかどうかをチェック

- **気圧が急激に上昇** — 発達した低気圧が遠ざかり、高気圧が張り出す
  - 太平洋側の山では天候が急速に回復するが、風が強い
  - 日本海側の山や脊梁山脈では大荒れになる可能性あり

  → 天気図や上層の寒気の予想から大荒れになるかどうかをチェック

3. 登山行動中

CHECK 1　雲量、雲の種類、形状の変化

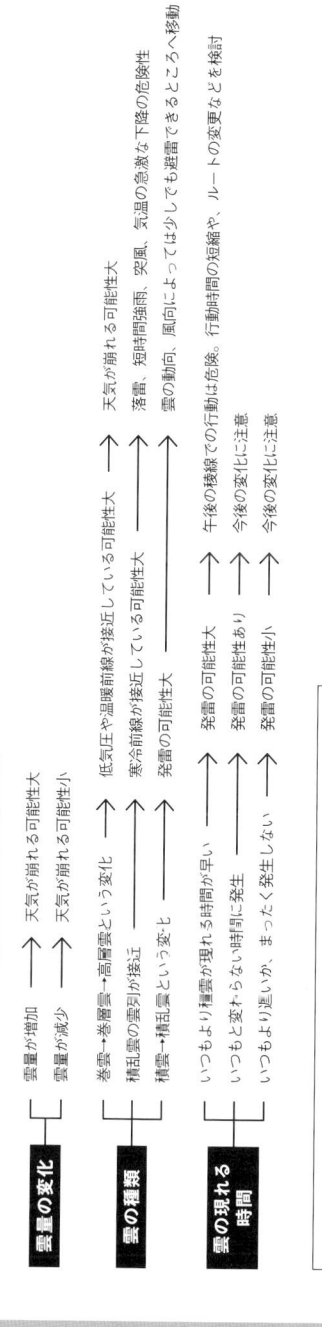

雲量の変化
- 雲量が増加 → 天気が崩れる可能性大
- 雲量が減少 → 天気が崩れる可能性小

雲の種類
- 巻雲→巻層雲→高層雲 低気圧や温暖前線が接近している可能性大 → 天気が崩れる可能性大
- 積乱雲の雲列が接近 寒冷前線が接近している可能性大 → 落雷、短時間強雨、突風、気温の急激な下降の危険性
- 積雲→積乱雲という雲に変化 → 発雷の可能性 雲の動向、風向によっては少しでも避難できるところへ移動

雲の現れる時間
- いつもより種類が現れる時間が早い → 午後の稜線での行動は危険。行動時間の短縮ねらい、ルートの変更などを検討
- いつもと変わらない時間に発生 → 今後の変化に注意
- いつもより遅いか、まったく発生しない → 今後の変化に注意

CHECK 2　天候の変化と予想した天気とのずれ

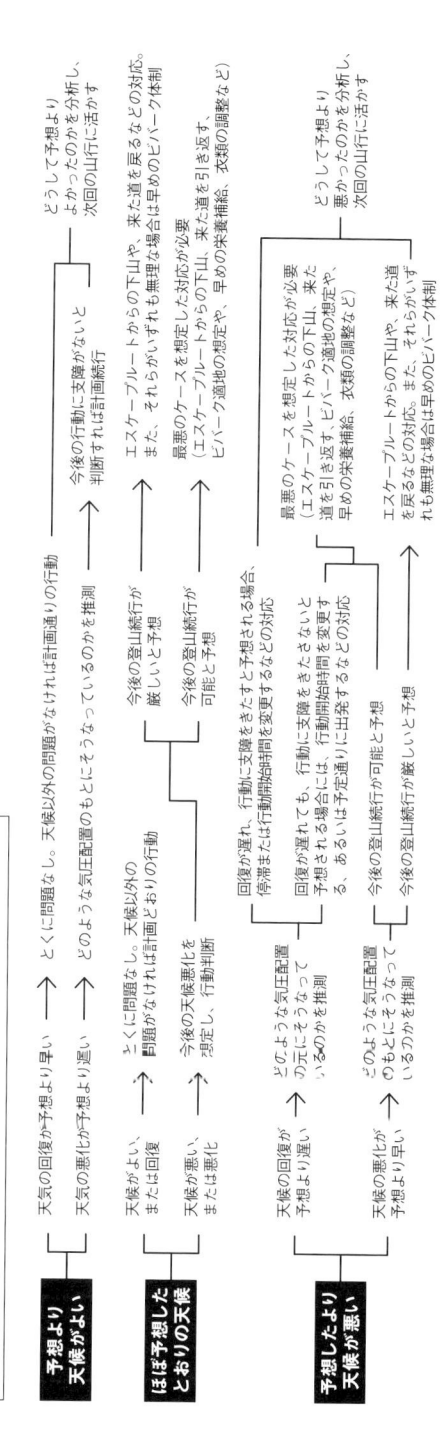

予想より天候がよい
- 天気の回復を予想より早い → とくに問題なし。天気以外の問題がなければ計画通りの行動
- 天候の悪化が予想より遅い → どのような気圧配置のもとにそうなっているのかを推測

ほぼ予想どおりの天候
- 天候がよい、または回復 → とくに問題なし。天気以外の問題がなければ計画どおりの行動
  - 今後の天候変化を想定し、行動判断
- 天候が悪い、または悪化 → 今後の天候変化の可能性を予想
  - 回復が遅れ、行動に支障をきたすと予想される場合、停滞または行動開始時間を変更するなどの対応
  - 回復が遅れる場合でも、行動に支障をきたさないと予想される場合には、行動開始時間を変更する、あるいは予定通りに出発するなどの対応
  - 今後の登山続行が可能と予想 → 今後の登山続行が厳しいと予想 → 今後の行動に支障がないと判断すれば計画続行
    - エスケープルートを想定した対応が必要。また、それらがいずれも無理な場合はビバーク適地の想定や、早めの栄養補給、衣類の調整など
    - 最悪のケースを想定した対応（エスケープルートからの下山、来た道を引き返す、ビバーク適地の想定や、早めの栄養補給、衣類の調整など）
  - どうして予想よりよかったのかを分析し、次回の山行に活かす

予想した天候より悪い
- 天候の悪化が予想より早い → どのような気圧配置のもとにそうなっているのかを推測
  - 今後の登山続行が可能と予想 → 今後の登山続行が厳しいと予想
    - エスケープルートからの下山や、来た道を戻る道などの対応。また、それらがいずれも無理な場合は早めのビバーク体制
    - 最悪のケースを想定した対応が必要（エスケープルートからの下山、来た道を引き返す、ビバーク適地の想定や、早めの栄養補給、衣類の調整など）
  - どうして予想より悪かったのかを分析し、次回の山行に活かす

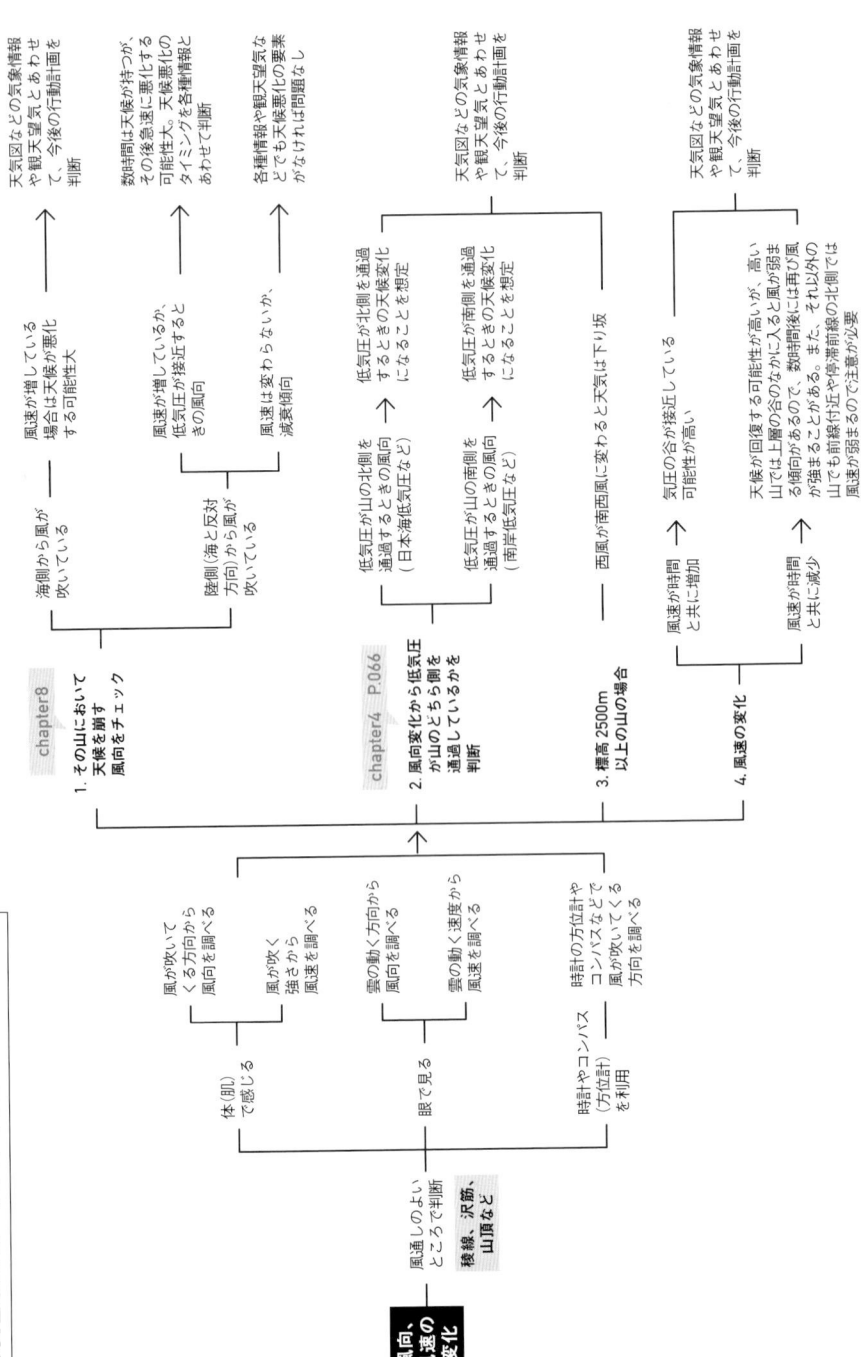

CHECK 3　風向、風速、気温の変化

風向、風速の変化

風通しのよいところで判断
稜線、沢筋、山頂など

- 体(肌)で感じる
  - 風が吹いてくる方向から風向を調べる
  - 風が強く吹く強さから風速を調べる
- 眼で見る
  - 雲の動く方向から風向を調べる
  - 雲の動く速度から風速を調べる
- 時計やコンパス(方位計)を利用
  - 時計の方位計やコンパスなどで方向をくくる

1. その山において天候と風向をチェック　chapter8

- 海側から風が吹いている → 風速が増している場合は天候が悪化する可能性大 → 天気図などの気象情報や観天望気とあわせて、今後の行動計画を判断
- 陸側(海と反対方向)から風が吹いている → 風速が増していて、低気圧が接近するときの風 → 数時間は天候が持つが、その後急速に天候悪化する可能性大。天候悪化のタイミングをあわせて判断
- 風速は変わらないか、減衰傾向 → 各種情報や観天望気などでも天候悪化の要素がなければ問題なし

2. 風向変化から低気圧が山のどちら側を通過しているかを判断　chapter4 P066

- 低気圧が山の北側を通過するときの風向(日本海低気圧など) → 低気圧が北側を通過するときの天候変化になることを想定
- 低気圧が山の南側を通過するときの風向(南岸低気圧など) → 低気圧が南側を通過するときの天候変化になることを想定

3. 標高2500m以上の山の場合

西風が南西風に変わると天気は下り坂 — 気圧の谷が接近している → 天気が回復する可能性が高い — 天気図などの気象情報や観天望気とあわせて、今後の行動計画を判断

4. 風速の変化

- 風速が時間と共に増加 → 山では上層の谷のなかに入ると風が弱い傾向があるので、数時間後には再び風が強まることがある。また、それ以外の山でも前線付近や停滞前線の北側では風が弱まるので注意が必要
- 風速が時間と共に減少 → 天気図などの気象情報や観天望気とあわせて、今後の行動計画を判断

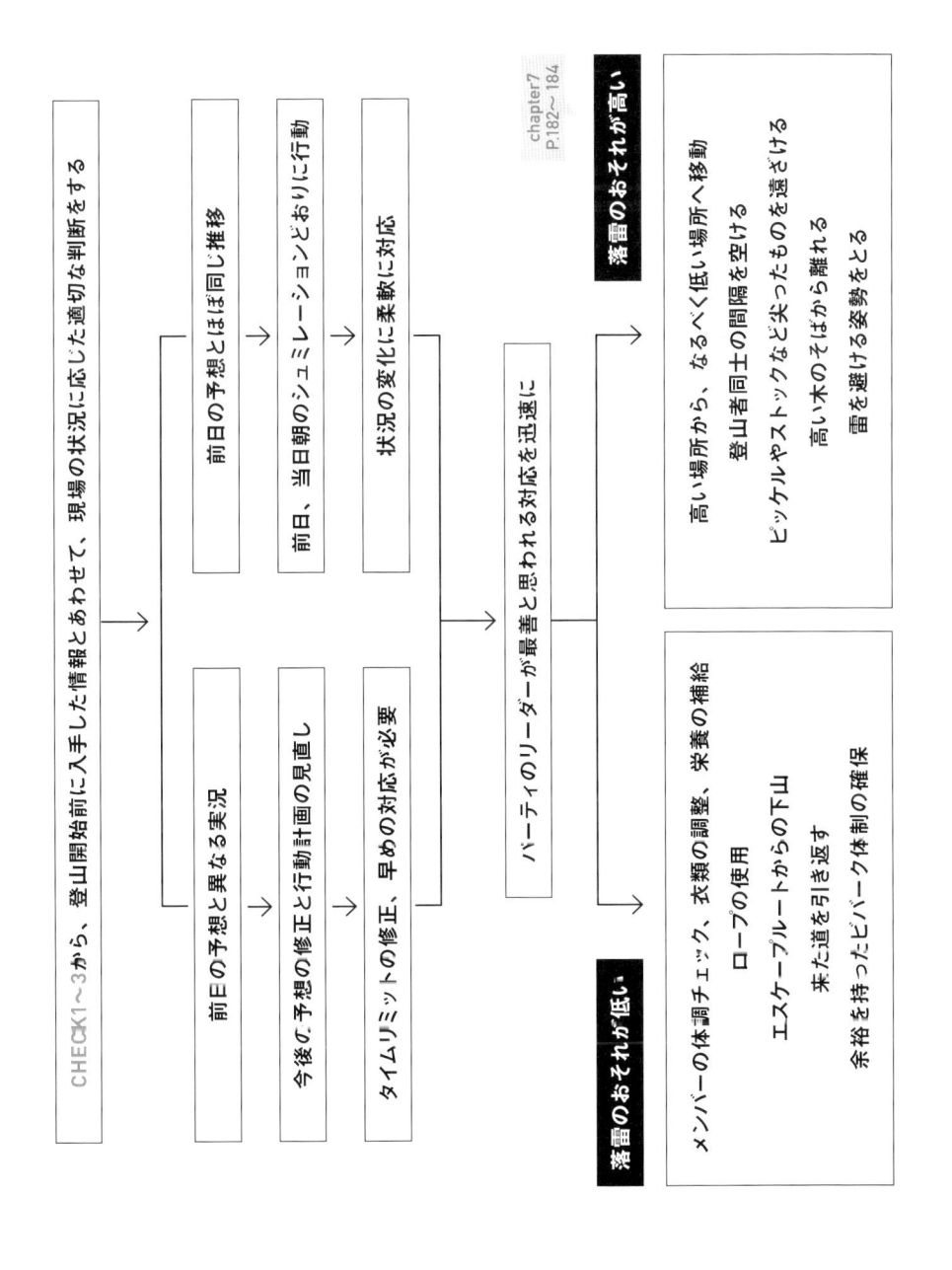

chapter7
P.182〜184

CHECK1〜3から、登山開始前に入手した情報とあわせて、現場の状況に応じた適切な判断をする

→ 前日の予想とほぼ同じ推移

→ 前日、当日朝のシミュレーションどおりに行動

→ 状況の変化に柔軟に対応

前日の予想と異なる実況

→ 今後の予想の修正と行動計画の見直し

→ タイムリミットの修正、早めの対応が必要

→ パーティのリーダーが最善と思われる対応を迅速に

落雷のおそれが高い

- 高い場所から、なるべく低い場所へ移動
- 登山者同士の間隔を空ける
- ピッケルやストックなど尖ったものを遠ざける
- 高い木のそばから離れる
- 雷を避ける姿勢をとる

落雷のおそれが低い

- メンバーの体調チェック、衣類の調整、栄養の補給
- ロープの使用
- エスケープルートからの下山
- 来た道を引き返す
- 余裕を持ったビバーク体制の確保

山岳気象大全版
気象用語集

ふだんの生活で耳にする気象用語もあるが、耳慣れない言葉も多い。基本用語を中心に、登山者が知っておきたい用語をまとめてみた。

あ

アイウォール 日本語では「眼の壁」と呼ぶ。台風の眼を取り巻く、発達した積乱雲の集合体。台風周辺でもっとも激しい暴風雨となっているところ。Eye wall（英）。

悪天（あくてん） 天気が悪いこと。いわゆる悪天候。山登りでは、風雨や吹雪などの天気を「悪い」と表現することもある。

移動性高気圧 停滞をせずに、移動する高気圧のこと。移動性高気圧に覆われると好天に恵まれることが多いが、冷たい空気を伴っているので、高気圧の東側では気温が低く、低体温症の事故も多い。

ウィンドプロファイラ 「風のプロファイル（輪郭・側面図）を描くもの」（気象庁）という意味の英語の合成語。地上から上空へ向けて5方向に電波を発射し、大気の乱れや降水粒子に反射してくる電波から上空の風向・風速を観測するシステム。気象庁では「局地気象監視システム」と呼ぶ。Wind profiler（英）。

海風（うみかぜ） 陸風と反対に、日中、海から陸へ吹く風。昼間は海より陸地のほうが暖まるため、海上のほうが気温が低くなり、海から陸へと風が吹き出すことで発生する。

雨量（うりょう） 地上に降った雨の量。雪やあられなど他の降水を含める場合は「降水量」と呼ぶ。降った雨が、流れたり地面に染み込んだりしないで、そのまま地面にたまるとした場合の深さを「mm」で表す。1時間の雨量が3mm未満のものを「弱い雨」、10mm以上20mm未満のものを「やや強い雨」、20mm以上30mm未満のものを「強い雨」という。

雲海（うんかい） 高所から眺めたときに、山腹から下が一面の雲で覆われ、あたかも大雲が広がっているかのように見える状態。

雲形（うんけい） 1895年、国際気象会議で国際気象学会が定めた雲の分類法。現在は、世界気象機関発刊『国際雲図帳』にある雲の分類が、基準と成っている。上層雲には、「巻雲、巻積雲、巻層雲」の3種類、中層雲には、「高積雲、高層雲、乱層雲」の3種類、下層雲には、「層積雲、層雲、積雲、積乱雲」の4種類。これら10種類を「十種雲形」または「十種雲級」とも呼ぶ。

衛星画像 気象衛星で観測した赤外線や可視光線の強さを表した画像。大きく分けて赤外画像、可視画像、水蒸気画像の3種類ある。

エコー 気象では、気象レーダーで観測したエコー画像のことを指す。気象レーダーから発射されて電波が降水粒子に反射して戻ってきた反射波の強度のことで、降水の強さを表す。Echo（英）。

エルニーニョ現象 東太平洋の赤道付近（ペルー沖）の海域で、平年よりも海面水温が長期間にわたって高くなること。単に海面水温が高くなるだけでなく、大気の循環にも影響を与え、日本を含む世界中の気象に大きな影響を及ぼす。

大荒れ 暴風雪警報級の強い風が吹き、一般には雨または雪などを伴った状態。海や山で平均風速が20m/sを超える状態が続くときに使われることが多い。

颪（おろし） 山を越えて吹きおろしてくる風。山の風上側に溜まった冷たい空気が一気に風下側へ溢れ出すときに発生する。

温帯低気圧 南北の温度差が非常に大きくなったところで、偏西風が蛇行することによって発生する。低気圧の進行前面に暖気、後面に寒気が存在する。高緯度側からの寒気と、低緯度側からの暖気がそれぞれ強まったときに発達し、山で大荒れの天気をもたらす。温暖前線と寒冷前線を持つのが特徴。天気予報などでは単に"低気圧"と呼び、通過するコースによって、日本海低気圧、南岸低気圧、二つ玉低気圧に区分する。

温暖高気圧 熱帯から輸送された暖かい空気が下降してできる高気圧。上層にまで及ぶ勢力の強い高気圧で、太平洋高気圧が代表例。動きが遅く、停滞することが多い。

温暖前線 冷たい空気があったところへ、暖かい空気が入ってくることで形成される前線。暖かい空気が優勢なので、温暖前線と呼ぶ。温暖前線の前面では長時間、しとしと雨が降る。

か

海陸風（かいりくふう） 高気圧に覆われた穏やかな日に現れる。昼間は内陸部のほうが、海岸や海よりも暖まるため、内陸部で小さな低気圧が発生し、海側から内陸部へ風が吹く。これを海風と言う。逆に、夜間は内陸部の方が冷え込み、海の方が暖かくなるため、陸から海へと風が吹く。これを陸風といい、海風とあわせて海陸風と呼ぶ。

界雷（かいらい） 寒冷前線付近の上昇気流で生じる雷。時間に関係なく、前線が接近するときに発生する。

下降流 空気が下降すること。下方へ吹く風。高気圧の中心付近や、山の風下側で発生しやすい。

笠雲 山の頂上付近に、笠のようにまとわりついている雲。強風が山の斜面を吹き上げているときに発生するので、悪天候の前兆になることが多い。

ガス 霧を表す山の俗語。濃霧に包まれて視界が利かなくなることを「ガスがかかる」「ガスにまかれる」などと表現する。一般的には気象用語としての霧とは、視程が1km未満のものをいう。ちなみに、靄とは、1km以上10km未満のものを指す。

雷 激しい上昇気流があると、その中にある水滴が氷の結晶である氷晶となり、さらに雲粒が沢山、結晶にくっつくと霰や雹にも変化。軽い粒子は上層で正(+)、重い氷晶や霰や雹は負(-)に帯電する。その電荷が一定以上になると放電現象が起こる。雲と地面との間の放電現象を「落雷」という。

カルマン渦（カルマンうず） チェジュ島や屋久島などの風下側に列状に連なる雲渦のこと。雲は主に層積雲で形成され、高度1km付近に顕著な逆転層があり、山頂がその上端よりも高く、風向がほぼ一定で強い風が吹くときに発生する。

観天望気（かんてんぼうき） 空を眺め、雲の形や動き、風向、寒暖などから天気を予想すること。

寒冷高気圧 地表面付近が冷却することでできる、冷たい高気圧。下層のみに存在するため、地上天気図では明瞭だが、高層天気図では現れない。シベリア高気圧が代表例。動きが遅く、停滞することが多い。

寒冷低気圧 寒気のみからなる低気圧。とくに、上層に強い寒気を持ち、低気圧の南東側を中心に激しい気象現象をもたらす。前線は持たない。動きが遅く、長期間、悪天候をもたらすことがある。寒冷渦、切離低気圧と呼ぶことがある。

寒冷前線 暖かい空気があったところへ、冷たい空気が入ってくることにより発生する前線。周辺では積乱雲が発生し、短時間強雨や落雷、突風などの現象が起こりやすい。また、通過後は急速に気温が下がり、日本海側の山岳では荒れ模様の天気となることがある。

疑似好天（ぎじこうてん） 悪天候のなかで一時的に天気が回復する現象。たとえば、低気圧が接近するときの日本海側の

山岳や、里雪型から山雪型に変わるときなどにみられる。数十分から数時間後には大荒れの天気になるが、好天にだまされて行動してしまい、遭難事故を起こしたりする。擬似晴天とも呼ばれる。

気象衛星 気象観測のために、打ち上げられている衛星のこと。現在、気象庁では「ひまわり7号」を打ち上げている。気象衛星で観測したデータが衛星画像として天気予報に利用される。

気象通報 NHKのラジオ第2放送で毎日3回放送されている気象の情報。日本と周辺各地の風向、風力、天気、気圧、気温、および低気圧、高気圧、前線の位置などが報告される。かつての登山者は、これを聞いて天気図を作成するのがあたりまえだった。

季節風 モンスーン。季節によって風向きを変える風。日本付近では、夏は南東から(海洋から大陸へ)、冬は北西から(大陸から海洋へ)吹く。

逆転層 通常は高度とともに気温が下がっていくが、逆に高度とともに気温が上がっている層のこと。大気が安定な状態にあるので、この下で発生した雲は、逆転層で成長が止まり、それ以上上方へ発達することはない。

強風軸(きょうふうじく) 風が周囲よりも強く吹いている場所のこと。一般的には上空で吹いている偏西風が強いところを指す。

霧 大気中の水蒸気が、微小な水滴となって浮遊する気象現象のひとつ。俗に、ガスとも呼ばれる。

クライミングカレント 標高の低い方から高い方へ吹き上げる強い気流。吹き上げ風。climbing current (英)。

クラスト 積雪の表面が日光や風によって固まり、氷のようになったもの。"crust"とは、「パンの外皮」の意。日射によって固まったものを「サンクラスト」、風によって固まったものを「ウインドクラスト」という。クラストが弱く、踏むと割れるものを「ブレーカブルクラスト」という。crust (英)。

気嵐(けあらし) 水面から立ち上る水蒸気が陸上の冷たい空気に触れて発生する霧。川霧など。

警報 重大な災害が起こる恐れのあるときに、その旨を警告する予報。気象庁は、2010年5月27日から市町村単位で発表している。市町村毎に発表基準が異なる。

巻雲(けんうん) 絹糸を引いたような、鳥の羽のような、刷毛ではいたような形の雲。「絹雲」とも書く。雲のなかでは、いちばん高い高度(温帯地方では高度約5〜13km)に浮かぶ。湿ってベタッとした感じの「雨巻雲」は、低気圧や前線の前面に出る。乾いた感じの「晴巻雲」は低気圧とは無関係のことが多い。

巻積雲(けんせきうん) たくさんの小さな雲片が群れをなすように集まった雲。うろこ雲とも呼ばれる。温帯地方では7〜8kmほどの高度に浮かぶことが多い。天候の変化が激しいときに現れる。絹積雲とも書く。

巻層雲(けんそううん) 牛乳や絹のベールを広げたような雲。巻層雲の掛かった太陽や月には暈(周囲にできる淡い光の輪)ができる。明瞭な暈ができていると数時間後に小雨が降り出すといわれる。

厳冬期 とくに寒さの厳しい冬の時期。一般的には、およそ12月下旬から2月下旬あたりまでの期間。

高気圧 地上天気図で、周辺よりも気圧が高くなっているところ。中心付近は下降流があり、雲ができにくいので晴れている。「シベリア高気圧」=大陸から張り出してくる高気圧。強い寒気と北西季節風をもたらす。「太平洋高気圧」=小笠原諸島付近にできる高気圧で、勢力が強いと、日本付近は典型的な夏型になる。「移動性高気圧」=中国大陸で発達し日本付近には低気圧と交互にやってくる。「帯状高気圧」=移動性高気圧が東西に連なったもの。

降水量 空から降ってくる雨や雪、あられ、みぞれなどの降水量のこと。雨の場合は、単に「雨量」と呼ぶ。

高積雲 白色か淡灰色で陰影がある丸みをもった雲塊が、群れをなしている雲。高度は約2〜7km。雲塊が密着して全天を覆ってきたり、高度が低くなってくるときは天気が崩れることが多い。

高層雲 薄墨を流したように全天に広がる雲。太陽や月はおぼろに、ぼんやりと見える。高度は約2〜7km。高度が下がり、厚みを増すと、やがて雨が降り出す。

高層天気図 上空の風向・風速・気圧・気温などをもとに作成する天気図。目的に応じて使用する天気図は異なるが、上層の谷や寒気を見るのに500hPa(高度約5500m)天気図がよく使われる。ほかに 300hPa(9000m)、700hPa(3000m)、850hPa(1500m) などがある。

さ

里雪型 西高東低型の一種で、山沿いより平野部や海岸部で降雪量が多くなる気圧配置。日本海に小さな低気圧が発生したり、等圧線の間隔が袋状になる形。

サーマル 気象用語で、上昇温暖気流のこと。地表で熱せられ上昇した空気の塊のこと。thermal (英)。

粗目雪(ざらめゆき) 大粒の積雪。昼間には気温が上昇し、積雪が融け、夜間には気温が低下して凍ることを繰り返すことで、表面がざらざらになった雪。

三寒四温(さんかんしおん) 中国大陸や朝鮮半島などで古くから言われている言葉で、冬季に3日くらい寒い日が続いた後、4日くらい暖かい日が続き、これが繰り返されること。

サンピラー 朝日や夕日に、垂直の光の帯を伴う現象。太陽光が柱のように光って見える。sun pillar (英)。

ジェット気流 中緯度や高緯度では偏西風と呼ばれる西風が上空を吹いている。その中で特に強いところをジェット気流と呼び、高度10km前後に位置する。ジェット気流には亜熱帯ジェット気流と寒帯前線ジェット気流がある。冬に強まる傾向があり、強いときには平均100m/sに達する。

時雨(しぐれ) 秋の末から冬の初めにかけての季節で、降ったりやんだりする雨。通り雨。

上昇気流 空気が上昇すること。上方へ吹く風のこと。上昇気流は山の斜面を空気が滑昇するとき、低気圧や台風の中心付近、前線面、風と風がぶつかり合うところ、周囲より暖かいところ、上層に寒気が流れ込んできたところなどで発生しやすい。

水蒸気 地球上にある水は氷(固体)、水(液体)、水蒸気(気体)と姿を変える。そのうち、気体を水蒸気と呼ぶ。目には見えないが、大気中に含まれており、多く含まれている空気を湿った空気と呼ぶ。湿った空気が上昇すると、雲が発生する。

筋状の雲(すじじょうのくも) 西高東低型の気圧配置で日本海や太平洋、東シナ海に現れる筋状に連なった雲のこと。東シナ海や太平洋では層積雲や積雲が主体だが、日本海では上空の寒気が強いと、発達した積雲や積乱雲で構成される。この雲が山にぶつかると雪雲が強められ、日本海側の地方で大雪となる。

西高東低型 冬の典型的な気圧配置で冬型ともいう。発達した低気圧が日本の東海上へ抜け、大陸の高気圧が張り出してきて、日本付近には間隔の狭い等圧線が南北に並ぶ。太平洋側は比較的天気がよいが、日本海側は雪や雨となる。

積雲 輪郭がはっきりしていて離れ離れに浮かんでいる雲。高度は、地上付近から6000m。夏の晴天時の典型的な雲。

積雪期 山に雪が深く積もっている期間。北アルプスでは11月中旬から5月下旬あたりまで。雪の状態によって、新雪期=新雪が降る・積もる期間、降雪期=

雪が降る期間(通常の冬の間)、残雪期＝降雪はなくなったが雪が地面にある期間、無雪期＝地面に雪がない期間、などと分けることもある。

積乱雲 もくもくと垂直に発達した雲。入道雲。雲の頭の高さは温帯では13kmに達することもある。大雨、落雷、突風をもたらす。

雪渓 冬季に降り積もった雪が、夏でも融けないで残っている、谷や沢の積雪。日本では、日本海側の高い山や中部山岳などに見られ、白馬大雪渓、剱沢雪渓、針ノ木雪渓は日本三大雪渓と呼ばれ、大規模な雪渓として知られる。

前線 暖かい気団(空気の塊)と寒い気団がぶつかった境目が地面と接する線。両気団が接している面を「不連続面」という。前線には温暖前線、寒冷前線、閉塞前線、停滞前線の4種類がある。

層雲 霧が厚くなった感じの雲で、ごく細かい水滴でできている。高度は、地上付近から2000m。山麓や中腹にいつまでもべっついているときは天気は下り坂に向かう。

層積雲 互いにつながっている、かなり大きな雲塊が規則正しく並んだ雲。高度は500〜2000m。雲全体が暗く雲塊が大きくなるものは低気圧や前線にできる。

た

台風 北西太平洋で発生する熱帯低気圧のうち、中心付近の最大風速が17.2m/s以上のもの。8〜10月にかけて、日本列島に接近することが多い。

対流(たいりゅう) 大気が不安定になって地面付近と上空との温度差が大きくなったときに、それを緩和させようと働く大気の動き。地面付近の暖かい空気が上昇し、上空の冷たい空気が下降して回転運動が起きる。それによって熱を結果的に輸送することになる。

対流圏(たいりゅうけん) 地上から高度11km付近までの空気の層を対流圏という。天気変化のほとんどがここで起きている。対流圏の高さは緯度によって異なり、低緯度ほど高く、高緯度ほど低くなる。この層では上空に行くほど気温が下がり、上下の温度差が大きいことから対流が発生して、上下の温度差を和らげようという動きが働く。そのため、対流圏下部。

台湾坊主(たいわんぼうず) 冬季に東シナ海で発生する低気圧。台湾低気圧。多くは太平洋沿岸を通過して、山々に多量の降雪をもたらし雪崩の危険を増大させる。移動速度は速く、発生から1、2日で中部山岳地方に達する。登山者間の俗語。

滝雲(たきぐも) 尾根(鞍部)を越えて滝のように落ちる雲。好天時の下降気流により生じることが多い。

谷風 高気圧に覆われている穏やかな日の日中、山麓から山頂へ向けて吹く風。昼間、山麓や山腹が熱せられることで谷に沿って上昇することで吹く。

地形性降水 湿った空気が海洋から山に入り、山の斜面で上昇して雲が発達することにより雨や雪が降ること、または雨や雪が強められること。

注意報 災害が起こる恐れのあるときに、その旨を注意するためにおこなう予報。気象庁は、2010年5月27日から市町村単位で発表している。市町村ごとに発表基準が異なる。

蝶々雲(ちょうちょうぐも) 稜線の上空の同じ位置に、浮かんでは消え、消えては浮かんでいる綿雲。小型の移動性高気圧の中心付近にあるときに現れるので、翌日には雨になる。

梅雨明け十日 梅雨が明けた後の10日間くらいは晴天が続くという、登山者間の俗伝。太平洋高気圧が発達して梅雨前線が北上し、梅雨が明けると晴天が続くことが多かったが、近年は気候変動によって梅雨明け後も天候が安定しないことが増えてきた。

低気圧 周囲よりも気圧が低いこと、またはその領域を指す。その中心では上昇気流が生じているので雲ができやすく、雨が降っていることが多い。温帯低気圧と熱帯低気圧、寒冷低気圧がある。

低体温症 体の中心の温度(直腸温)が35℃以下に低下した状態のこと。山では、長時間、風雨や風雪にさらされることなどによって発症し、状況が改善されないときは死に至ることがある。温帯低気圧が発達しながら通過した後、強い寒気が流れ込むときに低体温症による事故が多い。

停滞前線 冷たい空気と暖かい空気の勢力が拮抗し、長期間にわたって停滞する前線。代表的なものに、梅雨前線や秋雨前線がある。前線付近では長い間、天気がぐずつく。

鉄砲水(てっぽうみず) 集中豪雨などによって、谷の水が激しい勢いで一気に流れ下ること。自然にできた堰が崩壊したときにも生じ、雨中でなくとも起こることがあるので、谷にいるときは警戒する必要がある。

テーパリングクラウド 風上側に向かって、次第に細くなっている「毛筆状」または「にんじん状」の雲域のこと。この雲は、積乱雲がもっとも発達した段階の「かなとこ雲」で、この雲域の穂先部分では豪雨や落雷、突風、降雹などを引き起こす非常に危険な雲である。Tapering cloud (英)。

天気図 同じ時刻に観測した、各地の天気、気圧、気温、風向、風力、および低気圧、高気圧、前線、等圧線などを地図上に書き表したもの。

な

凪(なぎ) 朝夕に風がやんで無風状態になること。あさなぎ、ゆうなぎ。

夏日(なつび) 日最高気温が25℃以上の日のこと。

南岸低気圧 温帯低気圧の一種で、中国大陸南部や東シナ海で発生し、日本の南岸沿い、あるいは南海上を進む低気圧のこと。冬にこの低気圧が発達しながら通過すると、関東地方の平野部でもまとまった降雪となることがある。また、太平洋側の山岳でも大荒れの天気となる。

日本海低気圧 温帯低気圧の一種で、中国大陸で発生し、日本海を進む低気圧のこと。低気圧が発達すると、山は大荒れの天気となる。通過前は気温が上昇し、雪崩や融雪による沢の増水などをもたらし、通過後は気温が急激に下がって猛吹雪となる。

熱帯低気圧 暖かい海上で発生する低気圧。熱帯低気圧や台風がこれにあたる。熱と水蒸気で発達、暖気のみからなる。前線は持たない。

熱帯夜 夜間の最低気温が25℃以上のこと。

熱雷(ねつらい) 日差しに熱せられた空気が上昇して発生する積乱雲がもたらす雷。日中の気温が上昇しやすい、内陸部で午後から夜の初めにかけて発生することが多い。

熱界雷(ねっかいらい) 寒冷前線が南下するときの南側や、寒冷低気圧周辺で発生する大規模な雷。日中の気温が上昇したところへ、前線が南下したり、寒冷低気圧が接近するときに発生する。広い範囲で発生する。

根雪(ねゆき) 気象庁では「長期積雪」といい、冬の期間中融けずに残る積雪のこと。

ノット 1ノットは1時間に1海里進む速さのこと。1海里＝1852mであるので、1ノット=1.852km/hである。毎秒にすると0.514m/sになるので、風速の場合は、1ノット＝約0.5m/sと覚えるとわかりやすい。国際的な天気図や高層天気図では、風速をノットで表す。Knot。

は

爆弾低気圧 24時間で24hPa以上発達す

る低気圧。日本列島付近で発達するときは、山や海を中心に大荒れの天気になる。気象庁では「急激に発達する低気圧」と呼んでいる。

初冠雪 麓の気象台や測候所から見て、はじめて山に雪が積もっていることが確認できた日。山が雲で隠れている場合や、降雪があっても、肉眼で山麓から見えるほどの積雪がないときは観測されないので、初雪とは異なる。

春一番 立春から春分までの間に、初めて吹く強い南風。日本海を通過する低気圧に向かって吹き込む南からの暖かい風で、大雨、暴風、融雪洪水、雪崩が発生するなどして遭難事故を引き起こすことがある。

氷河 万年雪が上層の積雪の圧力によって氷塊となり、低地に向かって流れ下るもの

風向（ふうこう）　風向きのこと。北西から南東方向に風が吹く場合には、北西の風と言う。

フェーン　チヌーク、おろし。山を越えて吹き下ろしてくる暖かくて乾いた風。春先に低気圧が日本海を通ると、それに向かって吹き込む風が脊梁山脈を越えてフェーン現象を起こす。こうした現象を、ヨーロッパではフェーン、アメリカではチヌーク、日本ではだし、またはおろしという。"Föhn"（独）は「火、アルプスから吹き下ろす高温風」の意。風上側の山腹で雨を降らすものをウェットフェーン、雨が降らないものをドライフェーンという。

二つ玉低気圧　ふたつの低気圧が同時に日本付近を通過する気圧配置型。ひとつの低気圧が日本海を通り、もう一方が太平洋岸を通過するような気圧配置。全国的に悪天候になる。山岳では低気圧の通過後を中心に大荒れの天気となる。

冬日（ふゆび）　日最低気温が0℃未満の日のこと。

ブロッキング現象　偏西風など上空を吹いている風の流れが大きく蛇行することにより、流れが停滞する現象。同じ天候が続くことから異常気象の原因になる。気圧の尾根が停滞することをブロッキング高気圧と呼ぶ。Blocking（英）。

ブロッケン　山で太陽の斜光線を背に受けたとき、正面の霧や雲に自分の姿が映し出される現象。人影の周りに、二重三重の虹のような光輪を伴う。ブロッケンはドイツのハルツ山脈にある山で、魔女が集まる場所として知られている。ここでの現象が観測され、初めて報告されたためこの名前が付いた。"Brockengespenst"（ブロッケンの妖怪）とも。ブロッ

ケン現象。光環。御来迎（ごらいごう）。Brocken（独）。

閉塞前線（へいそくぜんせん）　温暖前線に寒冷前線が追いついた状態の前線。低気圧が最盛期を迎えると現れ、この後は閉塞前線が次第に長く延び、低気圧は発達を止める。

偏西風（へんせいふう）　中緯度や高緯度で吹いている上空の西風のこと。日本付近では盛夏を除いて、この風が吹いており、低気圧や高気圧はこの風に乗って西から東へ進むことが多い。偏西風の蛇行が大きくなると、さまざまな異常気象をもたらしやすい。

ボイスバロットの法則　風向から低気圧や台風の位置を見極める法則。北半球では、風を背中にうけて立つとき、左手前方に気圧の低いところがあり、右手後方に気圧の高いところがある。ボイス-バロットはオランダの気象学者の名前。

貿易風（ぼうえきふう）　赤道付近の低緯度で常に吹いている東風。コロンブスはこの東風に乗って新大陸に到達した。エルニーニョ現象が発生するときは、東風が弱まり、異常気象をもたらす。

放射　すべての物体は絶対零度（-273.15℃）でない限り、電磁波を放出している。その電磁波によって離れたところにあるものに熱を伝えることを放射と呼ぶ。太陽が地球を暖めたり、ストーブによって室内が暖められることも放射のひとつである。太陽からの光を太陽放射、地球から逃げていく熱を地球放射と呼ぶ。

ま

真夏日　日最高気温が30℃以上の日のこと。

真冬日　日最高気温が0℃未満の日のこと。

霧氷（むひょう）空気中の水蒸気が木の枝に付着し、それが凍ったもの。一般に、木の枝全体にまんべんなく氷がつく。風がなく、気温がマイナス10度以下になったときにできやすい。気温がそれより高く風が強いと、白色不透明な「えびのしっぽ」になる。霧の花、きばな、すが、しらぶ、ふきつけなどの方言もあるが、気象学上では上記の現象を樹霜といい、樹氷と樹霜を含めたものを霧氷という。

メイストーム　五月の嵐。5月に発生する暴風雨。日本海を通過中の低気圧が急に発達して暴風雨や、時には暴風雪をもたらし、山岳遭難事故や海難事故が起こることがある。"may"は5月、"storm"は嵐の意。

猛暑日　日最高気温が35℃以上の日のこと。

モンスーン　季節風。夏は海洋から大陸へ、冬は大陸から海洋に向かって吹く風。ヒマラヤでは、6月から9月ころにかけてベンガル湾やインド洋から湿った空気が押し寄せてきて雨期になり、山は降雪にみまわれる。そのため、通常、登山に適しているのは、プレモンスーンと呼ばれる春季か、ポストモンスーンの秋季になる。monsoon（英）。

や

山風　山頂から山麓に吹きおろす風を山風、山麓より山頂に吹きあげる風を谷風という。一般に、気圧傾度が緩やかなときには、風速2〜3mの山谷風が吹いている。

山背（やませ）　太平洋から吹きつける冷たく湿った風。夏季にオホーツク海高気圧から吹き出す風で、北海道や奥羽東部の山々に寒気や冷雨をもたらす。

山雪型　西高東低型の一種。平野部や海岸部より山沿いや山岳地帯で降雪が多くなる形。等圧線が南北に立って込んでいるときの気圧配置。単に西高東低型（冬型）というときは、山雪型を表すことが多い。

ら

ラニーニャ現象　東太平洋の赤道付近（ペルー沖）の海域で、平年よりも海面水温が長期間にわたって低くなること。世界中の天候に大きな影響を与える。

乱層雲　濃い灰黒色の層状の雲。雨や雪を降らせる雲。高度は500〜7000m。俗にいう雨雲のこと。

離岸距離（りがんきょり）　西高東低型になると、日本海に筋状の雲が現れるが、その雲が発生し始める場所と大陸沿岸との距離のこと。一般に、西高東低型が強まると、離岸距離は小さくなり、弱まると、大きくなる。

陸風（りくかぜ）　海風と反対に、夜間、陸から海へ吹く風。夜は海より陸地のほうが冷えやすいため、陸地で冷やされた空気が海に向かって流れることで発生する。

レンズ雲　凸レンズのような形をした雲。強風が山を越えると上下のうねりを生じる（山岳波）。その波頭では上昇気流が生じて雲をつくる。それがレンズ雲になる。レンズ雲ができるときは、風が強く水蒸気が多く含まれているので、天気は下り坂に向かっている。

ロボット雨量計　雨量などの気象を自動で観測し、データを無線で送信する機器、設備。山間地などに設置されており、アメダスのデータなどに使われる。

おわりに

　現代社会は情報が溢れている。そして、科学技術に対する絶対的な信頼が深く根付いている。たしかに、科学の発展なくしては、現在の天気予報の精度はありえない。

　ただし、科学は自然のわずかな部分を照らし出しているにすぎない。大自然はそれほどまでに大きく、懐が深く、そして神秘的で、恐ろしい存在なのだ。コンクリートのなかで生活をしていると、とかくそんなあたり前だったことを忘れてしまう。著者もそんなひとりである。

　「ラジオ放送から天気図を書くのは時代遅れ」という意見がある。同じように地形図を読めない登山者が増えているという。しかし、ラジオ以外の手段で情報が入手できない場所が山にはまだまだ残されている。そして、情報が手に入る山域であっても、それを上手に利用することができるかどうかは、また別問題だ。

　氾濫している情報を利用するうえで重要なことが2つある。ひとつは、よい情報を見極める力が必要であること。もうひとつは、情報はあくまで利用するものであって、信じてはいけないということである。この、情報を「信じない」ということが難しい。たとえば、「晴れときどき曇り」という予報は、ほかに解釈のしようがなく、この情報を見た者はそのまま鵜呑みにしてしまう可能性がある。だが、安全登山のために必要なのは、情報を「信じる」ことではなく、「使いこなす」ことだ。そのためには、気象について理解を深めることが不可欠となる。

　本書が、読者の方の天気に関する興味を高め、天気を予想することがおもしろいと感じる一助になり、安全登山の役に立てるのであれば、著者としてこんなに嬉しいことはない。また、深刻化する地球温暖化や環境問題に対して関心を持っていただきたいと、切に願う次第である。私も登山者のひとりとして、気象予報士として、地球市民のひとりとして、自然やほかの生物とともに仲よく暮らしていける方法を考えていきたいと思う。

　2011年3月11日、未曾有の大震災が発生した。震災で亡くなられた方のご冥福を祈らせていただくとともに、被災された皆様に心よりお見舞い申し上げたい。

　それが起きたのは、本書の刊行を前にちょうど大詰めの時期を迎えているときだった。計画停電の影響で真っ暗ななか、ヘッドランプを灯して原稿の山と闘い、なんとか発刊にこぎつけることができた。

　それも、ひとえに私を支えてくれた、皆さんのおかげである。常に私を支えていただき、編集に尽力していただいた、山と渓谷社の勝峰富雄さん、フリーライター＆エディターの羽根田治さん、デザインを担当していただいた天池聖さん、図版を製作していただいた柳本シンジさん、渡邊怜さん、校正を手伝っていただいた母校中央大学山岳部OBの蔵本悠介さん、大堀泰祐さん、素晴らしい写真を提供していただいた山岳写真家の中村成勝さん、友人の坂本龍志さん、前職で大変お世話になり、写真を提供していただいた芹澤健一さん、アルパインツアーサービス株式会社に心から感謝を申し上げる。

2011年4月10日
猪熊隆之

写真・図版・資料提供者

カバー写真　中村成勝（表）、坂本龍志（背・裏）

表紙写真　坂本龍志

総扉写真　中西俊明

章扉写真　坂本龍志、猪熊隆之（P.7）、久保田賢次（P.279）

本文写真　芹澤健一、アルパインツアーサービス株式会社、猪熊隆之、大沢成二、勝峰富雄、久保田賢次、坂本龍志、中央大学山岳部、萩原浩司、羽根田治、Fujigoko.TV、渡邊怜

図版・資料提供　飯田肇（立山カルデラ砂防博物館）、ウェザー・リービス株式会社、環境省、気象庁、国際環境研究協会、国立極地研究所、森林総合研究所、全国地球温暖化防止活動推進センター、株式会社千秋社、NASA、株式会社フランクリン・ジャパン、株式会社メテオテック・ラボ、山中湖村役場観光課、吉岡 章

イラストレーション　中尾雄吉、飯山和哉

協力　飯田睦治郎、中央大学山岳部、蔵本悠介、大堀泰祐

参考資料

『一般気象学』(小倉義光著　東京大学出版会)　／『登山者のための最新気象学』(飯田睦次郎　山と溪谷社)　／『登山者のための観天望気』(城所邦夫　山と溪谷社)　／『雲の形で天気がわかる入門書』(塚本治弘　地球丸)　／『最新雪崩学入門』(北海道雪崩事故防止研究会編　山と溪谷社)　／『雪崩ハンドブック』(デビッド・マックラング、ピーター・シアラー著　日本雪崩ネットワーク訳　東京新聞出版局)　／『最新天気予報の技術』(新田尚、立平良三著　天気予報技術研究会)　／『数値予報の基礎知識』(二宮洸三著　オーム社)　／『地球温暖化予測情報第6巻』(気象庁)

319

猪熊隆之
[Takayuki Inokuma]

1970年生まれ。気象予報士。中央大学山岳部監督。国立登山研修所専門調査委員。エベレスト西稜、チョムカンリ（チベット）、剱岳北方稜線全山縦走などの登攀歴がある。みずからの登山や、登山専門旅行会社勤務の経験を活かし、国内だけでなく、世界各地の山岳気象を登山会社や旅行会社などに配信し、圧倒的信頼を得ている。2011年秋に、国内初の山岳気象専門会社「ヤマテン」を設立。『山と溪谷』『岳人』誌での山岳気象の連載や、「ガイアの夜明け」「グレートサミッツ」などのテレビ出演、朝日新聞「ひと」や読売新聞「顔」など新聞・雑誌各紙誌で、新鋭の山岳気象予報士として紹介されている。講習会の講師や、講演依頼も多い。著書に『山岳気象予報士で恩返し』（三五館）がある。

山岳大全シリーズ②
山岳気象大全

2011年6月1日　初版第1刷発行
2014年1月1日　初版第5刷発行

著者　　猪熊隆之
発行人　川崎深雪
発行所　株式会社山と溪谷社
　　　　〒102-0075
　　　　東京都千代田区三番町20番地

●商品に関するお問合せ先
山と溪谷社カスタマーセンター
TEL 03-5275-9064

●書店・取次様からのお問合せ先
山と溪谷社受注センター
TEL 03-5213-6276　FAX 03-5213-6095

http://www.yamakei.co.jp/

印刷・製本　大日本印刷株式会社

Copyright © 2011 Takayuki Inokuma All rights reserved.
Printed in Japan
ISBN978-4-635-21003-4

定価はカバーに表示してあります。
乱丁・落丁本は送料小社負担でお取り替えいたします。
本書の一部あるいは全部を無断で複写・転写することは著作権者および発行所の権利の侵害となります。
あらかじめ小社までご連絡ください。